GEOLOGISCHES JAHRBUCH

Reihe E

Geophysik

Heft 59

Günter Leydecker

Erdbebenkatalog für Deutschland
mit Randgebieten
für die Jahre 800 bis 2008

Mit 12 Abbildungen, 5 Tabellen, 9 Anhänge und 1 CD

Herausgegeben von der
Bundesanstalt für Geowissenschaften und Rohstoffe und dem
Landesamt für Bergbau, Energie und Geologie

In Kommission:
E. Schweizerbart'sche Verlagsbuchhandlung (Nägele u. Obermiller)
Johannesstraße 3A, 70176 Stuttgart

Hannover 2011

Impressum

Das Geologische Jahrbuch erscheint in acht fachlich unterschiedlichen Reihen (Reihen A–H, siehe Umschlag). Vor Veröffentlichung durchlaufen die einzelnen Beiträge ein Genehmigungsverfahren und werden von Fachgutachtern aus den Staatlichen Geologischen Diensten, aus Forschungseinrichtungen und der Industrie beurteilt.

Für den sachlichen Inhalt sind die Autoren verantwortlich.

Redaktion:	Dr. Thomas Schubert unter Mitarbeit von Kerstin Riquelme
Anschrift:	Referat für Schriftenpublikationen, Bundesanstalt für Geowissenschaften und Rohstoffe Stilleweg 2, D-30655 Hannover Tel. (05 11) 6 43-34 70 E-mail: t.schubert@bgr.de
Herausgeber:	© Bundesanstalt für Geowissenschaften und Rohstoffe und Landesamt für Bergbau, Energie und Geologie Alle Rechte, insbesondere die der Übersetzung in andere Sprachen, vorbehalten. Kein Teil dieses Buches darf ohne schriftliche Genehmigung des Herausgebers in irgendeiner Form – durch Fotokopie, Mikroverfilmung oder irgendein anderes Verfahren – reproduziert oder in eine von Maschinen, insbesondere von Datenverarbeitungsmaschinen, verwendbare Sprache übertragen oder übersetzt werden.
Herstellung:	BELTZ Bad Langensalza GmbH, Bad Langensalza www.beltz-bad-langensalza.de
Vertrieb:	E. Schweizerbart'sche Verlagsbuchhandlung, (Nägele und Obermiller), Johannesstraße 3 A, D-70176 Stuttgart Tel. (07 11) 35 14 56-0 Fax (07 11) 35 14 56-99 E-mail: mail@schweizerbart.de

ISSN 0341-6437

ISBN 978-3-510-95989-1
Titel information: www.schweizerbart.de/9783510959891

| Geol. Jb. | **E 59** | 198 Seiten | 12 Abb. | 5 Tab. | 9 Anh. | 1 CD | Hannover 2011 |

Erdbebenkatalog für Deutschland mit Randgebieten für die Jahre 800 bis 2008

von Günter Leydecker

Erdbeben, Katalog, Epizentrum, Seismizität, Geschichte, Deutschland

Kurzfassung: Der hier vorgestellte Erdbebenkatalog für Deutschland mit Randgebieten für die Jahre 800 bis 2008 enthält ca. 12700 Erdbeben mit ML ≥ 2.0 aus dem Gebiet 47°N–56°N und 5°E–16°E. Der Erdbebenkatalog wurde erstmals im Jahre 1986 in digitaler Form veröffentlicht und enthielt damals ca. 1890 Erdbeben, überwiegend aus dem damaligen Gebiet der Bundesrepublik Deutschland und für den Zeitraum von 1000 bis 1981. Seither ist der Katalog zeitlich und räumlich erweitert, jährlich aktualisiert und entsprechend dem jeweils aktuellen Stand der historischen Erdbebenforschung korrigiert bzw. ergänzt worden. Der Erdbebenkatalog für das Gebiet der DDR wurde 1991 eingearbeitet. In den letzten Jahren erfolgte ein Abgleich mit den Katalogen der angrenzenden Länder, insbesondere mit den Katalogen der Schweiz und Österreichs. Durch die Zusammenarbeit mit Kollegen konnten die Daten der Schwarmbeben aus dem Vogtland im 20. Jahrhundert vereinheitlicht, korrigiert und auf die nachweisbaren reduziert werden. Ebenso wurde eine Neubewertung der Beben aus dem Oberrheingraben anhand der Aufzeichnungen aus der jahrelangen seismischen Überwachung mit lokalen Stationsnetzen vorgenommen. Die Momentmagnitude wurde in die Liste der Parameter neu aufgenommen.

Wegen der großen Ereigniszahl sind hier nur die Erdbeben ab Intensität IV oder ab Magnitude ML = 3.0 ausgedruckt. Die ausführlichen Referenzen zu allen Beben und die weitere benutzte Literatur enthalten die Anhänge dieser Arbeit, ebenso Listen der gelöschten Erdbeben sowie der Erdbeben mit grundlegend bzw. signifikant veränderten Parametern. Um die Veränderungen nachvollziehbar zu machen, sind diese immer mit Begründung und Datum der Änderung versehen. Eine Zusammenstellung empirischer Beziehungen soll dem Nutzer Hilfe bei der Anwendung des Katalogs bei Fragen zu Bruchparametern, zur lokalen und regionalen Auswirkung einzelner Beben und zur Gefährdungsabschätzung geben. Auf Gebirgsschläge wird gesondert eingegangen.

Die beiliegende CD enthält den kompletten Erdbebenkatalog mit Formatbeschreibung und Referenzliste mit allen Literaturzitaten sowie die Streichungs- und Änderungslisten. Computerprogramme zur Bearbeitung des Erdbebenkatalogs hinsichtlich bestimmter Auswahlkriterien – ortsabhängig und stärkeabhängig – sollen die Nutzung des Katalogs erleichtern. Ein weiteres Computerprogramm und der Datenfile mit den Eckpunkten der erdbebengeographischen Regionen ermöglichen die Einordnung eines Epizentrums in seine Region.

Anschrift des Autors: Dr. Günter Leydecker (ehem. Bundesanstalt für Geowissenschaften und Rohstoffe), Am Wesenbeek 11, D-30916 Isernhagen. E-Mail: guenter.leydecker@gmx.de

[Earthquake catalogue for Germany and adjacent areas for the years 800 to 2008]

earthquake, catalogue, epicenter, seismicity, history, Germany

Abstract: The presented earthquake catalogue for Germany and adjacent areas for the years 800 to 2008 contains approx. 12700 events with ML ≥ 2.0 in the area bounded by 47°N–56°N and 5°E–16°E. The earthquake catalogue in a digital format was published for the first time in the year 1986. It contained approx. 1890 earthquakes, predominant for the territory at that time of the Federal Republic of Germany and covering the time period from 1000 to 1981. Since then the spatial area and the time period of the catalogue have been extended, annually updated, and corrected and supplemented based on the latest historical earthquake research findings. The earthquake catalogue for the territory of the former GDR was incorporated in 1991. In recent years, alignment has been carried out with the catalogues of the adjacent countries, in particular with the catalogues of Switzerland and Austria. Co-operation with colleagues enabled the data of the 20th century Vogtland swarm quakes to be harmonized, corrected and reduced to the detectable events. A re-evaluation of the seismic activity of the Upper Rhine Graben was accomplished using the data from the long term monitoring of local seismic networks. Furthermore, the moment magnitude has now also been added to the list of earthquake parameters.

Because of the large number of events, the only earthquakes printed here have at least an intensity of IV or a magnitude of ML 3.0. The detailed references to all quakes and the used literature are contained in the appendices. Lists of rejected earthquakes and of earthquakes with fundamentally and/or significantly changed parameters are also provided. The modifications always are explained with comments stating the reason and the date of the change. The provided compilation of empirical relationships helps users to apply the catalogue with respect to rupture parameters, the local and regional effects of individual quakes, and the seismic hazard assessment. The effects of big rockbursts are treated separately.

The enclosed CD contains the complete earthquake catalogue with the format description, the list of references with all literature citations, as well as the cancellation and change lists. Computer programs may facilitate the utilisation of the earthquake catalogue with respect to certain location and size dependent criteria for the selection of earthquakes. An additional computer program and the data file with the vertexes coordinates of the seismogeographical regions allow the placement of an epicenter to its region.

Inhaltsverzeichnis

	Kurzfassung	3
	Abstract	4
1	Einleitung	6
1.1	Anmerkungen zum Erdbebenkatalog	6
1.2	Erdbebenkataloge - Seismische Gefährdung	7
1.3	Zur Geschichte der Erdbebenbeobachtungen	9
2	Datenerhebung	10
2.1	Historische Quellen	10
2.2	Neuzeitliche Datenquellen	13
2.3	Stärkemaße für Erdbeben	14
3	Zusammenstellung der Daten	15
3.1	Datum und Herdzeit	16
3.2	Herdkoordinaten und makroseismische Parameter	16
3.3	Magnituden	18
3.4	Erdbebengeographische Einordnung der Epizentren und Ortsangabe	19
4	Erdbebenkatalog und Epizentrenkarten	22
4.1	Erdbebenkatalog und zugehörige Dateien	22
4.2	Erdbebenkarten	24
5	Zur Seismizität Deutschlands	25
5.1	Die Erdbebentätigkeit	25
5.2	Gebirgsschläge - Induzierte Erdbeben - Einsturzbeben	35
6	Ausblick	36
7	Danksagung	37
8	Schriftenverzeichnis	38
9	Abbildungen, Tabellen, Anhänge und Inhalt der CD	41
9.1	Abbildungen	41
9.2	Tabellen	43
9.3	Anhänge	44
9.4	Inhalt der CD	45
	Anhang 1: Erläuterungen zu den Erdbebenlisten	53
	Anhang 2: Liste der Erdbeben ab Io=IV oder ab ML=3.0	55
	Anhang 3: Liste der Schadenbeben	127
	Anhang 4: Formatbeschreibung der digitalen Erdbebendaten	132
	Anhang 5: Referenzen zu den Erdbebendaten	143
	Anhang 6: Dokumentation über fundamentale Änderungen	171
	Anhang 7: Dokumentation über signifikante Änderungen	175
	Anhang 8: Dokumentation zu den gelöschten Erdbeben	184
	Anhang 9: Empirische Beziehungen	189

1 Einleitung

1.1 Anmerkungen zum Erdbebenkatalog

Der Erdbebenkatalog für das Gebiet der Bundesrepublik Deutschland mit Randgebieten wurde erstmals 1986 in computerlesbarem Format für die Jahre 1000–1981 publiziert (LEYDECKER 1986). Begonnen hatten die Arbeiten daran im Jahre 1976 im Rahmen eines Forschungsvorhabens zur Standortauswahl kerntechnischer Anlagen aus seismologischer Sicht (LEYDECKER & HARJES 1978). Dabei war die Notwendigkeit eines unter einheitlichen Kriterien zusammengestellten Erdbebenkatalogs zur digitalen Nutzung offensichtlich geworden. Seitdem ist der Katalog ständig verbessert und erweitert und in seiner jeweils aktuellen Form digital (ASCII-Format) im Internet zum Download für jedermann zur Verfügung gestellt worden (www.bgr-bund.de).

Der hier vorgestellte Erdbebenkatalog für Deutschland ist das Ergebnis einer umfassenden Überarbeitung des bisherigen Katalogs unter Einbeziehung der Kataloge der angrenzenden Nachbarländer und – auf Deutschland bezogen – insbesondere der Revision der vielen hundert historischen Ereignisse der Schwarmbeben des Vogtlandes (NEUNHÖFER et al. 2006). Ein Erdbebenkatalog ist kein abgeschlossenes Werk, sondern muss zumindest jährlich aktualisiert und neue Forschungsergebnisse und Erkenntnisse zu früheren Erdbeben müssen eingearbeitet werden. Alle diese Veränderungen sind zu dokumentieren, um dem Nutzer des aktuellen Katalogs beim Vergleich mit früheren Versionen die Unterschiede offen zu legen und die Gründe zu erläutern. Ein eigener Katalogteil beinhaltet dies, jeweils mit Datum der Änderung. Die stetige Fortentwicklung des deutschen Erdbebenkatalogs hat die Bundesanstalt für Geowissenschaften und Rohstoffe (BGR), Hannover, übernommen, wobei die Einarbeitungen, Aktualisierungen und Ergänzungen vom Anfang an vom Autor durchgeführt wurden. Neben einer im Internet digital verfügbaren aktuellen Katalogversion ist es aber auch notwendig in größeren Zeitabständen den jeweils aktuellen Katalog in gedruckter Form zu publizieren, um sich bei seiner Fortschreibung auf diesen als Basis beziehen zu können. Der neue Erdbebenkatalog umfasst den Zeitraum 800 bis 2008 und liegt deshalb sowohl gedruckt, – allerdings nur ab einer bestimmten Bebenstärke – zur Dokumentation und zum Nachschlagen, als auch in digitaler Form vor.

Trotz des Bemühens um Objektivität verbleibt häufig wegen der gegebenen Quellenlage ein Ermessensspielraum, in dem nur eine individuell gewichtete Festlegung von Bebenparametern erfolgen kann. Das Auffinden bisher unbekannter Dokumente kann deshalb für einzelne seismische Ereignisse deren Neubewertung mit einer möglichen Revision der bisher angenommenen Werte bis hin zu einer Streichung des Ereignisses erforderlich machen. Dies alles ist auch zu dokumentieren.

1.2 Erdbebenkataloge – Seismische Gefährdung

Erdbeben gehören zweifellos zu den Naturkatastrophen, die dem Menschen seit jeher als etwas äußerst Bedrohliches erscheinen und denen er sich hilflos ausgeliefert fühlt. Im Gegensatz zu anderen häufiger erlebten großen Naturkatastrophen, wie Überschwemmungen, Feuerstürmen, Hagel und Dürre, die zumeist witterungsbedingt erklärbar sind, überraschen Erdbeben wegen ihrer Plötzlichkeit und ihrer, trotz kurzer Dauer, alles erfassenden Erschütterungs- bzw. Zerstörungsfähigkeit. Ein weiterer Grund für die Sonderstellung, die Erdbeben zumindest in unseren Regionen einnehmen, ist die Seltenheit ihres Auftretens mit oft weniger als einem starken Ereignis je Generation. So verblassen mit der Zeit die Erinnerung an Angst und Schrecken, und die Erkenntnis der Notwendigkeit von Schutzmaßnahmen gerät in Vergessenheit.

Eine verlässliche Erdbebenvorhersage – Datum, Ort und Stärke – gibt es bisher nicht, und es ist sehr fraglich, ob dies der Seismologie jemals gelingen wird. Deshalb konzentrieren sich gegenwärtig die Bemühungen darauf, das Auftreten von Erdbeben in Raum und Zeit zu erfassen, um auf statistischer Basis Wahrscheinlichkeiten des Eintretens von Beben bestimmter Stärke an einem vorgegebenen Ort in möglichst engen Grenzen angeben zu können. Mit Hilfe von Modellen, die das zeitliche Auftreten von Erdbeben in einer Region nachbilden, werden Wiederkehrperiode und Stärke berechnet. Basierend auf solchen Erkenntnissen können dann durch verbindliche, ortsbezogene Bauvorschriften – in Deutschland ist dies die DIN 4149 (2005) – die Schadenswirkungen von Erdbeben verhindert bzw. abgemildert werden.

Voraussetzung für derartige statistische Berechnungen sind – neben Kenntnissen der geologischen Entwicklung und der tektonischen Verhältnisse – Erdbebenkataloge, die das seismische Geschehen eines weiträumigen Gebietes möglichst vollständig über große Zeiträume erfassen. Der durch Seismometerbeobachtungen abgedeckte Zeitraum – ab etwa 1960 – ist für die Erforschung der Erdbebentätigkeit jedoch zu kurz. Hier setzt die historische Erdbebenforschung an. Schriftliche Zeugnisse über die Wirkung von Erdbeben werden gezielt gesammelt und bewertet und damit charakteristische Bebenparameter wie z. B. Herdort und Epizentralintensität festgelegt.

Zur quantitativen Bewertung der wörtlichen Schilderungen benutzt man eine 12-teilige makroseismische Intensitätsskala (s. Tab. 1 und Tab. 2). Sie beschreibt die Wirkung von Erdbeben auf Menschen, Bauwerke und Landschaft. Damit ist es möglich, sowohl Beben aus vorinstrumenteller Zeit als auch neuzeitliche Beben einheitlich in ihrer Wirkung zu charakterisieren und so den Beobachtungszeitraum mit bewerteten Erdbeben weit in die Vergangenheit auszudehnen.

Die Magnitude eines Bebens wird aus den mit hochempfindlichen Instrumenten erfassten wahren Bodenbewegungen bestimmt. Sie ist eine objektive Messgröße für die vom Erdbebenherd abgestrahlte seismische Energie.

Aus den Registrierungen von mehreren Seismometern lassen sich u. a. Herdzeit, Hypozentrum – geographische Koordinaten, Herdtiefe – und Magnitude berechnen; sie stellen ebenso wie die aus makroseismischen Beobachtungen gewonnenen Größen, wie z. B. Epizentralintensität, Isoseistenradien und Schütterradius, wichtige, das Erdbeben charakterisierende Parameter dar.

Die Charakterisierung historischer und neuzeitlicher Beben und die Zusammenstellung aller Erdbebenparameter in standardisierter Form führen zunächst zu nationalen Erdbebenkatalogen in computerlesbarem Format. So wurde in den vergangenen mehr als 30 Jahren vom Autor in der BGR der Erdbebenkatalog für Deutschland mit Randgebieten ab dem Jahre 800 bis heute entwickelt und geführt und wird nun hier publiziert.

1.3 Zur Geschichte der Erdbebenbeobachtungen

Unsere Kenntnisse über historische Erdbeben sind eng verknüpft mit der kulturellen und sozialen Entwicklung eines Landes. Offensichtlich werden Menschen benötigt, die die Kunst des Schreibens beherrschen – in früheren Zeiten meistens Mönche – und die ihre Beobachtungen der plötzlich aufgetretenen Erderschütterungen, eventuell verbunden mit Gebäudeschäden oder gar Zerstörungen, niederschreiben. Die Schriftstücke müssen die nachfolgenden Jahrhunderte mit ihren Bränden und Kriegen überdauern, und es muss zudem Menschen geben, die ein Interesse daran haben, dass diese Dokumente erhalten bleiben.

Der deutsche Erdbebenkatalog beginnt mit dem Jahr 800 n. Chr., also mit dem Jahr der Kaiserkrönung Karls des Großen. Entscheidend dabei ist weniger die besondere Jahreszahl als vielmehr die Tatsache, dass mit diesem Herrscher in Mitteleuropa eine neue Epoche der Kultur und insbesondere auch der Verwaltung beginnt. Ein Reich von den Ausmaßen des Frankenreichs zu regieren war eine schwierige Aufgabe. Um die Kontrolle über das Land und seine Bewohner zu behalten, reformierte Karl der Große die Verwaltung und das Bildungssystem. Beide bilden die Voraussetzung, um z. B. Berichte über Erdbeben verfassen zu können. Denn solche Schadensereignisse machten verwaltungsmäßige Reaktionen erforderlich, sie mussten schriftlich zur nächst höheren Verwaltungsebene gemeldet werden, waren damit dokumentiert und konnten somit eventuell der Nachwelt erhalten bleiben.

In den folgenden Jahrhunderten nehmen die überlieferten Berichte über Naturereignisse an Zahl und Detaillierungsgrad zu. Während des Mittelalters wurden Erdbeben ebenso wie Pest, Seuchen und Hungersnöte als direkt von Gott veranlasste Strafen zur Demütigung der sündigen Menschen gesehen und werden deshalb häufig auch in den Kirchenbüchern erwähnt. Mit der Aufklärung wandelte sich dieses Bild und Naturphänomene wurden als solche erkannt und studiert. Das Erscheinen der ersten Zeitungen im 18. Jahrhundert brachte zudem einen enormen Fortschritt hinsichtlich der Berichterstattung auch kleinerer Ereignisse. Aber ähnlich wie heute müssen alle diese Aufzeichnungen und Meldungen kritisch beurteilt werden, denn Übertreibungen und falsche Berichte sind nicht selten.

Hier werden die Grenzen historischer Erdbebenforschung offensichtlich. Die Überlieferung historischer Erdbebenberichte ist ja nicht allein davon abhängig, ob ein Chronist das Ereignis für aufzeichnungswürdig erachtete oder es wegen gleichzeitiger, anderer Geschehnisse wie Krieg oder Seuchen als zweitrangig ansah, sondern auch, ob die Chronik selbst über die Jahrhunderte erhalten blieb. Ungeachtet dieser vielen unwägbaren Zufälligkeiten sind die historisch überlieferten Erdbebenberichte unverzichtbar für die Beschreibung des langzeitlichen seismischen Geschehens eines Landes. Die Beschränktheit der darauf basierenden Aussagen darf dabei allerdings nicht vergessen werden.

Die Entwicklung der ersten Erdbebenmessgeräte – Seismometer – gegen Ende des 19. Jahrhunderts und ihre verbreitete Installation im letzten Drittel des 20. Jahrhunderts markieren den Fortschritt von der qualitativen Beschreibung der gefühlten

Erdbeben zur quantitativen Messung der von einem Erdbebenherd abgestrahlten seismischen Wellen. Seit den 60er Jahren des 20. Jahrhunderts wurden immer mehr Seismometerstationen aufgebaut, z. T. zunächst initiiert von dem Bestreben der Weltmächte USA und UdSSR, die Nukleartests der Gegenseite zu überwachen. Und die damalige Bundesrepublik Deutschland, direkt an der Grenze zum Ostblock, war dafür ein idealer Standort. Heute umfasst das deutsche Stationsnetz mehr als 200 seismische Messstationen. Sie dienen neben der geowissenschaftlichen Grundlagenforschung besonders dem Ziel, die Erdbebentätigkeit in Raum und Zeit möglichst vollständig zu erfassen, um damit auch eine bessere Abschätzung der Erdbebengefährdung in unserem Land zu ermöglichen.

2 Datenerhebung

2.1 Historische Quellen

Die Motivation, Beobachtungen von Naturereignissen niederzuschreiben, kann sehr verschieden sein. Die Bewertung eines solchen Textes auf Verlässlichkeit ist, sofern erfahrbar, mit der Intention des Verfassers direkt verknüpft. Von Klerikern verfasste Traktate dienen häufig dem Zweck der Disziplinierung der Gläubigen und zur Darstellung der Allmacht Gottes, der die sündigen Menschen mit Naturkatastrophen zur Umkehr mahnt. Meldungen von Lehnsherren an ihren Fürsten über Gebäudeschäden nach einem Erdbeben können übertrieben sein, um einen geldwerten Vorteil zu erzielen. Im späten Mittelalter wurden auf Jahrmärkten Flugschriften u. a. zu aktuellen Naturereignissen angeboten. Die Problematik bei der Verwendung von Flugschriften für wissenschaftliche Aussagen liegt darin, dass sie natürlich reißerisch in der Aufmachung und übertrieben in der Aussage sein mussten, um Aufsehen zu erregen und so einen gewinnbringenden Absatz zu gewährleisten. Und immer wieder muss die Frage geklärt werden, ob das geschilderte Ereignis ein Erdbeben war oder die Umdeutung eines ganz anderen Geschehens, ob es gar eine Erfindung war oder aber Laxheit im Umgang mit historischen Quellen und deren falsche Wiedergabe.

Ein überzeugendes Beispiel für eine bewusste Verfälschung der Tatsachen ist die Flugschrift (Abb. 1) aus dem Jahr 1562/63 über einen Vulkanausbruch am 9. März 1562 im Breisgau, südwestlich Badenweiler im Ortsteil Lipburg, eindrucksvoll bebildert und von einem Pfarrer (!) geschildert (DERESIEWICZ 1982, 1985). In Wahrheit handelte es sich um einen noch heute erkennbaren gewaltigen Bergrutsch[1]. Die damit einhergehende mächtige Staubwolke wurde wohl als Rauchwolke umgedeutet, und die weit in die Ebene gerollten Felsen wurden als aus dem „Vulkan" herausgeschleudert angesehen.

Bei der Erforschung der Erdbebengeschichte eines Landes stellt oftmals, insbesondere bei weit zurückliegenden Geschehnissen, die Sekundärliteratur das einzig verfügbare Zeugnis dar, auf das sich die Bewertung stützen kann. Die ursprünglichen Quellen sind vielfach nicht mehr zugänglich oder sogar unbekannt, weil nicht angegeben.

[1]*Pers. Mitteilung vom 9.9.1992 von Dr. Karl Schädel, Geol. Landesamt Baden Württemberg: „Oberhalb Lipburg in ca. 630 m Höhe ist eine Abrissnische sichtbar, die 300 m breit ist. Die Bergrutschmasse zieht sich zungenartig hinab bis zu den obersten Häusern von Lipburg."*

aus dem Text unter dem Bild:

„ICH Abraham wag / Pfarrherer zu Bollrecht imm Breyßgaw / "

...

„ ... mit gläwbigen Hertzen empfahen / zur Besserung vnseres lebens / vnd zu Ehren seines Göttlichen Nammens."

Abb. 1: Flugschrift mit dem angeblichen Vulkanausbruch im Breisgau am 9. März 1562 (Quelle: Zentralbibliothek Zürich, Wickjana MSF 14, 141).
Ort: Breisgau, SW Badenweiler; Ortsteil Lipburg am „Reyenberg", einem Teil des „Blawenbergs" (= Blauen)

Fig 1: Woodcut of the supposed volcanic eruption in the Breisgau in Southern Germany on March 9, 1562.

Liegt der Herd des beschriebenen Bebens in einem seismisch aktiven Gebiet und bleibt die Bebenstärke im Rahmen der dort üblichen Beobachtungen, insbesondere denen jüngeren Datums, so erscheint der Wahrheitsgehalt der Beschreibung schlüssig. Ein mit der Zusammenstellung der Erdbebentätigkeit befasster Seismologe wird in diesem Fall keine Einwände haben, das Beben ohne Kenntnis der Urquellen in einen Erdbebenkatalog aufzunehmen.

Anders verhält es sich mit Berichten über Schadenbeben in bekanntermaßen seismisch nicht auffälligen Gebieten. Große Sorgfalt und ein gesundes Misstrauen gegenüber Zitaten und der Seriosität ihrer Verfasser ist in solchen Fällen geboten, denn Verfälschungen beim Abschreiben und beim Weitergeben können nie ausgeschlossen werden. In derart zweifelhaften Fällen kann deshalb nur versucht werden, die Originalquellen zu befragen und in den dem Ort des Geschehens benachbarten Chroniken weiterzuforschen. Zerstörerische Erdbeben sind in Mitteleuropa seltene Ereignisse, so dass sie wegen ihrer Seltenheit auch andernorts beschrieben sein müssten.

Ein Beispiel für die erfolgreiche Rückverfolgung bis auf die Originalquelle sei hier kurz beschrieben: Ein Historiker hatte 1819 aus seiner unvollständigen Erinnerung des urkundlichen Zitates eine falsche These entwickelt und eine angeblich verheerende Erdbebentätigkeit im Jahre 1046 im Raum Höxter und Holzminden postuliert, was dann in Publikationen anderer weitergetragen wurde. Der zeitgenössische Originaltext auf den Ostertafeln aus dem Kloster Corvey machte jedoch sofort deutlich, dass sich das verheerende Erdbeben in Norditalien ereignet hatte und vom Abt des Klosters Corvey auf seiner Heimreise aus Rom erlebt worden war (LEYDECKER & BRÜNING 1986).

Im Oktober 1612 ereigneten sich nach SIEBERG (1940) östlich des Teutoburger Waldes im Raum Bielefeld, Herford und Lemgo mehrere Erdstöße, deren Stärke von LEYDECKER (1986) mit Intensität IV abgeschätzt wurde. Die Neubewertung der Erdbebenfolge mit der neu bestimmten Intensität VI–VII oder gar VII durch VOGT & GRÜNTHAL (1994) stützt sich auf zwei Flugschriften, welche die Bebenwirkungen beschreiben. Die Chronik der Stadt Bielefeld (VOGELSANG 1980: 135) gibt eine dieser Flugschriften als Faksimile wieder. Sie stellt die Wirkungen des Hauptbebens in einem Bild dar, das von einem Kölner Drucker angefertigt worden war. Als Vorlage diente ihm ein ebenfalls abgedrucktes Poem eines unbekannten Dichters, wobei gut ein Viertel des Flugblatttextes von religiösem Inhalt ist. VOGELSANG (1980: 154) beurteilt dabei die inhaltliche Qualität der Darstellung wie folgt: „Es scheint als habe der Kupferstecher seine Ansicht nach einer Beschreibung, nicht nach der Wirklichkeit angefertigt." Dass die Zuverlässigkeit der Flugschrift als eingeschränkt betrachtet werden muss, zeigt sich auch in der folgenden Bemerkung Vogelsangs: "Leider weist sie außer den hohen gotischen Turmspitzen keine Ähnlichkeiten mit dem zeitgenössischen Bielefeld auf." Wegen der berechtigten Zweifel an der Glaubwürdigkeit der Flugschriften und auch auf Grund des geringen Schütterradius erscheint deshalb die Intensität VI angemessen und ausreichend.

Auch gezielte Falschmeldungen aus Schabernack gibt es, wie das erfundene Erdbeben vom 7.2.1822 bei Neuhausen in Bayern, das mit Intensität VI–VII u. a. auch Eingang in den deutschen Erdbebenkatalog (LEYDECKER 1986) gefunden hatte. Abgedruckt wurde der angeblich von Dorf-Honoratioren bezeugte Bericht am 12.2.1822 in der „Augsburger Ordinari Post Zeitung". Der Widerruf am 27.2.1822 in der gleichen Zeitung blieb jedoch unbemerkt, und so verblieb auch das Beben in den Erdbebenkatalogen. Erst BACHMANN & SCHMEDES (1993) konnten in Neuhausen und Augsburg die „entlastenden" Unterlagen auffinden und der Eintrag im Katalog konnte entfernt werden.

Alle diese Streichungen von Erdbeben und die wesentlichen Änderungen von Parametern sind in einem speziellen File, der zum deutschen Erdbebenkatalog gehört, mit Datum und Begründung dokumentiert. Damit lässt sich jederzeit nachvollziehen, wann und warum diese Änderungen an den Daten vorgenommen wurden.

2.2 Neuzeitliche Datenquellen

Die heute an den Seismometerstationen gewonnenen digitalen Messdaten von Erdbeben werden in den zuständigen Observatorien gesammelt und ausgewertet. Parallel dazu werden die zum deutschen Regionalnetz gehörenden Daten an die BGR nach Hannover gesandt und auch dort ausgewertet und die Bebenparameter berechnet: Herdzeit, Epizentrum, Herdtiefe, Magnitude ML. Die Ergebnisse der Berechnung zusammen mit den Einsatzzeiten an den Erdbebenstationen werden zunächst in einem monatlichen und dann, nach einer Überarbeitung, in einem jährlichen „Data Catalogue" publiziert. Diese Kataloge bilden die Grundlage zur Fortschreibung des hier vorgelegten Deutschen Erdbebenkatalogs.

Die Observatorien selbst werten, allerdings meist zeitlich verzögert, die Daten ihrer lokalen Stationsnetze aus und bestimmen ebenfalls die Bebenparameter. Wegen der größeren Stationsdichte und der lokal angepassten Geschwindigkeits-Tiefenmodelle werden diese Ergebnisse vorrangig in den Deutschen Erdbebenkatalog übernommen. Zudem können die örtlichen Seismologen aus langjähriger Erfahrung sehr sicher zwischen Sprengung und Erdbeben unterscheiden und damit die Meldungen anderer Datendienste korrigieren. Besonders hervorzuheben ist, dass an den Observatorien für ihren jeweiligen Überwachungsbereich die makroseismischen Beobachtungen gesammelt, bewertet und Epizentralintensitäten und Isoseistenradien bestimmt werden. Diese Daten sind wichtige Parameter im Erdbebenkatalog.

Zu den neuzeitlichen Datenquellen zählen insbesondere auch digitale Erdbebenkataloge benachbarter Länder. So wurde 1991 der Erdbebenkatalog für das Gebiet der DDR für die Jahre 823–1984 (GRÜNTHAL 1988) in den damaligen Katalog für die Bundesrepublik Deutschland überführt (zu Details s. in Anhang 5, vor II.). Auch Daten des Schweizer Katalogs ECOS (2001 und neuere Versionen) wurden für das Gebiet der Schweiz übernommen, sowie Daten aus französischen, niederländischen, dänischen, polnischen, tschechischen und österreichischen Katalogen für deren jeweiliges Territorium. In allen diesen übernommenen Daten wird als Referenz auf den jeweils ursprünglichen Katalog verwiesen, unabhängig davon, welche Hauptquelle die jeweiligen Autoren selbst angegeben haben. Denn wie unten ausführlich geschildert, werden häufig zusätzliche Quellen benutzt und die Autoren der Kataloge bringen eigene Interpretationen in den Datensatz ein. Auch deshalb müssen die Autoren als Verantwortliche für ihre Daten genannt und damit gleichzeitig auch ihre Leistung bei der Erstellung ihres Katalogs gewürdigt werden.

2.3 Stärkemaße für Erdbeben

Die Intensität eines Erdbebens beschreibt das Ausmaß der Einwirkung seismischer Wellen und möglicher Verschiebungen auf Menschen, Bauwerke und – in früheren Skalenversionen – auf die Landschaft. Die Intensitätsskala ist zwölfteilig gegliedert. Die einzelnen Intensitätsgrade werden mit römischen Ziffern geschrieben, um die Unterscheidung deutlich zu machen, dass es sich hierbei um qualitative Abschätzungen und nicht um instrumentell gemessene Werte wie die Magnitude handelt. Allerdings verleiht der zugewiesene Intensitätsgrad einer qualitativen Beschreibung auch eine Art Quantität. Es wird eine höchstens halbgradige Abstufung benutzt. Die Skala reicht von Intensität I, d. h. nicht verspürt, bis Intensität XII, d. h. nahezu vollständig zerstörend. Als Merkhilfe für die Einschätzung der Erdbebenwirkung gilt: ab Intensität VII treten merkliche Schäden an Gebäuden auf.

Die Kurzform der 1998 neu eingeführten und moderne Bauwerke einbeziehenden Europäischen Makroseismischen Skala EMS-98 (1998) ist in Tabelle 2 wiedergegeben. Die Kurzform stellt eine sehr starke Vereinfachung und Generalisierung der ausführlichen Fassung dar. Die EMS-98 ist eine Weiterentwicklung der früher verwendeten Skala MSK-64[2] (Sponheurer 1965) – Kurzform siehe Tabelle 1. Im unteren und mittleren Skalenbereich sind beide Skalen weitgehend identisch.

Die von C. F. Richter im Jahr 1935 eingeführte Magnitude ist ein logarithmisches Maß für die im Erdbebenherd freigesetzte seismische Wellenenergie. Die Magnitude wird aus instrumentellen Aufzeichnungen bestimmt. Bei gleicher Entfernung zwischen den Erdbebenherden zweier Beben und einem Seismometer ergibt sich die Zunahme um einen Magnitudenwert aus der 10-fachen Amplitude der Bodenbewegung. Es gibt verschiedene Magnitudenarten, je nach Entfernungsbereich und je nach Wellentyp, der zur Bestimmung verwendet wird.

Die Zunahme um einen Magnitudenwert bedeutet die Vergrößerung der seismischen Energie um das ca. 32-fache, die Zunahme um zwei Magnitudenwerte um das ca. 1000-fache (s. Anh. 9).

Intensität und Magnitude sind beide zur Charakterisierung eines Erdbebens wichtig. Die Magnitude allein ist ein Maß für die vom Erdbebenherd in Form von seismischen Wellen abgestrahlte Energie. Die Intensität dagegen wird nach einem

---

[2]*MSK-64 = 12-teilige makroseismische Intensitätsskala (s. Tabelle 1) nach Medwedev – Sponheuer – Karnik; entspricht der amerikanischen MM-Skala (Modified Mercalli Scale). Aus der MSK-64 Skala wurde die European Macroseismic Scale 1998 (EMS-98; s. Tabelle 2) entwickelt.*

Beben vor Ort durch Fragebogen oder Begehung festgelegt und beschreibt die Erschütterungswirkung und den Zerstörungsgrad. Mittels empirisch abgeleiteter Beziehungen lassen sich aus makroseismischen Befunden – Epizentralintensität, Isoseistenradien – Magnitudenwerte abschätzen (s. Tab. 5; Formeln in Anh. 9). Die Klassifizierung eines Erdbebens mittels der Intensitätsskala ist die einzige Möglichkeit, unsere Kenntnisse über die Erdbebentätigkeit qualitativ und eingeschränkt quantitativ auf vorinstrumentelle Zeiten zu erweitern. Die aus Chroniken, Kirchenbüchern, sonstigen Dokumenten und Zeitungsberichten überlieferten verbalen Beschreibungen der Auswirkungen von Erdbeben können damit in Intensitätswerte übertragen werden. Für jedes Erdbeben können makroseismische Karten gezeichnet werden. Im Zentrum der höchsten Intensitäten wird das Epizentrum des Erdbebens angenommen. Aus dem Ausmaß der flächenhaften Ausdehnung der Verspürbarkeit lassen sich durch Vergleich mit makroseismischen Karten neuzeitlicher Beben aus der gleichen Region mit berechneten Herdtiefen Rückschlüsse auf die Herdtiefen historischer Beben ziehen.

Durch die Bewertung der Stärke historischer und neuzeitlicher Beben mittels der Intensitätsskala kann ein einheitlicher Erdbebenkatalog für einen weit in die Vergangenheit reichenden Zeitraum erstellt werden. Damit auch wird eine bessere Gefährdungsabschätzung möglich; denn nur wer die Vergangenheit gut kennt, kann hinreichend verlässliche Aussagen für die Zukunft wagen.

3 Zusammenstellung der Daten

Das Erhebungsgebiet umfasst den Bereich zwischen den Breitengraden 47°N und 56°N und den Längengraden 5°E und 16°E. Darüber hinaus sollen jene Beben mit aufgenommen werden, die sich zwar außerhalb dieses Bereichs ereigneten, die in Deutschland jedoch noch mindestens mit Intensität V verspürt wurden.

Untere Grenzwerte für die Intensität der noch aufzunehmenden historischen Beben wurden zwar früher definiert (LEYDECKER 1986), aber in der Praxis nicht befolgt. Entscheidend war die Eindeutigkeit, mit der auf ein Beben geschlossen und mit der dessen Epizentrum und Intensität bestimmt werden konnten. Für neuzeitliche Beben in Deutschland wurde als kleinste noch zu erfassende Lokalmagnitude ML 2.0 festgelegt, es sei denn, das Beben wurde makroseismisch verspürt; oder es ereignete sich in einem seismisch ruhigen Gebiet und wurde aufgenommen, um aufzuzeigen, dass auch dort Bewegungen ablaufen. Eindeutig als Sprengung deklarierte Ereignisse wurden nicht aufgenommen.

Im Laufe der Zeit und bei der Anwendung der Erdbebendaten wurde eine intensitäts- und magnitudenbezogene Abstufung der noch zu erfassenden Beben außerhalb Deutschlands entwickelt. Mit Blick auf die Abschätzung der seismischen Gefährdung von Standorten oder Gebieten in Deutschland sollten grenznahe Beben außerhalb Deutschlands und Beben in grenzüberschreitenden erdbebengeographischen Regionen möglichst vollständig (ab ML = 2.0) erfasst werden, Beben aus weiter entfernten Regionen erst ab einem höheren Intensitäts- bzw. Magnitudenniveau. Werden auch für solche Regionen vollständige Datensätze benötigt, so wird auf die jeweils aktuellen nationalen Erdbebenkataloge verwiesen.

3.1 Datum und Herdzeit

Das Datum wurde entsprechend den in den wörtlichen Beschreibungen gegebenen Angaben übernommen. Die Herdzeitangabe vor 1900 entspricht der Angabe in den Erdbebenberichten. Bei allgemeinen zeitlichen Angaben wie z. B. „morgens" wurde keine Zeitangabe in den Katalog eingetragen.

Datum und Herdzeit von Erdbeben ab 1900 sind in Weltzeit (GMT) angegeben, wobei für nicht instrumentell beobachtete Beben als Herdzeit von der genannten Zeit der Wahrnehmung lediglich eine Stunde subtrahiert wurde. Bei jüngeren Beben, die alle instrumentell beobachtet wurden, ist die Zeitangabe in GMT selbstverständlich.

3.2 Herdkoordinaten und makroseismische Parameter

In historischen Berichten und auch in den Zusammenstellungen dieser historischen Berichte zu beschreibenden Katalogen z. B. bei SIEBERG (1940) – für die Jahre 58 bis 1799 – oder SPONHEUER (1952) – für die Jahre 1800 bis 1899 – sind keine Epizentrumskoordinaten angegeben. Datum, Tageszeit und Orte werden genannt und die dortigen Beobachtungen werden beschrieben. Die Umsetzung der geschilderten Bebenwirkungen in makroseismische Intensitätswerte erfolgte durch SIEBERG (1940) nur für wenige Beben jüngeren Datums, durch SPONHEUER (1952) dagegen für die meisten der aufgeführten Beben. Bei stärkeren Erdbeben sind die Orte mit gleicher Intensität zusammengefasst aufgeführt. Zudem gibt es in den beiden genannten Werken für einige Beben eigene makroseismische Karten oder zusammenfassende Karten, in denen für mehrere Beben eines Zeitraums ihr Verspürbarkeitsbereich – also jeweils die Isoseiste der Intensität ca. III – eingezeichnet ist.

Für jedes Beben wurde entweder die in den Quellen angegebene Epizentralintensität übernommen, wobei immer eine Prüfung der Plausibilität zwischen den Fakten und dem Intensitätswert erfolgte, die auch eine Korrektur des Intensitätswertes zur Folge haben konnte; oder aber die Epizentralintensität war nicht angegeben und wurde durch den Autor des vorliegenden Katalogs festgelegt.

Die mittleren Isoseistenradien und der Radius der Verspürbarkeit (also etwa Intensität III) wurden vom Autor bestimmt und als Erdbebenparameter übernommen. Bei ausgeprägt langgestreckten, also elliptischen Isoseisten, wurden aus makroseismischen Karten das Achsenverhältnis und der Azimut der Hauptachse gegen Nord als weitere Parameter bestimmt.

Um zu den geographischen Koordinaten des Epizentrums historischer Beben zu kommen, wurden je nach Quellenlage unterschiedliche Wege beschritten:

– Bei schwächeren Erdbeben wurden die Koordinaten des Ortes mit den stärksten beobachteten Bebenwirkungen als Epizentrum festgelegt.

– Bei der Nennung mehrerer Orte mit vergleichbaren Erschütterungswirkungen wurde eine makroseismische Kartenskizze entworfen und das Epizentrum im Schwerpunkt der Isoseistenfläche angenommen.

– Bei starken Beben wurden entweder die bereits vorliegenden makroseismischen Karten übernommen oder es wurde eine eigene makroseismische Karte gezeichnet. Das Epizentrum wurde dann im Ort mit den stärksten Auswirkungen oder im Schwerpunkt der innersten Isoseistenfläche angenommen.

In den obigen Fällen verweist die im hier vorliegenden deutschen Erdbebenkatalog bei jedem Erdbeben genannte Referenz auf die Hauptquelle zu diesem Beben. Die im Katalog aufgeführten Parameter beruhen auf der durch den Autor vorgenommenen Interpretation der in der Hauptquelle und möglicherweise noch in weiteren Quellen beschriebenen Beobachtungen. Da diese Zahlenwerte der in der Referenz genannten Quelle nicht direkt entnommen sind, können deren Autoren damit auch nicht belastet werden. Verantwortlich für die Ableitung dieser Parameter ist allein der Autor des vorliegenden Katalogs.

Neben den oben aufgeführten Fällen gibt es alle möglichen Mischformen der Parameterherkunft: komplette Übernahme oder Teilübernahme mit zusätzlich vom Autor bestimmten Parametern, oder jeweils Teilübernahmen aus verschiedenen Quellen, oder Teilübernahmen und Neuinterpretation bereits bestimmter einzelner Parameter. In jedem Fall wird in der Referenz die Autorenschaft für die Hauptparameter benannt. In Anhang 6 oder 7 wird auf eventuell vorgenommene Neuinterpretationen begründet hingewiesen.

Die zu jedem Erdbeben genannte Referenz besteht immer aus drei alphanumerischen Zeichen: die ersten beiden Zeichen benennen die jeweilige Hauptquelle; das an dritter Stelle angegebene „y" weist hin auf die Verantwortlichkeit des Autors des vorliegenden Katalogs für die aufgeführten Erdbebenparameter.

Die Intensitäten sind vom Autor gemäß der Skala MSK-64 (SPONHEUER 1952) eingeschätzt und angegeben. Die Intensitätsangaben bei SPONHEUER (1952) und bei SIEBERG (1940) beruhen auf einer Vorgängerskala, können aber den Werten aus der MSK-64 Skala gleich gesetzt werden. Die Intensitätsangaben zu den Beben aus den letzten Jahren sind gemäß der EMS-98 (1998) bestimmt worden. Im Katalog ist bei jeder Epizentralintensität die verwendete Intensitätsskala genannt.

Wesentlich für die Einschätzung der Energie und der seismotektonischen Bedeutung historischer Beben sind die Größe der Isoseistenradien, also die Bereiche der unterschiedlichen Erschütterungsstärken und die Weite der Verspürbarkeit, sowie die Epizentralintensität. Denn bei gleicher Herdenergie wird das Beben mit kleiner Herdtiefe an der Erdoberfläche zwar eine höhere Intensität hervorrufen als das Beben mit großer Herdtiefe, aber die höhere Intensität wird nach außen rasch abklingen, während die Erschütterungswirkung des tieferen Herdes noch in größerer Entfernung als die des flachen Herdes zu beobachten sein wird. Das Intensitäts-Abklingverhalten lässt sich recht gut nachbilden mit der Formel von SPONHEUER (1960), die auf der Arbeit von KÖVESLIGHETY (1907) basiert (s. Anh 9, Formel (3)). Hat man mehrere Isoseistenradien eines historischen Bebens, so lässt sich mit (3) in einem iterativen Rechenverfahren ein recht genauer Schätzwert der Herdtiefe h bestimmen.

Epizentralintensität und Herdtiefe zusammen sind, wie oben erläutert, die entscheidenden Parameter, um bei historischen bzw. nicht instrumentell beobachteten Beben zu einer Abschätzung der im Erdbebenherdprozess umgesetzten und z. T. abgestrahlten Energie, also der Bebenmagnitude, zu kommen. Epizentralintensität und Isoseistenradien sind aber auch für instrumentell beobachtete Beben wichtige, das Erdbeben charakterisierende Parameter. Zudem gewährleistet ihre fortgesetzte Erhebung die notwendige Kontinuität, um historische Beben mit neuzeitlichen zu verknüpfen.

3.3 Magnituden

Im deutschen Erdbebenkatalog können maximal vier verschiedene Magnituden pro Beben verzeichnet sein:

- Lokalbebenmagnitude ML
- Momentmagnitude MW
- Makroseismische Magnitude MK
- Oberflächenwellenmagnitude MS

Lokalbebenmagnitude ML
Die Lokalbebenmagnitude ML ist instrumentell bestimmt.
Nur für wenige historische Beben aus eng umgrenzten Gebieten wurde ML über eigens für dieses Gebiet entwickelte empirische Beziehungen aus makroseismischen Daten bestimmt. In diesen Fällen ist als Referenz die entsprechende Publikation zitiert.

Momentmagnitude MW
Die direkte Bestimmung der Momentmagnitude aus instrumentellen Aufzeichnungen ist nur für wenige Beben durchgeführt worden. Diese Werte wurden in den Katalog übernommen.

Mittels verschiedener empirischer Beziehungen lässt sich MW aus dem instrumentell bestimmten ML abschätzen. Um MW auf diesem Weg auch für historische Beben angeben zu können, muss zunächst ML aus makroseismischen Daten abgeschätzt werden. Die auf diese Weise ermittelten Magnituden wurden nicht in den Katalog übernommen (s. u.).

Mit den speziellen Gleichungssystemen von JOHNSTON (1996) für Erdbeben in stabilen kontinentalen Regionen wurde für ausgewählte Erdbeben MW aus ihren makroseismischen Parametern berechnet und in den Katalog aufgenommen. Die Auswahlkriterien und die Ergebnisse sind in Tabelle 5 aufgelistet.

Auf die Aufnahme weiterer für historische Beben bestimmte MW-Werte wurde verzichtet, denn empirische Beziehungen werden von Zeit zu Zeit in immer neuen, dem jeweiligen Erkenntnisstand entsprechenden Variationen vorgestellt. Damit sind auch die daraus mittelbar gewonnenen Werte Veränderliche. Sollte ein Nutzer des Katalogs z. B. MW benötigen, so wird empfohlen, die jeweils aktuelle, den regionalen Eigenheiten entsprechende Konversionsformeln der Fachliteratur zu entnehmen. Empirische Beziehungen zwischen Epizentralintensität und Magnitude allein ohne die Herdtiefe als Parameter liefern allerdings keine belastbaren Magnitudenwerte.

Makroseismische Magnitude MK
Die Makroseismische Magnitude MK wurde über spezielle Formeln, die in den regionalen Erdbebenobservatorien jeweils für ihren eigenen Zuständigkeitsbereich entwickelt worden waren, von den lokalen Bearbeitern aus makroseismischen Daten bestimmt. Besonders die Erdbebenstationen Bensberg und Stuttgart hatten solche empirischen Formeln für ihren Bereich abgeleitet und auch konsequent angewandt.

Oberflächenwellenmagnitude MS
Nur für wenige Beben ist die Oberflächenwellenmagnitude MS aus Fernregistrierungen bestimmt worden und dann angegeben.

3.4 Erdbebengeographische Einordnung der Epizentren und Ortsangabe

Zur Beschreibung der Seismizität zusammengehöriger Gebiete wurde die Oberfläche der Erde erstmals im Jahre 1954 in 50 großräumige seismische Regionen aufgeteilt, 1965 wurde diese Einteilung auf 728 Regionen verfeinert, wobei deren Begrenzungen gradweise erfolgte, um eine dem damaligen Stand der Computertechnik entsprechende automatische Einordnung eines Epizentrums in seine Region zu ermöglichen. Die Einteilung war deshalb sehr grob und das Ergebnis wenig aussagekräftig. So reichte z. B. die Region Nr. 543 mit der Bezeichnung „Germany" von Ostfrankreich bis Ostpolen.

Im Auftrag der IASPEI (International Association for Seismology and Physics of the Earth Interior) wurde deshalb das Gebiet der Bundesrepublik Deutschland beispielgebend entsprechend den seismotektonischen Gegebenheiten in kleinere Einheiten unterteilt und benannt. Durch die Berücksichtigung der geologischen Entwicklung und der tektonischen Verhältnisse konnten auch Gebiete mit sehr geringer Seismizität unterteilt werden. Diese erdbebengeographische Einteilung wurde in Absprache mit allen deutschen seismologischen Observatorien vorgenommen (LEYDECKER & AICHELE 1998). Die dabei bereits angedeutete Unterteilung des Oberrheingrabens in einen nördlichen und einen südlichen Teil mit dem Kraichgau als Trennungslinie wurde hier umgesetzt, wobei für Gefährdungsabschätzungen die Unterteilung verfeinert und eine eigene Region um Basel festgelegt werden müsste.

Abb. 2a: Neue erdbebengeographische Einteilung Deutschlands und benachbarter Länder mit den deutschen Namen der Regionen.

Fig. 2a: The new seismogeographical regionalisation of Germany and neighbouring countries with the German names of the regions.

Abb. 2b: Neue erdbebengeographische Einteilung Deutschlands und benachbarter Länder mit den englischen Namen der Regionen.

Fig. 2b: The new seismogeographical regionalisation of Germany and neighbouring countries with the English names of the regions.

Aus dem Zusammenhang von geologischen Störungen und der Erdbebentätigkeit für den Raum Thüringen leitete NEUNHÖFER (2009) eine Neueinteilung der Region Vogtland ab, die ebenfalls in den vorliegenden Katalog übernommen wurde.

Die Abstimmung an den Grenzen erfolgte mit den nationalen Institutionen der Nachbarländer, die die erdbebengeographische Einteilung in ihren Ländern weiterführten. Die verantwortlichen Autoren sind, nach Ländern getrennt, in Anhang 4 aufgelistet zusammen mit den Regionennamen und den im Datenkatalog verwendeten Abkürzungen (zwei Buchstaben). Die Eckkoordinaten aller Regionen sind in einem Datenfile auf der beiliegenden CD zusammengestellt.

Nunmehr ist es möglich, einem Epizentrum neben den wenig aussagekräftigen Koordinaten automatisch den Namen seiner Region zuzuordnen und so eine verbale Beschreibung des Epizentralgebietes zu erhalten. In den Abbildungen 2a und 2b sind die erdbebengeographischen Regionen Deutschlands und der angrenzenden Gebiete dargestellt.

Die Ortsangabe des Epizentrums bezeichnet entweder den Ort stärkster Verspürbarkeit oder bei nichtverspürten Ereignissen den nächstliegenden Ort oder die nächste größere Stadt oder auch die Ortsbezeichnung der topographischen Karte 1 : 50000.

4 Erdbebenkatalog und Epizentrenkarten

4.1 Erdbebenkatalog und zugehörige Dateien

Der Erdbebenkatalog für Deutschland und Randgebiete für den Zeitraum von 800 bis 2008 umfasst 12698 seismische Ereignisse. Mehr als die Hälfte der Ereignisse entstammt den vergangenen ca. 35 Jahren und ist natürlich direkt verbunden mit der Zunahme an Zahl und Empfindlichkeit der Seismometerstationen in Deutschland und den Nachbarländern und der dadurch gewonnenen hohen Entdeckungsfähigkeit. Dazu kommt seit 1974 die jährliche Herausgabe des deutschen Datenkatalogs mit den Einsatzzeiten an deutschen Stationen. Beides zusammen bildet die notwendige Voraussetzung, um das seismische Geschehen eines Landes weitgehend erfassen zu können.

Ein Abdruck des gesamten Erdbebenkatalogs ist aus Platzgründen nicht möglich. Deshalb werden in Anhang 2 nur die Beben ab Intensität Io = IV oder ab ML = 3.0 aufgelistet. In Anhang 3 sind alle Schadenbeben ab Intensität VI–VII dargestellt. Die Erläuterungen zu den Erdbebenlisten stehen in Anhang 1. Den gesamten Erdbebenkatalog enthält die beiliegende CD.

Die Formatbeschreibung des Erdbebenkatalogs und die Liste der Abkürzungen der erdbebengeographischen Regionen und der politischen Einheiten Mitteleuropas sind in Anhang 4 enthalten. Jedem Beben wird über ein vom Autor entwickeltes Rechenprogramm (s. beiliegende CD) eine aus zwei Buchstaben bestehende Abkürzung der erdbebengeographischen Region zugeordnet, in der es liegt.

Leerstellen besagen, dass es für das Epizentralgebiet bisher noch keine solche Einteilung gibt. Die Zuordnung des Epizentrums zu einer politischen Einheit erfolgt durch den Autor. Die Zugehörigkeit zu einer politischen Einheit ist natürlich in keiner Weise seismologisch relevant, sie hat historische Gründe und erleichtert zudem in Verbindung mit der Ortsangabe des Epizentrums die gedankliche geographische Lokalisierung.

Jedem Erdbeben ist, wie unter 3.2 ausgeführt, eine Referenz zugeordnet, bestehend aus drei alpha-numerischen Zeichen. Sie bezeichnet die Hauptquelle zu diesem Beben, wobei die Zahlenwerte der Parameter unterschiedlichster Herkunft sein können:

– vollständige durch den Autor vorgenommene Interpretation der in der Hauptquelle und möglicherweise noch in weiteren Quellen beschriebenen Beobachtungen;

– durch den Autor veränderte oder ergänzend hinzugefügte Parameter;

– vollständige Übernahme der Daten aus der in der Referenz genannten Quelle.

Die Autoren der in der Referenz genannten Quelle können deshalb mit den Zahlenwerten der Parameter nicht ohne Nachprüfung belastet werden. Verantwortlich für die Parameter ist der Autor des vorliegenden Katalogs.

Wie bereits oben ausgeführt, besteht die zu jedem Erdbeben angegebene Referenz immer aus drei alphanumerischen Zeichen: in den ersten beiden Zeichen wird eindeutig die jeweilige Hauptquelle benannt; das in der dritten Stelle angegebene „y" weist auf die Verantwortlichkeit des Autors des vorliegenden Katalogs für die aufgeführten Erdbebenparameter hin.

Die Abkürzungen der Referenzen und die zugehörigen Quellen, die Hauptquellen also, sind in Anhang 5 aufgeführt. Neben den Hauptquellen wurden weitere Quellen für die Bestimmung der Erdbebenparameter benutzt. Diese sind ebenfalls in Anhang 5 wiedergegeben, ebenso eine Sammlung von Literaturzitaten zur Seismizität Deutschlands; ein Anspruch auf Vollständigkeit wird für diese Sammlung jedoch nicht erhoben.

Bei historischen Beben kann das Auffinden neuer Quellen eine Neubestimmung wichtiger Bebenparameter oder sogar eine Streichung des Bebens aus dem Katalog zur Folge haben. Diese gewichtigen Veränderungen sind mit Datum und Begründung dokumentiert. Es muss für einen Nutzer des Katalogs nachvollziehbar sein, wann und warum wesentliche Änderungen an den Daten oder die Streichung des Ereignisses vorgenommen wurden.

Anhang 6 und 7 enthalten geordnet nach dem Ereignisdatum die Liste der Beben mit wesentlich veränderten, das Beben charakterisierenden Parametern. Unterschieden wird dabei in der Auflistung zwischen fundamental geänderten Parametern (Anhang 6) und geänderten signifikanten einzelnen Parametern (Anhang 7). Angegeben sind immer der frühere Eintrag im Katalog und davor der nunmehr aktuelle. Auch das Datum der Änderung und die Begründung, entweder textlich kurz erläutert oder als Verweis auf eine Veröffentlichung, sind aufgeführt. Das Literaturzitat kann in Anhang 5 nachgeschlagen werden.

Anhang 8 listet, geordnet nach dem Ereignisdatum, die gelöschten Beben. Angegeben ist immer auch das Datum der Streichung und die Begründung, entweder textlich kurz ausgeführt oder als Verweis auf eine Veröffentlichung, nachzuschlagen in Anhang 5. Die gelöschten Beben sind in der Epizentrenkarte in Abbildung 9 an ihrem ursprünglichen Ort mit Jahreszahl eingezeichnet.

Allgemeiner Hinweis:
Um den Erdbebenkatalog als ASCII-Datensatz international verwendbar zu gestalten, wurden alle Umlaute durch Vokale ersetzt, also z. B. „ä" durch „ae", sowie „ß" durch „ss", und zwar sowohl im Erdbebenkatalog selbst in der zu jedem Beben angegebenen Lokation als auch in den zum Erdbebenkatalog gehörigen Dateien. Zudem sind diese Dateien in englischer Sprache verfasst, um den Katalog einer internationalen Nutzung zugänglich zu machen.

4.2 Erdbebenkarten

Die räumliche Verteilung der Erdbeben für bestimmte Zeiträume ist in den Epizentrenkarten der Abbildungen 3 bis 8 dargestellt. Hinzu kommt noch mit Abbildung 9 eine Karte mit den gelöschten Erdbeben.

Die Karte (Abb. 3a) der Schadenbeben ab Intensität VI–VII (VI ½) und die Karte aller Beben (Abb. 4a), beide für den Zeitraum 800–2008, zeigen sehr deutlich die seismisch unterschiedlich aktiven Gebiete in Deutschland und in den angrenzenden Nachbarländern. Bei der Darstellung der erdbebengeographischen Regionen gemeinsam mit den Epizentren der Schadenbeben in Abb. 3b und mit allen Beben in Abb. 4b wird die bereits benannte Vorgehensweise bei der Regioneneinteilung deutlich, nämlich dass neben der Seismizität in starkem Maße auch die geologische Entwicklung und die tektonischen Verhältnisse einbezogen wurden.

Die oben erwähnte zeitliche Staffelung der Anzahl der Beben im Katalog wird gut erkennbar in den Epizentrenkarten für vier Zeiträume:

- Abbildung 5 für die Jahre 800 bis 1499 mit 71 Beben zeigt unsere geringe Kenntnis über die damalige Erdbebentätigkeit.

- Abbildung 6 für die Jahre 1500 bis 1799 mit 525 Beben und Abbildung 7 für die Jahre 1800 bis 1899 mit 914 Beben zeigen, dass die Zahl der überlieferten Dokumente erheblich zugenommen hat, insbesondere auch mit dem Aufkommen von Zeitungen. Zudem war mit der Aufklärung das Interesse und das Verständnis für das Naturphänomen Erdbeben gewachsen.

- Abbildung 8 für die Jahre 1900 bis 2008 mit über 11100 seismischen Ereignissen zeigt die gewaltige Zunahme der Anzahl der erfassten Beben mit

Hilfe der immer stärker ausgebauten instrumentellen Überwachung. Hinzu kommen die Schwarmbeben Serien im Vogtland mit jeweils bis zu mehreren hundert Ereignissen, die wesentlich zur Anzahl der katalogisierten Beben beitragen.

Auch die Gebiete mit Kohlebergbau – Ruhrgebiet, Saarland und Ibbenbüren – und die Gebiete mit Kalibergbau in flacher Lagerung – Werratal und Harzvorland – treten im 20. Jahrhundert mit bergbaubedingten Ereignissen plötzlich hervor. Vergleicht man hiermit die Karten vor 1900, so ist aus den Bergbaugebieten keine natürliche Erdbebentätigkeit überliefert.

5 Zur Seismizität Deutschlands

5.1 Die Erdbebentätigkeit

Die Epizentrenkarten zeigen sehr deutlich die unterschiedliche Erdbebentätigkeit in Deutschland und in den angrenzenden Gebieten. Erdbeben sind in Deutschland nicht gleichmäßig verteilt, sondern konzentrieren sich in unterschiedlich aktiven Regionen (Abb. 4): im Westen und Süden sowie im mittleren Teil des Ostens. In der Karte mit den Schadenbeben ab Intensität VI–VII (Abb. 3) sind die Gebiete erhöhter Seismizität besonders gut erkennbar. Aus der zeitlichen Abfolge der Erdbebenkarten (Abb. 5–8) lassen sich die zeitlichen und räumlichen Veränderungen der lokalen Erdbebentätigkeiten gut ablesen.

Über die Jahrhunderte ist eine stete Seismizität dokumentiert für den nordwestlichen Rand der Alpen, das Bodenseegebiet, den Oberrheingraben von Basel bis Mainz und für die Niederrheinische Bucht nordwestlich von Bonn, wobei auch immer wieder Zentren kurzzeitig erhöhter Seismizität auftreten können. Insbesondere in der Niederrheinischen Bucht ereigneten sich immer wieder schwere Erdbeben, so 1756 bei Düren, 1878 bei Tollhausen und 1992 bei Roermond.

Ein ganz anderes Verhalten dagegen zeigt die Schwäbische Alb südlich von Stuttgart. In der Vergangenheit seismisch nur wenig auffällig, entwickelte sie sich im 20. Jahrhundert, genauer ab November 1911, zum aktivsten Erdbebengebiet in Deutschland. Starke Schadenbeben ereigneten sich dort 1911 (Int. VIII), 1943 (Int. VIII) und 1978 (Int. VII–VIII).

Im Osten Deutschlands zeigen der Bereich um Leipzig, bei Gera und das Vogtland ebenfalls eine bemerkenswerte Erdbebentätigkeit. Die weiträumige Region Norddeutschland ist nahezu frei von Erdbeben; die wenigen bekannten erreichen maximal Intensität VI (noch keine Gebäudeschäden). Die nichttektonischen Schadenbeben in Abbildung 4 sind durch Bergbau verursachte Gebirgsschläge.

Die Erdbeben in Deutschland erreichten seit dem Jahre 800 maximal Intensitäten von VIII, die größte Magnitude ML = 6.1 wurde beim Beben von Ebingen auf der Schwäbischen Alb am 16.11.1911 gemessen (s. Tab. 3).

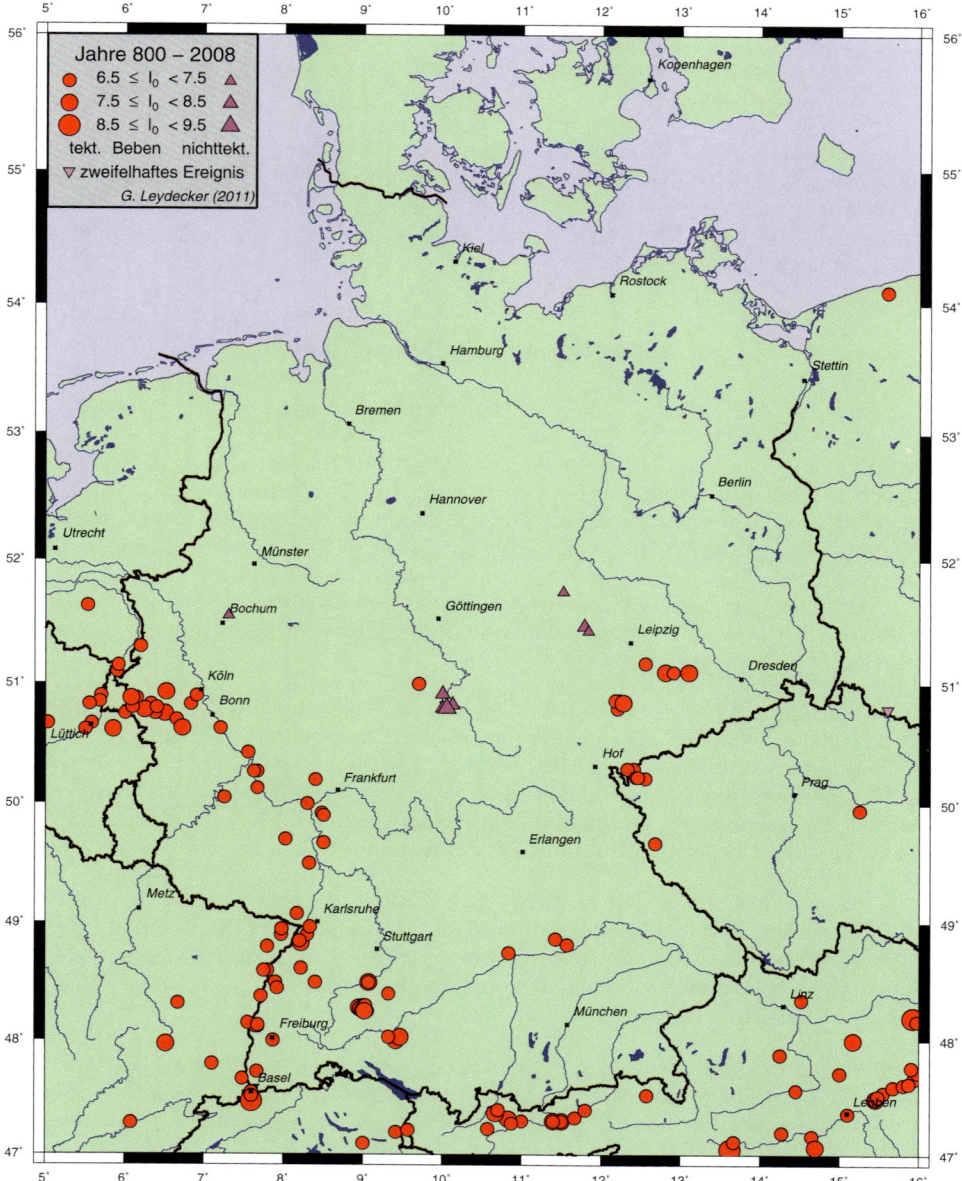

Abb. 3a: Karte der Schadenbeben in Deutschland mit Randgebieten für die Jahre 800 bis 2008. Dargestellt sind alle Beben ab Intensität VI–VII (VI ½) (kleinere Gebäudeschäden). Die Größe der Erdbebensymbole ist entsprechend der Epizentralintensität Io gezeichnet. Die Dreiecke kennzeichnen Gebirgsschläge (Zusammenbruch von Bergwerksbereichen) mit Schäden an oberirdischen Gebäuden.

Fig. 3a: Map of epicenters of damaging earthquakes in Germany and adjacent areas for the period from AD 800 to 2008. Plotted are all earthquakes as from intensity VI–VII (VI ½) (small damages to buildings). The sizes of the earthquake symbols are according to the epicentral intensity Io. The triangles indicate rock-bursts (collapse of mine parts) with damages on surface buildings.

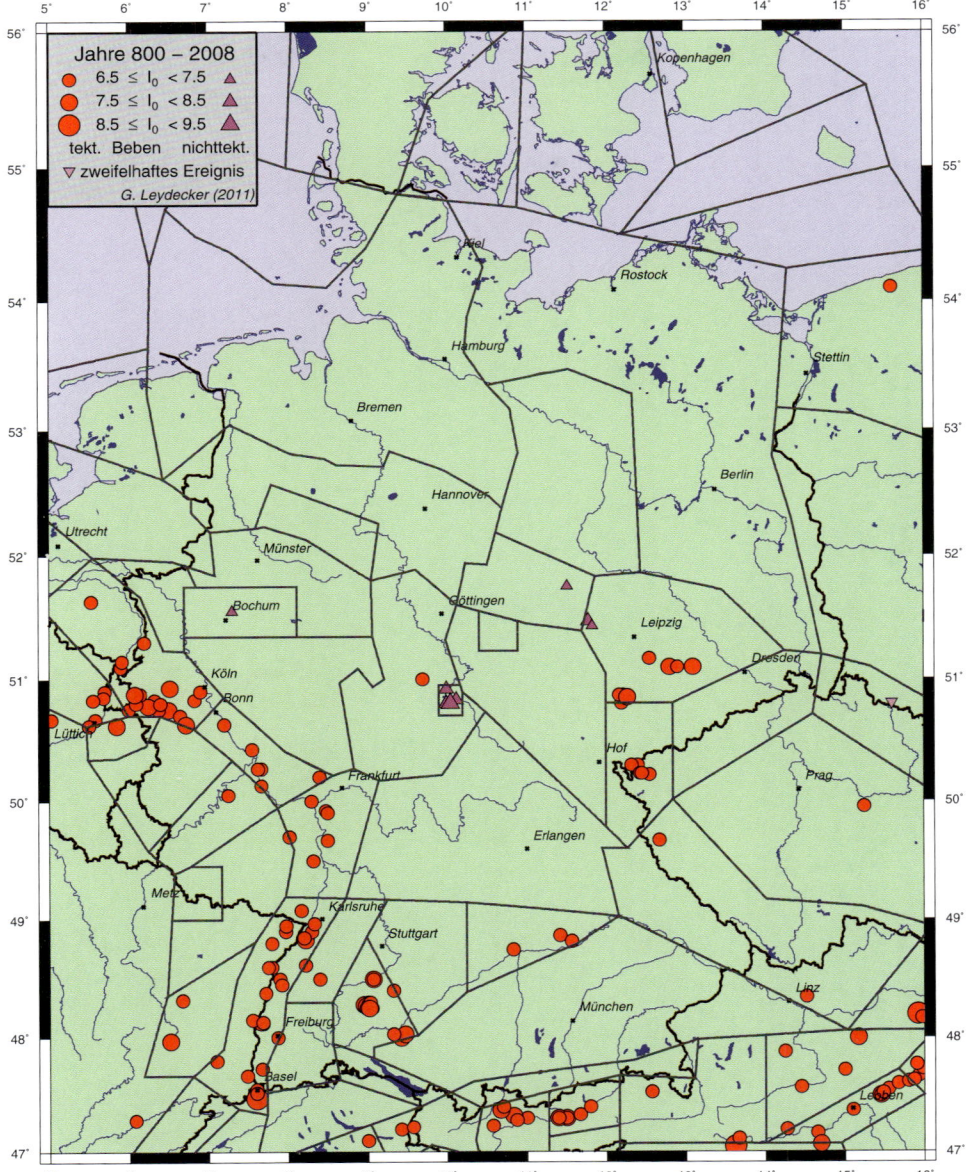

Abb. 3b: Karte der Schadenbeben in Deutschland mit Randgebieten für die Jahre 800 bis 2008 (Erläuterungen s. Abb. 3a) zusammen mit den neuen erdbebengeographischen Regionen (s. Abb. 2a und 2b).

Fig. 3b: Map of epicenters of damaging earthquakes in Germany and adjacent areas for the period from AD 800 to 2008 (explanation s. fig. 3a) together with the new seismogeographical regions (s. fig. 2a and 2b).

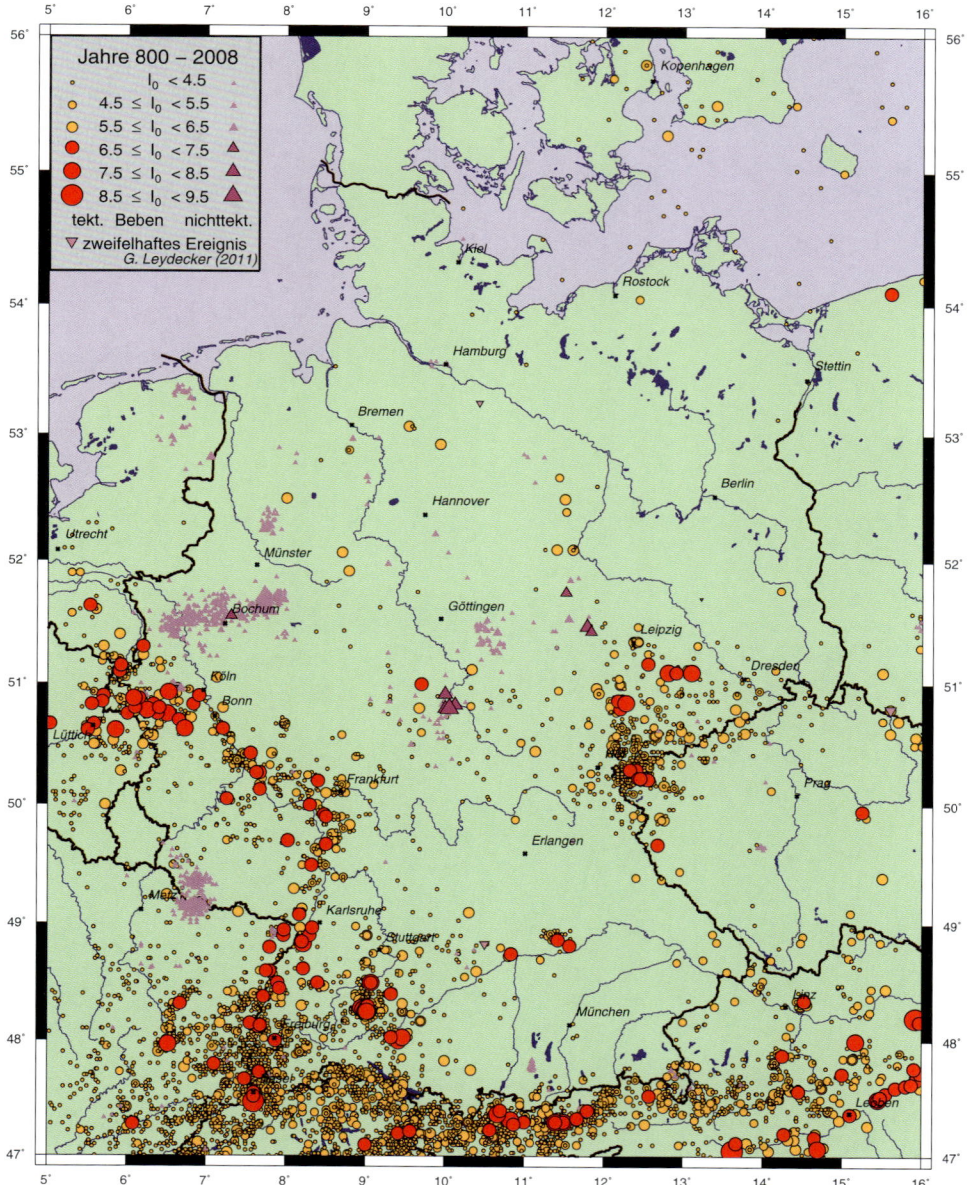

Abb. 4a: Karte der Erdbeben in Deutschland mit Randgebieten für die Jahre 800 bis 2008. Die Größe der Erdbebensymbole ist entsprechend der Epizentralintensität Io gezeichnet. Die Dreiecke kennzeichnen nichttektonische Ereignisse wie Gebirgsschläge, Ereignisse in Bergbaugebieten und in Erdöl- und Erdgasfördergebieten, induzierte Beben. Io < 4.5 schließt auch nicht verspürte Erdbeben mit ein.

Fig. 4a: Map of earthquake epicenters in Germany and adjacent areas for the period from AD 800 to 2008. The sizes of the earthquake symbols are according to the epicentral intensity Io. The triangles indicate nontectonic events like rockbursts, events in mining areas and in extraction areas for gas and oil, induced events. Io < 4.5 also includes nonfelt earthquakes.

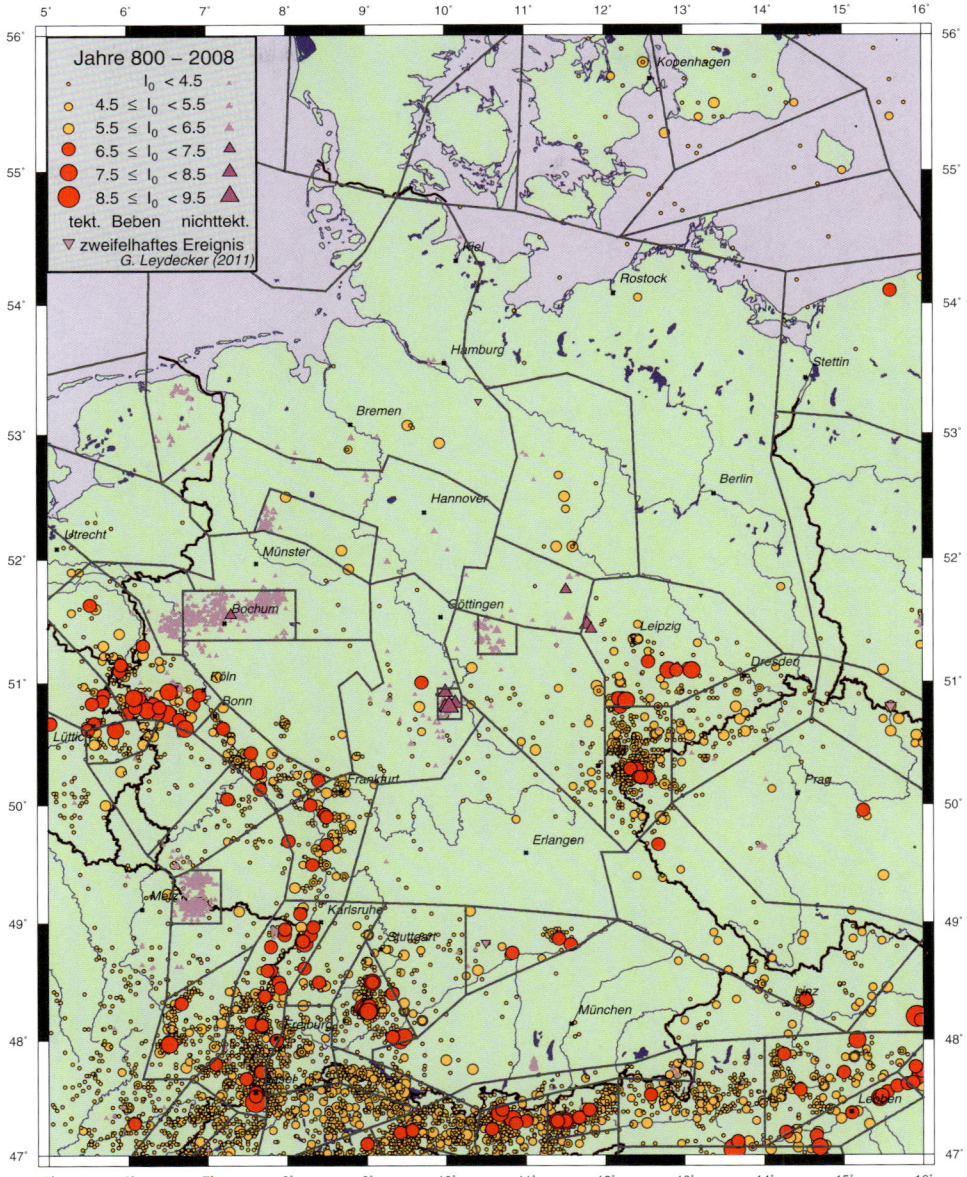

Abb. 4b: Karte der Erdbeben in Deutschland mit Randgebieten für die Jahre 800 bis 2008 (Erläuterungen s. Abb. 4a) zusammen mit den neuen erdbebengeographischen Regionen (s. Abb. 2a und 2b).

Fig. 4b: Map of earthquake epicenters in Germany and adjacent areas for the period from AD 800 to 2008 (explanation s. fig. 4a) together with the new seismogeographical regions (s. fig. 2a and 2b).

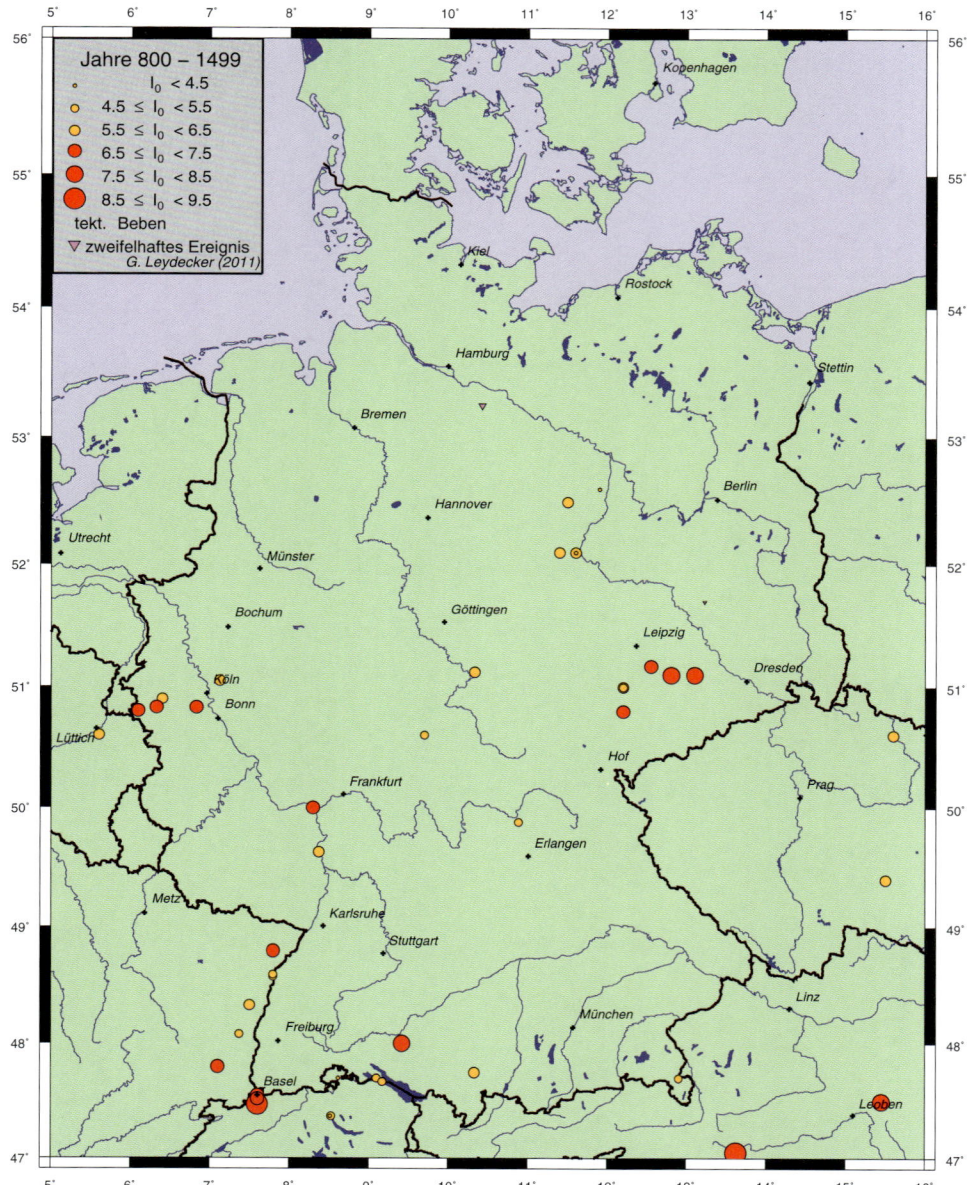

Abb. 5: Karte der Erdbeben in Deutschland mit Randgebieten für die Jahre 800 bis 1499. Die Größe der Erdbebensymbole ist entsprechend der Epizentralintensität Io gezeichnet.

Fig. 5: Map of earthquake epicenters in Germany and adjacent areas for the period from AD 800 to 1499. The sizes of the earthquake symbols are according to the epicentral intensity Io.

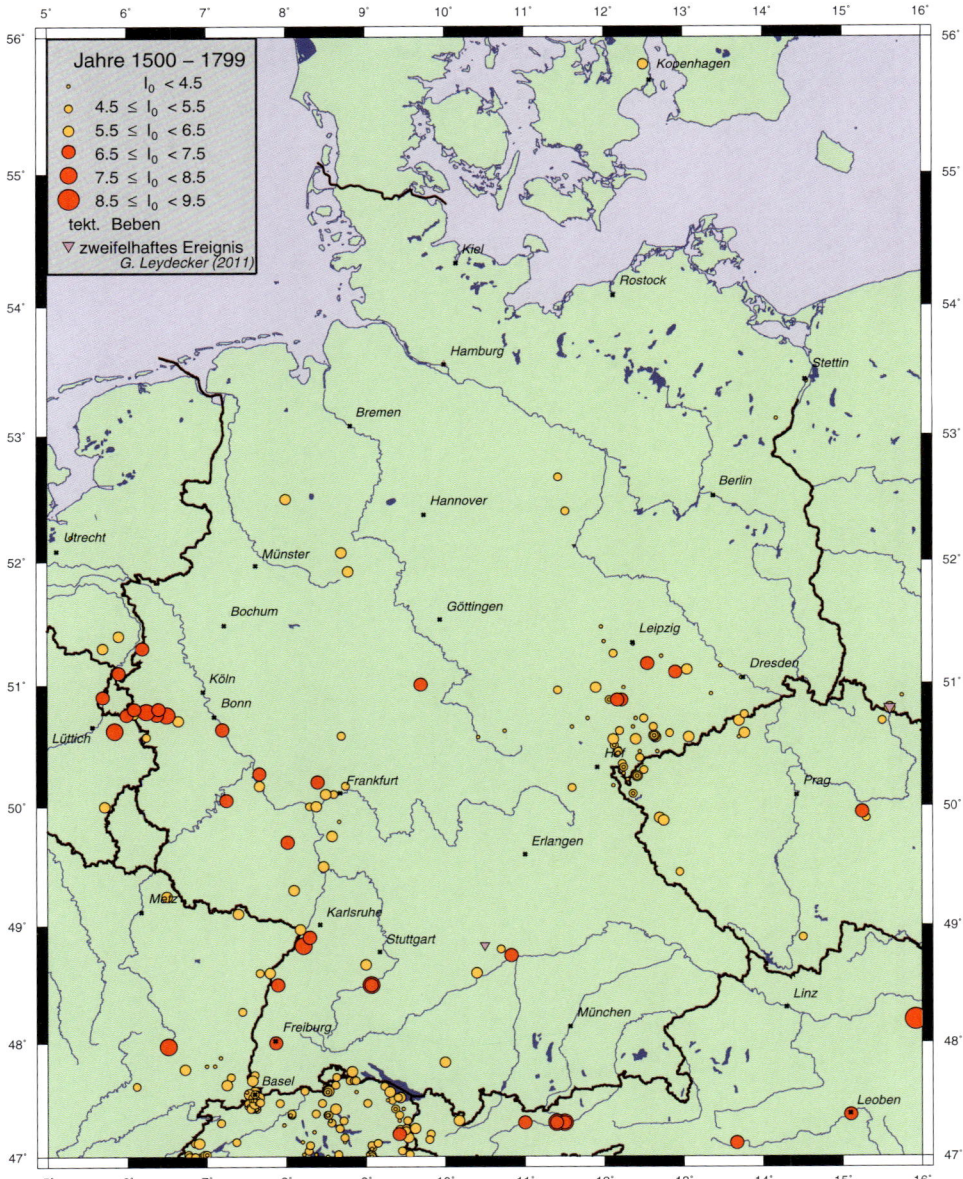

Abb. 6: Karte der Erdbeben in Deutschland mit Randgebieten für die Jahre 1500 bis 1799. Die Größe der Erdbebensymbole ist entsprechend der Epizentralintensität Io gezeichnet.

Fig. 6: Map of earthquake epicenters in Germany and adjacent areas for the period from AD 1500 to 1799. The sizes of the earthquake symbols are according to the epicentral intensity Io.

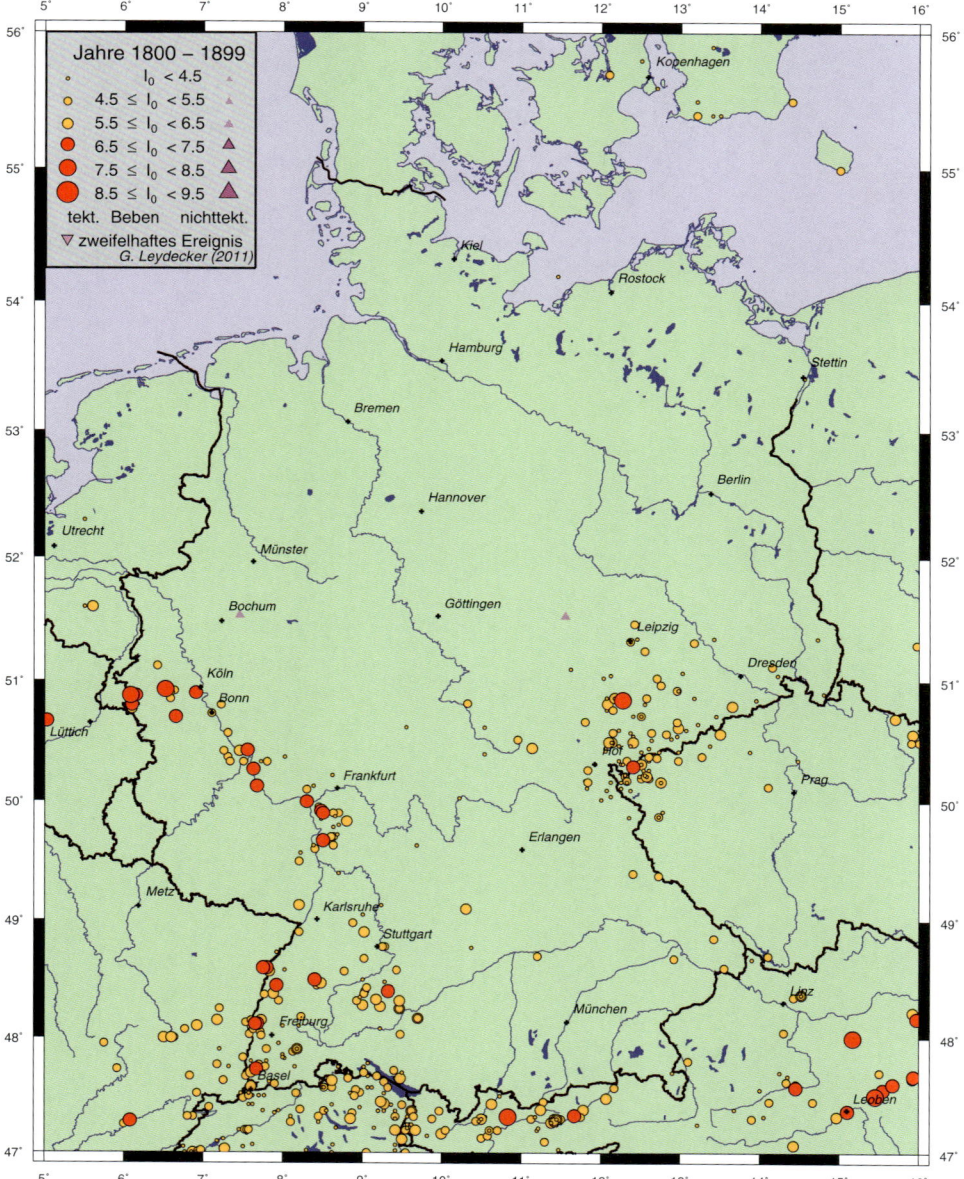

Abb. 7: Karte der Erdbeben in Deutschland mit Randgebieten für die Jahre 1800 bis 1899. Die Größe der Erdbebensymbole ist entsprechend der Epizentralintensität Io gezeichnet. Die Dreiecke kennzeichnen nichttektonische Ereignisse.

Fig. 7: Map of earthquake epicenters in Germany and adjacent areas for the period from AD 1800 to 1899. The sizes of the earthquake symbols are according to the epicentral intensity Io. The triangles indicate nontectonic events.

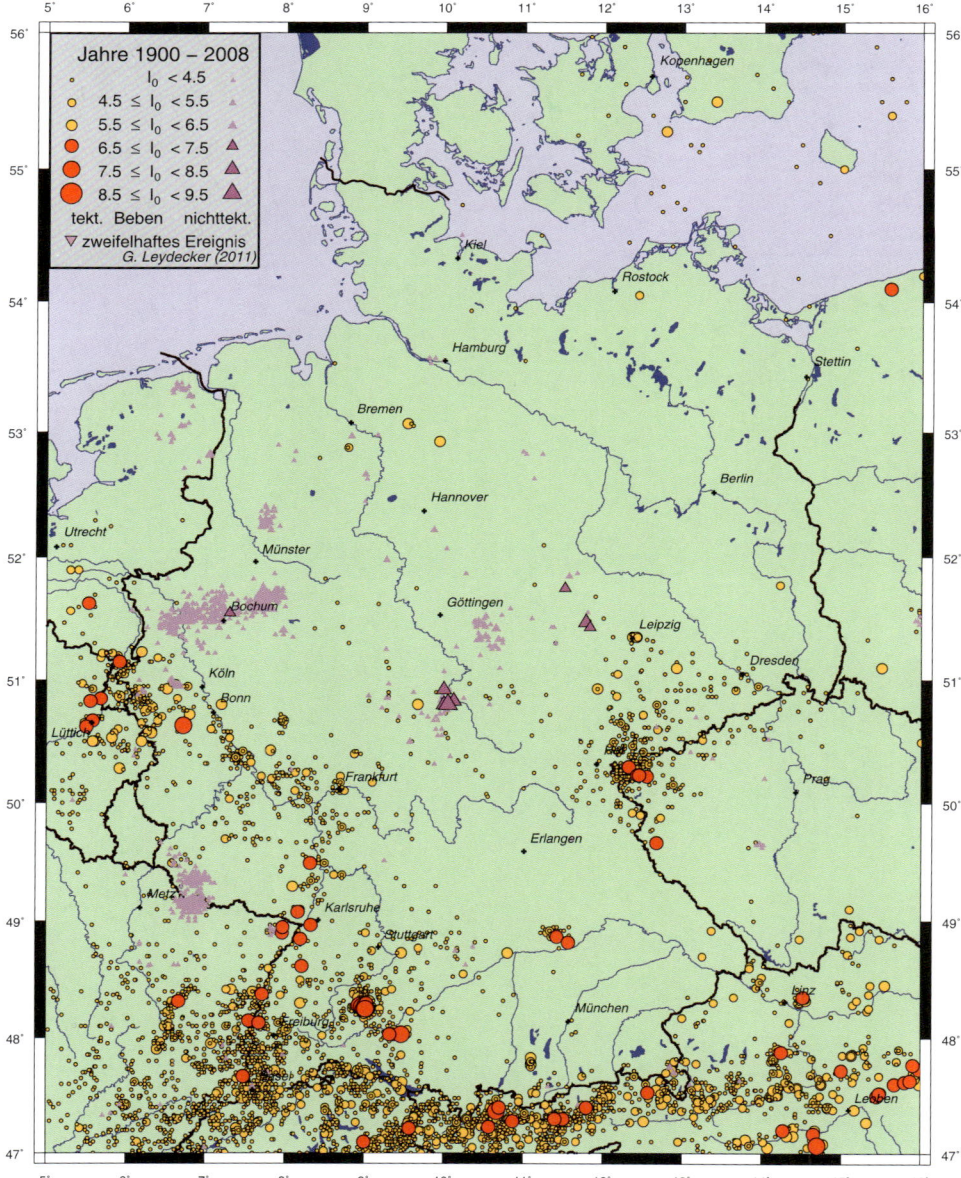

Abb. 8: Karte der Erdbeben in Deutschland mit Randgebieten für die Jahre 1900 bis 2008. Die Größe der Erdbebensymbole ist entsprechend der Epizentralintensität Io gezeichnet. Die Dreiecke kennzeichnen nichttektonische Ereignisse wie Gebirgsschläge, Ereignisse in Bergbaugebieten und in Erdöl- und Erdgasfördergebieten, induzierte Beben. Io < 4.5 schließt auch nicht verspürte Erdbeben mit ein.

Fig. 8: Map of earthquake epicenters in Germany and adjacent areas for the period from AD 1900 to 2008. The sizes of the earthquake symbols are according to the epicentral intensity Io. The triangles indicate nontectonic events like rockbursts, events in mining areas and in extraction areas for gas and oil, induced events. Io < 4.5 also includes nonfelt earthquakes.

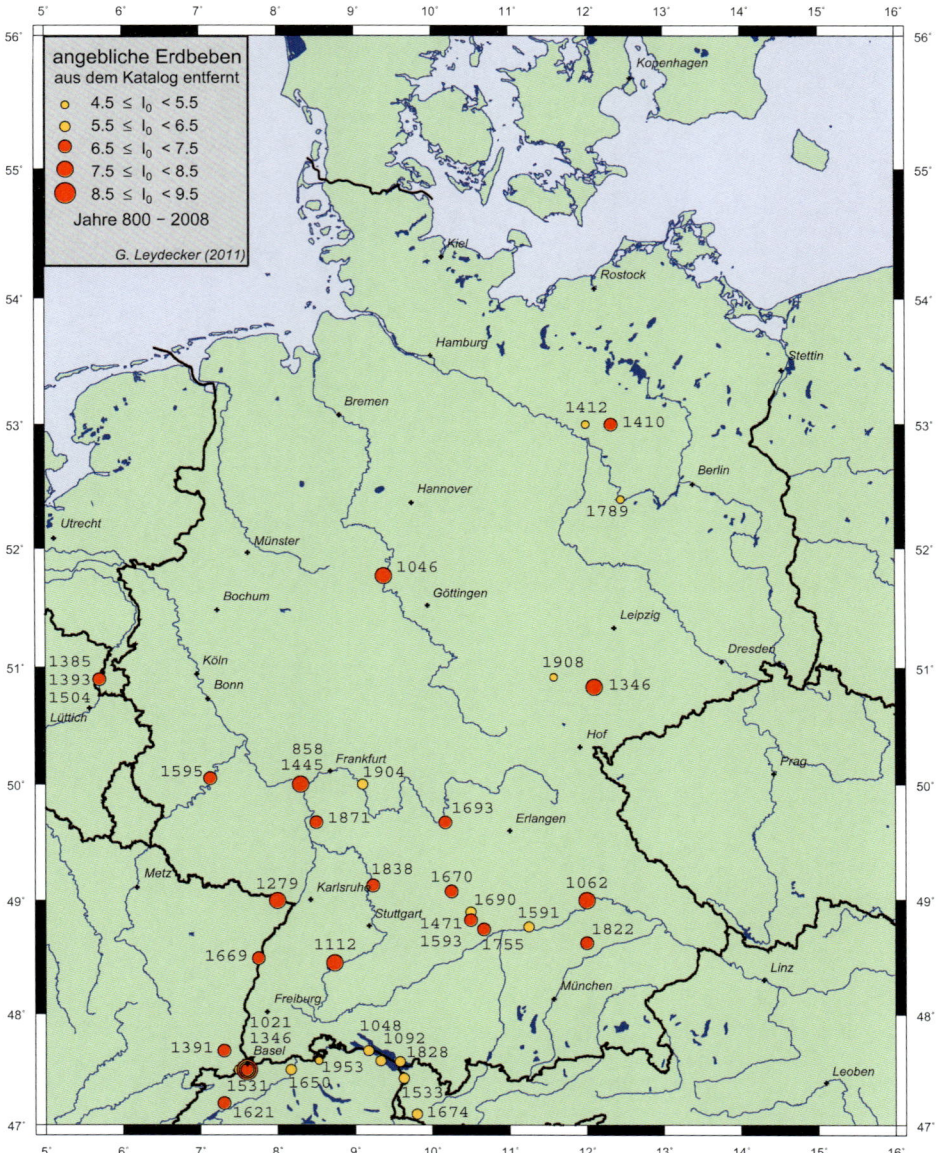

Abb. 9: Karte der angeblichen und aus dem Erdbebenkatalog für Deutschland mit Randgebieten entfernten Beben ab Intensität 4.5 (Löschungen seit 1992; s. Anhang 8). Die Zahl gibt das Ereignisjahr des angeblichen Erdbebens an. Die Größe des Erdbebensymbols ist entsprechend der angeblichen Epizentralintensität Io gezeichnet. Wegen Platzmangel sind für Basel nur die Jahreszahlen der drei stärksten gelöschten Beben eingetragen; es fehlen 1098, 1415, 1537, 1572, 1614 (2x), 1650 (4x).

Fig. 9: Map of supposed and rejected quakes with intensity from 4.5 out of the earthquake catalogue for Germany and adjacent areas (deletion since 1992; s. app. 8). The sizes of the earthquake symbols are according to the supposed epicentral intensity Io. The number indicates the year of the supposed earthquake. Due to lack of space, for Basel only the years of the three strongest deleted events are inserted; missing are 1098, 1415, 1537, 1572, 1614 (2x), 1650 (4x).

Das schwerste zerstörerische Beben nördlich der Alpen mit Intensität IX ereignete sich am 18.10.1356. Sein Epizentrum lag außerhalb des Oberrheingrabens an dessen südlichem Ende im Schweizer Jura südlich Basel. Dabei wurden viele Häuser, Kirchen und Schlösser zerstört, und allein in Basel starben mehr als 300 Menschen (s. Tabelle 3).

Im Vogtland im deutsch-tschechischen Grenzgebiet werden seit dem 16. Jahrhundert immer wieder, unterbrochen von Zeiten der Ruhe, Erdbebenschwärme beobachtet. So wurden beim letzten großen Schwarm zwischen November 1984 und Februar 1985 mehr als 8000 Erdbeben gemessen, sehr viele mit ML < 2.0, aber nur einige wurden stark verspürt. Maximal wurde bisher Intensität VII beobachtet. Die historische Schwarmbebentätigkeit im 20. Jahrhundert mit vielen tausend Ereignissen wurde von NEUNHÖFER et al. (2006) untersucht. Dabei konnte eine Vereinheitlichung hinsichtlich Magnitude und Hypozentrum erreicht und durch die Aussonderung der Scheinbeben die Zahl der früher aufgelisteten Beben auf die tatsächlichen reduziert werden. Im Katalog enthalten sind ca. 360 Beben vor dem Jahr 1900 und danach ca. 3200 Beben bis Ende 2008

Die Erdbebenherde in Deutschland liegen innerhalb der Erdkruste, die hier im Mittel 30 km mächtig ist. Die starken Erdbeben treten überwiegend in Tiefen zwischen 7 km und 16 km auf. Für wenige Beben wurden Tiefen bis maximal 28 km berechnet. Charakteristische Herdtiefen einiger erdbebengeographischer Regionen sind in Anhang 9 aufgelistet.

Induzierte Beben treten in allen Bergbaugebieten sowie in Gas- und Erdölfördergebieten und neuerdings auch bei Großprojekten zur Nutzung der geothermischen Energie auf. Eine Besonderheit in Deutschland sind starke nichttektonische Schadenbeben – die durch den Kalibergbau verursachten Gebirgsschläge.

5.2 Gebirgsschläge – Induzierte Erdbeben – Einsturzbeben

Ein spezielles Phänomen sind Gebirgsschläge; mit die stärksten weltweit werden in Deutschland beobachtet. In den Kalibergwerken des Werratals und bei Teutschenthal nahe Halle ereigneten sich im 20. Jahrhundert großflächige Einstürze von Bergwerksbereichen (s. Tab. 4), die als Gebirgsschläge bezeichnet werden. Voraussetzung dafür sind zum einen die zum Einsturz benötigten großflächig (in km² Größe) ausgedehnten Hohlräume und zum anderen, dass sehr viele der die Deckgebirgslast tragenden Pfeiler über die Grenze ihrer Belastbarkeit beansprucht sind. Die Wirkung eines Gebirgsschlags an der Erdoberfläche ist vergleichbar mit derjenigen starker Erdbeben, jedoch nicht so weitreichend. Wegen der geringen Tiefe (bis ca. 1 km) des Bruchvorgangs können Gebirgsschläge in einer engen Umgebung des Epizentrums große Bauwerkschäden verursachen; ihre Wirkung nach außen klingt jedoch sehr rasch ab.

So ereignete sich am 13. März 1989 im Kalibergbaugebiet des Werratals der damals weltweit größte Gebirgsschlag mit ML = 5.6 und der Intensität VIII–IX (LEYDECKER et al. 1998); nahezu 7 km² des Grubengebäudes gingen zu Bruch. Trotz der dabei freigesetzten enormen Energien und dem plötzlichen Absenken der Erdoberfläche über dem Grubenbereich, das sich besonders auf den direkt über dem Bergwerk liegenden Ort Völkershausen verheerend auswirkte, wurden bereits in ca. 6 km Entfernung keine Gebäudeschäden mehr beobachtet.

In den Kohlebergbaugebieten werden durch den Abbau und die damit einhergehenden Spannungsumlagerungen jedes Jahr eine Vielzahl von „induzierten Erdbeben" verursacht. Die meisten werden nicht verspürt, ihre maximalen Magnituden liegen weit unter denen der oben genannten Gebirgsschläge.

In Gebieten mit Erdöl- oder Erdgasförderung können durch die damit einhergehenden Spannungsumlagerungen Brüche im Deckgebirge erzeugt werden (s. z. B. GRASSO & WITTLINGER 1990), die tektonischen Erdbeben gleichen. Im Zusammenhang mit der Erdgasförderung in Norddeutschland ereignen sich hin und wieder kleinere induzierte Erdbeben, die aber wegen ihrer flachen Herdtiefen um 3 km lokal verspürt werden können. So hatte z. B. das Erdbeben bei Pennigsehl nahe Nienburg/Weser vom 9.10.1993 die sehr kleine Magnitude von ML = 2.0, wurde aber trotzdem bis zu Intensität V verspürt (LEYDECKER 1998).

Schwächere, nichttektonische Beben können beim Einsturz unterirdischer Hohlräume in Folge natürlicher Auslaugungsvorgänge beobachtet werden, so z. B. die nur sehr lokal verspürten seismischen Ereignisse in Hamburg-Flottbeck. Das erste bekannte Beben ereignete sich dort im Jahre 1771, das jüngste am 8.4.2000. Es sind Einsturzbeben, verursacht durch das Zubruchgehen ausgelaugter unterirdischer Hohlräume im Gipshut des nahe an die Oberfläche reichenden und damit dem Grundwasserstrom ausgesetzten Salzstockes Othmarschen-Langenfelde. Die dabei beobachteten Geräusche und Erschütterungen sind sehr wahrscheinlich auf das Brechen der hohlraumbegrenzenden Gesteinsschichten sowie auf das plötzliche Absenken der Geländeoberfläche zurückzuführen.

In jüngster Zeit sind bei Großprojekten zur Nutzung der geothermischen Energie merkliche Erdbeben induziert worden. So ereigneten sich z. B. Ende 2006 bis Anfang 2007 in der Schweiz bei Basel eine Serie kleinerer Beben, die beim Einpressen von Wasser in den tieferen Untergrund ausgelöst worden waren. Das stärkste Ereignis am 8.12.2006 hatte eine Magnitude von ML = 3.6 und war von den Bewohnern der Gegend mit bis zu Intensität V heftig verspürt worden.

6 Ausblick

Mit dem hier vorgestellten Erdbebenkatalog steht eine Datenbasis zur Verfügung, die einen umfassenden Überblick über das seismische Geschehen eines Gebietes ermöglicht. Der Erdbebenkatalog ist, wie bereits erläutert, sicherlich nicht vollständig und muss deshalb immer wieder ergänzt und zeitlich fortgeschrieben werden. Aber er bietet die notwendige Datenbasis, um die seismische Gefährdung eines Gebietes oder eines Standortes besser abschätzen zu können, um so eine ausreichende Gefahrenabwehr zu ermöglichen.

Auf der Grundlage dieses Katalogs bzw. seiner Vorgängerkataloge wurden in der BGR standortbezogene seismische Gefährdungsabschätzungen durchgeführt und darauf basierend Lastannahmen zur erdbebensicheren Dimensionierung von Bauwerken festgelegt, z. B. für die Standorte von Zwischenlagern für abgebrannte Brennelemente an deutschen Kernkraftwerken (LEYDECKER et al. 2006, 2008) oder für Staudämme.

Die Seismizität Deutschlands ist zwar im Vergleich mit anderen Regionen der Erde relativ gering, aber sie darf nicht unterschätzt werden. Deutschland ist ein dicht besiedeltes und hoch industrialisiertes Land und die hier auftretenden Erdbeben können zu Zerstörungen führen, wie die Vergangenheit gezeigt hat. Deshalb muss die Erdbebentätigkeit ständig überwacht werden, um ein möglichst aktuelles Bild der Vorgänge in der Erdkruste zu erhalten. Durch paläoseismologische Untersuchungen – das sind z. B. Grabungen zum Erkennen von Versätzen in oberflächennahen Erdschichten die auf frühzeitliche, so genannte Paläobeben hindeuten – können sehr seltene, starke und weit zurückliegende Erdbeben erkannt werden. Das Wissen über Paläo-, historische und neuzeitliche Erdbeben kann so zu einer immer besseren Abschätzung der Erdbebengefährdung und zu darauf basierenden Vorsorge- und Schutzmaßnahmen führen.

7 Danksagung

Der vorgelegte Erdbebenkatalog wäre ohne die Mithilfe vieler Kollegen und Nutzer so nicht erstellbar.

- Die Kolleginnen und Kollegen vom Seismologischen Zentralobservatorium (SZGRF) und der Bundesanstalt für Geowissenschaften und Rohstoffe erstellten die jährlichen Datenkataloge, die für den Autor die Grundlage bilden für die Erarbeitung des jeweiligen Jahreskatalogs zur Fortschreibung des Deutschen Erdbebenkatalogs.

- Dr. Horst Neunhöfer, Jena, hatte die Aufgabe übernommen, die Schwarmbeben im Vogtland im 20. Jahrhundert zu vereinheitlichen hinsichtlich Magnitude und Hypozentrum, die Scheinbeben zu eliminieren und die verbleibenden und die neuen Beben für die Übernahme in den Katalog bereitzustellen. Zusammen mit Dr. Bernd Tittel, Hartha, hat er hierzu die schon historisch zu nennenden Seismogramme aus Göttingen, Jena und vom Observatorium Collm ausgewertet

- Dr. Klaus-Peter Bonjer, Karlsruhe, überprüfte alle mit dem Stationsnetz im Oberrheingraben vom Institut für Geophyik der Universität Karlsruhe gemessenen Nahbeben und berechnete deren Hypozentren teilweise neu.

- Dr. Wolfgang Brüstle und Dr. Stefan Stange, Erdbebendienst Baden-Württemberg, Landesamt für Geologie, Rohstoffe und Bergbau in Freiburg i. Br., erstellten die jährlichen Erdbebenlisten nicht nur für ihr Bundesland und bestimmten die makroseismischen Parameter.

- Dr. Christa Hammerl und Prof. Dr. Wolfgang Lenhard - beide ZAMG Wien - stellten den österreichischen Erdbebenkatalog zur Verfügung und diskutierten mit mir ihre Erkenntnisse zu historischen Beben.
- Prof. Dr. G. Schneider, Stuttgart, war stets ansprechbar bei Fragen zu Einzelereignissen oder zur regionalen Seismizität.
- Dr. Donat Fäh und Kolleginnen und Kollegen vom Schweizer Erdbebendienst in Zürich stellten mir ihre jeweils neuesten Versionen des Schweizer Erdbebenkatalogs einschließlich ihrer Liste der „fakes" zur Verfügung.
- Dr. Holger Busche fertigte die Skripte für die Abbildungen mit GMT und war immer bereit bei Problemen oder Sonderwünschen zu helfen. Gemeinsam mit Dr. Jörg Schlittenhardt fertigten wir die Abbildungen an.
- Viele Nutzer der bisherigen Katalogversionen haben mir Unstimmigkeiten und Fehlendes aufgezeigt, Korrekturen vorgeschlagen und so zur ständigen Verbesserung desKatalogs beigetragen.

Ihnen allen gilt mein Dank!
Der Autor dankt Dr. Klaus-Peter Bonjer, Karlsruhe, und Dr. Horst Neunhöfer, Jena, für die kritische Durchsicht des Manuskripts, für die intensiven fachlichen Diskussionen und für ihre Vorschläge zur sprachlichen Glättung.

Dipl.-Geophys. Gernot Hartmann und Dr. Diethelm Kaiser danke ich für ihr detailliertes und sehr hilfreiches Review, sowie Dr. Thomas Schubert und seinem Team für die Hilfe bei der inhaltlichen und formalen Fertigstellung der Publikation.

8 Schriftenverzeichnis

BACHMANN, C. & SCHMIEDES, E. (1993): Ein Schadensbeben in Neuhausen, Landkreis Landshut am 7. Februar 1822 – eine Zeitungsente (Report of a destructive earthquake at Neuhausen near Landshut, Bavaria, on February 7, 1822 – a hoax). – Zeitschrift f. Angewandte Geologie, **39**, 2: 106–107; (Berlin).

DERESIEWICZ, H. (1982): Some sixteenth century European earthquakes as depicted in contemporary sources. – Bull. Seism. Soc. Am. **72**, 2: 507–523; (El Cerrito, CA).

DERESIEWICZ, H. (1985): Sixteenth-century Eropean earthquakes described in some contemporary woodcuts. – Earthquake Information Bull., U.S. Geological Survey, **17**, 6: 7 p.; Nov.–Dec. 1985; (Washington D. C.).

DIN 4149 (2005): Bauten in deutschen Erdbebengebieten – Lastannahmen, Bemessung und Ausführung üblicher Hochbauen. – Normenausschuss Bauwesen (NA Bau) im DIN Deutsches Institut für Normung e. V., 84 S.; April 2005; (Berlin).

Ecos (2001): Earthquake Catalogue of Switzerland. Ecos Report to Pegasos, Version 31.12.2001; Ecos Catalogue, Version 31.12.2001. – ETH Zürich, Swiss Seismological Service. 208 pp, 4 appendices. (used are also the updates till 2010); (Zürich).

EMS-98 (1998): European Macroseismic Scale 1998. – Grünthal, G. (ed.); Musson, R. M. W., Schwarz, J. & M. Stucci (assoc. eds.). European Seismological Commission – Cahiers du Centre Européen de Géodynamique et de Séismologie. Vol. **15**, 99 pp.; Conseil de l'Europe (Luxembourg).

Grasso, J. R. & Wittlinger, G. (1990): Ten years of seismic monitoring over a gas field. – Bull. Seismol. Soc. America, **80**, 2; 450–473; (El Cerrito, CA).

Grünthal, G. (1988): Erdbebenkatalog des Territoriums der Deutschen Demokratischen Republik und angrenzender Gebiete von 823 bis 1984. – Zentralinstitut für Physik der Erde, Nr. **99**; 178 S.; (Potsdam).

Johnston, A. C. (1996): Seismic moment assessment of earthquakes in stable continental regions – II. Historical seismicity. – Geophys. J. Int. **125**; 639–678; (Oxford).

Kövesligethy von, R. (1907): Seismischer Stärkegrad und Intensität der Beben. – Gerlands Beiträge zur Geophysik, **VIII**; (Leipzig).

Leydecker, G. (1986): Erdbebenkatalog für die Bundesrepublik Deutschland mit Randgebieten für die Jahre 1000–1981. – Geol. Jb., **E 36**; 3–83, 7 Abb., 2 Tab.; BGR (Hannover).

Leydecker, G. (1998): Das Erdbeben vom 9. Oktober 1993 bei Pennigsehl nahe Nienburg/Weser im Norddeutschen Tiefland. – In: Henger, M. & Leydecker, G. (eds.): Erdbeben in Deutschland 1993: 29–33, 2 Abb., 1 Tab.; ISBN 3-510-95808-X.; BGR (Hannover).

Leydecker, G. & Aichele, H. (1998): The Seismogeographical Regionalisation of Germany: The Prime Example for Third-Level Regionalisation. – Geol. Jahrbuch, **E 55**; 85–98, 6 figs., 1 tab.; (Hannover).

Leydecker, G. & Brüning, H.J. (1988): Ein vermeintliches Schadenbeben im Jahre 1046 im Raum Höxter und Holzminden in Nord-Deutschland. – Über die Notwendigkeit des Studiums der Quellen historischer Erdbeben. – Geol. Jahrbuch, **E 42**; 119–125, 1 Abb.; (Hannover).

Leydecker, G., Grünthal, G. & Ahorner, L. (1998): Der Gebirgsschlag vom 13. März 1989 bei Völkershausen in Thüringen im Kalibergbaugebiet des Werratals – Makroseismische Beobachtungen und Analysen. – Geol. Jahrbuch, **E 55**, 5–24, 4 Abb., 5 Tab.; (Hannover).

Leydecker,, G. & Harjes, H.-P. (1978): Seismische Kriterien zur Standortauswahl kerntechnischer Anlagen in der Bundesrepublik Deutschland. Abschlußbericht – RS 170. – Bericht BGR, Archiv-Nr. 81 577, 15.2.1978 (Hannover).

Leydecker, G., Schmitt, T. & Busche, H. (2006): Erstellung ingenieurseismologischer Gutachten für Standorte mit erhöhtem Sekundärrisiko auf der Basis des Regelwerkes KTA 2201.1 – Leitfaden. – 58 S., 16 Abb., 4 Tab.; Herausgeber: Bundesanstalt f. Geowiss. u. Rohstoffe, Hannover. ISBN 3-510-95952-3. E. Schweizerbart'sche Verlagsbuchhandlung (Stuttgart).

Leydecker, G., Schmitt, T., Busche, H. & Schaefer, TH. (2008): Seismo-engineering parameters for sites of interim storages for spent nuclear fuel at German nuclear power plants. – Soil Dynamics and Earthquake Engineering **28/9**: 754–762, 4 fig., 3 tab.; DOI information 10.1016/j.soildyn.2007.10.007.

Neunhöfer, H. (2009): Erdbeben in Thüringen, eine Bestandsaufnahme (Earthquakes in Thuringia, the state of the art). – Z. geol. Wiss. **37** (1–2): 1–14, 8 Abb.; (Berlin).

Neunhöfer, H., Leydecker, G. & Tittel, B. (2006): Vereinheitlichung der Bebenparameter der Region Vogtland für die Jahre 1903 bis 1999 im deutschen Erdbebenkatalog. – Geologisches Jahrbuch, **E 56**: 39–63, 6 Abb., 3 Tab.; ISBN-13 978-510-95957-0, ISBN-10 3-510-95957-4; Landesamt für Bergbau, Energie und Geologie (Hannover).

Sieberg, A. (1940): Beiträge zum Erdbebenkatalog Deutschlands und angrenzender Gebiete für die Jahre 58 bis 1799. – Mitteilungen des Deutschen Reichs-Erdbebendienstes, Heft **2**: 111 S.; (Berlin).

Sponheuer, W. (1952): Erdbebenkatalog Deutschlands und der angrenzenden Gebiete für die Jahre 1800–1899. – Mitt. Deutsch. Erdbebendienst, Heft **3**; 195 S.; (Berlin).

Sponheuer, W. (1960): Methoden zur Herdtiefenbestimmung in der Makroseismik. – Freiberger Forschungs-Hefte; **C 88**, 120 S., 36 Abb., 47 Tab., 18 Anl.; Akademie Verlag (Berlin).

Sponheuer, W. (1965): Bericht über die Weiterentwicklung der seismischen Skala (MSK 1964). – Dtsch. Akad. d. Wiss., Veröff. Inst. f. Geodynamik, Jena,; Heft **8**, 21 S., 9 Tab.; Akademie Verlag (Berlin).

Vogelsang, R. (1980): Geschichte der Stadt Bielefeld. Bd. 1. Von den Anfängen bis zur Mitte des 19. Jahrhunderts. – 384 S.; ISBN 3-88049-128-3; Verlag Hans Gieselmann (Bielefeld).

Vogt, J. & G. Grünthal (1994): Die Erdbebenfolge vom Herbst 1612 im Raum Bielefeld. Revision eines bisher in Seismizitätsbetrachtungen unberücksichtigten Schadenbebens. – Geowissenschaften, **12**, 8: 236–240; (Weinheim).

9 Abbildungen, Tabellen, Anhänge und Inhalt der CD

9.1 Abbildungen

Abb. 1: Flugschrift mit dem angeblichen Vulkanausbruch im Breisgau am 9. März 1562 (Quelle: Zentralbibliothek Zürich, Wickjana MSF 14, 141).

Fig 1: Woodcut of the supposed volcanic eruption in the Breisgau in Southern Germany on March 9, 1562.

Abb. 2a: Neue erdbebengeographische Einteilung Deutschlands und benachbarter Länder mit den deutschen Namen der Regionen.

Fig. 2a: The new seismogeographical regionalisation of Germany and neighbouring countries with the German names of the regions.

Abb. 2b: Neue erdbebengeographische Einteilung Deutschlands und benachbarter Länder mit den englischen Namen der Regionen.

Fig. 2b: The new seismogeographical regionalisation of Germany and neighbouring countries with the English names of the regions.

Abb. 3a: Karte der Schadenbeben in Deutschland mit Randgebieten für die Jahre 800 bis 2008. Dargestellt sind alle Beben ab Intensität VI–VII (VI ½) (kleinere Gebäudeschäden). Die Größe der Erdbebensymbole ist entsprechend der Epizentralintensität Io gezeichnet. Die Dreiecke kennzeichnen Gebirgsschläge (Zusammenbruch von Bergwerksbereichen) mit Schäden an oberirdischen Gebäuden.

Fig. 3a: Map of epicenters of damaging earthquakes in Germany and adjacent areas for the period from AD 800 to 2008. Plotted are all earthquakes as from intensity VI–VII (VI ½) (small damages to buildings). The sizes of the earthquake symbols are according to the epicentral intensity Io. The triangles indicate rock-bursts (collapse of mine parts) with damages on surface buildings.

Abb. 3b: Karte der Schadenbeben in Deutschland mit Randgebieten für die Jahre 800 bis 2008 (Erläuterungen s. Abb. 3a) zusammen mit den neuen erdbebengeographischen Regionen (s. Abb. 2a und 2b).

Fig. 3b: Map of epicenters of damaging earthquakes in Germany and adjacent areas for the period from AD 800 to 2008 (explanation s. fig. 3a) together with the new seismogeographical regions (s. fig. 2a and 2b).

Abb. 4a: Karte der Erdbeben in Deutschland mit Randgebieten für die Jahre 800 bis 2008. Die Größe der Erdbebensymbole ist entsprechend der Epizentralintensität Io gezeichnet. Die Dreiecke kennzeichnen nichttektonische Ereignisse wie Gebirgsschläge, Ereignisse in Bergbaugebieten und in Erdöl- und Erdgasfördergebieten, induzierte Beben. Io < 4.5 schließt auch nicht verspürte Erdbeben mit ein.

Fig. 4a: Map of earthquake epicenters in Germany and adjacent areas for the period from AD 800 to 2008. The sizes of the earthquake symbols are according to the epicentral intensity Io. The triangles indicate nontectonic events like rockbursts, events in mining areas and in extraction areas for gas and oil, induced events. Io < 4.5 also includes nonfelt earthquakes.

Abb. 4b: Karte der Erdbeben in Deutschland mit Randgebieten für die Jahre 800 bis 2008 (Erläuterungen s. Abb. 4a) zusammen mit den neuen erdbebengeographischen Regionen (s. Abb. 2a und 2b).

Fig. 4b: Map of earthquake epicenters in Germany and adjacent areas for the period from AD 800 to 2008 (explanation s. fig. 4a) together with the new seismogeographical regions (s. fig. 2a and 2b).

Abb. 5: Karte der Erdbeben in Deutschland mit Randgebieten für die Jahre 800 bis 1499. Die Größe der Erdbebensymbole ist entsprechend der Epizentralintensität Io gezeichnet.

Fig. 5: Map of earthquake epicenters in Germany and adjacent areas for the period from AD 800 to 1499. The sizes of the earthquake symbols are according to the epicentral intensity Io.

Abb. 6: Karte der Erdbeben in Deutschland mit Randgebieten für die Jahre 1500 bis 1799. Die Größe der Erdbebensymbole ist entsprechend der Epizentralintensität Io gezeichnet.

Fig. 6: Map of earthquake epicenters in Germany and adjacent areas for the period from AD 1500 to 1799. The sizes of the earthquake symbols are according to the epicentral intensity Io.

Abb. 7: Karte der Erdbeben in Deutschland mit Randgebieten für die Jahre 1800 bis 1899. Die Größe der Erdbebensymbole ist entsprechend der Epizentralintensität Io gezeichnet. Die Dreiecke kennzeichnen nichttektonische Ereignisse.

Fig. 7: Map of earthquake epicenters in Germany and adjacent areas for the period from AD 1800 to 1899. The sizes of the earthquake symbols are according to the epicentral intensity Io. The triangles indicate nontectonic events.

Abb. 8: Karte der Erdeben in Deutschland mit Randgebieten für die Jahre 1900 bis 2008. Die Größe der Erdbebensymbole ist entsprechend der Epizentralintensität Io gezeichnet. Die Dreiecke kennzeichnen nichttektonische Ereignisse wie Gebirgsschläge, Ereignise in Bergbaugebieten und in Erdöl- und Erdgasfördergebieten, induzierte Beben. Io < 4.5 schließt auch nicht verspürte Erdbeben mit ein.

Fig. 8: Map of earthquake epicenters in Germany and adjacent areas for the period from AD 1900 to 2008. The sizes of the earthquake symbols are according to the epicentral intensity Io. The triangles indicate nontectonic events like rockbursts, events in mining areas and in extraction areas for gas and oil, induced events. Io < 4.5 also includes nonfelt earthquakes.

Abb. 9: Karte der angeblichen und aus dem Erdbebenkatalog für Deutschland mit Randgebieten entfernten Beben ab Intensität 4.5 (Löschungen seit 1992; s. Anhang 8). Die Zahl gibt das Ereignisjahr des angeblichen Erdbebens an. Die Größe des Erdbebensymbols ist entsprechend der angeblichen Epizentralintensität Io gezeichnet. Wegen Platzmangel sind für Basel nur die Jahreszahlen der drei stärksten gelöschten Beben eingetragen; es fehlen 1098, 1415, 1537, 1572, 1614 (2x), 1650 (4x).

Fig. 9: Map of supposed and rejected quakes with intensity from 4.5 out of the earthquake catalogue for Germany and adjacent areas (deletion since 1992; s. app. 8). The sizes of the earthquake symbols are according to the supposed epicentral intensity Io. The number indicates the year of the supposed earthquake. Due to lack of space, for Basel only the years of the three strongest deleted events are inserted; missing are 1098, 1415, 1537, 1572, 1614 (2x), 1650 (4x).

9.2 Tabellen

Tabelle 1: Kurzform der zwölfteiligen makroseismischen Intensitätsskala MSK-64
Table 1: Short form of the macroseismic intensity scale MSK-64

Tabelle 2: Kurzform der Europäischen Makroseismischen Skala EMS-98
Table 2: Short form of the European macroseismic scale EMS-98

Tabelle 3: Schadenbeben ab Intensität VII–VIII (VII ½) oder ab Magnitude ML = 5.5 in Deutschland mit Randgebieten für die Jahre 800–2008
Table 3: Damaging earthquakes as from intensity VII–VIII (VII ½) respective as from magnitude ML = 5.5 in Germany and neighbouring regions for the years 800–2008

Tabelle 4: Starke Gebirgsschläge im deutschen Kalibergbau (flache Lagerung)
Table 4: Strong rockbursts in potash mining (flat stratification) in Germany

Tabelle 5: Liste der Erdbeben mit MW bestimmt aus makroseismischen Daten nach den Formeln von Johnston (1996)
Table 5: List of earthquakes with MW computed from macroseismic data using the formulas of Johnston (1996)

9.3 Anhänge

Anhang 1: Erläuterungen zu den Erdbebenlisten in Anhang 2 und 3 und in Tabelle 5
Appendix 1: Explanations to the earthquake lists in appendix 2 and 3 and in table 5

Anhang 2: Liste der Beben ab Intensität Io = IV oder ab Magnitude ML = 3.0 für die Jahre 800–2008 aus dem Kataloggebiet 47°N–56°N und 5°E–16°E
Appendix 2: List of earthquakes as from intensity IV or as from magnitude ML 3.0 for the years 800–2008 out of the catalogue area 47°N–56°N and 5°E–16°E

Anhang 3: Liste der Schadenbeben ab Intensität VI–VII (VI ½) für die Jahre 800–2008
I. innerhalb 47°N–56°N und 5°E–16°E
II. außerhalb 47°N–56°N und 5°E–16°E
Appendix 3: List of damaging earthquakes as from intensity VI–VII (VI ½) for the years 800–2008
I. inside 47°N–56°N and 5°E–16°E
II. outside 47°N–56°N and 5°E–16°E

Anhang 4: Formatbeschreibung des digitalen Erdbebenkatalogs mit Listen der erdbebengeographischen und politischen Regionen
Appendix 4: Format description of the digital earthquake data catalogue with lists of the seismogeographical and political regions

Anhang 5: (I.) Referenzen – Liste der Hauptquellen zu den einzelnen Beben sowie (II.) weitere benutzte Literatur und Kataloge, (III.) Periodika und (IV.) Literatur (Auswahl) zur Seismizität Deutschlands und angrenzender Gebiete
Appendix 5: (I.) References – list of main sources for each earthquake as well as (II.) further used literature and catalogues, (III.) Periodicals, and (IV.) Literature (short list) about the seismicity of Germany and border regions

Anhang 6: Dokumentation über fundamentale Änderungen von Erdbebenparametern seit 1995. Angegeben sind jeweils der vollständige alte und der neue Datensatz. Die Referenzen und Literaturzitate sind in Anhang 5 aufgelistet.
Appendix 6: Documentation about fundamentally changed earthquake parameters since 1995. In each case the complete old and new catalogue line are denoted. The references and cited papers are listed in appendix 5.

Anhang 7:   Dokumentation über signifikante Änderungen von einzelnen Erdbebenparametern seit 1995. Angegeben sind jeweils der vollständige alte und der neue Datensatz. Die Referenzen und Literaturzitate sind in Anhang 5 aufgelistet.

Appendix 7: Documentation about significant changes in single earthquake parameters since 1995. In each case the complete old and new catalogue line are denoted. The references and cited papers are listed in appendix 5.

Anhang 8:   Dokumentation der seit 1992 gelöschten Erdbeben. Angegeben ist jeweils der vollständige alte Datensatz. Die Referenzen und Literaturzitate sind in Anhang 5 aufgelistet.

Appendix 8: Documentation about rejected earthquakes since 1992. In each case the complete old data set is denoted. The references and cited papers are listed in appendix 5.

Anhang 9:   Einige empirische Beziehungen
Appendix 9: Some empirical relations

9.4 Inhalt der CD

1. Vorwort   Lies mich/Read me

2. Erdbebenkatalog
   - Erdbebenkatalog (Datei)
   - Formatbeschreibung
   - Referenzliste
   - Erdbebenkarten

3. zwei FORTRAN-Programme zur Auswahl von Erdbeben aus dem Katalog
   - als Liste zum Ausdrucken
     (dazu Erläuterungen zu den Erdbebenlisten)
   - als Datenfile im Format des Erbebenkatalogs

4. erdbebengeographische Regionen
   - Erläuterungen zu den Regionen
   - Datenfile mit den Eckkoordinaten der Regionen
   - FORTRAN-Programm zur Einordnung eines Epizentrums (Koordinaten) in seine Region

Tabelle 1:

Kurzform der zwölfteiligen makroseismischen Intensitätsskala MSK-64

Table 1: Short form of the macroseismic scale MSK-64

Intensität	Beobachtungen
I	Nur von Erdbebeninstrumenten registriert
II	Nur ganz vereinzelt von ruhenden Personen wahrgenommen
III	Nur von wenigen verspürt
IV	Von vielen wahrgenommen. Geschirr und Fenster klirren
V	Hängende Gegenstände pendeln. Viele Schlafende erwachen
VI	Leichte Schäden an Gebäuden, feine Risse im Verputz
VII	Risse im Verputz, Spalten in den Wänden und Schornsteinen
VIII	Große Spalten im Mauerwerk; Giebelteile und Dachgesimse stürzen ein
IX	An einigen Bauten stürzen Wände und Dächer ein. Erdrutsche
X	Einstürze von vielen Bauten. Spalten im Boden bis 1m Breite
XI	Viele Spalten im Boden, Bergstürze
XII	Starke Veränderungen an der Erdoberfläche

MSK-64 = Medvedev-Sponheuer-Karnik Skala aus dem Jahre 1964
(siehe SPONHEUER 1965)
entspricht mit Einschränkungen der in den USA gebräuchlichen MM-Skala (Modified Mercalli Scale) und mit Einschränkungen auch der EMS-98 (European Macroseismic Scale 1998)

SPONHEUER, W. (1965): Bericht über die Weiterentwicklung der seismischen Skala (MSK-64). – Dtsch. Akad. d. Wiss., Veröff. Inst. Geodynamik, Jena, Heft **8**, 21 S., 9 Tab.; Akademie Verlag (Berlin).

Tabelle 2:

Kurzform der makroseismischen Intensitätsskala EMS-98
Europäische Makroseismische Skala – 1998

Table 2: Short form of the European macroseismic scale EMS-98

Intensität	Definition	Beschreibung der maximalen Wirkungen
I	nicht fühlbar	Nicht fühlbar.
II	kaum bemerkbar	Nur sehr vereinzelt von ruhenden Personen wahrgenommen.
III	schwach	Von wenigen Personen in Gebäuden wahrgenommen. Ruhende Personen fühlen ein leichtes Schwingen oder Erschüttern.
IV	deutlich	Im Freien vereinzelt, in Gebäuden von vielen Personen wahrgenommen. Einige Schlafende erwachen. Geschirr und Fenster klirren, Türen klappern.
V	stark	Im Freien von wenigen, in Gebäuden von den meisten Personen wahrgenommen. Viele Schlafende erwachen. Wenige werden verängstigt. Gebäude werden insgesamt erschüttert. Hängende Gegenstände pendeln stark, kleine Gegenstände werden verschoben. Türen und Fenster schlagen auf oder zu.
VI	leichte Gebäudeschäden	Viele Personen erschrecken und flüchten ins Freie. Einige Gegenstände fallen um. An vielen Häusern, vornehmlich in schlechterem Zustand, entstehen leichte Schäden wie feine Mauerrisse und das Abfallen von z. B. kleinen Verputzteilen.
VII	Gebäudeschäden	Die meisten Personen erschrecken und flüchten ins Freie. Möbel werden verschoben. Gegenstände fallen in großen Mengen aus Regalen. An vielen Häusern solider Bauart treten mäßige Schäden auf (kleine Mauerrisse, Abfall von Putz, Herabfallen von Schornsteinteilen). Vornehmlich Gebäude in schlechterem Zustand zeigen größere Mauerrisse und Einsturz von Zwischenwänden.
VIII	schwere Gebäudeschäden	Viele Personen verlieren das Gleichgewicht. An vielen Gebäuden einfacher Bausubstanz treten schwere Schäden auf; d. h. Giebelteile und Dachgesimse stürzen ein. Einige Gebäude sehr einfacher Bauart stürzen ein.
IX	zerstörend	Allgemeine Panik unter den Betroffenen. Sogar gut gebaute gewöhnliche Bauten zeigen sehr schwere Schäden und teilweisen Einsturz tragender Bauteile. Viele schwächere Bauten stürzen ein.
X	sehr zerstörend	Viele gut gebaute Häuser werden zerstört oder erleiden schwere Beschädigungen.
XI	verwüstend	Die meisten Bauwerke, selbst einige mit gutem erdbebengerechtem Konstruktionsentwurf und -ausführung, werden zerstört.
XII	vollständig verwüstend	Nahezu alle Konstruktionen werden zerstört.

EMS-98 (1998): European Macroseismic Scale 1998. – GRÜNTHAL, G. (ed.); MUSSON, R. M. W., SCHWARZ, J. & M. STUCCI (assoc. eds.). European Seismological Commission – Cahiers du Centre Européen de Géodynamique et de Séismologie. Vol. **15**, 99 pp.; Conseil de l'Europe (Luxembourg).

Tabelle 3:

Schadenbeben ab Intensität VII–VIII (VII ½) oder ab Magnitude ML = 5.5 in Deutschland mit Randgebieten für die Jahre 800–2008

Table 3: Damaging earthquakes as from intensity VII–VIII (VII ½) respective as from magnitude ML = 5.5 in Germany and neighbouring regions for the years 800–2008

Datum			Koordinaten*		H*	Stärke		Lokation
Jahr	Mo	Tag	Breite N	Länge E	km	ML*	Intensität* MSK-64	R* km	- Besonderheiten
tektonische Erdbeben								
827			51°06'	12°48'			VII–VIII		NORD-SACHSEN
858	1	1	50°00'	8°18'			VII	130	MAINZ/Rheingraben
1088	5	12	51°06'	13°06'			VII–VIII		NORD-SACHSEN
1346			50°48'	12°12'			VIII		GERA – Erdspalten, -rutsch
1356	10	18	47°33'	7°36'			VII–VIII		BASEL/CH – Vorbeben
1356	10	18	47°27'	7°36'	12		IX	400	BASEL/CH – 300 Tote
1366	5	24	50°48'	12°12'			VII–VIII		GERA
1572	1	4	47°18'	11°24'			VIII	380	INNSBRUCK/A
1610	11	29	47°30'	7°36'			VII–VIII		BASEL/CH
1640	4	4	50°45'	6°30'			VII–VIII	150	DÜREN/Niederrhein. Bucht
1655	3	29	48°30'	9°04'			VII–VIII	100	TÜBINGEN
1682	5	12	47°58'	6°31'	20		VIII	470	REMIREMONT/F/südl. Vogesen – Tote
1689	12	22	47°18'	11°24'			VIII		INNSBRUCK/A
1692	9	18	50°33'	5°37'	27		VIII	500	VERVIERS/B
1728	8	3	48°50'	8°13'	16		VII–VIII	250	RASTATT /Rheingraben
1756	2	18	50°47'	6°10'	14		VIII	325	DÜREN/Niederrhein. Bucht – Tote
1872	3	6	50°52'	12°17'	9		VII–VIII	290	POSTERSTEIN/Thüringen. – Tote
1877	6	24	50°53'	6°05'			VIII	120	HERZOGENRATH/Niederrhein. Bucht
1878	8	26	50°56'	6°31'	9		VIII	330	TOLLHAUSEN/Niederrhein. Bucht – Tote
1911	11	16	48°13'	9°00'	10	6.1	VIII	500	EBINGEN/Schwäb. Alb – Erdrutsch
1935	6	27	48°03'	9°28'	10		VII–VIII	400	SAULGAU/Oberschwaben
1943	5	28	48°16'	8°59'	9		VIII	485	ONSTMETTINGEN/Schwäb. Alb
1951	3	14	50°37'	6°44'	9	5.1	VII–VIII	260	EUSKIRCHEN/Niederrhein. Bucht
1952	10	8	48°54'	7°58'	7		VII–VIII	180	SELTZ/F, Rheingraben
1978	9	3	48°17'	9°02'	6	5.7	VII–VIII	330	ALBSTADT/Schwäb. Alb
1992	4	13	51°09'	5°56'	17	5.9	VII	440	ROERMOND/NL/Niederrhein. Bucht
Gebirgsschläge								
1940	5	24	51°29'	11°48'		4.3	VII–VIII	25	KRÜGERSHALL/Halle – Tote
1953	2	22	50°55'	10°00'		5.0	VIII	35	HERINGEN/Werratal
1958	7	8	50°50'	10°07'		4.8	VII–VIII	19	MERKERS/Werratal
1975	6	23	50°48'	10°00'		5.2	VIII	75	SÜNNA/Werratal
1989	3	13	50°48'	10°03'		5.6	VIII–IX	140	VÖLKERSHAUSEN/Werratal

* geographische Koordinaten in Grad und Minuten;
* H = Herdtiefe in km;
* ML = Lokalmagnitude ,
* Intensität = Intensität im Epizentrum entsprechend der 12-teiligen Skala MSK-64,
* R = mittlerer Radius der Verspürbarkeit in km

Tabelle 4:

Starke Gebirgsschläge ab Intensität VI im deutschen Kalibergbau (flache Lagerung)

Table 4: Strong rockbursts in potash mining (flat stratification) in Germany

Datum	Ort	Epizentral-intensität Io [MSK]	Magnitude ML	Bruch-fläche F km²	ergänzende Bemerkungen
Gebirgsschläge im Kalibergbau des Werratals					
22.02.1953	Heringen	VIII	5.0	0.7 ?	
8.07.1958	Merkers	VII–VIII	4.8	2.8 2.0	obere Sohle untere Sohle
29.06.1961	Merkers	VI	3.7	0.2	
23.06.1975	Sünna	VIII	5.2	3.5	
13.03.1989	Völkershausen	VIII–IX	5.6	6.8	
Gebirgsschläge im Kalibergbau des Harzvorlandes					
17.11.1901	Staßfurt	?	?	0.06	Grube Ludwig II 17 Tote
22.01.1916	Teutschenthal	?	?	0.036	Hallesche Kaliwerke
24.05.1940	Krügershall, Teutschenthal	VII–VIII	4.3	0.66	42 Tote
05.03.1943	Klein-Schierstedt	VI–VII	4.0	0.3	Ostfeld
28.08.1955	Klein-Schierstedt	?	?	0.6	Westfeld
04.04.1971	Klein-Schierstedt	VI–VII	4.6	0.33	
02.07.1983	Bleicherode	VI	3.5	0.09	Grubenfeld Kleinbodungen
11.09.1996	Teutschenthal	VII	4.9	2.5	

Völkershausen (13.3.1989): Teufe 850 m; 5–10 m mächtiges Carnallitit-Flöz; Abbauhöhe 5–10 m; versatzloser Kammerbau; quadratische Pfeiler mit 28–34 m Kantenlänge; Streckenbreite 16–18 m. 3200 carnallitische Stützpfeiler beim Gebirgsschlag zerstört. Absenkung an der Erdoberfläche maximal 81 cm nach 18 Stunden, innerhalb der nächsten 2 Wochen weitere 5 cm.

Teutschenthal (11.9.1996): 40 m mächtiges Carnallitit-Flöz; Abbauhöhe 5 m; Abbau im Kammerbau: lang gestreckte 13 m breite Pfeiler, dazwischen 12 m breite Kammern. Absenkung an der Erdoberfläche maximal 45 cm (23. Oktober 1996).

Die Gebirgsschläge im Werratal traten bei Sprengungen auf; zusätzlich zur statischen Last wurden die abbaugeschwächten Pfeiler dynamisch belastet, was zum Bruch führte.
Der Gebirgsschlag in Teutschenthal (1996) ereignete sich spontan, ohne Sprengeinwirkungen.

Tabelle 5: Liste der Erdbeben mit MW bestimmt aus makroseismischen Daten nach den Formeln von JOHNSTON (1996)

Table 5: List of earthquakes with MW computed from macroseismic data using the formulas of JOHNSTON (1996)

Liste der Erdbeben für die MW aus den makroseismischen Daten mittels der von JOHNSTON (1996) entwickelten Formeln bestimmt wurde. Die Gewichtung des mit einem der Bebenparameter (Epizentralintensität, Isoseistenradien) bestimmten Magnitudenwertes erfolgte über die bei JOHNSTON tabellierten Standardabweichungen.

Auswahlkriterien: nur tektonische Erdbeben mit Epizentralintensität Io ≥ VI und mit mindestens zwei Isoseistenradien.

Da JOHNSTON zwischen dem Schütterradius Rs und dem Isoseistenradius R3 für Intensität III unterscheidet und dafür eigene Formeln entwickelt hat, wurden die Berechnungen einmal mit R = Rs und einmal mit R = R3 durchgeführt. Die Ergebnisse wurden gegeneinander abgewogen, wobei die Variante mit R = R3 stabilere Ergebnisse im Vergleich mit den jeweils weiteren MW-Werten lieferte und deshalb bevorzugt wurde.

Erläuterung zu einigen Abkürzungen: H = Herdtiefe in km; ML = Lokalmagnitude; MK = makroseismische Magnitude; Rs = Schütterradius bzw. Radius der Isoseiste III; R5,..,R8 = Radius der Isoseiste V,...,VIII (alle in km); zu weiteren Abkürzungen s. Anhang 1.

Jahr	Mo	Tag	H	Min	Sec	SR	PR	H	ML	MW	MK	Io	Rs	R5	R6	R7	R8	Lokation
1295	9	3				EA	CH	12		5.9		8.0	300		125	60	20	CHURWALDEN/CH
1590	9	16	0	15		EF	A	18		6.2	6.2	9.0	500	205	125	68	30	NEULENGBACH/A
1755	12	27	0	30		NB	NW	18	5.7	5.2	5.1	7.0	230	100	24	8		DUEREN
1756	2	18	8	0		NB	NW	14	6.4	5.7	5.6	8.0	324	135	56	22	7	DUEREN
1789	8	26	9	30		VG	SA			4.0		6.0	35	12				PLAUEN
1841	4	3	16			JY	DK	10	5.5	5.4		7.5	270			30		THY, MORS; JUETLAND
1846	7	29	21	24		MR	RP	10	5.5	5.0	4.9	7.0	162	61	20	7		ST.GOAR
1847	4	7	19	30		CT	TH	17		4.3		6.0	95	20				THUERINGER WALD
1857	6	7	15	7		CS	TH	12		4.2		5.5	100	8				GERA
1872	3	6	15	55		CS	TH	9		5.2	5.1	7.5	290	74				POSTERSTEIN
1878	8	26	9	0		NB	NW	9	5.6	5.6	5.3	8.0	330	112	34	16	5	TOLLHAUSEN
1903	2	21	21	9	6	VG	SA	5	3.8	4.0	4.3	6.0	38	12				MARKNEUKIRCHEN
1903	3	5	20	37	6	VG	SA	10	4.2	4.5	4.5	6.5	135	24	8			MARKNEUKIRCHEN
1903	3	5	20	55	32	VG	SA	10	4.2	4.5	4.5	6.5	135	24				MARKNEUKIRCHEN
1903	3	6	4	57	29	VG	SA	14	4.2	4.5	4.3	6.0	130	24				MARKNEUKIRCHEN
1908	10	21	20	39	27	VG	SA	10	3.9	4.2	4.3	6.0	77	20				ERLBACH
1908	11	3	13	24	47	VG	SA	10	4.1	4.3	4.3	6.0	85	20				ERLBACH
1908	11	3	17	21	29	VG	SA	10	4.6	4.5	4.7	6.5	120	30				ERLBACH
1908	11	4	3	32	55	VG	SA	6	3.8	4.0	4.3	6.0	60	6				ERLBACH
1908	11	4	13	10	44	VG	SA	9	4.7	4.4	4.6	6.5	85	27				ERLBACH
1908	11	6	4	35	54	VG	SA	14	4.7	4.6	4.6	6.5	160	41				ERLBACH
1910	5	26	6	12		SR	CH	12		4.6	5.1	6.0	150	43	15			METZERLEN/CH
1910	7	13	8	32	30	WY	A	10	5.0	5.0	4.8	7.0	260	25				NASSEREITH/A
1915	6	2	2	33		FA	BY			4.9		6.5	200	90	15			ALTMUEHLTAL
1915	10	10	3	50		FA	BY	7	4.8	4.9	4.7	7.0	160	50	25			ALTMUEHLTAL
1917	6	20	23	9		BO	BW	12		4.9	4.5	6.0	160	74	39	5		ALLENSBACH
1926	1	28	16	57	37	CT	TH	6	3.9	4.0	3.4	6.0	38	13				EISENBERG
1926	6	28	22	0	40	SR	BW	8		5.0	4.8	7.0	200		13	6		KAISERSTUHL
1930	10	7	23	27		WY	A	8		5.0		7.5	250	30				NAMLOS/A; TIROL

Jahr	Mo	Tag	H	Min	Sec	SR	PR	H	ML	MW	MK	Io	Rs	R5	R6	R7	R8	Lokation
1931	6	7	0	25	21	SR	NS	23	6.1	6.2		8.0	500	300	185	120		MS=6.7, DOGGERBANK
1933	2	8	7	7	12	SR	BW	6		4.8	4.7	7.0	200		12			RASTATT
1935	6	27	17	19	30	SA	BW	11	5.2	5.6	5.1	7.5	420	145	60	15		MS=5.2, SAULGAU
1935	12	30	3	36	20	NW	BW	24		4.9	4.7	6.5	250	60	15			HORNISGRINDE
1938	6	11	10	57	37		B	19	5.6	5.1		7.0	180	95	65			MS=5.0; ZULZICH
1943	5	2	1	8	2	SA	BW	13		5.2	5.1	7.0	375	56	16	7		ONSTMETTINGEN
1943	5	28	1	24	8	SA	BW	9		5.5	5.4	8.0	485	69	23	10		ONSTMETTINGEN
1946	1	25	17	32	49	WA	CH	12	6.4	5.9		8.0	680	105	55			AYENT VS
1946	1	26	3	15	16	WA	CH	12		4.9		6.0	200	90				AYENT VS
1946	5	30	3	41		WA	CH	12		4.6		7.0	120	55				AYENT VS
1952	10	8	5	17	15	SR	F	10		4.8	5.0	7.0	180	35	15			SELTZ/F
1965	7	9	00	20		NY	A	1	3.5	3.9		6.0	40	4				INNSBRUCK/A
1974	10	16	3	42	9	SA	BW	10	4.2	4.0	4.0	6.0	29	10				ONSTMETTINGEN
1976	5	6	20	0	9		I	8		6.2		10.0	600	167	84	44	26	MS=6.5, FRIAUL
1977	9	2	22	47	14	SA	BW	3	3.9	4.1	4.9	6.5	20	16	5			W SAULGAU
1978	9	3	5	8	32	SA	BW	7	5.7	5.5	4.7	7.5	340	140	45	20		MS=5.1, ALBSTADT
1980	7	15	12	17	21	SR	F	12	4.7	4.5		7.0	130	30	5			SIERENTZ/F
1983	4	14	14	52	13	CA	A	6	5.2	4.4		6.0	100	40	5			YBBS; TOTES GEBIRGE
1983	11	8	0	49	34	BR	B	4	4.9	4.9	4.9	7.0	230	21	11	4		LUETTICH/B
1984	12	29	11	2	37	VO	F	10	4.8	4.3	4.5	6.0	95	16	6			REMIREMONT/F
1985	12	14	5	38	5	VG	CR	10	3.6	4.3		6.5	97	13	5			NOVY KOSTEL
1985	12	20	16	36	30	VG	CR	9	3.9	4.3		6.0	111	12				NOVY KOSTEL
1985	12	21	10	16	21	VG	CR	10	4.9	4.8		7.0	160	47	24			NOVY KOSTEL
1985	12	23	4	27	9	VG	CR	9	3.6	4.5		6.5	143	18				NOVY KOSTEL
1986	1	20	23	38	30	VG	CR	10	4.3	4.7		6.5	170	32	15			NOVY KOSTEL
1992	4	13	1	20	3	NB	NL	17	5.9	5.5		7.0	440	102	42	6		MS=5.6, ROERMOND
2003	2	22	20	41	6	VO	F	12	5.4	5.0		6.5	250	65	15			RAMBERVILLERS/F
2004	12	5	1	52	39	SW	BW	9	5.4	4.8		6.0	225	46	10			WALDKIRCH

Anhang 1: Erläuterungen zu den Erdbebenlisten in Anhang 2 und 3 und in Tabelle 5

Appendix 1: Explanations to the earthquake lists in appendix 2 and 3 and in table 5

DATUM
JAHR   Jahr
MO   Monat
TA   Tag

HERDZEIT (vor 1900 Ortszeit, ab 1900 GMT)
ST   Stunde
M   Minute
S   Sekunde (gerundet)

KOORDINATEN (Grad, Minuten mit Zehntelminuten)
BREITE   nördliche geographische Breite
LÄNGE   östliche geographische Länge
QE   Genauigkeit des Epizentrums:
         blank: unbekannt bzw. nicht bestimmt
         1: ≤ 1 km
         2: ≤ 5 km
         3: ≤ 10 km
         4: ≤ 30 km
         5: > 30 km

TIEFE
H   Herdtiefe in km
Q   Genauigkeit der Herdtiefe:
    G: Herdtiefe unsicher, vom Bearbeiter fest eingesetzt
    1 oder 4: ± 2 km (zwischen 0 km und 2 km)
    2 oder 5: ± 5 km (zwischen 2 km und 5 km)
    3 oder 6: ± 10 km (zwischen 5 km und 10 km)
    (Angabe 4, 5 oder 6 beruht auf makroseismischer Herdtiefenbestimmung)

REGION
SR   seismogeographische Region (siehe Liste der Abkürzungen in Anhang 4)
PR   politische Region (siehe Liste der Abkürzungen in Anhang 4)

STÄRKE
ML   lokale Magnitude
MW   Momentmagnitude
MK   makroseismische Magnitude, bestimmt aus makroseismischen Daten
INT   maximal gefühlte Intensität oder Epizentralintensität;
      meistens Skala MSK-1964 oder EMS-1998 (s. Anmerkung in Anhang 4)
RS   Schütterradius in km

A Bebenart
im Normalfall tektonisches Beben (ohne Kennzeichnung)
1   Einsturzbeben
2   Gebirgsschlag
B   Ereignis im Bergbaugebiet bzw. im Erdöl- oder Erdgas-Produktionsfeld
C   Gebirgsschlag im Kohlebergbau
H   induziert durch Hydrofrac
P   vermutlich Sprengung
S   Stausee induziert
D   zweifelhaftes Ereignis

REF   Referenzen (siehe Anhang 5)

LOKATION   Ortsbeschreibung des Epizentrums
Bei einigen starken Erdbeben steht zuerst die gemessene Oberflächen-wellen-Magnitude MS, z. B. „MS=6.5;", danach folgt die Ortsbeschreibung.

ZUSÄTZLICHE INFORMATIONEN

Die mit * gekennzeichnete Kommentarzeile enthält zusätzliche, das vorausgehende Beben betreffende Informationen. Folgende Kommentare bzw. Abkürzungen sind möglich:

Ri (mit i = 5, 6, 7, 8): Isoseistenradien in km der Intensitäten V, VI, VII, VIII; Beispiel: „R5=120;"

bei ellipsenförmigen Isoseisten:
AZI: Azimuth der Hauptachse gegen Nord (0 bis 170 Grad); Beispiel: „AZI=110;"
AXE: Achsenverhältnis; Beispiel: „AXE=2:1;"

besondere Schäden: „Verletzte", „Tote", „Erdspalten", „Veränderung an Quellen", „Erdrutsche", „Bergstürze"

Anhang 2:   Liste der Beben ab Intensität Io = IV oder ab Magnitude ML = 3.0 für die Jahre 800–2008 aus dem Kataloggebiet 47°N–56°N und 5°E–16°E

Appendix 2   List of earthquakes as from intensity IV or as from magnitude ML 3.0 for the years 800–2008 out of the catalogue area 47°N–56°N and 5°E–16°E

```
DATUM         HERDZEIT   KOORDINATEN      TIEFE REGION    STÄRKE              A REF LOKATION
JAHR MO TA  ST  M   S    BREITE  LÄNGE QE H  Q  SR  PR    ML   MW  MK  INT RS

 813                     50 48.   6 06.   3    NB  NW                 4.0        SAy AACHEN
 823                     50 48.   6 06.   4    NB  NW                 7.0 220    SAy AACHEN
 823                     51  6.0 12 48.0  5    CS  SA                 7.0        Gly N-SACHSEN
 827                     51  6.0 12 48.0  5    CS  SA                 7.5        Gly N-SACHSEN
 834                     50 48.   6 06.   4    NB  NW                 6.0        SAy AACHEN

 841                     51   .0 12 12.0  4    CS  AH                 4.0        Gly ZEITZ
 858 01 01               50 00.   8 18.   4    NR  RP                 7.0 130    SAy MAINZ
 868                     51   .0 12 12.0  4    CS  AH                 5.5        Gly ZEITZ
 872 12 03               50 00.   8 18.   3    NR  RP                 5.5        SAy MAINZ
 997                     52  6.0 11 36.0  5    AM  AH                 6.0        Gly ALTMARK

1011                     50 36.  15 36.        SU  CR                 6.0        SHy TEPLITZ
1012                     52 30.  11 30.   4    AM  AH                 5.5 100    SAy ALTMARK
1032 08 13               51  6.0 12 48.0  4    CS  SA                 5.0        Gly N-SACHSEN
1062 02 08               47 42.   9  6.        BO  BW                 5.0        Ely REICHENAU/BODENSEE
1079 07 17               50 36.0  9 42.0  4    HS  HS                 5.0        Gly FULDA

1080 12 01               50 00.   8 18.   3    NR  RP                 5.5        SAy MAINZ
1088 05 12               51  6.0 13  6.0  5    CS  SA                 7.5        Gly N-SACHSEN
1094                     51   .0 12 12.0  4    CS  AH                 5.0        Gly ZEITZ
1113                     49 53.4 10 53.4  4    NF  BY                 4.5        Gly UNTERFRANKEN
1117 01 03 15            48 00.   9 25.   5    SA  BW            6.4  7.5 350    GBy SAULGAU

1141 03 26               50 36.0  9 42.0  4    HS  HS                 5.0        Gly FULDA
1201 05 04 10            47  3.0 13 37.2  3    ET  A                  9.0        ACy KATSCHBERG
1223 01 11 06            50 50.   6 50.        NB  NW                 7.0        SAy DUEREN, KOELN
1239 09                  48 20.   7 30.   4    SR  F                  6.0        RSy COLMAR
1267 05 08 02            47 30.6 15 27.0       MM  A                  8.0        ACy KINDBERG

1277 06 09               47 40.   9 10.   4    BO  BW                 5.0        Ely KONSTANZ
1280 10 26               48  5.   7 22.        SR  F                  5.0        Ely COLMAR
1289 09 24               48 48.   7 48.   4    SR  F                  7.0        RSy STRASSBURG
1295 04 03               48 05.   7 22.        SR  F                  5.0        Ely COLMAR
1298                     52  6.0 11 36.0  4    AM  AH                 4.0        Gly MAGDEBURG

1323                     51 10.8 12 33.6  4    CS  SA                 6.5        Gly GRIMMA
1323                     53 15.  10 25.        NX  ND                 5.0      D LKy LUENEBURG
1326                     50 48.0 12 12.0  4    CS  TH                 6.5        Gly GERA
1329  1 15               49 24.  15 30.        CM  SL                 5.5        SHy IGLAU
1332 02 12               50 48.0 12 12.0  4    CS  TH                 5.5        Gly GERA

1348                     51 03.   7 07.   4    RS  NW                 6.0        HIy ALTENBERGER ABTEI
1349                     50 50.   6 20.        NB  NW                 7.0        ASy JUELICH
1356 10 18 16            47 33.   7 36.   3    SR  CH                 7.0        Ely BASEL
1356 10 18 22            47 28.   7 36.   3 12 4 SR CH                9.0 400    MRy BASEL
 * Verletzte; Tote;
1357 05 05 06            47 40.2  9 10.8       BO  BW                 5.0        Ely KONSTANZ

1357 05 08 18            47 40.2  9 10.8       BO  BW                 5.0        Ely KONSTANZ
1363 06 24               47 48.   7 06.        SR  F                  7.0 100    Ely THANN/F
1366 05 24               51 07.  10 20.   5    CT  TH                 5.5        GWy EISENACH
1372 06 01               48 35.   7 48.   2    SR  F                  5.0        E3y STRASBOURG
1372 09 08               48 35.   7 48.   2    SR  F                  5.0 120    E3y STRASBOURG

1390 10 16               47 42.  12 54.        BY  BY                 5.0        Gly BAD REICHENHALL
1394 04 22 12            47 22.   8 32.        SF  CH                 5.0        Ely ZUERICH
1395 06 11 03            50 54.   6 24.        NB  NW                 5.5        CRy JUELICH
1409 08 23 22            52 06.  11 24.   4    AM  AH                 6.0        G4y MAGDEBURG
```

56

DATUM			HERDZEIT		KOORDINATEN		TIEFE	REGION		STÄRKE				A	REF	LOKATION
JAHR	MO	TA	ST	M S	BREITE	LÄNGE	QE H Q	SR	PR	ML	MW	MK	INT	RS		
1415	11	30	06:30		48 36.	7 48.		SR	F				4.5			SAy STRASSBURG
1416	07	21	01		47 33.6	7 36.	3	SR	CH				6.0			RSy BASEL
1428	12	13			47 31.8	7 36.	4	SR	CH				7.0			SAy BASEL
1433					47 42.0	8 37.8		SW	CH				4.0			E2y SCHAFFHAUSEN
1444	11	30	04		47 48.	7 06.	3	SR	F				6.0			SAy SUNDGAU
1456	08	26	02		50 36.	5 36.		VE	B				6.0			CRy LIEGE/B
1458					47 22.8	8 31.8		SF	CH				4.0			E2y ZUERICH
1470	02	16	04		47 30.0	7 38.		SR	CH				4.0			E3y BASEL
1475	08	25	04		49 38.	8 22.	3	NR	RP				6.0			G5y WORMS
* R5=50;																
1478	02	24			47 45.	10 20.	4	BM	BY				5.5			SAy KEMPTEN/ALLGAEU
1483					51 42.0	13 13.2	4	CS	BR		2.9		4.0		D	G2y HERZBERG
1498	11	10			47 31.8	7 39.0		SR	CH				5.0			E1y BASEL
1504	08	23	23:30		50 48.	6 06.	3	NB	NW		5.0		7.0			CRy AACHEN
1505					50 18.	12 30.		VG	CR				5.0			SHy CHEB
1505	06	01			50 54.	5 42.		BR	NL				4.0			CRy MAASTRICHT/NL
1507	01	31			47 03.	8 17.4		CC	CH				5.0			E1y LUZERN
1514	1	20	17		47 30.0	7 39.0		SR	CH				4.5			E1y BASEL
1516	7	2			47 1.2	9 33.0		GV	CH				5.0			E1y MAIENFELD/CH
1517					51 14.4	12 43.8	4	CS	SA				4.0			G1y N-SACHSEN
1517	04	04	16		48 40.	9 00.	4	SA	BW				6.0		20	SAy BOEBLINGEN
1522					47 28.2	7 39.0		SR	CH				5.0			E1y BASEL
1523	02	05			50 35.4	12 38.4	3	VG	SA				4.0			G1y SCHNEEBERG
1523	12	27	23:55		48 0.0	7 52.2		SR	BW				6.5			E1y FREIBURG I.BR.
1528	01	19	02		50 00.	8 18.		NR	RP				5.0			SAy MAINZ
1528	12	18	21		48 36.	7 40.	4	SR	F				5.0			SAy STRASSBURG
1529	09	11	19		47 30.	7 36.	3	SR	CH				5.5			SAy BASEL
1531	07	12			51 18.	6 12.		NB	NL				7.0			CRy VENLO/NL
1531	10	10	20		47 3.0	9 27.0		GV	CH				5.0			E1y SARGANS/CH
1533	03	07			47 28.8	7 34.8	4	SR	CH				4.5			E1y BASEL
1533	11	17	00		47 30.	9 20.	3 12	BO	CH				5.0			E1y ST. GALLEN
1533	12	27			47 28.2	7 34.8		SR	CH				5.0			E1y BASEL
1534	10	6	4:30		47 25.2	9 22.2		SF	CH				5.0			E1y ST. GALLEN
1534	10	12			47 22.2	8 32.4		SF	CH				4.0			E1y ZUERICH
1535	1	20			47 33.0	7 34.2		SR	CH				5.0			E1y BASEL
1535	11	25			47 30.0	9 16.2		BO	CH				4.0			E2y KONSTANZ
1538	9	22	1		47 34.2	7 37.2		SR	CH				5.0			E1y BASEL
1538	9	22	16		47 34.2	7 37.2		SR	CH				4.0			E1y BASEL
1540	06	26	19		51 6.0	12 54.0	4	CS	SA				6.5			G1y N-SACHSEN
1540	7	18	4		47 31.8	7 33.0		SR	CH				5.0			E1y BASEL
1540	07	25	16		50 35.4	12 38.4	3	VG	SA				4.0			G1y SCHNEEBERG
1541	1	6			47 6.0	8 18.0		SF	CH				5.0			E1y LUZERN
1542	11	08			47 50.	10 00.	4	BM	BY				6.0		30	SAy LEUTKIRCH
1548	02	09	04		47 33.	7 36.		SR	CH				4.0			E3y BASEL
1552	03	06			50 34.8	13 4.8	4	KH	SA				6.0			G1y ANNABERG-BUCHHOLZ
1552	04	20			50 35.4	12 38.4	3	VG	SA				4.0			G1y SCHNEEBERG
1552	04	20	9		50 34.2	12 39.6	3	VG	SA				5.5			G1y SCHNEEBERG
1552	04	23	11		50 35.4	12 38.4	3	VG	SA				4.0			G1y SCHNEEBERG
1552	04	24	12		50 35.4	12 38.4	3	VG	SA				4.5			G1y SCHNEEBERG
1552	04	24	22		50 35.4	12 38.4	3	VG	SA				4.5			G1y SCHNEEBERG
1552	04	25	23		50 35.4	12 38.4	3	VG	SA				4.0			G1y SCHNEEBERG
1552	07	09	14		50 35.4	12 38.4	3	VG	SA				4.5			G1y SCHNEEBERG
1552	07	15	22		50 35.4	12 38.4	3	VG	SA				4.0			G1y SCHNEEBERG
1552	9	16	17		47 25.8	7 37.8		SR	CH				5.0			E1y BASEL
1552	11	22	1		50 35.4	12 38.4	3	VG	SA				4.5			G1y SCHNEEBERG
1553	08	17	19:30		51 06.	12 54.	5	CS	AH				6.5			GWy ROCHLITZ
1556	10	01	17		50 43.8	12 24.0	4	VG	SA				4.0			G1y ZWICKAU
1557	04	28			47 25.8	8 37.2		SF	CH				5.5			E2y WINTERTHUR
1558	05	17			50 52.8	12 13.8	5	CS	TH				5.0			G1y GERA

```
          DATUM          HERDZEIT        KOORDINATEN   TIEFE REGION          STÄRKE              A REF  LOKATION
       JAHR MO TA    ST   M    S       BREITE  LÄNGE QE   H Q  SR PR    ML   MW  MK   INT   RS

       1559                             50 55.2 13 21.0 3    KH SA            4.0              G1y  ZENTRAL-SACHSEN
       1559 01 15   19                  48 36.   7 48.  4    SR  F            6.0              SAy  STRASSBURG
       1560 12 28   23                  47 22.8  8 31.8      SF  CH           4.5              E2y  AARAU

       1562                             52 24.0 11 31.8 4    AM AH            4.5              G1y  ALTMARK
       1563 03 22   00                  51 18.   5 42.       NB NL            6.0              CRy  WEERT/NL
       1563 11 07                       47 26.   7 36.       SR  CH           5.0              E1y  BASEL
       1565 02 07   24                  50 03.   7 15.       HU RP            7.0              SAy  ZELL/MOSEL
       1568 07 26                       51  7.2 13  3.0 4    CS  SA           5.5              G1y  N-SACHSEN

       1569 01 12                       50 39.6 12 37.2 3    VG SA            5.0              G1y  SCHNEEBERG
       1569 08 06   04                  47 34.   7 36.       SR  CH           6.0              E1y  BASEL
       1571 02 19   08                  47 29.   7 32.       SR  CH           4.0              E1y  BASEL
       1571 11 01                       47 18.  11 24.       NY  A            7.0              T3y  INNSBRUCK
       1572 01 04   19:45               47 18.  11 24.       NY  A            8.0  380         T3y  INNSBRUCK

       1572 02 19   08                  47 34.   7 35.       SR  CH           4.0              E1y  BASEL/BS
       1573 12 21                       47 40.   8 48.       BO  CH           5.0              E3y  STEIN AM RHEIN
       1574                             48 30.   7 54.       SR  BW           7.0              SAy  OFFENBURG
       1574 02 02   21                  51  3.0 13 44.4 3    KH SA            4.0              G1y  DRESDEN
       1574  7 30                       47 22.8  8 30.0      SF  CH           4.0              E3y  ZUERICH

       1575                             47 27.0  7 31.8      SR  CH           5.0              E1y  BASEL
       1576 04 27   10:30               52  7.8 11 38.4 3    AM AH            4.0   30 D       G1y  MAGDEBURG
       1576 10                          47 28.2  7 33.0      SR  CH           5.0              E1y  BASEL
       1576 11 20   20                  47 28.2  7 37.8      SR  CH           5.0              E1y  BASEL
       1576 12 21                       47 27.0  7 37.8      SR  CH           4.5              E1y  BASEL

       1577 02 27                       47 31.2  7 37.2      SR  CH           5.0              E1y  BASEL
       1577 09 22   01                  47 18.6  7 11.4  12  WJ CH            5.0              E1y  BASSECOURT
       1577 09 24                       47 33.0  7 37.2      SR  CH           5.0              E1y  BASEL
       1577 09 29                       47 33.0  7 37.8      SR  CH           5.0              E1y  BASEL
       1577 10 05   19                  47 31.8  7 37.8      SR  CH           5.0              E1y  BASEL

       1577 10 15                       47 31.2  7 37.8      SR  CH           5.0              E1y  BASEL
       1577 10 18                       47 33.0  7 34.8      SR  CH           5.0              E1y  BASEL
       1578 04 27   11                  50 52.8 12 13.8 4    CS  TH           6.5              G1y  GERA
       1578 05 04                       50 52.8 12  4.8 3    CS  TH           5.0              G1y  GERA
       1578 09 28   10                  47 40.2  8 51.6      BO  CH           5.0              E2y  STEIN AM RHEIN

       1581 03 10                       51 24.   5 54.       NB NL            6.0              CRy  BOXMEER/NL
       1587                             51 14.4 12 43.8 4    CS  SA           4.0              G1y  N-SACHSEN
       1587 06 14                       50 43.2 12 30.0 3    VG SA            4.5              G1y  ZWICKAU
       1588 02 29                       49 54.0 15 18.0 5    CM CR            5.0              G1y  ZENTRAL-BOEHMEN/CR
       1588 06 11                       47 45.   8 50.       BO  BW           6.0              SAy  HOHENTWIEL

       1590 09 15   17                  48 12.  15 55.  3    EF  A            8.0              ACy  NEULENGBACH
       1590 09 16   00:15               48 12.  15 55.  3 18 5 EF  A    6.2 6.2     9.0  500   GVy  NEULENGBACH
         * R5=205; R6=125; R7=68; R8=30; Verletzte; Tote; Erdspalten;
       1590 12 24                       49 57.  15 15.       CM CR            7.0              SHy  KOLIN
       1591  4 29                       48 54.  14 30.       SB CR            5.0              SHy  BUDWEIS
       1591 09 03                       47 31.2  7 34.8      SR  CH           5.0              E1y  BASEL

       1592  6 10   18                  48 54.  14 30.       SB CR            5.0              SHy  BUDWEIS
       1593 01 17                       48 50.  10 30.       FA BY            5.5            D G6y  NOERDLINGEN/RIES
       1593 11 15                       47  0.   6 56.       WF  CH           5.0              E1y  NEUCHATEL/CH
       1593 11 20                       47  1.8  9  3.0      CC  CH           5.0              E1y  GLARUS/CH
       1594 03 20                       47  1.8  9  3.0      CC  CH           5.0              E1y  GLARUS/CH

       1595 07 12   09:30               47 17.  11 30.  3    NY  A            6.0              T3y  HALL
       1598 12 16   07                  50 52.2 12 10.8 4    CS  TH           6.5              G1y  GERA
       1602  9 17    0:30               47 48.0  7  6.0      SR  F            4.0              E2y  W THANN
       1604  4 14    8:30               47 31.8  7 36.0      SR  CH           4.5              E2y  BASEL
       1612 02 29                       47 28.8  7 33.0      SR  CH           4.5              E1y  BASEL

       1612 10 01                       52 04.   8 42.  3    TW NW            6.0   20         LYy  BIELEFELD
       1612 11 19                       47 00.   6 56.       WF  CH           5.0              E1y  NEUCHATEL
       1614 02 27                       47 33.6  7 35.4      SR  CH           5.0              E1y  BASEL
       1614 10 04   01                  47 33.6  7 35.4  12  SR  CH           5.0              E1y  BASEL
       1616 02 29   05                  47 22.2  8 32.4      SF  CH           5.0              E1y  ZUERICH
```

```
DATUM         HERDZEIT       KOORDINATEN   TIEFE REGION     STÄRKE              A REF  LOKATION
JAHR MO TA    ST  M  S       BREITE  LÄNGE QE   H  Q  SR PR ML  MW  MK  INT  RS
1616 12 04                   50 58.8 12 15.0 3      CS AH    4.0                G1y ZEITZ
1616 12 16                   50 15.0 12 25.8 3      VG CR    4.0                G1y KRASLICE/CR
1619 01 19 06                50 12.   8 24.  4      MR HS    6.5                LAy S TAUNUS
    * Veränd. an Quellen;
1620 01 29                   47 00.   6 56.         WF CH    5.0                E1y NEUCHATEL
1620 02 19 24                50 10.   7 40.         MR RP    6.0      80        SAy ST.GOAR

1621 05 31                   47 01.   6 46.         WJ CH    5.0                E1y NEUCHATEL
1623  7 29                   47  1.2  9 33.0        GV CH    5.0                E1y MAIENFELD
1630  7  5                   47 28.2  7 34.2        SR CH    4.5                E1y BASEL
1630 12 24                   47 43.8  7 36.0        SR CH    5.0                E1y BASEL
1632 02 29 23                55 48.  12 30.         SJ DK    6.0                WGy KOPENHAGEN

1636    6                    48 16.8  7 27.0        SR  F    5.0                E1y PLAINE DE BASSE
1637                         50 24.0 12 27.0 4      VG SA    5.0                G1y JOHANNGEORGENSTADT
1640 04 04 03:15             50 45.   6 30.         NB NW    7.5     150        SAy DUEREN
1641 03 31                   50 34.   6 15.  3      VE NW    5.0                SAy MONSCHAU
1642 11 22                   47 00.   6 47.         WJ CH    4.5                E1y NEUENBURG

1642 11 28 23                50 00.   8 23.         NR HS    5.5     140        SAy MAINZ
1644  4 20 10                47 22.8  8  4.2        SF CH    5.0                E1y AARAU
1644  4 21                   47 28.2  7 55.2        SF CH    4.5                E2y SAECKINGEN
1645 08 26                   51 28.8 11 58.2 3      CS AH    4.0                G1y HALLE, WEISSENFELS
1647 05 04                   47 28.   7 37.         SR CH    5.0                E1y BASEL

1650 01 18                   47 14.   9 26.         GV CH    5.5                E1y SAX/CH
1650 02 15                   47 29.   7 36.         SR CH    5.0                E1y BASEL
1650 03 15                   47 29.   7 37.         SR CH    5.0                E1y BASEL
1650 05 02                   47 29.   7 38.         SR CH    5.0                E1y BASEL
1650 05 16 11                47 32.   7 34.         SR CH    5.0                E1y BASEL

1650 07 11 03                47 32.   7 35.         SR CH    5.0                E1y BASEL
1650 07 26                   47 31.   7 33.         SR CH    5.0                E1y BASEL
1650 09 12                   47 31.   7 39.  3      SR CH    5.5                VGy BASEL
1650 09 16                   47 30.   7 37.         SR CH    5.0                E1y BASEL
1650 09 21 03                47 33.   7 32.   12    SR CH    6.0                E1y BASEL

1650 10                      47 29.   7 33.         SR CH    5.0                E1y BASEL
1650 10 19                   47 42.   8 38.         BO CH    5.0                E1y SCHAFFHAUSEN
1650 10 27 00                47 23.   8 04.         SF CH    5.0                E1y AARAU/CH
1650 10 30                   47 34.   8 53.   12    SF CH    4.0                E1y FRAUENFELD
1650 11 04 11                47 23.   8 22.         SF CH    5.0                E1y BREMGARTEN/CH

1650 11 07                   47 42.   8 38.         BO CH    5.0                E3y SCHAFFHAUSEN
1650 11 09                   47 30.   7 37.         SR CH    4.5                E1y ARLESHEIM/CH
1651  2 12                   47 31.2  7 36.0        SR CH    4.0                E1y BASEL
1651  6  8                   47 13.8  9 28.2        GV CH    4.5                E2y APPENZELL
1651  6 23                   47 13.8  9 28.2        GV CH    4.5                E2y APPENZELL

1651 10 29                   47 13.8  9 28.2        GV CH    4.5                E2y APPENZELL
1652  8  1                   47 31.2  7 34.8        SR CH    4.0                E1y BASEL
1652 12 10                   47  0.0  6 55.8        WF CH    4.0                E2y S OF FONDS
1653  1 14 23                47 27.0  7 33.0        SR CH    5.0                E1y BASEL
1653  8 23                   47 27.0  7 33.0        SR CH    4.0                E1y BASEL

1654  3 17                   47  1.8  9  4.2        CC CH    4.5                E1y BASEL
1655 03 29                   48 30.   9 04.         SA BW    7.5     100        SAy TUEBINGEN
1655 04 11                   48 30.   9 04.         SA BW    7.0                SAy TUEBINGEN
1655  8  3                   47 19.8  9 25.2        GV CH    4.0                E2y APPENZELL
1656  3 16  3                47 31.2  7 34.2        SR CH    4.5                E1y BASEL

1656  5 16  2                47 25.2  7 34.8        SR CH    5.0                E1y BASEL
1656  8                      47 25.2  7 34.8        SR CH    4.0                E1y BASEL
1657  8  9                   47 27.0  7 34.8        SR CH    4.0                E1y BASEL
1660 11  5                   47  0.0  6 56.         WF CH    4.0                E2y NEUCHATEL
1660 11 14                   47  0.0  6 56.         WF CH    5.0                E3y NEUCHATEL

1660 12  1                   47  0.0  6 56.         WF CH    4.0                E2y NEUCHATEL
1661 01 18 22                47  1.7  8 39.         CC CH    5.0                E3y MEILEN
1661 01 25                   47  0.0  6 56.         WF CH    5.0                E3y NEUCHATEL
1661 12 03                   47 27.0  7 37.2        SR CH    4.0                E1y BASEL
```

```
         DATUM        HERDZEIT      KOORDINATEN    TIEFE REGION      STÄRKE         A REF  LOKATION
      JAHR MO TA ST  M  S        BREITE  LÄNGE QE    H Q  SR PR    ML  MW MK  INT  RS

      1661 12 24                  47 25.8  7 36.0        SR CH              4.0         E1y BASEL

      1661 12 27                  47 25.8  7 37.2        SR CH              4.0         E1y BASEL
      1663 05 19                  50 54.   5 42.         BR NL              5.0         CRy MAASTRICHT/NL
      1665  3  1  1               47  1.8  9  4.2        CC CH              5.0         E1y GLARUS/CH
      1665  3 13                  47 08.   8 44.         CC CH              4.0         E3y EINSIEDELN
      1666 03 11 01               47  1.8  9  4.2        CC CH              4.0         E3y GLARUS/CH

      1666 09 11                  47 31.   9 26.         BO CH              5.0         E1y ARBON
      1666 10  2                  47 34.8  8 31.8        SF CH              4.5         E2y EGLISAU
      1666 12  2                  47 34.8  8 31.8        SF CH              4.0         E2y EGLISAU
      1666 12  8                  47 34.8  8 31.8        SF CH              4.0         E2y EGLISAU
      1666 12 11                  47 28.2  7 34.8        SR CH              4.5         E1y BASEL

      1666 12 14                  47 34.8  8 31.8        SF CH              4.0         E2y EGLISAU
      1668 01 13                  51 28.8 11 58.2 3      CS AH              4.0         G1y HALLE, WEISSENFELS
      1668  4 26                  47 28.2  7 36.0        SR CH              4.0         E1y BASEL
      1668  4 30 14               47  1.8  9  4.2        CC CH              5.0         E1y GLARUS
      1669 10 10 00:45            48 36.   7 48.         SR  F              6.0 115     SAy SRASSBURG

      1670 01 22  1               51 28.8 11 58.2 3      CS AH              4.0         G1y HALLE, WEISSENFELS
      1670 07 17 02               47 18.  11 30.         NY  A              8.0 250     T3y TIROL; HALL
      1670  9 17                  47  1.8  9  4.2        CC CH              4.0         E2y GLARUS/CH
      1670  9 19                  47  1.8  9  4.2        CC CH              4.0         E2y GLARUS/CH
      1670 12 12 15               47 22.   8 32.         SF CH              4.0         E3y ZUERICH

      1671 05 23 12               47 15.6  9 30.         GV CH              5.0         E3y SENNWALD
      1672 04 13                  47 42.   8 38.         BO CH              5.0         E3y SCHAFFHAUSEN
      1672 12 10                  47 22.2  8 31.8        SF CH              4.0         E2y ZUERICH
      1672 12 12 14:15            47 34.8  8 31.8        SF CH              4.5         E1y EGLISAU
      1673  2 13                  47  1.8  9  4.2        CC CH              4.5         E2y GLARUS/CH

      1673 02 19                  50 38.   7 12.         MR RP              7.0  75     SAy ROLANDSECK
      1674 04 08  0:30            50 35.4 12 38.4 3      VG SA              5.0         G1y SCHNEEBERG
      1674 11                     50 42.  13 42.         KH SA              5.5         SHy ERZGEBIRGE
      1674 12 16  7:30            47 18.0  8 34.8  12    SF CH              5.0         E1y THALWIL
      1674 12 22  5:30            47 25.2  9 22.2        SF CH              4.5         E2y ST.GALLEN

      1675 01 12  4               50  6.0 12 22.8 3      VG CR              5.0         G1y CHEB/CR
      1675  2 12 11               47 22.2  8 31.8        SF CH              4.0         E2y ZUERICH
      1676  3                     47 34.8  8 31.8        SF CH              4.5         E1y EGLISAU
      1677 12 23  6:30            47 25.2  9 22.2        SF CH              4.5         E3y ST.GALLEN
      1679 01 12 01               47 25.2  9 22.2        SF CH              5.0         E1y ST.GALLEN

      1679  3 14                  47 28.8  7 36.0        SR CH              4.0         E2y BASEL
      1680                        52 40.8 11 26.4 4      AM AH              4.5         G1y ALTMARK
      1680  7  4                  47  1.8  9  4.2        CC CH              4.0         E1y GLARUS/CH
      1680 12 11                  47 28.8  7 34.8        SR CH              4.0         E2y BASEL
      1681  1 17                  47  0.0  6 55.2        WF CH              4.0         E2y S OF FONDS

      1681 01 18 04:30            50 12.   8 24.         MR HS              6.0 180     SAy S TAUNUS
      1681 02 06 21:45            47 10.   9 32.    15   GV CH              6.0 150     E2y VADUZ
      1682  5  7                  47  1.8  9  4.2        CC CH              4.5         E2y GLARUS
      1682 05 12 02:30            47 58.   6 31.  3 20 4 VO  F   6.0 6.0 8.0 470        LCy REMIREMONT
      * R8=12; Tote;
      1683 11 27                  47 28.8  7 34.2        SR CH              4.5         E1y BASEL

      1685  3 10                  47 10.2  8 44.4        SF CH              5.0         E1y EINSIEDELN
      1685  9  9                  47  1.8  9  4.2        CC CH              4.5         E2y GLARUS
      1687 03 15                  47 00.   9 05.         CC CH              5.0         E1y GLARUS
      1688 10 18                  49 27.  12 57.         SB CR              5.0         SHy DOMAZLICE
      1689 10 23 20               47 28.2  7 31.8        SR CH              5.0         E3y BASEL

      1689 12 22 02               47 18.  11 24.         NY  A              8.0         T3y INNSBRUCK
      * Tote;
      1690 11 23  9               50 58.2 11 54.6 3      CT TH              5.0         G1y JENA, STADTRODA
      1690 12 18 17:30            50 45.   6 00.     6   NB NW              7.0 210     SAy AACHEN
      1691  1  4                  47 27.0  7 31.8        SR CH              4.0         E1y BASEL
      1691 02 19 07               49 15.   6 30.   4         F              6.0 200     SAy SAARLOUIS

      1691 12 01                  47  7.8 13 40.8        SZ  A              6.5         ACy MAUTERNDORF
```

```
         DATUM       HERDZEIT      KOORDINATEN   TIEFE REGION       STÄRKE              A REF  LOKATION
         JAHR MO TA  ST   M   S    BREITE LÄNGE  QE  H Q SR PR   ML MW MK  INT RS

         1692 09 18  14:15         50 37.   5 51.  2 20 2 VE  B 6.8 6.1 6.0  8.0           AXy VERVIERS
            * R5=260; R6=135; R7=45; R8=10; Azi=110; Axe=2:1; Verletzte; Tote;
         1692 10 15   2             47 33.   7 36.          SR CH           5.0           E3y BASEL
         1693  2  5   5             47 25.8  7 33.0         SR CH           4.0           E1y BASEL
         1694 11 18                 47 19.8  9 25.2         GV CH           4.0           E2y NEAR APPENZELL

         1695 04 18                 50 58.2 11 54.6 3       CT TH           5.5           G1y JENA, STADTRODA
         1698 08 20                 50 45.   6 06.          NB NW           5.0           SAy AACHEN
         1699  1                    47 25.8  7 33.0         SR CH           5.0           E1y AESCH,BASEL
         1699 04 22                 51 06.   5 54.  3       NB NL       4.0 6.5       90  CRy ROERMOND
         1699 08 20                 50 36.6 12 50.4 3       KH SA           4.5           G1y ANNABERG-BUCHHOLZ

         1701 03 13   3             50 35.4 12 38.4 3       VG SA           4.0           G1y SCHNEEBERG
         1701 03 14  12             50 35.4 12 38.4 3       VG SA           4.5           G1y SCHNEEBERG
         1701 03 14  15:30          50 35.4 12 38.4 3       VG SA           4.5           G1y SCHNEEBERG
         1701 03 15   6             50 35.4 12 38.4 3       VG SA           4.5           G1y SCHNEEBERG
         1701 03 16                 50 35.4 12 38.4 3       VG SA           4.0           G1y SCHNEEBERG

         1701 03 17   2             50 35.4 12 38.4 3       VG SA           4.0           G1y SCHNEEBERG
         1701 03 18   2:45          50 35.4 12 38.4 3       VG SA           4.0           G1y SCHNEEBERG
         1701 03 18   4             50 35.4 12 38.4 3       VG SA           4.5           G1y SCHNEEBERG
         1701 03 19   6             50 35.4 12 38.4 3       VG SA           4.5           G1y SCHNEEBERG
         1701 03 19   6:45          50 35.4 12 38.4 3       VG SA           5.0           G1y SCHNEEBERG

         1701 03 20                 50 35.4 12 38.4 3       VG SA           4.5           G1y SCHNEEBERG
         1701 03 23  11:45          50 35.4 12 38.4 3       VG SA           4.0           G1y SCHNEEBERG
         1701 03 23  23:30          50 35.4 12 38.4 3       VG SA           4.0           G1y SCHNEEBERG
         1701 03 24  18             50 35.4 12 38.4 3       VG SA           5.0           G1y SCHNEEBERG
         1701 03 25                 50 35.4 12 38.4 3       VG SA           4.0           G1y SCHNEEBERG

         1701 03 26   4:30          50 35.4 12 38.4 3       VG SA           5.0           G1y SCHNEEBERG
         1701 03 26  13:45          50 35.4 12 38.4 3       VG SA           4.0           G1y SCHNEEBERG
         1701 03 27  15             50 35.4 12 38.4 3       VG SA           5.5           G1y SCHNEEBERG
         1701 04 07                 50 35.4 12 38.4 3       VG SA           4.5           G1y SCHNEEBERG
         1701 04 08  01:30          50 35.4 12 38.4 3       VG SA           5.5           G1y SCHNEEBERG

         1702 12  9                 47  5.4  9  5.4         CC CH           5.0           E1y MOLLIS/CH
         1703 10  4                 47 22.8  8  3.0         SF CH           4.0           E2y ZUERICH
         1705  4 28                 47  6.0  9  4.2         CC CH           5.0           E1y MOLLIS,NAEFELS/CH
         1705  6  3                 47  6.0  9  4.2         CC CH           5.0           E1y MOLLIS,NAEFELS/CH
         1705  9 24  10             47 34.8  8 30.0         SF CH           5.0           E1y EGLISAU/CH

         1705 11 13   4             47 28.8  9  1.8         SF CH           5.0           E1y WIL/CH
         1705 11 17  19             47 35.   8 32.  2       SF CH           5.5           E1y EGLISAU/CH
         1706 03 28  23             47 17.  11 25.  3       NY  A           6.0           T3y INNSBRUCK; TIROL
         1706  5 27                 47 25.8  7 37.2         SR CH           4.0           E2y LAUFEN
         1706 12 02                 47 18.  11 30.  3       NY  A           6.5           T3y HALL/A; TIROL

         1709  1  8   4             47  0.0  9  4.8         CC CH           4.5           E1y SCHWANDEN/CH
         1710  5                    47  0.0  9  4.8         CC CH           4.0           E1y SCHWANDEN/CH
         1710 12 28  23             47 40.2  8 52.2         BO CH           5.0           E1y STEIN-AM-RHEIN/CH
         1711  1  1  23             47 40.2  8 52.2         BO CH           5.0           E1y STEIN-AM-RHEIN/CH
         1711 02 09  04:30          47 40.   7 34.          SR BW           6.0           E1y LOERRACH

         1711 10 25  19:15          51 10.8 12 33.6 4       CS SA           6.5       60  G1y LEIPZIG
         1714 01 17                 47 27.   7 37.          SR CH           4.0           E1y BASEL
         1714 01 23  22             50 54.  05 42.      4   BR NL       4.3 7.0       90  SAy MAASTRICHT/NL
         1714 12 29  19:30          47 34.8  8 31.8         SF CH           4.0           E1y EGLISAU
         1716  1  2  16             47 19.2  8 43.2         SF CH           4.5           E2y ZUERICHSEE

         1716  4  5  19:30          47 34.8  8 31.2         SF CH           4.0           E1y EGLISAU
         1716 11 20  14             47  1.8  6 55.2         WF CH           4.0           E1y VILARS, VAL DE RUZ
         1716 11 26  15             47  1.8  6 55.2         WF CH           4.0           E1y VILARS, VAL DE RUZ
         1717  7  6  16             47 34.8  8 31.2         SF CH           4.0           E1y EGLISAU
         1717  8  9                 47  0.0  6 55.2         WF CH           4.0           E2y VILARS, VAL DE RUZ

         1717 12 18  20             47 34.8  8 31.2         SF CH           4.0           E1y EGLISAU
         1717 12 27  12             47 34.8  8 31.2         SF CH           4.0           E1y EGLISAU
         1718 07 17  16             47 00.   6 51.          WF CH           4.0           E1y VILARS, VAL DE RUZ
         1718 12 10  16             47 00.   6 51.          WF CH           4.0           E1y VILARS, VAL DE RUZ
         1720  2 26   6:30          47 34.8  8 31.2         SF CH           4.0           E1y EGLISAU
```

```
           DATUM       HERDZEIT       KOORDINATEN  TIEFE REGION        STÄRKE              A REF  LOKATION
        JAHR MO TA  ST   M   S      BREITE  LÄNGE  QE  H  Q  SR PR  ML  MW  MK  INT  RS

        1720  6 27                  47 13.8  9 26.4          GV CH           4.0         E1y SAX/CH
        1720 07 01  12               50 33.6 12 24.0 4       VG SA           4.5         G1y AUERBACH
        1720 07 01  15               50 33.6 12 24.0 4       VG SA           4.5         G1y AUERBACH
        1720 07 01  17               50 33.6 12 24.0 4       VG SA           6.0         G1y AUERBACH
        1720 07 01  19               51 15.0 12  7.8 3       CS AH           4.5         G1y HALLE, WEISSENFELS

        1720  9 20   2               47 13.8  9 26.4          GV CH           4.0         E1y SAX/CH
        1720 10 18                   47  0.0  6 51.0          WF CH           4.5         E2y VILARS, VAL DE RUZ
        1720 12 20 05:30             47 31.   9 26.  3        BO CH           6.0  70    GMy ARBON/CH
        1720 12 20   8               47 25.2  9 22.2          SF CH           4.0         E1y ST. GALLEN/CH
        1721 07 03 08:15             47 28.   7 36.  3  12    SR CH           6.0 120    E1y AESCH/CH

        1721  7 10   8               47 48.0  7  0.0          VO  F           4.0         E2y BELFORT
        1722  4 28  2:30             47 52.2  7 10.2          SR  F           4.0         E2y MULHOUSE
        1723  4 13                   47 34.8  8 31.2          SF CH           4.0         E2y EGLISAU
        1725  8  3  14               47 34.8  8 31.2      5   SF CH           5.0         E1y EGLISAU
        1726  2 16   4               47 34.2  8 31.8          SF CH           4.0         E1y EGLISAU

        1726  7  7   7               47 34.8  8 31.2          SF CH           5.0         E1y EGLISAU
        1727 05 12  06               50 06.  08 36.           NR HS           5.0         RSy S TAUNUS
        1727 08 18  10               47 18.  11 24.  3        NY  A           6.5         T3y INNSBRUCK; TIROL
        1728 08 03 16:30             48 50.   8 13.     10    SR BW           7.5 250    SAy RASTATT
        1729  1 18 20:15             47  8.4  8 12.6          SF CH           4.0         E1y SEMPACH/CH

        1729  5 26                   47  1.2  6 58.8          WF CH           4.0         E2y VILARS, VAL DE RUZ
        1730  4 28  3:30             47 28.2  7 37.2          SR CH           4.0         E2y BASEL
        1730  9 21                   47 22.8  9 25.8          SF CH           5.0         E1y BUEHLER
        1731  2 09                   47 28.8  7 37.2          SR CH           4.0         E2y AESCH
        1732  8 19                   47  0.0  9  4.8          CC CH           4.0         E2y SCHWANDERN

        1733 04 13 20:15             50 00.   5 43.  3            B           6.0  70    V1y BASTOGNE/B
        1733 05 18  14               49 42.  08 01.  4  8  5 NR RP       4.5 7.0 150    GUy MUENCHWEILER
        1733  7  8  12               47  8.4  7 22.2          WF CH           5.0         E1y BUEREN A.A., BIEL
        1735 08 07                   50 35.   8 42.  3        RS HS           5.0  70    SAy GIESSEN
        1735  9 30                   47 14.4  9 30.0          GV CH           5.0         E2y SALEZ/CH

        1736 06 12  20               47 28.8  7 36.     12    SR CH           6.0         E2y AESCH, BASEL
        1736 11                      53 08.  14 10.  3        EH BR       2.9 4.0        G3y STENDELL/UCKERMARK
        1737 02 01   6               50 35.4 12 38.4 3        VG SA           4.5         G1y SCHNEEBERG
        1737 05 11 14:30             48 54.  08 18.     10    SR BW       4.1 5.5 170    RSy KARLSRUHE; RASTATT
        1737 05 12 03:45             48 54.   8 18.      8    SR BW           5.0         RSy KARLSRUHE; RASTATT

        1737 05 18 21:45             48 54.  08 18.      8    SR BW       4.5 7.0 170    RSy KARLSRUHE; RASTATT
        1739  3 18  11               47  1.2  6 58.8          WF CH           4.5         E2y ST-BLAISE
        1741  2  2 20:30             47  1.2  7  0.0          WF CH           4.5         E2y ST-BLAISE
        1742 10 17  23               50 36.6 12 50.4 3        KH SA           4.5         G1y ANNABERG-BUCHHOLZ
        1743 10  8  7:30             47 28.8  7 37.8          SR CH           4.0         E2y BASEL

        1744  2 24  11               47 19.8  8 33.0          SF CH           4.0         E2y ZUERICH
        1747 12 27                   47 34.8  8 31.2          SF CH           5.0         E2y EGLISAU
        1750  4 11  0:15             47 38.4  8 37.2   12     SW CH           5.0         E2y RHEINAU
        1751 07 31                   50 48.  15 36.  5        SU PL           6.5       D GPy LIEGNITZ
        1751 10 02                   50 37.2 10 45.0 3        CT TH           4.0         G1y THUERINGER WALD

        1751 12 26  7:30             47 34.2  8 31.8          SF CH           5.0         E2y EGLISAU
        1753  4  4  23               47 34.8  8 31.2          SF CH           4.5         E2y EGLISAU
        1754                         47 37.   9 14.           BO CH           5.0         E1y LAKE OF CONSTANCE
        1754  1  1   7               47 34.8  8 31.2          SF CH           4.5         E2y EGLISAU
        1754  5 20 10:15             47 34.8  8 31.2          SF CH           4.5         E2y EGLISAU

        1755 11 02 14:30             47 29.   7 40.           SR CH           5.0         E1y AESCH, BASEL
        1755 12 17  22               47 35.   8 14.           SF CH           4.5         E1y LAUFENBURG
        1755 12 18                   50 54.   5 42.           BR NL           7.0         CRy MAASTRICHT/NL
        1755 12 26 16:00             50 47.   6 18.  3  8  5 NB NW           6.5 118    M1y DUEREN
        1755 12 27 00:30             50 45.   6 23.  2 18  4 NB NW 5.7 5.2 5.1 7.0 230  HOy DUEREN
         * R5=100; R6=24; R7= 8; Verletzte;

        1755 12 27 03:00             50 47.   6 18.  3  8  5 NB NW           5.5 111    M1y DUEREN
        1755 12 27  09               50 46.   6 14.  2        NB NW           5.0  18    SAy STOLBERG-VICHT
        1756 01 12                   50 45.0 13 46.8 3        KH SA           4.5         G1y ERZGEBIRGE
```

```
         DATUM       HERDZEIT     KOORDINATEN   TIEFE  REGION        STÄRKE         A REF  LOKATION
    JAHR MO TA  ST   M    S     BREITE    LÄNGE QE  H Q  SR PR    ML  MW  MK    INT  RS
    1756 01 23  04              50 46.     6 14.   2    NB NW                   6.0  50    SAy STOLBERG-VICHT
    1756 01 26  03:30           50 47.     6 18.   3    NB NW                   5.0  68    M1y DUEREN

    1756 02 13  16:30           50 47.     6 18.   3    NB NW                   4.0  55    M1y DUEREN
    1756 02 14  03:30           50 47.     6 18.   3    NB NW                   4.0  51    M1y DUEREN
    1756 02 18  08:00           50 47.     6 15.   2 14 4 NB NW 6.4 5.7 5.6     8.0 324    HOy DUEREN
        * R5=135; R6=56; R7=22; R8= 7; Verletzte; Tote; Bergsturz;
    1756 02 19  06:00           50 47.     6 18.   3    NB NW                   4.5  92    M1y DUEREN
    1756 02 20  04:30           50 47.     6 18.   3    NB NW                   5.0 121    M1y DUEREN

    1756 02 21  06:00           50 47.     6 18.   3    NB NW                   4.0  42    M1y DUEREN
    1756 02 25  17:00           50 47.     6 18.   3    NB NW                   5.0  41    M1y DUEREN
    1756 03 06  01:00           50 47.     6 18.   3    NB NW                   5.5  56    M1y DUEREN
    1756  6  7  7:50            47  7.8    6 51.0       WJ CH                   5.0        E2y LA CHAUX-DE-FONDS
    1756  6 22  23              47  7.8    6 54.0       WJ CH                   5.5        E2y LACHAUX-DE-FONDS

    1756 10 28  22:00           50 47.     6 18.   3    NB NW                   4.0  46    M1y DUEREN
    1756 11 19  03:00           50 47.     6 18.   3    NB NW                   4.5  62    M1y DUEREN
    1757 01 18  05:52           47 46.     6 44.        VO  F                   6.0        E1y VOGESEN
    1757  8  6   9:40           47 13.2    8 21.6       SF CH                   4.0        E2y AUW
    1757 11  8                  47 34.8    7 30.0       SR CH                   4.0        E2y WEIL AM RHEIN

    1757 12 24  22:30           50 09.    11 36.   3    CT BY                   5.0  20    SAy KUPFERBERG
    1759 08 23  04:45           50 48.    06 06.   4    NB NW        4.3   7.0 120        SAy AACHEN
    1759  8 26                  47  4.8    9  4.2       CC CH                   4.0        E2y GLARUS
    1760                        47 34.     9 18.        BO CH                   4.0        E1y ROMANSHORN
    1760 01 20  22:30           50 48.    06 24.   8    NB NW        4.7   7.0 240        SAy DUEREN

    1761 12 02  17:30           47 42.     7 18.        SR  F                   5.0        SAy MUELHAUSEN/F
    1762 07 31  12:45           50 42.     6 39.   4    NB NW                   5.5 170    SAy ZUELPICH
    1763                        47  7.2    9  9.0       GV CH                   5.0        E2y NAEFELS/GL
    1763 09 04  11              48 58.     8 11.   4    SR  F                   6.0        LLy LAUTERBOURG/F
    1764  1  6                  47 30.0    7 33.0       SR CH                   4.0        E2y BASEL

    1767 01 19  09:30           51 55.     8 47.        TW NW                   6.0  70    M2y OERLINGHAUSEN
    1767  3 31  13              47 15.0    8 40.2       SF CH                   5.0        E2y ZUERICHSEE
    1767 04 13  00:30           51 00.    09 42.   3    HS HS        4.0   6.5  70        SAy ROTENBURG/FULDA
    1768 11 17  11              47 31.8    9 24.0       BO CH                   4.5        E2y LAKE OF CONSTANCE
    1769 08 04  16:15           48 45.    10 50.        FA BY                   7.0 270    SAy DONAUWOERTH

    1770 09 03  11:45           52 30.    08 00.        TW ND                   6.0  15    MGy ALFHAUSEN
    1770 10 04  20              50 15.0   12 25.8  3    VG CR                   4.5        G1y KRASLICE/CR
    1770 10  9   6:30           47  1.8    8 22.2       CC CH                   4.0        E2y MEGGENHORN
    1770 11 04   1              50 15.0   12 25.8  3    VG CR                   5.5        G1y KRASLICE/CR
    1771 01 04  20              50 15.0   12 25.8  3    VG CR                   4.5        G1y KRASLICE/CR

    1771 01 05   5              50 15.0   12 25.8  3    VG CR                   5.0        G1y KRASLICE/CR
    1771 01 06  16              50 15.0   12 25.8  3    VG CR                   6.0        G1y KRASLICE/CR
    1771 08 08                  53 33.    10 00.   3  1 1 NX ND                 5.0      1 SAy HAMBURG
    1771 08 11  07:20           47 34.     9 18.        BO CH                   6.0        E1y NIEDERSOMMERI/CH
    1771 09 14   0:30           47 22.8    8 31.8       SF CH                   4.0        E3y ZUERICH

    1771 12 27                  47 19.8   10 10.2  8    GV CH                   6.0        E2y RIEZLERN
    1775  1 20   3              47  0.0    8 31.2       CC CH                   4.0        E2y GERSAU
    1776 12 28  03:15           49 30.     8 28.   4    NR BW                   6.0        SFy MANNHEIM
    1777 12 20   3              47 19.8    9 31.8  5    GV  A                   5.0        E2y KOBELWALD
    1777 12 23   3              47 17.4    7 58.2       SF CH                   4.0        E2y ZOFINGEN/AG

    1778  1 27  20: 0           47 15.0    9 36.6       GV  A                   5.0        E3y FELDKIRCH
    1778 01 28  00:30           47 15.     9 37.        GV  A                   6.0        E1y FELDKIRCH
    1778 01 29  00:30           47 12.0    9 49.2       GV  A                   5.0        ACy LUDESCH
    1778 05 22  02:30           48 48.    10 42.        FA BY                   5.0  70    SAy HARBURG/RIES
    1779 12 05                  50 10.     8 45.        NR HS                   4.5  10    SAy FRANKFURT, HANAU

    1780 02 25                  50 16.     7 40.   2    MR RP        4.2   7.0  80        SAy BRAUBACH
    1780 10 31   3:15           47 37.8    6  7.2         F                     5.0        E2y PLAT. HAUTE-SAONE
    1782 10 13                  47 25.2    9 28.2       SF CH                   4.0        E2y BUEHLER
    1783 02 18                  50 15.0   12 25.8  3    VG CR                   5.0        G1y KRASLICE/CR
    1783 02 23                  50 15.0   12 25.8  3    VG CR                   4.5        G1y KRASLICE/CR

    1783 02 24                  50 15.0   12 25.8  3    VG CR                   4.0        G1y KRASLICE/CR
```

```
           DATUM      HERDZEIT    KOORDINATEN  TIEFE REGION       STÄRKE         A REF LOKATION
          JAHR MO TA  ST  M  S   BREITE  LÄNGE QE  H Q SR PR  ML  MW  MK  INT RS
          1783 02 25              50 15.0 12 25.8 3     VG CR              4.5       Gly KRASLICE/CR
          1783 03 26              50 15.0 12 25.8 3     VG CR              4.0       Gly KRASLICE/CR
          1783 04 12              50 15.0 12 25.8 3     VG CR              4.0       Gly KRASLICE/CR
          1784 03 20              50 36.0 13 46.2 3     KH CR              5.5       Gly OHRE-GRABEN/CR

          1784 11 12              49 18.   8 06.        NR RP              6.0       SAy ST.MARTIN
          1784 11 29  22:10       47 38.   7 15.        SR CH              6.0       Ely SUNDGAU
          1785 10 15              50 57.6 11 25.2 3     CT TH              5.0       Gly JENA, STADTRODA
          1787 02 06  07          49 54.  12 42.        SB CR              6.0       SHy MARIENBAD
          1787 08 27              47  9.6  9 48.6   12  GV  A              5.0       E2y BLUDENZ

          1787 08 27  00:45       47 18.  11 00.        WY  A              7.0 200   SAy TELFS/A; TIROL
          1787 11 04  03          49 45.   8 35.        NR HS              6.0  75   V2y HEPPENHEIM
          1788 02 06   8          49 53.4 12 45.  3     SB CR              6.0       PSy CESKY LES/CR
          1789 01 18  15          50 06.   8 30.        NR HS              5.5       RSy MAINZ
          1789 03 30  15          50 28.8 12 12.0 3     VG SA              4.0       Gly PLAUEN

          1789 04 25  13          50 21.0 12 14.4 3     VG SA              5.0       Gly OBERES VOGTLAND
          1789 05 18              50 37.2 12 12.0 3     VG SA              5.0       Gly GREIZ
          1789 05 27  12:45       50 25.2 12  9.6 3     VG SA              4.0       Gly PLAUEN
          1789 07 27  12:15       50 19.2 12 15.6 3     VG SA              5.0       Gly OBERES VOGTLAND
          1789 07 27  12:40       50 30.0 12  8.4 3     VG SA              5.0       Gly PLAUEN

          1789 07 27  16          50 30.0 12  8.4 3     VG SA              4.0       Gly PLAUEN
          1789 08 10              50 27.6 12 11.4 3     VG SA              5.0       Gly PLAUEN
          1789 08 26   9:30       50 33.0 12  7.2 3     VG SA     4.0     6.0  35    Gly PLAUEN
           * R5=12;
          1789 12 11              50 48.  15 36.        SU PL              6.0       PSy RIESENGEBIRGE
          1790 03 06  04          49 52.   8 40.        NR HS              4.0  20   SAy DARMSTADT

          1793  7 29   9:50       47 34.8  8 31.2       SF CH              4.5       E2y EGLISAU
          1793 12  6   0:15       47 25.2  9 22.2       SF CH              4.0       E2y BUEHLER
          1794 02 06  12:18       47 22.2 15  6.0       MM  A              7.0       ACy LEOBEN
          1794 05 12  11:59       47 17.  11 25.  3     NY  A              6.0       T3y INNSBRUCK; TIROL
          1795  1 27   2          47 28.8  8 27.0       SF CH              5.0       E2y REGENSBERG

          1795 12 06  01:30       47 12.   9 25.  3     GV CH              7.0       GSy WILDHAUS/CH
          1796 03 03  24          48 36.  10 24.        FA BY              5.5  50   SAy DILLINGEN
          1796 04 20  07:12       47 12.   9 25.  3  5  GV CH              7.0       GSy GRABS/CH
          1798 03 14  10          49 06.   7 24.        PS  F              5.5       SAy BITSCH/F
          1798  4 25              47 34.8  8 31.2       SF CH              4.0       E2y EGLISAU

          1799 06 19   2          50 52.2 12 10.8 2     CS TH              5.0       Gly GERA
          1799 09                 50 42.  15 30.        SU CR              4.5       SHy RIESENGEBIRGE
          1799 10     20          50 54.  15 45.  5     SU PL              4.0       GPy LIEGNITZ
          1801 09 11  01:15       48 06.   7 36.    16  SR BW              4.5  80   Sly KAISERSTUHL
          1801 11 12              47 25.8  8 37.8       SF CH              4.0       E2y BASSERSDORF

          1802 09 11  15          48 36.  07 48.     2 4 SR  F        3.8  7.0  15   ASy STRASSBURG
          1802 11 08  23:30       48 36.  07 48.     2 4 SR  F        4.2  7.0  50   ASy STRASSBURG
          1806 12 12              47 30.0  7 37.8       SR CH              4.0       E2y BASEL
          1807  6 17              47 34.8  8 31.2       SF CH              4.0       E2y EGLISAU
          1807 09 11  20:30       50 25.   7 27.        MR RP              6.0       SPy NEUWIED

          1808 03 27  05:15       48 36.   7 45.        SR  F              6.5       SPy STRASSBURG
          1810 07 18              47 34.8 14 27.6       CA  A              7.0       ACy ADMONT
          1811 01 07  15          50 35.4 12  9.0 2     VG SA              4.5       Gly PLAUEN
          1811 08 02   1          51  7.8 14  9.0 2     KH SA              4.5       Gly LAUSITZ
          1811 10 04  20:50       47 33.0 15 33.6       MM  A              6.5       ACy KRIEGLACH

          1811 12 12  20          50 37.8 12 58.2 2   7 4 KH SA            5.5       Gly ANNABERG-BUCHHOLZ
           * R5= 7;
          1812 05 13  13          50 42.   6 39.   1    NB NW         3.6  6.5  14   SPy ZUELPICH
          1812 07 17  04:00       47 44.   7 40.   3    SR BW         4.0  6.5  45   Sly MUELLHEIM
          1814 04 28              47 16.2 11 23.4       NY  A              6.0       ACy INNSBRUCK
          1815  4 11  20:45       47  0.0  9 30.0       GV FL              4.0       E2y VADUZ

          1816  2  7  22:30       47 22.8  9 25.8       SF CH              4.0       E2y APPENZELL
          1816  4 16   1:30       47 19.8  9 25.2       GV CH              4.5       E2y APPENZELL
          1817  7  7   4          47 24.0  7  4.2       WJ CH              5.0       E2y PORRENTRUY
          1817 08 19  17          47 17.  11 25.        NY  A              5.0       SPy INNSBRUCK
```

```
           DATUM       HERDZEIT      KOORDINATEN   TIEFE REGION      STÄRKE           A REF   LOKATION
       JAHR MO TA  ST  M   S      BREITE   LÄNGE QE   H Q  SR PR  ML  MW  MK  INT RS
       1818  2 19 21:30          47 46.2  7 10.2        SR F           5.0           E2y MULHOUSE/F

       1818  5 28                48 42.  14  6.         SB CR          5.0           SHy HORNI PLANA
       1818 11 04  24             50 48.   6 06.  3     NB NW          6.0           GZy AACHEN
       1819 02 28                 51 28.2 12 25.8 3     CS SA          4.5           Gly LEIPZIG
       1819 04 10  23             47 17.  11 25.        NY  A          5.0           SIy INNSBRUCK
       1820 07 17 07:30           47 20.  11 40.        NY  A          7.0  65       T3y SCHWAZ/A; TIROL

       1821  3  9                 47 46.8  7 42.0       SR BW          4.5           E2y MARZELL
       1821 10 07 13:30           48 00.   6 30.  2     VO  F     3.7  6.0  25       S1y REMIREMONT
       1821 10 28 21:30           50 58.2 12 45.0 3 7 4 CS SA          5.0  45       Gly ZENTRAL-SACHSEN
       1821 10 30                 50 32.4 12 53.4 3     KH SA          4.0           Gly ANNABERG-BUCHHOLZ
       1821 12 13                 50 43.8 12 24.0 3     VG SA          4.0           Gly ZWICKAU

       1821 12 23                 47 42.  12 54.        BY BY          4.0           GIy BAD REICHENHALL
       1822 10 07 03:30           48 30.   8 24.  4     NW BW     3.5  5.0  25       S1y FREUDENSTADT
       1822 11 25 03:15           48 27.   8 26.  5     NW BW     3.6  5.0  30       S1y FREUDENSTADT
       1822 11 28 10:45           48 30.   8 24. 11     NW BW     4.6  6.5 200       S1y FREUDENSTADT
       1823 01 03 04:00           48 27.   8 26.  4     NW BW     3.1  4.5  15       S1y FREUDENSTADT

       1823 01 16  04             48 30.   8 24.  3     NW BW     3.5  5.5  22       S1y FREUDENSTADT
       1823  5 14  20             47 12.0  9 25.2       GV CH          4.5           E2y GAMS/CH
       1823 11 16 04:00           48 07.   7 41.  3     SR BW     3.5  5.5  22       S1y KAISERSTUHL
       1823 11 17                 48 07.   7 41.  3     SR BW     3.4  5.0  23       S1y KAISERSTUHL
       1823 11 21 21:30           48 07.   7 41.  3     SR BW     4.1  6.5  45       S1y KAISERSTUHL

       1823 11 23 06:00           48 07.   7 41.  4     SR BW     3.2  4.5  17       S1y KAISERSTUHL
       1823 11 24 01:00           48 07.   7 41.  4     SR BW     3.2  4.5  17       S1y KAISERSTUHL
       1823 11 28  18             48 07.   7 41.  3     SR BW     3.4  5.0  20       S1y KAISERSTUHL
       1823 12 03  21             48 07.   7 41.  3     SR BW     3.9  6.0  32       S1y KAISERSTUHL
       1823 12 07                 47 36.   7 36.  5     SR BW     3.7  4.0  15       S1y MARKGRAEFLER LAND

       1824 01 07   6             50 35.4 12 38.4 3     VG SA          4.0           Gly SCHNEEBERG
       1824 01 07  8:45           50 13.2 12 34.2 3     VG CR          5.0           Gly SOKOLOV/CR
       1824 01 07  20             50 12.0 12 36.0 3     VG CR          5.0           Gly SOKOLOV/CR
       1824 01 08   4             50 19.2 12 15.6 3     VG SA          4.0           Gly OBERES VOGTLAND
       1824 01 09  8:30           50  3.0 12  7.8 4     VG BY          4.0           Gly FICHTELGEBIRGE

       1824 01 09 13:45           50 12.0 12 30.0 4     VG CR          5.0           Gly SOKOLOV/CR
       1824 01 09 15:15           50 13.2 12 34.2 3     VG CR          4.0           Gly SOKOLOV/CR
       1824 01 10  2:45           50 13.2 12 34.2 3     VG CR          4.5           Gly SOKOLOV/CR
       1824 01 10  3:00           50 13.2 12 34.2 3     VG CR          4.0           Gly SOKOLOV/CR
       1824 01 10  5:00           50 13.2 12 34.2 3     VG CR          4.0           Gly SOKOLOV/CR

       1824 01 10 19:30           50 21.6 12 58.2 3     KH CR          4.5           Gly OHRE-GRABEN/CR
       1824 01 10 23:00           50 16.2 12 32.4 3     VG CR          4.0           Gly SOKOLOV/CR
       1824 01 10 23:15           50  6.0 12  4.2 4     VG BY          4.0           Gly FICHTELGEBIRGE
       1824 01 10 23:30           50 22.2 12 42.6 3     VG SA          4.5           Gly JOHANNGEORGENSTADT
       1824 01 11  7:00           50 13.2 12 34.2 3     VG CR          4.0           Gly SOKOLOV/CR

       1824 01 12   0             50 13.2 12 34.2 3     VG CR          4.0           Gly SOKOLOV/CR
       1824 01 13   0             50 25.8 12 30.0 3     VG SA          4.0           Gly JOHANNGEORGENSTADT
       1824 01 13   1             50 33.6 12 24.0 3     VG SA          4.0           Gly AUERBACH
       1824 01 13  13             50 19.8 12 30.6 3     VG CR          5.5           Gly KRASLICE/CR
       1824 01 14  5:00           50 35.4 12 22.8 3     VG SA          4.0           Gly AUERBACH

       1824 01 14 21:15           50 35.4 12 38.4 3     VG SA          4.5           Gly SCHNEEBERG
       1824 01 17  3:45           50 19.2 12 15.6 3     VG SA          4.0           Gly OBERES VOGTLAND
       1824 01 17 11:45           50 19.2 12 15.6 3     VG SA          4.0           Gly OBERES VOGTLAND
       1824 01 18   4             50 19.2 12 15.6 3     VG SA          4.0           Gly OBERES VOGTLAND
       1824 01 18   6             50 12.0 12 36.0 5     VG CR          5.0           Gly SOKOLOV/CR

       1824 01 18   8             50 13.2 12 34.2 3     VG CR          4.0           Gly SOKOLOV/CR
       1824 01 18 19:45           50 13.2 12 34.2 3     VG CR          4.0           Gly SOKOLOV/CR
       1824 01 18  22             50 13.2 12 34.2 3     VG CR          4.0           Gly SOKOLOV/CR
       1824 01 18 23:45           50 13.2 12 34.2 3     VG CR          4.0           Gly SOKOLOV/CR
       1824 01 19  5:00           50 13.2 12 32.4 3     VG CR          4.0           Gly SOKOLOV/CR

       1824 01 19   9             50 13.2 12 34.2 3     VG CR          4.0           Gly SOKOLOV/CR
       1824 01 19  9:30           50 13.2 12 34.2 3     VG CR          4.0           Gly SOKOLOV/CR
       1824 01 19 11:30           50 13.2 12 34.2 3     VG CR          4.0           Gly SOKOLOV/CR
```

```
         DATUM      HERDZEIT      KOORDINATEN  TIEFE REGION     STÄRKE         A REF  LOKATION
         JAHR MO TA ST M   S     BREITE  LÄNGE QE  H Q SR PR ML MW MK  INT  RS
         1824 01 19 11:35       50 13.2 12 34.2 3      VG CR       4.0           G1y SOKOLOV/CR
         1824 01 19 15:00       50 19.8 12 30.6 3      VG CR       4.0           G1y KRASLICE/CR

         1824 01 19 16:00       50 14.4 12 32.4 3      VG CR       4.0           G1y SOKOLOV/CR
         1824 01 19 16:30       50 13.2 12 34.2 3      VG CR       5.5           G1y SOKOLOV/CR
         1824 01 20 15:50       50 35.4 12 38.4 3      VG SA       4.5           G1y SCHNEEBERG
         1824 01 20 16:15       50 35.4 12 38.4 3      VG SA       4.5           G1y SCHNEEBERG
         1824 01 20 23:00       50 16.2 12 32.4 3      VG CR       4.0           G1y SOKOLOV/CR

         1824 01 22  3          50 33.0 12 57.6 3      KH SA       4.0           G1y ANNABERG-BUCHHOLZ
         1824 01 22 19:30       50 16.2 12 32.4 3      VG CR       4.0           G1y SOKOLOV/CR
         1824 01 24  8          50 35.4 12 38.4 3      VG SA       4.0           G1y SCHNEEBERG
         1824 01 24 12:30       50 35.4 12 38.4 3      VG SA       4.0           G1y SCHNEEBERG
         1824 02 02  9          50 16.8 12 36.6 3      VG CR       4.0           G1y SOKOLOV/CR

         1824 02 02 23          50 21.6 12 36.0 3      VG CR       4.0           G1y SOKOLOV/CR
         1824 02 02 23:15       50 35.4 12 38.4 3      VG SA       4.0           G1y SCHNEEBERG
         1824 02 02 23:30       50 21.6 12 21.6 3      VG SA       4.0           G1y OBERES VOGTLAND
         1824 02 03 10:45       50 13.2 12 34.2 3      VG CR       4.0           G1y SOKOLOV/CR
         1824 02 03 15          50 19.2 12 15.6 3      VG SA       4.0           G1y OBERES VOGTLAND

         1824 02 04  7:30       50 23.4 12 36.6 3      VG SA       4.5           G1y JOHANNGEORGENSTADT
         1824 02 22 23          48 06.   7 40.   2     SR BW  3.4  5.5   17      S1y KAISERSTUHL
         1824 03 05 01:30       48 06.   7 40.   4     SR BW  3.5  5.0   25      S1y KAISERSTUHL
         1824  8 29 19:30       47 34.8  8 31.2        SF CH       5.0           E2y EGLISAU
         1824 10 29             47 45.   7 36.   20    SR BW  3.7  4.0   70      S1y MUELLHEIM/BADEN

         1825  7 31 19:59       47 34.8  8 31.2        SF CH       5.0           E2y EGLISAU
         1825 12 23 05          48 34.   7 50.   10    SR BW  4.1  5.5  100      S1y NEUMUEHL
         1826 05 15             47 34.8 14 27.6        CA  A       6.0           ACy ADMONT
         1826 11 16  1          50 10.2 12  7.8 3      VG BY       4.0           G1y FICHTELGEBIRGE
         1826 12 15 20:30       47 12.   9 40.  4  4   GV  A       6.0  170      SEy FELDKIRCH

         1827 10 10 13:48       47 31.8  8 10.2        SF CH       4.5           E2y LIENHEIM/CH
         1828 01 29 10:15       48 24.   9 19.   3     SA BW  3.5  5.0   20      S1y ENGSTINGEN
         1828 02 08 14:20       48 24.  09 19.   4     SA BW  4.1  6.5   60      S1y ENGSTINGEN
         1828 02 23 08:30       50 40.   5 02.  2 17      B  5.7  5.4  7.0  220  HOy TIRLEMONT/B
         1828 03 22  2          51 19.2 13 10.2 3      CS SA       4.5           G1y N-SACHSEN

         1828  7 17 16:30       47 12.0  9 27.0        GV CH       4.0           E2y GAMS, GRABS
         1828 10 26 11:30       47 17.   6 05.            F       6.0           E1y MONTBELIARD/F
         1828 10 30 07:20       47 17.   6 05.            F       7.0           E1y MONTBELIARD/F
         1828 12 03 18:30       50 48.  06 06.   9  5 NB NW  4.5  7.0  190       ASy AACHEN
         1829 04 07 03          48 15.   7 12.   9     VO  F  3.8  5.0   55      S1y ST. DIE/F

         1829 04 23 21:30       47 54.   7 48.         SR BW       4.5           RSy S FREIBURG
         1829 06 02 00          50 42.  15 42.  5      SU PL       6.0           GPy LIEGNITZ
         1829  8  7  3          48  4.8  6 46.2        VO  F       5.0           E2y HAUTES-VOSGES
         1829 08 18 14:15       55 48.  12 30.         SJ DK       4.0   80      WGy KOPENHAGEN
         1830  5 11             47 34.8  8 31.2        SF CH       5.0           E2y EGLISAU

         1830 06 08 07:10       47 36.6 15 40.2        MM  A       6.5           ACy MUERZZUSCHLAG
         1830 06 26 04:57       47 22.2 15  6.0        MM  A       6.5           ACy LEOBEN
         1830 09 09 09:20       48 16.   9 28.   7     EW BW  3.4  4.5   30      S1y MUENSINGEN
         1830 09 10 07:45       48 16.   9 28.   9     EW BW  3.2  4.0   30      S1y MUENSINGEN
         1830 09 12 10:45       48 15.   9 28.   5     EW BW  4.1  6.0   65      S1y MUENSINGEN

         1830 09 19             48 15.   9 28.   7     EW BW  3.5  4.5   30      S1y MUENSINGEN
         1830 09 23 04:15       48 19.   9 28.   8     EW BW  4.3  6.0   90      S1y HAYINGEN, EGLINGEN
         1830 11 23 06:00       47 40.   7 32.  12     SR BW  3.7  4.5   55      S1y MARKGRAEFLER LAND
         1830 12 03 07:50       47 27.  11 17.         NY BY       5.0   15      G1y MITTENWALD
         1830 12 09             51  6.0 11 37.2 3      CT TH       4.0           G1y JENA, STADTRODA

         1831 01 29 22          48 00.   6 36.   2     VO  F  3.7  6.0   20      S1y REMIREMONT/F
         1831  8 26 23          47 15.0  6  0.0           F       5.0           E2y BESANCON/F
         1831 11 29 21:30       50 31.2 10 57.0 3      CT TH       4.5           G1y THUERINGER WALD
         1832 10 18             51  2.4 12 42.0 4      CS SA       4.5           G1y N-SACHSEN
         1833 01 14             51 20.4 12 22.8 2      CS SA       4.5           G1y LEIPZIG

         1833 02 27 03:28       47 38.   9 28.   7     BO BW  3.7  5.0   45      S1y FRIEDRICHSHAFEN
         1834 12 17 06:10       50 22.   7 18.   3     MR RP       5.0   15      SPy NIEDERMENDIG
```

65

DATUM JAHR MO TA	HERDZEIT ST M S	KOORDINATEN BREITE LÄNGE QE	TIEFE H Q	REGION SR PR	STÄRKE ML MW MK	INT	RS	A REF	LOKATION
1835 10 29	03:45	47 26. 9 17. 3		SF CH		6.0	140	E1y	ABTWIL/CH
1836 11 05	07:00	47 29. 7 30. 5		SR CH		5.0	30	E1y	FLUEH/CH
1837 1 24	01:30	47 23.4 8 13.8 12		SF CH		5.0		E1y	DOTTIKON
1837 03 14	15:40	47 36.6 15 40.2		MM A		7.0		ACy	MUERZZUSCHLAG
1837 9 19	2:45	47 34.8 8 31.8		SF CH		4.0		E2y	EGLISAU
1837 10 30	23	48 06. 7 36. 12		SR BW	3.5	4.0	40	S1y	KAISERSTUHL
1837 11 12	23	47 50. 7 30. 6		SR BW	3.4	4.5	28	S1y	MUELLHEIM/BADEN
1838 01 21	07:30	50 02. 10 13.		NF BY		4.0		BJy	SCHWEINFURT
1838 02 02	17	50 34.2 12 49.2 3		VG SA		4.5		G1y	SCHNEEBERG
1838 3 5	8:30	47 40.8 9 4.8		BO CH		4.0		E2y	SOOL, SCHWANDEN
1839 02 07	21	48 54. 09 01. 3		NW BW	4.4	6.0	70	LYy	UNTERRIEXINGEN
1840 01 24	03	47 36. 7 36. 3		SR BW	3.0	4.5	10	S1y	HUNINGEN
1840 03 22		50 20. 7 20. 4		MR RP		5.0		SPy	NIEDERMENDIG
1840 10 30		47 37.2 9 16.2		BO CH		5.0		E2y	ROMANSHORN
1840 11 06		50 13.8 12 18.6 3		VG SA		4.0		G1y	OBERES VOGTLAND
1841 2 3	18	47 34.8 8 31.2		SF CH		4.5		E2y	EGLISAU
1841 03 22	06:43	50 20. 7 30. 4		MR RP		5.0		SPy	KOBLENZ
1841 10 24	14:08	50 54. 06 54.	4 4	NB NW		7.0		ASy	KOELN
1841 12 31		47 34.8 8 31.8		SF CH		4.5		E2y	EGLISAU
1842 01 14	01:15	48 10. 9 42. 3		EW BW	3.6	5.5	25	S1y	BIBERACH
1842 01 15	01:20	48 10. 9 42. 4		EW BW	3.5	5.0	25	S1y	BIBERACH
1842 3 29		47 30.0 7 34.2		SR CH		5.0		E2y	BASEL
1842 10 13	18:30	50 25. 7 15. 3		MR RP		5.0		SPy	NIEDERMENDIG
1843 02 18		51 20.4 12 22.8 2		CS SA		4.0		G1y	LEIPZIG
1843 03 25	07:10	47 35. 7 37. 3		SR CH	3.0	5.0	10	S1y	BASEL
1843 04 06	05:30	51 36. 5 36.	13 2	NB NL	4.5	5.5	120	CRy	VEGHEL/NL
1843 9 6	8:28	47 19.8 6 52.2		WJ F		5.0		E2y	SOULCE-CERNAY/F
1843 12 21	22	47 40. 6 50.		SR F		5.0		VGy	GIROMAGNY/F
1845 10 12	15:45	50 08. 7 43.		MR RP		4.0		BJy	ST.GOAR
1846 7 1	4	47 34.8 8 31.8		SF CH		4.0		E2y	EGLISAU
1846 07 29	21:24	50 08. 7 40.	2 10 4	MR RP	5.5 5.0 4.9	7.0	162	HOy	ST.GOAR
* R5=61; R6=20; R7= 7;									
1846 7 31		47 19.2 9 34.2		GV CH		4.0		E2y	GOETZIS
1846 8 3	22	47 12.0 7 27.0		WF CH		4.0		E2y	SELZACH/SO
1847 04 07	19:30	50 27.6 11 8.4	3 17 5	CT TH	4.3	6.0	95	NGy	THUERINGER WALD
* R5=20;									
1847 08 30		47 30.6 15 27.0		MM A		6.0		ACy	KINDBERG
1850 06 09	07:50	48 02. 7 35. 2		SR BW	3.2	5.0	10	S1y	KAISERSTUHL
1850 07 15	2:45	50 10.8 12 45.6 3		VG CR		5.5		G1y	SOKOLOV/CR
1851 3 10	16:13	47 32. 8 58. 12		SF CH		5.0	100	E1y	STETTFURT
1851 07 12	15:30	48 00. 6 38. 8		VO F	3.8	5.0	50	S1y	REMIREMONT/F
1852 5 21		47 48.0 7 36.0		SR BW		4.0		E2y	MUELLHEIM/BADEN
1852 6 25	1:40	47 22.8 9 40.8		GV A		4.0		E2y	VORARLBERG
1852 7 25	2: 0	47 39.0 9 25.8		BO BW		4.0		E2y	FRIEDRICHSHAFEN
1852 9 18	0	47 19.2 8 6.0		SF CH		4.0		E2y	OLTEN
1853 8 11	10:30	47 12.0 7 31.8 5		WF CH		5.0		E2y	SOLOTHURN
1854 2 10	21:20	47 15.0 9 36.0		GV A		4.0		E2y	FELDKIRCH
1854 7 16	2:10	47 34.8 8 31.8		SF CH		4.0		E2y	EGLISAU
1855 03 08		49 53.4 12 43.8 3		SB CR		4.5		G1y	CESKY LES/CR
1855 5 8	2	47 16.2 8 6.0		SF CH		4.5		E2y	OLTEN, LANGENTHAL
1855 08 02		50 13. 08 37.		NR HS		4.0		SPy	BAD HOMBURG V.D.H.
1855 9 28	7:30	47 0.0 6 55.2		WF CH		4.0		E2y	NEUCHÂTEL
1855 10 20	3	47 0.0 6 55.2		WF CH		4.0		E2y	NEUCHÂTEL
1856 2 1	8:20	47 13.2 7 34.2 12		WF CH		4.0		E2y	SOLOTHURN/SO
1856 2 3		47 1.8 8 18.0		CC CH		4.0		E2y	MEGGENHORN
1857 2 14	4:45	47 31.2 6 55.8		WJ CH		5.0		E2y	MONTBELIARD
1857 06 07	15:07	50 49.2 12 5.4	2 12 5	CS TH	4.2	5.5	100	G1y	GERA
* R5= 8;									
1857 12 24		47 34.8 14 27.6		CA A		6.0		ACy	ADMONT
1858 01 28	13:30	48 36. 13 33.		SB BY		5.0	5	GIy	KELLBERG

```
         DATUM       HERDZEIT       KOORDINATEN  TIEFE REGION      STÄRKE           A REF  LOKATION
     JAHR MO TA  ST   M   S    BREITE    LÄNGE  QE   H Q  SR PR  ML  MW   MK  INT  RS

     1858  2 12   1            47 39.0  8 49.8          BO CH        4.0                  E2y STEIN/RHEIN

     1858  3 12  0:   5         47 39.0  8 49.8          BO CH        4.5                  E2y STEIN/RHEIN
     1858 04 24 11:54            49 23.  12 43.          SB BY        4.5                  GIy WALDMUENCHEN
      * Veränd. an Quellen;
     1858 05 24 19               50 00.  08 18.   3 4  NR RP   4.3  7.0      55           ASy MAINZ
     1859 04 28 07:45            47 23.  11 47.   3    NY  A        6.0                   T3y JENBACH/A; TIROL
     1859 05 03 21:06            50 35.4 12 38.4 3     VG SA        4.5                   Gly SCHNEEBERG

     1860  2 26   4             47 34.8  8 31.8         SF CH        5.0                  E2y EGLISAU
     1860 08 23  16             50 10.  11 50.    3    CT BY        5.0                   SPy FICHTELGEBIRGE
     1860 12 26  10             50 28.2 13 22.2  3     KH CR        4.0                   Gly OHRE-GRABEN/CR
     1861  4 12  3:10           47 57.0  5 45.0           F         5.0                   E2y PLAT. HAUTE-SAONE
     1861 11 14  22             47 21.0  8 52.2         SF CH        5.0                  E2y BAUMA

     1861 12 15  01             55 54.  13 24.          MH  S        4.0     20           WGy SCHONEN/S
     1862 01 09 15:55            50 40.2 11 48.0 4     CT TH        5.0                   Gly POESSNECK
     1863  1 16  17             47 30.0  7 42.0         SR CH        4.0                  E2y BASEL
     1863  1 18 16:55           47 30.0  7 46.2         SF CH        4.0                  E2y BASEL
     1863 02 09 02:15           47 30.  10 44.          BY  A        4.0                  GIy REUTTE; FUESSEN

     1863 10 27  2:30           47 12.   9 33.0         GV  A        4.5                  E2y FELDKIRCH
     1865 01 21                 47 29.4 12  4.2         NY  A        6.0                  ACy WOERGL
     1866 01 27 11:40            51 15.6 12 33.6 3     CS SA        4.5                   Gly SE LEIPZIG
     1866 03 04                 50 23.4 13 16.8 3      KH CR        5.0                   Gly OHRE-GRABEN/CR
     1866 04 14                 47 10.  10 00.   4 4   GV  A        6.0                   SPy KLOSTERTAL/A

     1867 12 10  16             47 02.   7 16.    5    WF CH        6.0                   E1y BARGEN, AARBERG/CH
     1868 08 29                 50 06.   8 18.    3    NR HS   3.3  4.5      10           Sly WIESBADEN
     1868 09 19 20:51           50 48.  06 10.          NB NW        4.0      5           SPy VORWEIDEN; AACHEN
     1868 11 17  16             50 55.   6 38.    3    NB NW        5.0     50           SPy HEPPENDORF
     1869 01 12  24             49 54.   8 42.    8    NR HS   3.5  4.5      35           Sly GROSS-GERAU

     1869 01 20 14:30            49 54.   8 30.   3    NR HS   3.4  5.0      17           Sly DARMSTADT
     1869 01 28  11             55 42.  12 06.          SJ DK        4.5     30           WGy SJAELLAND/DK
     1869 03 17                 50 48.   7 13.          MR RP        4.5     10           SPy SIEGBURG
     1869 06 06   6             50 56.4 12 57.0 3      CS SA        5.0                   Gly ZENTRAL-SACHSEN
     1869 06 22                 50 08.   7 43.    3    MR RP        4.0     20           SPy ST.GOAR

     1869 07 19  20             55 24.  13 12.          MH  S        5.0     30           WGy MALMOE/S
     1869 10 02 23:45           50 26.  07 33.    9    MR NW   4.5  6.5     140           ASy ENGERS/RHEIN
     1869 10 30 11:35           49 54.   8 30.          NR HS        4.0      5           LHy GROSS-GERAU
     1869 10 30 20:04           49 54.   8 30.    3    NR HS   3.9  6.0      38           Sly GROSS-GERAU
     1869 10 30 23:35           49 54.   8 38.    4    NR HS   3.5  5.0      25           Sly GROSS-GERAU

     1869 10 31 04:00           49 54.   8 30.          NR HS        5.0                  LHy GROSS-GERAU
     1869 10 31 12:10           49 54.   8 30.    2    NR HS   3.7  6.0      22           Sly GROSS-GERAU
     1869 10 31 15:25           49 55.  08 29.    2    NR HS   4.2  7.0      40           ASy GROSS-GERAU
     1869 10 31 17:26           49 55.  08 29.    5    NR HS   4.6  7.0     125           ASy GROSS-GERAU
     1869 11 01 04:07           49 55.  08 29.    6    NR HS   4.7  7.0     160           ASy GROSS-GERAU

     1869 11 01 23:48           49 54.   8 30.   10    NR HS   4.4  6.0     140           Sly GROSS-GERAU
     1869 11 02 14:25           49 55.   8 29.          NR HS        4.0     13           LHy GROSS-GERAU
     1869 11 02 21:26           49 55.  08 29.    6    NR HS   4.7  7.0     170           ASy GROSS-GERAU
     1869 11 03 03:48           49 54.   8 30.    5    NR HS   4.3  6.5      75           Sly GROSS-GERAU
     1869 11 03 10:00           49 54.   8 30.    3    NR HS   3.3  5.0      13           Sly GROSS-GERAU

     1869 11 03 12:00           49 54.   8 30.    5    NR HS   3.1  4.0      17           Sly GROSS-GERAU
     1869 11 05 20:12           49 54.   8 30.          NR HS        4.0      5           LHy GROSS-GERAU
     1869 11 12 05:26           49 54.   8 30.    3    NR HS   3.1  4.5      12           Sly GROSS-GERAU
     1869 11 12 17:55           49 54.   8 30.          NR HS        4.5      8           LHy GROSS-GERAU
     1869 11 13 16:30           49 55.   8 29.          NR HS        4.0     12           LHy GROSS-GERAU

     1869 11 18 03:30           49 55.   8 29.          NR HS        4.0     12           LHy GROSS-GERAU
     1869 11 22 07:08           49 54.   8 30.    6    NR HS   4.2  6.0      75           Sly BUETTELBORN
     1869 11 23 02:15           49 41.   8 27.          NR HS        4.0      3           LHy BIBLIS
     1869 11 28 22:19           49 54.   8 30.    4    NR HS   3.5  5.0      24           Sly GROSS-GERAU
     1869 12 05 01:50           49 54.   8 30.    6    NR HS   3.2  4.0      22           Sly GROSS-GERAU

     1869 12 06 03:52           49 54.   8 30.    5    NR HS   3.3  4.5      22           Sly GROSS-GERAU
     1869 12 13 04:30           48 47.   9 17.    3    EW BW   3.0  4.5      10           Sly ESSLINGEN
```

DATUM			HERDZEIT		KOORDINATEN		TIEFE	REGION			STÄRKE				A REF	LOKATION
JAHR	MO	TA	ST	M S	BREITE	LÄNGE	QE	H Q	SR	PR	ML	MW	MK	INT	RS	
1869	12	14	07		47 42.	7 36.	1		SR	BW		3.4	6.0	10		S1y ISTEIN
1869	12	17	1		47 12.0	7 33.0			WF	CH			5.0			E2y SOLOTHURN
1869	12	25	06		49 54.	8 30.	6		NR	HS		3.2	4.0	19		S1y GROSS-GERAU
1869	12	25	07:43		49 54.	8 30.	5		NR	HS		3.1	4.0	17		S1y GROSS-GERAU
1870	01	07	05:00		49 52.	8 39.			NR	HS			4.0	11		LHy DARMSTADT
1870	01	18	00:15		47 39.0	15 55.2			VB	A			6.0			ACy SCHOTTWIEN
1870	01	20	23:45		49 55.	8 29.			NR	HS			4.0		3	LHy GROSS-GERAU
1870	01	21	06:47		49 55.	8 29.			NR	HS			5.0		3	LHy GROSS-GERAU
1870	01	23	05:00		49 55.	8 29.			NR	HS			4.0	13		LHy GROSS-GERAU
1870	02	26	12:18		47 45.	7 47.	4		SW	BW		3.5	5.0	40		RSy KIRSCHHOFEN
1870	02	27	13:57		49 54.	8 30.	5		NR	HS		3.1	4.0	17		S1y GROSS-GERAU
1870	03	05	10:30		47 43.	9 24.			BO	BW			4.5			SPy MARKDORF/BADEN
1870	03	15	01:50		49 36.	8 24.	3		NR	HS		3.6	5.0	17		S1y BIBLIS
1870	03	30	17:45		49 55.	8 29.			NR	HS			4.0		4	LHy GROSS-GERAU
1870	04	15	07:40		49 55.	8 29.			NR	HS			4.0		3	LHy GROSS-GERAU
1870	05	16	20:37		49 55.	8 29.			NR	HS			4.0		4	LHy GROSS-GERAU
1870	06	02	21:48		49 55.	8 29.			NR	HS			4.0		4	LHy GROSS-GERAU
1870	07	05	04:03		49 54.	8 30.	5		NR	HS		3.3	4.5	20		S1y GROSS-GERAU
1870	07	16	05:37		49 55.	8 29.			NR	HS			4.0		5	LHy GROSS-GERAU
1870	09	17	05:56		49 55.	8 29.			NR	HS			4.5		5	LHy GROSS-GERAU
1870	09	28			50 37.8	9 33.0	3		HS	HS			4.0			G1y FULDA
1870	10	13	14:58		49 54.	8 30.	4		NR	HS		3.2	4.5	15		S1y GROSS-GERAU
1870	10	13	15:45		49 55.	8 29.			NR	HS			4.0		4	LHy GROSS-GERAU
1870	10	13	18:30		49 57.	8 27.			NR	HS			4.5		7	LHy KOENIGSTAEDTEN
1870	10	15	14:44		49 55.	8 29.			NR	HS			4.0		10	LHy GROSS-GERAU
1870	10	16	09:05		49 55.	8 29.			NR	HS			4.0		5	LHy GROSS-GERAU
1870	10	26	18:30		49 54.	8 27.			NR	HS			4.0		4	LHy WALLERSTAEDTEN
1870	10	29	00:30		49 51.	8 29.			NR	HS			4.0		4	LHy DORNHEIM
1870	11	16	01:55		49 54.	8 30.	6		NR	HS		3.4	4.5	27		S1y GROSS-GERAU
1870	11	30	05:12		49 55.	8 29.			NR	HS			4.0	11		LHy GROSS-GERAU
1870	12	06	11:45		49 55.	8 29.			NR	HS			4.0		5	LHy GROSS-GERAU
1870	12	08	19:05		49 55.	8 29.			NR	HS			4.0		5	LHy GROSS-GERAU
1870	12	18	19:25		49 55.	8 29.			NR	HS			4.0	10		LHy GROSS-GERAU
1871	01	17	09:58		49 55.	8 29.			NR	HS			4.0		3	LHy GROSS-GERAU
1871	01	23	12:50		49 55.	8 29.			NR	HS			4.0		7	LHy GROSS-GERAU
1871	01	25	05:31		49 55.	8 29.			NR	HS			4.0		5	LHy GROSS-GERAU
1871	02	10	03:50		48 30.	8 24.	11		NW	BW		3.7	4.5	50		S1y FREUDENSTADT
1871	02	10	04:40		49 38.	8 38.	8		NR	HS		3.5	4.5	35		S1y HEPPENHEIM
1871	02	10	05:32		49 40.	08 30.	6		NR	HS		4.7	7.0	150		ASy LORSCH
1871	02	10	06:25		49 42.	8 38.	12		NR	HS		3.5	4.0	40		S1y AUERBACH
1871	02	10	07:14		49 42.	8 38.	4		NR	HS		3.5	5.0	25		S1y AUERBACH
1871	02	10	12:40		49 42.	8 38.	4		NR	HS		3.1	5.0	22		S1y AUERBACH
1871	02	10	23:19		49 41.	8 38.	8		NR	HS		3.3	4.0	25		S1y BENSHEIM
1871	02	11	23:30		49 42.	8 38.	9		NR	HS		3.3	4.0	28		S1y AUERBACH
1871	02	12	10:24		49 50.	8 48.	3		NR	HS		3.8	6.0	25		S1y SCHOENBERG
1871	02	13	00:50		48 30.	8 24.	5		NW	BW		3.6	5.0	30		S1y FREUDENSTADT
1871	02	14	03:13		48 30.	8 24.	5		NW	BW		3.6	5.0	30		S1y FREUDENSTADT
1871	02	21	15:55		48 30.	8 24.	8		NW	BW		4.3	6.0	95		S1y FREUDENSTADT
1871	02	25	08:45		49 42.	8 36.	8		NR	HS		3.8	5.0	45		S1y AUERBACH
1871	02	25	16:25		49 48.	8 42.	6		NR	HS		3.2	4.0	20		S1y NIEDERBEERBACH
1871	02	26	04:10		49 48.	8 42.	6		NR	HS		3.2	4.0	20		S1y NIEDERBEERBACH
1871	10	13	20		50 19.2	12 15.6	3		VG	SA			4.0			G1y OBERES VOGTLAND
1872	03	06	15:55		50 51.6	12 16.8	2	9 4	CS	TH		5.2	5.1	7.5	290	G1y POSTERSTEIN

* R5=74; Verletzte; Tote; Veränd. an Quellen;

1872	08	08	06:10		47 18.	11 25.	3		NY	A			6.0			T3y INNSBRUCK; TIROL
1872	11	8	1		47 22.2	9 57.0			GV	A			4.0			E2y BERNINA ALPS
1872	11	24	23:00		48 24.	9 02.	5		SA	BW		3.6	5.0	30		S1y MOESSINGEN
1873	01	03	18		48 10.2	15 58.8			EF	A			6.5			ACy EICHGRABEN
1873	01	15	02:25		49 38.	09 41.			NF	BW			4.0			SPy TAUBERBISCHOFSHEIM

```
         DATUM      HERDZEIT      KOORDINATEN  TIEFE REGION        STÄRKE           A REF  LOKATION
        JAHR MO TA  ST  M   S     BREITE   LÄNGE QE  H Q SR PR  ML  MW  MK  INT  RS
        1873 10 07  03:30         49 43.   08 41.         NR HS          4.0   35     SPy REICHENBACH
        1873 10 19  20:15         50 52.    6 05.         NB NW          5.0   50     SPy HERZOGENRATH
        1873 10 22  09:45         50 53.   06 09.5 2   4  NB NW 4.3  4.5 7.0  180     HOy HERZOGENRATH
         * Verletzte;
        1873 10 31  11:55         50 52.    6 05.         NB NW          5.0   20     SPy HERZOGENRATH
        1873 11 12                50 34.    7 18.         MR RP          5.0          SPy HONNEF

        1874  2 20  18: 5         47 19.8   8 27.0        SF CH          5.0          E2y BREMGARTEN/AG
        1875 01 01   04           47 38.   07 15.         SR  F          5.0          SPy ALTKIRCH/F
        1875 01 21                48 29.   09 17.         EW BW          4.0   10     SPy ENINGEN, URACH
        1875  4  2  4:55          47  0.0   6 52.2        WF CH          5.5          E2y NEUCHATEL
        1875  4  4  6:15          47  9.0   9 49.2        GV CH          4.0          E2y GLARNER ALPS

        1875  4 30  13:10         47  0.0   6 51.0        WF CH          4.0          E2y NEUCHATEL
        1875 07 13  04:50         48 23.    9 01.    6    SA BW      3.8 5.0   50     S1y HECHINGEN
        1875 08 13  17             55  0.   15  0.        BH OS          4.5          WGy E BORNHOLM
        1875 11 23  00:45         50 30.0  12  8.4 3   5 4 VG SA         5.5   31     G1y PLAUEN
         * R5= 3;
        1875 12  9   8            47 45.0   9  1.8        BO BW          4.0          E2y UEBERLINGEN

        1876 04 02  04:55         47 00.    6 57.         WF CH          6.0          E1y NEUCHATEL/CH
        1876  4 30  13:40         47  0.0   6 51.0        WF CH          4.0          E2y NEUCHATEL
        1876 07 17  12:17         48   .0  15 10.2        CA  A          7.5          ACy SCHEIBBS
        1876 10 14  10:55         48 36.    7 45.    3    SR  F      3.4 5.0   17     S1y STRASBOURG
        1876 10 17  02:05         51 32.   07 27.         RU NW          5.0         B SPy DORTMUND

        1876 12 01                47 30.6  15 27.0        MM  A          6.0          ACy KINDBERG
        1877 05 02  20:40         47 18.    8 51.    3    SF CH          6.0  150     E1y HINWIL/CH
        1877 06 24  08:53         50 53.   06 05.  2   2  NB NW 4.4  4.6 8.0  120     HOy HERZOGENRATH
        1877 10 04  23:30         50 48.0  13 39.6 3      KH SA          4.0          G1y ERZGEBIRGE
        1877 10 05   4:30         50 48.0  13 39.6 3   5 4 KH SA         5.5          G1y ERZGEBIRGE
         * R5= 3;
        1877 12 28  03:32         47  4.2  14 25.8        MM  A          6.0          ACy NEUMARKT
        1878 01 16  23:55         47 35.    7 37.    3    SR BW      3.5 5.0   30     S1y LOERRACH
        1878  3 29  10            47 34.8   7 34.2        SR BW          4.5          E2y WEIL A. RHEIN
        1878 08 26  09:00         50 56.    6 31.  2   9 4 NB NW 5.6 5.6 5.3 8.0 330  HOy TOLLHAUSEN
         * R5=112; R6=34; R7=16; R8= 5; Verletzte; Tote;
        1878 09 14  23:35         50 08.    8 23.    3    NR HS          4.0   20     SPy EPPSTEIN; NASSAU

        1878 11 28   2:30         50 40.2  12 57.6 3      KH SA          4.5   10     G1y ZENTRAL-SACHSEN
        1878 12 10  23:39         50 54.    6 35.         NB NW          5.0   40     SPy BUIR, ELSDORF
        1878 12 14  23:30         47 18.   11 08.         WY  A          5.0          SPy MITTENWALD
        1879 01 26  23:15         48 06.    8 00.         SW BW          4.0          RSy SIMONSWALD
        1879  2  9                47 19.8  10 33.0        WY  A          4.0          E2y ELMEN (LECHTAL)

        1879 04 23  21:15         48 05.   09 13.         SA BW          4.0          SPy SIGMARINGEN
        1879 05 26  20:19         50 46.   06 06.         NB NW          4.5          SPy AACHEN
        1879  7 27   8:15         47 13.8   9 34.8        GV  A          4.0          E2y FELDKIRCH
        1879 12  4  23:50         47 49.2   8  1.8        SW BW          4.0          E2y NEAR ST.BLASIEN
        1879 12 05  14:32         47 35.    7 36.    5    SR CH      3.8 5.5   75     S1y BASEL

        1879 12 13  19:30         49 06.   10 18.         FA BY          6.0          SPy DINKELSBUEHL
        1879 12 16                48 41.    9 01.         SA BW          4.5          SPy BOEBLINGEN
        1879 12 22  22:06         47 45.   08 09.         SW BW          4.0          SPy ST.BLASIEN
        1880 01 03  19:15         47 27.   11 17.         NY BY          4.5          SPy MITTENWALD
        1880 01 24  19:41         49 08.    8 12.    8    SR RP      3.7 5.5   60     S1y LANGENKANDEL/PFALZ

        1880 03 05  05:30         47 22.   09 58.         GV  A          5.0    3     SPy BREGENZER WALD
         * Azi=130; Axe=3:1;
        1880  5 23  0: 5          47 31.8   8 51.0        SF CH          4.0          E2y STEGEN, GACHNANG
        1880 11 14  08:30         47 23.   11 15.  3      WY  A          6.0   20     T3y SCHARNITZ/A; TIROL
        1880 12 04                51 21.0  15 25.2 3      CS SA          4.0          G1y N-SACHSEN
        1880 12 15   1            50 52.2  12 34.8 2      CS SA          4.0          G1y ZENTRAL-SACHSEN

        1880 12 15   3            50 52.2  12 34.8 2      CS SA          4.5          G1y ZENTRAL-SACHSEN
        1881 01 10  22:30         47 08.   10 30.         WY  A          4.5          SPy PIANS A.INN
        1881 01 11  11:15         47 40.    9 11.    3    BO BW      3.4 5.0   17     S1y KONSTANZ
        1881  2  5   2:35         47  4.2   8 38.4        CC CH          4.0          E2y SATTEL SZ
        1881  2 18   2:20         47  3.0   6 45.0        WJ CH          4.0          E2y LE LOCLE NE
```

69

```
          DATUM        HERDZEIT        KOORDINATEN    TIEFE  REGION         STÄRKE              A REF  LOKATION
     JAHR MO TA  ST  M   S     BREITE   LÄNGE  QE   H  Q    SR PR    ML     MW  MK   INT   RS
     1881 02 24  19:35           47 47.  9 04.     5      BO BW        3.1  4.0      15        S1y LUDWIGSHAFEN
     1881 02 28  18              51 07.  06 25.              NB NW          5.0               SPy ERKELENZ
     1881 03 10  05:25           49 08.  09 14.              EW BW          4.0                SPy HEILBRONN
     1881  3 10   6:30           47 22.8  8 31.8             SF CH          4.0                E2y ZUERICH
     1881 04 11  22              50  8.4 14  6.6             CM CR          5.0                SHy W PRAG

     1881 04 23  19:45           49 24.  12 24.              SB BY          4.5                SPy NEUNBURG V.WALDE
     1881 05 21  22              55 36.  12 42.              SJ DK          4.0  50            WGy KOPENHAGEN
     1881 05 22  18:15           50 43.2 12 30.0  2          VG SA          4.5                G1y ZWICKAU
     1881 10 15  23:45           51 21.0 12 27.6  2          CS SA          4.0                G1y LEIPZIG
     1881 10 16   3:50           51 20.4 12 22.8  2          CS SA          4.0                G1y LEIPZIG

     1881 10 27  21:30           47 34.8  8 37.8             SF CH          5.0                E2y VOLKEN
     1881 11  5   5              47 18.0  9 25.2             GV CH          4.0                E2y TRIBEREN, SCHWENDE
     IR
     1881 11  5   9: 3           47 22.8  9 16.8             SF CH          4.0                E2y HERISAU/AR
     1881 11 18  04:50           47 12.   9 25.   2  12      GV CH          6.0 250            E1y GAMS/CH
       * Erdrutsch;
     1881 11 18  23:14           50 48.   6 06.      13      NB NW    4.7   6.0 220            SPy AACHEN

     1881 11 25  15:15           47  4.2  9 25.2             GV CH          4.0                E2y HEILIGKREUZ, MELS
     1881 11 26   2              47 22.8  7 45.0             SF CH          4.0                E2y WALDENBURG BL
     1881 12 21  12:10           49 24.   8 42.              NR BW          4.0                RSy HEIDELBERG
     1882 01 23  10:45           47 26.  10 38.      8       BY  A          6.0  10            ACy WEISSENBACH/LECH
     1882  2 19   2:18           50 30.  16  0.              SU CR          5.0                SHy TRUTNOV

     1882  3  4  22:59           47  7.2  7 15.0             WF CH          4.0                E2y NIDAU
     1882 05 21  16:40           48 04.   7 38.   3          SR BW    3.3   5.0  14            S1y KAISERSTUHL
     1882 09 13  00:40           48 00.   6 36.   2          VO  F    3.6   6.0  18            S1y PLOMBIERE/F
     1882 12 29  09:00           47 57.   7 57.   6          SW BW    3.2   4.0  20            S1y DREISAMTAL
     1883  1  8   2:44           47  0.0  6 58.8             WF CH          4.0                E2y ST-BLAISE NE

     1883  1  9   4:59           47  0.0  6 58.8             WF CH          4.0                E2y ST-BLAISE NE
     1883 01 24  05:25           48 03.   7 43.      11      SR BW    3.7   4.5  52            S1y KAISERSTUHL
     1883 01 31  14:45           50 34.  15 55.              SU CR          6.0  60            SPy TRAUTENAU /TRUTNOV
       * Azi=110; Axe=2:1;
     1883  2  7  17:23           47  0.0  6 55.8             WF CH          4.0                E2y NEUCHÂTEL NE
     1883  5 13  22:35           47  1.8  9 25.2             GV CH          4.0                E2y MELS

     1883  5 19   7:10           50 30.  15 54.              SU CR          5.0                SHy TRUTNOV
     1883 07 03  20:32           48 26.   9 03.   3          SA BW    3.4   5.0  17            S1y MOESSINGEN
     1883 09 18  12              50 22.   8 01.              MR HS          4.0                SPy DIEZ, LIMBURG/LAHN
     1883 09 29  22:45           50 16.  11 50.   3          CT BY          5.0                SPy FICHTELGEBIRGE
       * Azi=150; Axe=3:1;
     1883 10 20  22:30           50 52.2 12 10.8  3 13 5     CS TH          5.5  50            G1y GERA
       * R5= 1;
     1883 10 21   1              50 52.2 12 10.8  3          CS TH          4.0                G1y GERA
     1883 10 22   3:45           50 46.2 12  9.0  3          VG TH          4.0                G1y GERA
     1883 10 22   4:30           50 46.2 12  9.0  3          VG TH          4.5                G1y GERA
     1884 01 21   4:05           50 49.8 12 33.0  3          CS SA          4.0                G1y ZENTRAL-SACHSEN
     1884 04 14  23:30           47 54.   7 12.              SR  F          4.0                RSy GUEBWILLER/F

     1884 05 21  23:45           48 47.   9 15.      3       EW BW    3.0   4.5  15            S1y UNTERTUERKHEIM
     1884 06 22  00:40           48 30.   9 00.      3       SA BW    3.1   4.0  10            S1y HECHINGEN
     1884 06 24  19:30           48 08.   7 32.      5       SR BW    3.3   4.5  14            S1y KAISERSTUHL
     1884 07 06  00:30           48 34.  08 46.              SA BW          5.0                SPy OBERJETTINGEN
     1884 11  5   3              47 12.0  7 33.0             WF CH          4.0                E2y SOLOTHURN

     1885 02 06  12:30           48 06.   8 12.   4          SW BW    3.1   4.0  15            S1y ALTSIMONSWALD
     1885 03 06  03:35           48 11.   8 14.   4          SW BW    3.5   5.0  25            S1y TRIBERG
     1885  3 17   6:12           47 34.8  9 19.8             BO CH          5.0                E2y ROMANSHORN
     1885 04 11  08:45           49 03.   9 00.      6       NW BW    3.3   4.5  25            S1y MUEHLACKER
     1885 04 21  16:50           47 51.   8 00.      8       SW BW    3.3   4.0  25            S1y FELDBERG

     1885 04 30  23:15           47 30.6 15 27.0             MM  A          8.0                ACy KINDBERG
     1885 05 02  00:05           48 41.  12 55.   4          BM BY          5.0  65            SPy BURGHAUSEN
       * Azi=100; Axe=3:1;
     1885  5 13   3:43           47 15.0  9 34.8             GV  A          4.0                E2y FELDKIRCH
     1885 08 26                  47 30.6 15 27.0             MM  A          6.0                ACy KINDBERG
     1885 09 22  02:50           47 40.8 15 56.4             VB  A          6.5                ACy GLOGGNITZ
```

```
         DATUM      HERDZEIT     KOORDINATEN TIEFE REGION       STÄRKE         A REF  LOKATION
         JAHR MO TA ST  M   S    BREITE  LÄNGE QE  H Q SR PR ML MW  MK INT  RS

         1885 11 12 22:10        48 35.   9 26.     2   EW BW    3.2 5.0  10    S1y OWEN
         1886 01 03 02:50        48 09.   7 44.     2   SR BW    3.4 5.5  13    S1y KAISERSTUHL
         1886  2 13 20:20        47 12.0  7 34.8        WF CH        4.5        E2y DERENDINGEN
         1886 03 15 00:30        50 00.   8 20.   4     NR RP        4.5        S1y MAINZ
         1886 06 07 21:50        48 19.   7 57.     6   SR BW    3.3 4.5  25    S1y LAHR

         1886  8 14  3           48  9.0  7 10.8        VO  F        5.5        E2y VOSGES ALSACIENNES
         1886 10 09 18:20        48 27.   7 55.     2   SR BW    4.1 7.0  25    S1y SCHUTTERWALD
         1886 10 13 19:45        47 39.   9 29.     2   BO BW    3.7 6.0  22    S1y FRIEDRICHSHAFEN
         1886 11 28 23:30        47 19.  10 50.   8     WY  A        7.5 170    T3y NASSEREITH; TIROL
         1886 12 23 14           55 24.  13 24.        MH  S         4.0  10    WGy S MALMOE/S

         1887  1 31 22:40        47 13.2  9  9.0        GV CH        4.0        E2y STEINTAL SG
         1887  3 13  3: 0        47 25.2  9 22.2        SF CH        4.0        E2y ST.GALLEN
         1887  3 21  1: 8        47 21.0  7 54.0        SF CH        4.0        E2y OLTEN
         1887  3 23 10: 0        47 21.0  7 54.0        SF CH        4.0        E2y OLTEN
         1887 06 11 21:30        48 23.   7 53.     3   SR BW    3.8 6.0  25    S1y SCHUTTERN

         1887 09 04 16:53        50 44.   7 06.   1     MR NW        4.0        SPy BONN
         1887 09 09 17           50 44.   7 06.   1     MR NW        4.5        SPy BONN
         1887 09 28 06:32        48 54.   8 12.   4     SR BW    3.5 5.0  25    S1y RASTATT
         1887 10 19 01:26        47 36.   7 54.  3      SW BW        4.5  70    RSy SAECKINGEN
         1888 02 15 06:15        47 25.   9 30.  3      SF CH        5.0  55    SPy APPENZELL/CH

         1888  3 10  6:30        47 22.8  8 32.4        SF CH        4.0        E2y ZUERICH
         1888 03 17 24           51 32.  07 27.         RU NW        6.0      B SPy DORTMUND
         1888  3 18 17:10        47 22.8  8 31.8        SF CH        4.5        E2y ZUERICH
         1888  3 19 20:50        47 22.2  8 33.0        SF CH        4.0        E2y HOTTINGEN
         1888 05 16              54 12.  11 27.  3      ND OS    2.5 4.0        G1y S-BALTIC SEA

         1888  6 17 23:20        47 31.8  9 16.2        BO CH        4.0        E2y SCHOCHERSWIL
         1888 12 26  0:12        50 30.6 12 24.0 3  9 4 VG SA        5.5  38    G1y AUERBACH
          * R5=12;
         1888 12 28 09:10        47 18.  09 53.      4  GV  A        5.0        SPy BREGENZERWALD
         1889 01 07 12           47 27.   9 14.  2      SF CH        6.0 200    SPy BISCHOFSZELL
         1889 01 07 20           48 35.  08 01.         SR BW        4.0        SPy RENCHEN

         1889 01 26 11:15        47 22.2  9 12.0        SF CH        4.0        E2y DEGERSHEIM
         1889 01 31 15:30        50 56.4 12 58.8 2      CS SA        4.0        G1y ZENTRAL-SACHSEN
         1889 02 22 14:40        48 42.  11 12.         FA BY        4.5        SPy NEUBURG/DONAU
         1889  4 26 21:35        47  0.0  9  3.0        CC CH        5.0        E2y GLARUS
         1890  3  7 21:30        47 24.0  8 58.2        SF CH        4.0        E2y OOTENEGG

         1890 03 17              50 44.  07 06.         MR NW        4.0  19    SPy BONN
          * Azi=150;  Axe=3:1;
         1890 07 04              51 18.  15 58.         EH PL        4.5        SPy GOLISZOW/SCHLESIEN
         1890 08 15              50 49.2 10 19.8 3      HS TH        4.5        G1y THUERINGER WALD
         1890 10 07 00:12        48 16.   9 13.   4     SA BW    3.6 5.5  30    S1y GROSS ENGSTINGEN
         1890 10 14 02:30        48 20.   9 10.   3     SA BW    3.5 5.5  22    S1y HECHINGEN

         1891 01 09 21:34        47 22.   9 37. 3       GV CH        5.5  60    SEy ST.MARGRETHEN
         1891  1 23 20: 5        47 22.2  9 37.2        GV CH        5.0 120    E2y DIEPOLDSAU
         1891  2  9  5           48  6.0  6 55.2        VO  F        5.5        E2y HAUTES-VOSGES
         1891 11 08  3           50 51.0 13 57.0 2      KH SA        4.0        G1y SAECHS. SCHWEIZ
         1891 11 17 18:23        48 01.   7 44.     3   SR BW    4.0 5.0  25    S1y FREIBURG

         1891 11 28 23           50 20.  07 43.         MR RP        4.0  10    SPy OBERWESEL
         1891 12 07  1:25        50 51.0 13 57.0 2      KH SA        4.0        G1y SAECHS. SCHWEIZ
         1892 02 04 22:15        50 13.8 12 18.6 3      VG SA        4.5        G1y OBERES VOGTLAND
         1892 08 01 04:58        47 38.   8 37.  3 20 2 SW CH    4.2 5.5 100    L2y S SCHAFFHAUSEN
         1892 08 09              50 16.  07 37.   4     MR RP    4.4 7.0  90    ASy BOPPARD

         1892 08 28              50 20.  07 37.         MR RP        4.0        SPy BAD EMS
         1892 10  1  4:58        47 42.0  9  1.8        BO BY        5.0        E1y REICHENAU/D
         1892 10 21  6           50 13.8 12 18.6 2      VG SA        4.0        G1y OBERES VOGTLAND
         1892 12 28  6           47 19.8  6 48.0        WJ CH        5.0        E2y JURA; MAICHE
         1893  7  1 16:39        47 44.4  5 55.8            F        5.0        E2y PLATE. HAUTE-SAONE

         1893 07 08 01           48 44.  07 55.         SR  F        4.0   6    SPy HERLISHEIM/F
         1893 11 12  1:50        50 28.8 12 22.2 2      VG SA        4.0        G1y AUERBACH
```

DATUM			HERDZEIT			KOORDINATEN			TIEFE	REGION			STÄRKE			A	REF	LOKATION
JAHR	MO	TA	ST	M	S	BREITE	LÄNGE	QE	H Q	SR	PR	ML	MW	MK	INT	RS		
1893	12	30	00:57			48 28.	8 29.	2		NW	BW		3.4	5.5	13		S1y	AACH
1894	03	05	20:45			47 19.	10 51.			WY	A			5.0	10		SPy	NASSEREITH
1894	04	08	21			49 30.	8 12.	3		NR	RP		3.0	4.5	10		S1y	UNGSTEIN
1894	04	22	21:32			55 30.	14 24.			MH	DK			5.0	80		WGy	N BORNHOLM
1894	05	15				51 32.	11 33.			HZ	AH			6.0		1	SPy	EISLEBEN
1894	07	12	02:19			48 17.	9 00.	3		SA	BW		3.5	5.5	20		S1y	ONSTMETTINGEN
1895	01	05	20			47 37.	7 50.			SW	BW			4.0			RSy	SCHOPFHEIM
1895	01	13	17:20			47 53.	8 08.	6		SW	BW		3.7	5.0	40		S1y	TITISEE
1895	01	26	23:20			48 19.	8 56.	3		SA	BW		3.4	5.0	17		S1y	BALINGEN
1895	01	28	20:59			48 13.8	15 55.8	8		EF	A			5.5			ACy	GRABENSEE
1895	02	04	21			47 17.	11 25.			NY	A			5.0	15		SPy	INNSBRUCK
1895	03	08	22			50 51.	06 35.			NB	NW			4.5	30		SPy	BUIR
1895	05	22				50 46.	6 06.	2		NB	NW			6.0			SPy	AACHEN
1896	01	22	00:47			47 54.	8 11.	12		SW	BW		4.5	6.0	160		S1y	TITISEE
1896	01	22	01:00			47 54.	8 11.	8		SW	BW		3.3	4.0	27		S1y	TITISEE
1896	01	22	01:15			47 54.	8 11.	8		SW	BW		3.3	4.0	25		S1y	TITISEE
1896	01	22	01:30			47 54.	8 11.	8		SW	BW		3.7	5.0	40		S1y	TITISEE
1896	01	22	01:45			47 54.	08 11.	6		SW	BW		3.3	4.0	24		S1y	TITISEE
1896	01	22	02:00			47 54.	8 11.	8		SW	BW		3.5	4.5	36		S1y	TITISEE
1896	01	22	02:10			47 54.	8 11.	7		SW	BW		3.2	4.0	22		S1y	TITISEE
1896	01	22	02:30			47 54.	08 11.	6		SW	BW		3.4	4.5	30		S1y	TITISEE
1896	01	22	02:45			47 54.	8 11.	6		SW	BW		3.2	4.0	20		S1y	TITISEE
1896	02	27	22:45			50 13.8	12 18.6	2		VG	SA			4.0			G1y	OBERES VOGTLAND
1896	02	28	4			50 56.4	12 58.8	3		CS	SA			4.0			G1y	ZENTRAL-SACHSEN
1896	02	28	4:45			50 13.8	12 18.6	2		VG	SA			4.5			G1y	OBERES VOGTLAND
1896	02	28	7			50 13.8	12 18.6	2		VG	SA			4.0			G1y	OBERES VOGTLAND
1896	02	28	7:45			50 13.8	12 18.6	2		VG	SA			4.0			G1y	OBERES VOGTLAND
1896	02	29	15:30			50 13.8	12 18.6	2		VG	SA			4.0			G1y	OBERES VOGTLAND
1896	05	16	20:50			50 30.0	12 6.0	2		VG	SA			6.0	25		G1y	PLAUEN
1896	06	11	01:44			47 37.8	14 20.4			CA	A			4.5			ACy	SPITAL AM PYHRN
1896	07	19	0:29			50 13.2	12 19.2	2		VG	SA			4.0			G1y	OBERES VOGTLAND
1896	07	28	02:30			47 9.6	10 35.4			WY	A			5.0			ACy	ZAMS
1896	08	17	03			47 12.0	11 12.0			WY	A			4.0			ACy	SELLRAINTAL
1896	11	01	2			50 34.8	13 30.0	2		KH	CR			4.0			GNy	OHRE-GRABEN
1896	11	01	3:30			50 34.8	13 30.0	2		KH	CR			4.0			GNy	OHRE-GRABEN
1896	11	01	5:45			50 34.8	13 30.0	2		KH	CR			4.0			GNy	OHRE-GRABEN
1896	11	02	3:15			50 34.8	13 30.0	2		KH	CR			4.0			GNy	OHRE-GRABEN
1896	11	03	0:30			50 34.8	13 30.0	2		KH	CR			4.0			GNy	OHRE-GRABEN
1896	11	03	21:10			50 34.8	13 30.0	2	11 5	KH	CR			5.5	21		GNy	OHRE-GRABEN
* R5=12; Azi=100; Axe=2:1;																		
1896	12	04	23:45			48 3.0	14 18.6			BM	A			4.5			ACy	W OF STEYR
1896	12	29	19:57			47 21.0	11 42.0			NY	A			4.0			ACy	SCHWAZ
1897	01	05	07:50			48 51.	13 25.	3		SB	BY			5.0	15		SPy	GRAFENAU
1897	01	19	23:04			48 22.	7 46.	3		SR	BW		3.4	5.0	20		S1y	LAHR
1897	02	03	05			48 30.	8 24.			NW	BW			4.5			RSy	FREUDENSTADT
1897	02	20	06:58			47 17.	11 25.	3	6	T3y	SCHARNITZ			6.0				
1897	02	20	13:57			47 18.0	11 30.0			NY	A			4.5			ACy	THAUR/HALL
1897	02	26	18:38			47 18.0	11 27.0			NY	A			5.5			ACy	INNSBRUCK/HALL
1897	03	04	03:41			47 16.2	11 23.4			NY	A			4.0			ACy	INNSBRUCK
1897	03	05	02			47 16.2	11 23.4			NY	A			4.0			ACy	INNSBRUCK
1897	04	16	23:54			47 2.4	11 28.8			SY	A			4.0			ACy	GRIES/BRENNER
1897	04	26	13			47 42.0	14 15.0			CA	A			4.0			ACy	WINDISCHGARSTEN
1897	5	11	1: 2			47 0.0	9 33.0			GV	CH			4.5			E2y	JENINS
1897	05	19	20			50 30.0	12 9.0	2		VG	SA			4.0			G1y	PLAUEN
1897	6	15	16:12			47 33.0	8 55.8			SF	CH			4.0			E2y	DINGENHART
1897	06	15	19:05			47 18.0	13 54.0			SZ	A			4.5			ACy	N OF SCHWARZENS
1897	6	25	21:35			47 1.2	6 58.8			WF	CH			5.0			E2y	NEUCHATEL
1897	06	28	07:15			47 18.0	11 27.0			NY	A			5.0			ACy	INNSBRUCK
1897	07	09	19:55			47 36.0	14 27.0			CA	A			5.0			ACy	ADMONT

```
        DATUM       HERDZEIT       KOORDINATEN  TIEFE REGION           STÄRKE              A REF   LOKATION
        JAHR MO TA  ST  M   S      BREITE  LÄNGE QE   H Q  SR PR  ML   MW  MK  INT   RS
        1897 07 13  13:14          47 12.0 10  3.0         GV  A            5.0           ACy  LECH
        1897 07 15                 50 21.0 12 19.8 2       VG  SA           4.5     7     G1y  OBERES VOGTLAND
         * Axe=7:1;
        1897 08 07  01:30          47 12.0 10 36.0         WY  A            4.5           ACy  ZAMS
        1897 08 07  02             47 12.0 10 36.0         WY  A            4.0           ACy  ZAMS
        1897 08 28                 47 17.4 11 25.8         NY  A            4.5           ACy  ARZL

        1897 09 07   6:20          50 21.0 12 19.8 3       VG  SA           4.5           G1y  OBERES VOGTLAND
        1897 09 07  19:45          47 48.0 13  6.0         BY  A            5.0           ACy  SALZBURG
        1897 10 18  12             47 17.4 10 26.4         WY  A            5.0           ACy  ELBINGENALP
        1897 10 19  04:45          47 17.4 10 26.4         WY  A            5.0           ACy  ELBINGENALP
        1897 10 25  12:30          50 18.0 12 24.6 2       VG  CR           4.0           GNy  LUBY

        1897 10 25  16:30          50 18.0 12 24.6 2       VG  CR           4.5           GNy  LUBY
        1897 10 25  16:50          50 18.0 12 24.6 2       VG  CR           4.5           GNy  LUBY
        1897 10 25  21             50 18.0 12 24.6 2   9 4 VG  CR           5.5           GNy  LUBY
         * R5=12;
        1897 10 29  19:45          50 18.0 12 24.6 2   8 4 VG  CR           6.0           GNy  LUBY
         * R5=15;
        1897 10 30   2:45          50 18.0 12 24.6 2       VG  CR           4.5           GNy  LUBY

        1897 10 30   4:03          50 18.0 12 24.6 2       VG  CR           4.5           GNy  LUBY
        1897 10 30   5:15          50 18.0 12 24.6 2       VG  CR           4.5           GNy  LUBY
        1897 10 30   5:54          50 18.0 12 24.6 2       VG  CR           4.5           GNy  LUBY
        1897 11 01   3             50 18.0 12 24.6 2       VG  CR           5.0           GNy  LUBY
        1897 11 02   2             50 18.0 12 24.6 2       VG  CR           5.0           GNy  LUBY

        1897 11 03  17:45          50 18.0 12 24.6 2       VG  CR           4.0           GNy  LUBY
        1897 11 04   9:38          50 18.0 12 24.6 2       VG  CR           5.0           GNy  LUBY
        1897 11 05   1:20          50 18.0 12 24.6 2       VG  CR           5.0           GNy  LUBY
        1897 11 06   5:10          50 18.0 12 24.6 2       VG  CR           5.0           GNy  LUBY
        1897 11 07                 50 18.0 12 24.6 2       VG  CR           4.5           GNy  LUBY

        1897 11 07   2: 7          50 18.0 12 24.6 2       VG  CR           5.0           GNy  LUBY
        1897 11 07   4:45          50 18.0 12 24.6 2       VG  CR           6.0           GNy  LUBY
        1897 11 07   4:58          50 18.0 12 24.6 2   8 4 VG  CR           6.5           GNy  LUBY
         * R5=20;
        1897 11 08  11:25          50 18.0 12 24.6 2       VG  CR           4.0           GNy  LUBY
        1897 11 08  20:50          50 18.0 12 24.6 2       VG  CR           4.5           GNy  LUBY

        1897 11 09   8:45          50 18.0 12 24.6 2       VG  CR           4.0           GNy  LUBY
        1897 11 09  16             50 18.0 12 24.6 2       VG  CR           4.0           GNy  LUBY
        1897 11 10  22             50 18.0 12 24.6 2       VG  CR           4.0           GNy  LUBY
        1897 11 13   1             50 18.0 12 24.6 2       VG  CR           4.0           GNy  LUBY
        1897 11 13  17:40          50 18.0 12 24.6 2       VG  CR           4.0           GNy  LUBY

        1897 11 16                 50 18.0 12 24.6 2       VG  CR           4.5           GNy  LUBY
        1897 11 16   7:10          50 18.0 12 24.6 2       VG  CR           5.0           GNy  LUBY
        1897 11 17   5:25          50 18.0 12 24.6 2       VG  CR           4.5           GNy  LUBY
        1897 11 17   6:30          50 18.0 12 24.6 2   9 4 VG  CR           6.0           GNy  LUBY
         * R5=15;
        1897 11 17   7:43          50 18.0 12 24.6 2   9 4 VG  CR           5.5           GNy  LUBY
         * R5= 9;

        1897 11 17   8:52          50 18.0 12 24.6 2       VG  CR           4.0           GNy  LUBY
        1897 11 17  10:15          50 18.0 12 24.6 2       VG  CR           4.0           GNy  LUBY
        1897 11 17  13:15          50 18.0 12 24.6 2       VG  CR           4.0           GNy  LUBY
        1897 11 17  16:05          50 18.0 12 24.6 2       VG  CR           4.0           GNy  LUBY
        1897 11 18   2             50 18.0 12 24.6 2       VG  CR           4.0           GNy  LUBY

        1897 11 18   7:45          50 18.0 12 24.6 2       VG  CR           4.5           GNy  LUBY
        1897 11 26                 48 46.  10 22.          FA  BW           4.0    15     SPy  BALDERN, NERESHEIM
        1897 11 29  03:45          48 40.2 13 54.6         SB  A            4.0           ACy  ULRICHSBERG
        1898 01 06  07:40          47 42.0 15 30.0         CA  A            5.0           ACy  MUERZSTEG
        1898 01 13  03:15          47 50.   8 00.    5     SW  BW      3.3  4.0    20     S1y  FELDBERG

        1898 01 28  07             48 21.0 14 25.2         SB  A            4.5           ACy  GALLNEUKIRCHEN
        1898 02 10  23:10          50 20.   7 48.  2       MR  RP           4.5    15     SJy  BAD EMS/NASSAU
        1898  2 18  14:25          47 33.0  8 55.8         SF  CH           5.0           E2y  FRAUENFELD
        1898 03 08  08:30          47 19.  11 45.          NY  A            5.0    15     SPy  WEERBERG
         * Axe=2:1;
```

73

DATUM			HERDZEIT			KOORDINATEN			TIEFE		REGION			STÄRKE				A REF	LOKATION
JAHR	MO	TA	ST	M	S	BREITE	LÄNGE	QE	H	Q	SR	PR	ML	MW	MK	INT	RS		
1898	04	08	11:15			50 21.0	14 28.2	3			CM	CR				4.0		G1y	ZENTRAL-BOEHMEN/CR
1898	05	12	16:10			47 34.8	12 10.2				SZ	A				5.0		ACy	KUFSTEIN
1898	06	14	3:55			47 07.	9 30.		6		GV	CH				6.0		E1y	SEVELEN-BUCHS
1898	07	03	20:30			47 18.0	11 27.0				NY	A				4.0		ACy	INNSBRUCK/HALL
1898	07	17	22:12			47 33.6	14 .6				CA	A				4.0		ACy	TAUPLITZ
1898	10	06	04:58			48 02.	9 29.		7		SA	BW		3.8		5.0	75	S1y	MENGEN, SAULGAU
1898	11	27	00:30			47 27.0	14 40.8				CA	A				5.0		ACy	WALD AM SCHOBER
1898	12	14	18:30			50 21.0	12 13.8	3			VG	SA				4.0		G1y	AUERBACH
1898	12	27	10: 0			47 19.8	9 39.0				GV	CH				5.0		E2y	GOETZIS
1899	02	14	16:58			48 07.	07 39.		2	4	SR	BW		4.1		7.0	25	ASy	KAISERSTUHL
1899	02	16	03:30			48 09.	7 36.		3		SR	BW		3.0		4.5	10	S1y	SASBACH
1899	03	01	18:10			50 30.0	12 8.4	2			VG	SA				4.0		G1y	PLAUEN
1899	03	02	20:10			47 27.6	14 7.8				CA	A				5.0		ACy	IRDNING
1899	04	02	00:05			48 22.2	14 31.2				SB	A				4.0		ACy	PREGARTEN
1899	04	02	00:30			48 22.2	14 31.2				SB	A				4.0		ACy	PREGARTEN
1899	04	14	10:37			47 12.0	10 42.0				WY	A				4.5		ACy	SE OF MILS
1899	04	29	11:06			47 19.2	14 58.8				MM	A				6.0		ACy	ST.STEFAN
1899	05	30	07			47 18.6	10 29.4				WY	A				4.5		ACy	HAESELGEHR
1899	05	30	08			47 18.	10 30.				WY	A				6.0	10	SPy	ELBIGENALB
1899	06	03	04:58			47 17.	10 26.				WY	A				5.0		SPy	ELBIGENALB
1899	06	18	01:30			48 22.2	14 31.2				SB	A				5.5		ACy	PREGARTEN
1899	06	28	12:25			48 22.2	14 31.2				SB	A				5.0		ACy	PREGARTEN
1899	07	03	00:10			47 30.	8 54.	4			SF	BW				4.5	35	SEy	ST.BLASIEN
1899	07	07	11:46			47 6.6	11 18.6				SY	A				5.0		ACy	NEUSTIFT
1899	08	14	18:15			50 10.8	12 15.0	3			VG	CR				4.0		G1y	CHEB/CR
1899	09	13	22:30			47 40.2	14 21.0				CA	A				4.0		ACy	PYHRN
1899	09	19	08:45			48 59.	08 53.				NW	BW				4.5		SPy	MAULBRONN
1899	09	23	21:44			47 17.	10 28.				WY	A				4.0		SPy	ELBINGENALB
1899	11	24				47 18.	10 30.				WY	A				4.0		SPy	HAESELGEHR
1899	11	27	24			50 11.	12 19.				VG	SA				4.5		SPy	BRAMBACH
1899	12	16				50 11.	12 19.				VG	SA				5.0		SPy	SCHOENBERG
1899	12	16	2:05			50 10.8	12 19.2	2			VG	CR				4.0		G1y	CHEB/CR
1900	01	17	22:15			47 18.0	10 48.0				WY	A				4.5		ACy	TARRENZ
1900	1	25	6:50			47 4.8	9 1.2				CC	CH				5.0		E2y	GLARUS
1900	01	27	01:44			48 14.	8 57.		5		SA	BW		3.0		4.5	22	S1y	PFEFFINGEN
1900	03	29	3:45			50 34.2	12 22.8	2			VG	SA				4.0		G1y	AUERBACH
1900	05	20	2			50 18.6	12 31.2	3			VG	CR				4.0		G1y	KRASLICE/CR
1900	05	20	4			50 16.8	12 14.4	2	6	4	VG	SA				4.0	12	G1y	OBERES VOGTLAND
1900	05	29	11:15			47 25.8	12 51.0				SZ	A				4.0		ACy	SAALFELDEN
1900	06	02	19:30			47 34.2	14 14.4				CA	A				4.0		ACy	LIEZEN
1900	06	02	20:45			47 31.8	14 15.6				CA	A				4.0		ACy	LIEZEN
1900	06	02	22:23			47 33.0	14 12.0				CA	A				4.0		ACy	LIEZEN
1900	06	03	03:40			48 09.	7 33.		3		SR	F		4.1		6.5	50	S1y	GUSSENHEIM
1900	06	03	21			48 16.8	7 22.2				SR	F				4.5		E2y	PLAI. HAUTE-ALSACE
1900	06	4	2:30			48 16.8	7 21.0				SR	F				5.0		E2y	PLAI. HAUTE-ALSACE
1900	06	13	02:50			47 17.4	10 26.4				WY	A				4.0		ACy	ELBINGENALP
1900	07	03	21			50 19.2	12 22.8	2			VG	SA				4.0		GNy	MARKNEUKIRCHEN
1900	07	04	21:31			50 19.2	12 22.8	2	4	4	VG	SA	3.2	3.7		5.0	21	GNy	MARKNEUKIRCHEN
1900	07	04	22:05			50 19.2	12 22.8	2			VG	SA				4.0		GNy	MARKNEUKIRCHEN
1900	07	04	23:02			50 19.2	12 22.8	2			VG	SA				4.5		GNy	MARKNEUKIRCHEN
1900	07	05	0:52			50 19.2	12 22.8	2	8	5	VG	SA	3.2			4.5		GNy	MARKNEUKIRCHEN
1900	07	05	1			50 19.2	12 22.8	2			VG	SA				4.0		GNy	MARKNEUKIRCHEN
1900	07	05	6:19			50 19.2	12 22.8	2			VG	SA				4.5		GNy	MARKNEUKIRCHEN
1900	07	05	6:36			50 19.2	12 22.8	2			VG	SA				4.5		GNy	MARKNEUKIRCHEN
1900	07	05	6:53			50 19.2	12 22.8	2			VG	SA				4.0		GNy	MARKNEUKIRCHEN
1900	07	05	7:30			50 19.2	12 22.8	2			VG	SA				4.0		GNy	MARKNEUKIRCHEN
1900	07	05	21:35			50 19.2	12 22.8	2			VG	SA				4.0		GNy	MARKNEUKIRCHEN
1900	07	05	21:45			50 19.2	12 22.8	2			VG	SA				4.0		GNy	MARKNEUKIRCHEN
1900	07	06	4:00			50 19.2	12 22.8	2			VG	SA				4.0		GNy	MARKNEUKIRCHEN

```
          DATUM      HERDZEIT       KOORDINATEN   TIEFE REGION      STÄRKE             A REF  LOKATION
         JAHR MO TA  ST   M    S   BREITE  LÄNGE QE  H  Q  SR PR  ML   MW   MK   INT  RS
         1900 07 07   2:15         50 19.2 12 22.8 2  6  4 VG SA 3.6   3.7  5.0   35      GNy MARKNEUKIRCHEN
          * R5= 8;
         1900 07 18  23:35         50 19.2 12 22.8 2        VG SA            4.0          GNy MARKNEUKIRCHEN

         1900 07 19   2:52         50 19.2 12 22.8 2        VG SA            5.0          GNy MARKNEUKIRCHEN
         1900 07 23   3            50 19.2 12 22.8 2        VG SA            4.0          GNy MARKNEUKIRCHEN
         1900 07 23  14:30         50 19.2 12 22.8 2        VG SA            4.0          GNy MARKNEUKIRCHEN
         1900 07 23  14:40         50 19.2 12 22.8 2        VG SA            4.0          GNy MARKNEUKIRCHEN
         1900 07 25  18:30         50 19.2 12 22.8 2        VG SA            4.0          GNy MARKNEUKIRCHEN

         1900 07 25  18:35         50 19.2 12 22.8 2        VG SA            4.0          GNy MARKNEUKIRCHEN
         1900 07 25  18:40         50 19.2 12 22.8 2  5  4 VG SA 4.0        5.5           GNy MARKNEUKIRCHEN
          * R5= 7;
         1900 07 25  19            50 19.2 12 22.8 2        VG SA            4.0          GNy MARKNEUKIRCHEN
         1900 07 25  19:10         50 19.2 12 22.8 2        VG SA            4.0          GNy MARKNEUKIRCHEN
         1900 07 25  21:53         50 19.2 12 22.8 2        VG SA            4.0          GNy MARKNEUKIRCHEN

         1900 07 25  22:05         50 19.2 12 22.8 2  5  4 VG SA 3.6   3.7  5.0   23      GNy MARKNEUKIRCHEN
          * R5= 2;
         1900 07 25  22:06         50 19.2 12 22.8 2        VG SA            4.0          GNy MARKNEUKIRCHEN
         1900 07 25  23:56         50 19.2 12 22.8 2        VG SA            4.0          GNy MARKNEUKIRCHEN
         1900 07 26   2:30         50 19.2 12 22.8 2        VG SA            5.0          GNy MARKNEUKIRCHEN
         1900 07 29  22:58         50 19.2 12 22.8 2        VG SA            4.0          GNy MARKNEUKIRCHEN

         1900 07 30   9:05         50 19.2 12 22.8 2        VG SA            4.0          GNy MARKNEUKIRCHEN
         1900 07 30  10:05         50 19.2 12 22.8 2        VG SA            5.0          GNy MARKNEUKIRCHEN
         1900 08 01  19:45         50 19.2 12 22.8 2        VG SA            4.5          GNy MARKNEUKIRCHEN
         1900 08 01  19:50         50 19.2 12 22.8 2        VG SA            4.0          GNy MARKNEUKIRCHEN
         1900 08 01  19:53         50 19.2 12 22.8 2        VG SA            4.0          GNy MARKNEUKIRCHEN

         1900 08 01  23:25         50 19.2 12 22.8 2        VG SA            4.0          GNy MARKNEUKIRCHEN
         1900 08 02   2:45         50 19.2 12 22.8 2        VG SA            4.0          GNy MARKNEUKIRCHEN
         1900 08 02   2:50         50 19.2 12 22.8 2        VG SA            4.0          GNy MARKNEUKIRCHEN
         1900 08 02   5:00         50 19.2 12 22.8 2        VG SA            4.0          GNy MARKNEUKIRCHEN
         1900 08 02  13:25         50 19.2 12 22.8 2        VG SA            4.0          GNy MARKNEUKIRCHEN

         1900  8  6  23: 5         47  1.8  9  9.0          CC CH            5.5          E2y GLARUS
         1900 08 07   8:40         50 19.2 12 22.8 2        VG SA            4.0          GNy MARKNEUKIRCHEN
         1900 08 07  11:15         50 19.2 12 22.8 2        VG SA            4.0          GNy MARKNEUKIRCHEN
         1900 08 07  12:10         50 19.2 12 22.8 2        VG SA            4.0          GNy MARKNEUKIRCHEN
         1900 08 07  12:14         50 19.2 12 22.8 2        VG SA            4.0          GNy MARKNEUKIRCHEN

         1900 08 07  12:16         50 19.2 12 22.8 2        VG SA            4.0          GNy MARKNEUKIRCHEN
         1900 08 07  18:15         50 19.2 12 22.8 2        VG SA            4.0          GNy MARKNEUKIRCHEN
         1900 08 12   5:00         50 19.2 12 22.8 2        VG SA            5.0          GNy MARKNEUKIRCHEN
         1900 08 12   5:06         50 19.2 12 22.8 2        VG SA            4.0          GNy MARKNEUKIRCHEN
         1900 08 12   5:13         50 19.2 12 22.8 2        VG SA            4.0          GNy MARKNEUKIRCHEN

         1900 08 12   5:47         50 19.2 12 22.8 2        VG SA            4.0          GNy MARKNEUKIRCHEN
         1900 08 14                50 19.2 12 22.8 2        VG SA            4.0          GNy MARKNEUKIRCHEN
         1900 09 19  12:00         50 25.8 12 15.0 2        VG SA            4.0          G1y AUERBACH
         1900 09 19  12:10         50 25.8 12 15.0 2        VG SA            4.0          G1y AUERBACH
         1900 09 20   2:50         50 28.8 12 22.2 2        VG SA            4.0          G1y AUERBACH

         1900 09 28  08:15         48 18.6 14 28.2          SB  A            5.5          ACy KATSDORF
         1900 09 28  09            48 18.6 14 28.2          SB  A            4.5          ACy KATSDORF
         1900 10 22  03:30         47 46.2 15 19.2          CA  A            4.0          ACy MARIAZELL
         1900 10 30  07:45         47 18.6 10 29.4          WY  A            4.5          ACy HAESELGEHR
         1900 11 04  20:10         48 51.0 15 29.4          SB  A            4.5          ACy RAABS/THAYA

         1900 11 12  06            47 18.6 10 29.4          WY  A            4.5          ACy HAESELGEHR
         1900 12 24   2:30         50 37.8 12 34.8 2        VG SA            4.0          G1y SCHNEEBERG
         1900 12 28  10:35         50 19.8 12 30.6 2        VG CR            4.0          G1y KRASLICE/CR
         1901 01 17   4:25         50 57.6 13 57.0 2        KH SA            4.5          G1y SAECHS. SCHWEIZ
         1901 01 21   2:45         50 57.6 13 57.0 2        KH SA            4.0          G1y SAECHS. SCHWEIZ

         1901 02 12  19:40         47 40.2 14 20.4          CA  A            4.0          ACy SPITAL A.PYHRN
         1901 03 24  03:23         47 37.  7 41.      7     SR BW      3.3  4.5   34      S1y LOERRACH
         1901 05 08   7:04         50 13.8 12 18.6 2        VG SA            4.0          GNy BAD BRAMBACH
         1901 05 09   2:16         50 13.8 12 18.6 2        VG SA            4.0          GNy BAD BRAMBACH
         1901 05 09   2:25         50 13.8 12 18.6 2        VG SA            4.0          GNy BAD BRAMBACH
```

DATUM			HERDZEIT			KOORDINATEN		TIEFE	REGION			STÄRKE			A	REF	LOKATION
JAHR	MO	TA	ST	M	S	BREITE	LÄNGE	QE	H Q	SR PR	ML	MW	MK	INT	RS		
1901	05	09	23:55			50 13.8	12 18.6	2		VG SA				4.0			GNy BAD BRAMBACH
1901	05	11	2:06			50 13.8	12 18.6	2		VG SA				4.5			GNy BAD BRAMBACH
1901	05	11	7:30			50 13.8	12 18.6	2		VG SA				4.0			GNy BAD BRAMBACH
1901	05	20	3:52			50 13.8	12 18.6	2		VG SA				4.5			GNy BAD BRAMBACH
1901	05	21	0:25			50 13.8	12 18.6	2		VG SA				4.0			GNy BAD BRAMBACH
1901	05	22	07:38			47 36.	7 28.			SR F				4.0		23	RSy SIERENTZ/F
1901	05	22	07:57			47 34.	7 30.			SR F				6.0			E1y SIERENTZ/F
1901	05	24	1:19			50 13.8	12 18.6	2		VG SA				4.0			GNy BAD BRAMBACH
1901	05	31	22:35			50 13.8	12 18.6	2		VG SA				4.0			GNy BAD BRAMBACH
1901	05	31	22:40			50 13.8	12 18.6	2		VG SA				4.0			GNy BAD BRAMBACH
1901	05	31	22:58			50 13.8	12 18.6	2		VG SA				4.0			GNy BAD BRAMBACH
1901	06	01	0:05			50 13.8	12 18.6	2		VG SA				4.0			GNy BAD BRAMBACH
1901	06	01	1:05			50 13.8	12 18.6	2		VG SA				4.0			GNy BAD BRAMBACH
1901	06	02	11:37			50 13.8	12 18.6	2	6 4	VG SA	3.2			4.5		15	GNy BAD BRAMBACH
1901	06	06	2:43			50 13.8	12 18.6	2		VG SA	2.8			4.0			GNy BAD BRAMBACH
1901	06	06	2:47			50 13.8	12 18.6	2	6 4	VG SA	3.2			4.5		12	GNy BAD BRAMBACH
1901	06	06	3:00			50 13.8	12 18.6	2		VG SA				4.0			GNy BAD BRAMBACH
1901	06	07	3:15			50 13.8	12 18.6	2		VG SA				4.0			GNy BAD BRAMBACH
1901	06	08	2:30			50 13.8	12 18.6	2		VG SA				5.0			GNy BAD BRAMBACH
1901	06	08	3:45			50 13.8	12 18.6	2		VG SA				5.0			GNy BAD BRAMBACH
1901	06	10	11:30			50 13.8	12 18.6	2		VG SA				4.0			GNy BAD BRAMBACH
1901	06	11	2:05			50 13.8	12 18.6	2		VG SA				4.5			GNy BAD BRAMBACH
1901	06	13	6:30			50 13.8	12 18.6	2		VG SA				4.0			GNy BAD BRAMBACH
1901	06	13	16:48			50 13.8	12 18.6	2		VG SA	3.2			4.5			GNy BAD BRAMBACH
1901	06	18	21:10			50 13.8	12 18.6	2		VG SA				4.0			GNy BAD BRAMBACH
1901	06	28	12:20			50 13.8	12 18.6	2		VG SA				4.0			GNy BAD BRAMBACH
1901	07	25	12:50			50 13.8	12 18.6	2	7 4	VG SA	3.6	3.7		5.0		25	G1y OBERES VOGTLAND
* R5= 4;																	
1901	07	30	18:45			50 13.2	12 10.8	2		VG BY				4.0			G1y SELB
1901	08	01	2:45			50 18.6	12 19.8	2		VG SA				4.0			G1y OBERES VOGTLAND
1901	08	10	16:15			50 15.6	12 10.8	2		VG BY				4.0			G1y SELB
1901	10	14				50 13.8	12 18.6	2		VG SA				4.0			G1y OBERES VOGTLAND
1901	11	02	11:29			47 15.0	11 34.2			NY A				4.0			ACy VOLDERTAL
1901	11	11	13:30			51 51.6	11 34.8			HZ AH		3.3		4.5		2	N1y STASSFURT, LUDWIG II
1901	11	18	05:45			47 34.2	12 42.6			SZ A				4.0			ACy ST.MARTIN
1901	11	28	21:43			47 24.0	13 34.2			SZ A				4.0			ACy MANDLING
1902	02	06	09:30			47 15.6	10 20.4			GV A				4.0			ACy HOLZGAU
1902	03	19	23:03			47 16.2	11 23.4			NY A				4.0			ACy INNSBRUCK
1902	03	30	3:00			50 54.0	14 48.6	2		SU SA				4.0			G1y LAUSITZER GEBIRGE
1902	04	13	6:25			50 38.4	13 51.0	3		KH CR				4.0			G1y OHRE-GRABEN/CR
1902	05	01	4:30			50 39.6	12 13.2	2		VG SA	3.6	3.7		5.0			G1y GREIZ
* R5= 2;																	
1902	06	19	09:23:56			47 17.	11 26.	4		NY A				6.0		200	T3y INNSBRUCK; TIROL
1902	07	11	00			47 34.	8 54.	3		SF CH				5.0			SEy FRAUENFELD/CH
1902	08	10	13:23			47 51.6	15 18.6			CA A				4.5			ACy WIENERBRUCK
1902	08	27	11:33			47 28.2	11 59.4			NY A				4.0			ACy KUNDL
1902	09	03	10:15			47 53.4	15 13.8			CA A				4.0			ACy TRUEBENBACH
1902	10	03	20:45			48 22.	8 59.	4		SA BW		3.6		5.0		27	S1y HECHINGEN
1902	10	09	14:38			48 23.	9 00.	8		SA BW		3.5		4.5		37	S1y HECHINGEN
1902	11	10	01:29			47 13.2	9 37.8			GV A				4.0			ACy FRASTANZ
1902	11	16	5:30			50 7.2	12 57.0	2		KH CR				4.0			G1y SOKOLOV/CR
1902	11	26	12:15			49 40.2	12 40.2	2	5 4	SB CR		4.4		6.5			G1y CESKY LES/CR
* R5=15;																	
1902	12	17				50 27.0	12 43.8	2		VG SA				4.0			G1y JOHANNGEORGENSTADT
1903	01	08				50 6.0	11 53.4	3		CT BY				4.0			G1y FICHTELGEBIRGE
1903	01	09	15:15			50 13.2	12 10.8	2		VG BY				4.0			G1y SELB
1903	01	25	09:45			49 05.	8 10.		2	SR RP		3.2		5.0		10	S1y KANDEL
1903	01	25	13:45			49 05.	8 10.			SR RP				4.0			RSy KANDEL

```
         DATUM         HERDZEIT      KOORDINATEN    TIEFE REGION         STÄRKE              A REF  LOKATION
        JAHR MO TA    ST   M   S    BREITE  LÄNGE QE  H Q  SR PR   ML   MW  MK   INT  RS
        1903 01 25  15:00          49 05.    8 10.        SR RP                4.0          RSy KANDEL
        1903 01 26  00:30          49 05.    8 10.        SR RP                4.0          RSy KANDEL
        1903 01 26  16:45          49 05.    8 10.    5   SR RP        3.8     5.5   40     S1y KANDEL
        1903 01 31  23:30          47  7.8  10  7.2       GV  A                5.0          ACy LANGEN/ARLBERG
        1903 02 11  01:50          47 18.6  11  4.2       WY  A                4.5          ACy TELFS

        1903 02 14   4:30          50 18.6  12 19.8 2     VG SA                4.0          GNy MARKNEUKIRCHEN
        1903 02 16  21:02          50 18.6  12 19.8 2     VG SA   3.2          4.5          GNy MARKNEUKIRCHEN
        1903 02 16  22             50 18.6  12 19.8 2     VG SA                4.0          GNy MARKNEUKIRCHEN
        1903 02 16  23             50 18.6  12 19.8 2     VG SA                4.0          GNy MARKNEUKIRCHEN
        1903 02 19   5:45          50 18.6  12 19.8 2     VG SA                4.0          GNy MARKNEUKIRCHEN

        1903 02 19   7:44          50 18.6  12 19.8 2     VG SA   2.8          4.0          GNy MARKNEUKIRCHEN
        1903 02 19  14:30          50 18.6  12 19.8 2     VG SA   2.8          4.0          GNy MARKNEUKIRCHEN
        1903 02 19  23:20          50 18.6  12 19.8 2     VG SA                4.0          GNy MARKNEUKIRCHEN
        1903 02 19  23:30          50 18.6  12 19.8 2     VG SA                4.0          GNy MARKNEUKIRCHEN
        1903 02 20   5:40          50 18.6  12 19.8 2     VG SA                4.0          GNy MARKNEUKIRCHEN

        1903 02 20  11:20          50 18.6  12 19.8 2     VG SA                4.0          GNy MARKNEUKIRCHEN
        1903 02 20  11:25          50 18.6  12 19.8 2     VG SA                4.0          GNy MARKNEUKIRCHEN
        1903 02 20  21:03          50 18.6  12 19.8 2 9 4 VG SA   3.6      3.7 5.0          GNy MARKNEUKIRCHEN
        * R5= 2;
        1903 02 21   4:00          50 18.6  12 19.8 2     VG SA                4.0          GNy MARKNEUKIRCHEN
        1903 02 21   9:00          50 18.6  12 19.8 2     VG SA                4.0          GNy MARKNEUKIRCHEN

        1903 02 21   9:25          50 18.6  12 19.8 2     VG SA                4.0          GNy MARKNEUKIRCHEN
        1903 02 21  18:20          50 18.6  12 19.8 2     VG SA                4.0          GNy MARKNEUKIRCHEN
        1903 02 21  21:09:06 50 18.6  12 19.8 2 5 4 VG SA 3.8 4.0 4.3 6.0  38              GNy MARKNEUKIRCHEN
        * R5=12;
        1903 02 22                 50 18.6  12 19.8 2     VG SA                4.0          GNy MARKNEUKIRCHEN
        1903 02 22   1:58          50 18.6  12 19.8 2     VG SA                4.0          GNy MARKNEUKIRCHEN

        1903 02 22   2:15          50 18.6  12 19.8 2     VG SA                4.5          GNy MARKNEUKIRCHEN
        1903 02 22   3:00          50 18.6  12 19.8 2     VG SA                4.5          GNy MARKNEUKIRCHEN
        1903 02 22   3:30          50 18.6  12 19.8 2     VG SA                4.0          GNy MARKNEUKIRCHEN
        1903 02 22   4:07          50 18.6  12 19.8 2     VG SA                4.0          GNy MARKNEUKIRCHEN
        1903 02 22   5:15          50 18.6  12 19.8 2     VG SA                4.0          GNy MARKNEUKIRCHEN

        1903 02 22   5:33          50 18.6  12 19.8 2     VG SA                4.0          GNy MARKNEUKIRCHEN
        1903 02 22   6:10          50 18.6  12 19.8 2     VG SA                4.0          GNy MARKNEUKIRCHEN
        1903 02 22  13:15          50 18.6  12 19.8 2     VG SA                4.0          GNy MARKNEUKIRCHEN
        1903 02 22  15:50          50 18.6  12 19.8 2     VG SA                4.0          GNy MARKNEUKIRCHEN
        1903 02 22  17:07          50 18.6  12 19.8 2     VG SA                4.0          GNy MARKNEUKIRCHEN

        1903 02 22  18:15          50 18.6  12 19.8 2     VG SA                4.0          GNy MARKNEUKIRCHEN
        1903 02 22  18:30          50 18.6  12 19.8 2     VG SA                4.0          GNy MARKNEUKIRCHEN
        1903 02 22  18:45          50 18.6  12 19.8 2     VG SA                4.0          GNy MARKNEUKIRCHEN
        1903 02 22  22:00          50 18.6  12 19.8 2     VG SA                4.0          GNy MARKNEUKIRCHEN
        1903 02 22  22:45          50 18.6  12 19.8 2     VG SA                4.0          GNy MARKNEUKIRCHEN

        1903 02 23   0:15          50 18.6  12 19.8 2     VG SA                4.0          GNy MARKNEUKIRCHEN
        1903 02 23   2:00          50 18.6  12 19.8 2     VG SA                4.0          GNy MARKNEUKIRCHEN
        1903 02 23   2:30          50 18.6  12 19.8 2     VG SA                4.0          GNy MARKNEUKIRCHEN
        1903 02 23   3:00          50 18.6  12 19.8 2     VG SA                4.5          GNy MARKNEUKIRCHEN
        1903 02 23   3:15          50 18.6  12 19.8 2     VG SA                4.0          GNy MARKNEUKIRCHEN

        1903 02 23   3:32:37 50 18.6  12 19.8 2 7 4 VG SA 3.6       3.7 5.0                 GNy MARKNEUKIRCHEN
        * R5= 6;
        1903 02 23   4:58          50 18.6  12 19.8 2     VG SA                4.0          GNy MARKNEUKIRCHEN
        1903 02 23   5:14          50 18.6  12 19.8 2     VG SA   3.3          4.5          GNy MARKNEUKIRCHEN
        1903 02 23   5:31:47 50 18.6  12 19.8 2 7 4 VG SA 3.7       4.0 5.5                 GNy MARKNEUKIRCHEN
        * R5=12;
        1903 02 23   6:00          50 18.6  12 19.8 2     VG SA                4.0          GNy MARKNEUKIRCHEN

        1903 02 23   7:45          50 18.6  12 19.8 2     VG SA                4.0          GNy MARKNEUKIRCHEN
        1903 02 23  22:14          50 18.6  12 19.8 2     VG SA                4.0          GNy MARKNEUKIRCHEN
        1903 02 24   8:37:34 50 18.6  12 19.8 2 7 4 VG SA 3.7       3.7 5.0                 GNy MARKNEUKIRCHEN
        * R5= 2;
        1903 02 24   8:42          50 18.6  12 19.8 2     VG SA                4.0          GNy MARKNEUKIRCHEN
        1903 02 24   8:47          50 18.6  12 19.8 2     VG SA   3.2          4.5          GNy MARKNEUKIRCHEN
```

```
            DATUM         HERDZEIT        KOORDINATEN    TIEFE REGION      STÄRKE              A REF  LOKATION
        JAHR MO TA    ST    M    S     BREITE   LÄNGE QE   H Q  SR PR  ML   MW  MK   INT  RS

        1903 02 24 18:35         50 18.6 12 19.8 2         VG SA           4.0        GNy MARKNEUKIRCHEN
        1903 02 24 19:08         50 18.6 12 19.8 2         VG SA           4.0        GNy MARKNEUKIRCHEN
        1903 02 25  0:22         50 18.6 12 19.8 2     4 4 VG SA 3.2       4.5        GNy MARKNEUKIRCHEN
        1903 02 25  0:25         50 18.6 12 19.8 2         VG SA           4.0        GNy MARKNEUKIRCHEN
        1903 02 25 13:00         50 18.6 12 19.8 2         VG SA           4.0        GNy MARKNEUKIRCHEN

        1903 02 25 17:05         50 18.6 12 19.8 2         VG SA           4.0        GNy MARKNEUKIRCHEN
        1903 02 25 23:05         50 18.6 12 19.8 2         VG SA           4.0        GNy MARKNEUKIRCHEN
        1903 02 25 23:11:58      50 18.6 12 19.8 2     7 4 VG SA 3.0   3.7 6.0        GNy MARKNEUKIRCHEN
            * R5=15;
        1903 02 25 23:35         50 18.6 12 19.8 2         VG SA           4.0        GNy MARKNEUKIRCHEN
        1903 02 25 23:45         50 18.6 12 19.8 2         VG SA           4.0        GNy MARKNEUKIRCHEN

        1903 02 26  1:29         50 18.6 12 19.8 2         VG SA           4.5        GNy MARKNEUKIRCHEN
        1903 02 26  4:15         50 18.6 12 19.8 2         VG SA           4.0        GNy MARKNEUKIRCHEN
        1903 02 26  5:30         50 18.6 12 19.8 2         VG SA           4.0        GNy MARKNEUKIRCHEN
        1903 02 26  5:40         50 18.6 12 19.8 2         VG SA           4.0        GNy MARKNEUKIRCHEN
        1903 02 26 21:05         50 18.6 12 19.8 2         VG SA           4.0        GNy MARKNEUKIRCHEN

        1903 02 26 23:10         50 18.6 12 19.8 2         VG SA           4.0        GNy MARKNEUKIRCHEN
        1903 02 27  1:00         50 18.6 12 19.8 2         VG SA           4.5        GNy MARKNEUKIRCHEN
        1903 02 27  1:50         50 18.6 12 19.8 2         VG SA           4.5        GNy MARKNEUKIRCHEN
        1903 02 27  4:31:47      50 18.6 12 19.8 2     4 4 VG SA 3.2       4.5        GNy MARKNEUKIRCHEN
        1903 02 27  5            50 18.6 12 19.8 2         VG SA           4.0        GNy MARKNEUKIRCHEN

        1903 02 27 14:55         50 18.6 12 19.8 2         VG SA           4.0        GNy MARKNEUKIRCHEN
        1903 02 27 14:59         50 18.6 12 19.8 2         VG SA           4.0        GNy MARKNEUKIRCHEN
        1903 02 27 15:10         50 18.6 12 19.8 2         VG SA           4.5        GNy MARKNEUKIRCHEN
        1903 02 27 23:40         50 18.6 12 19.8 2         VG SA           4.0        GNy MARKNEUKIRCHEN
        1903 02 28  5:30         50 18.6 12 19.8 2         VG SA           4.0        GNy MARKNEUKIRCHEN

        1903 02 28  9:00         50 18.6 12 19.8 2         VG SA           4.5        GNy MARKNEUKIRCHEN
        1903 02 28  9:08         50 18.6 12 19.8 2         VG SA           4.0        GNy MARKNEUKIRCHEN
        1903 03 02 17:15         50 18.6 12 19.8 2         VG SA           4.0        GNy MARKNEUKIRCHEN
        1903 03 02 17:45         50 18.6 12 19.8 2         VG SA           4.0        GNy MARKNEUKIRCHEN
        1903 03 02 19:30         50 18.6 12 19.8 2         VG SA           4.0        GNy MARKNEUKIRCHEN

        1903 03 02 19:45         50 18.6 12 19.8 2         VG SA           4.0        GNy MARKNEUKIRCHEN
        1903 03 02 20:37         50 18.6 12 19.8 2         VG SA           4.0        GNy MARKNEUKIRCHEN
        1903 03 02 22:08         50 18.6 12 19.8 2         VG SA           4.0        GNy MARKNEUKIRCHEN
        1903 03 02 22:15         50 18.6 12 19.8 2         VG SA           4.0        GNy MARKNEUKIRCHEN
        1903 03 02 22:45         50 18.6 12 19.8 2         VG SA           4.0        GNy MARKNEUKIRCHEN

        1903 03 03  5:30         50 18.6 12 19.8 2         VG SA           4.0        GNy MARKNEUKIRCHEN
        1903 03 03 12:50         50 18.6 12 19.8 2         VG SA           4.0        GNy MARKNEUKIRCHEN
        1903 03 03 13:10         50 18.6 12 19.8 2         VG SA           4.0        GNy MARKNEUKIRCHEN
        1903 03 03 14:54         50 18.6 12 19.8 2     5 4 VG SA 3.4       5.0        GNy MARKNEUKIRCHEN
        1903 03 03 16:30         50 18.6 12 19.8 2         VG SA           4.0        GNy MARKNEUKIRCHEN

        1903 03 03 17:30         50 18.6 12 19.8 2         VG SA           4.0        GNy MARKNEUKIRCHEN
        1903 03 04  0:00         50 18.6 12 19.8 2         VG SA           4.0        GNy MARKNEUKIRCHEN
        1903 03 04  1:15         50 18.6 12 19.8 2         VG SA           4.0        GNy MARKNEUKIRCHEN
        1903 03 04  5:00         50 18.6 12 19.8 2         VG SA           4.5        GNy MARKNEUKIRCHEN
        1903 03 04 10:00         50 18.6 12 19.8 2         VG SA           4.0        GNy MARKNEUKIRCHEN

        1903 03 04 16:33         50 18.6 12 19.8 2         VG SA           4.0        GNy MARKNEUKIRCHEN
        1903 03 04 23:40         50 18.6 12 19.8 2         VG SA           4.0        GNy MARKNEUKIRCHEN
        1903 03 05  0:05         50 18.6 12 19.8 2         VG SA           5.0        GNy MARKNEUKIRCHEN
        1903 03 05  0:45         50 18.6 12 19.8 2         VG SA           4.0        GNy MARKNEUKIRCHEN
        1903 03 05  0:50         50 18.6 12 19.8 2         VG SA           4.0        GNy MARKNEUKIRCHEN

        1903 03 05  0:50:18      50 18.6 12 19.8 2    12 5 VG SA 3.9   4.0 5.5  56    GNy MARKNEUKIRCHEN
            * R5=15;
        1903 03 05  1:00         50 18.6 12 19.8 2         VG SA           4.0        GNy MARKNEUKIRCHEN
        1903 03 05  1:14:25      50 18.6 12 19.8 2     6 4 VG SA 3.6   3.7 5.0  28    GNy MARKNEUKIRCHEN
        1903 03 05  1:40         50 18.6 12 19.8 2     8 5 VG SA           4.0  15    GNy MARKNEUKIRCHEN
        1903 03 05  2:54         50 18.6 12 19.8 2         VG SA           4.0        GNy MARKNEUKIRCHEN

        1903 03 05 04:45         49 05.  8 10.   2         SR RP       3.2 5.0  10    Sly KANDEL
        1903 03 05  6:10         50 18.6 12 19.8 2         VG SA           4.0        GNy MARKNEUKIRCHEN
        1903 03 05 10:10         50 18.6 12 19.8 2         VG SA           4.0        GNy MARKNEUKIRCHEN
```

```
         DATUM       HERDZEIT         KOORDINATEN  TIEFE REGION       STÄRKE           A REF  LOKATION
         JAHR MO TA  ST   M   S    BREITE  LÄNGE QE   H  Q  SR PR  ML    MW  MK  INT RS
         1903 03 05 10:40         50 18.6 12 19.8 2   5  4  VG SA 3.4            4.5         GNy MARKNEUKIRCHEN
         1903 03 05 11:05         50 18.6 12 19.8 2   4  4  VG SA 3.2            4.5         GNy MARKNEUKIRCHEN

         1903 03 05 11:07         50 18.6 12 19.8 2   4  4  VG SA 3.3            4.5         GNy MARKNEUKIRCHEN
         1903 03 05 11:42         50 18.6 12 19.8 2         VG SA               4.0         GNy MARKNEUKIRCHEN
         1903 03 05 13:00         50 18.6 12 19.8 2         VG SA               4.0         GNy MARKNEUKIRCHEN
         1903 03 05 13:05         50 18.6 12 19.8 2         VG SA               4.0         GNy MARKNEUKIRCHEN
         1903 03 05 14:30         50 18.6 12 19.8 2         VG SA               4.5         GNy MARKNEUKIRCHEN

         1903 03 05 14:52:08      50 18.6 12 19.8 2   5  4  VG SA 3.4            4.5         GNy MARKNEUKIRCHEN
         1903 03 05 15:00         50 18.6 12 19.8 2         VG SA               4.5         GNy MARKNEUKIRCHEN
         1903 03 05 15:47         50 18.6 12 19.8 2         VG SA               4.0         GNy MARKNEUKIRCHEN
         1903 03 05 15:49:10      50 18.6 12 19.8 2   8  4  VG SA 3.8       3.7  5.0         GNy MARKNEUKIRCHEN
         1903 03 05 16:40         50 18.6 12 19.8 2         VG SA               4.0         GNy MARKNEUKIRCHEN

         1903 03 05 16:50:54      50 18.6 12 19.8 2   9  4  VG SA 3.8       3.7  5.0         GNy MARKNEUKIRCHEN
         *  R5= 2;
         1903 03 05 18:06         49 40.2 12 40.2 2         SB CR               4.0         G1y CESKY LES/CR
         1903 03 05 18:25         50 18.6 12 19.8 2         VG SA               4.0         GNy MARKNEUKIRCHEN
         1903 03 05 18:47         50 18.6 12 19.8 2         VG SA               4.0         GNy MARKNEUKIRCHEN
         1903 03 05 19:00         49 40.2 12 40.2 2         SB CR               4.0         G1y CESKY LES/CR

         1903 03 05 19:08         50 18.6 12 19.8 2         VG SA               4.0         GNy MARKNEUKIRCHEN
         1903 03 05 20:37:06      50 18.6 12 19.8 2  10  4  VG SA 4.2  4.5 4.5  6.5 135      GNy MARKNEUKIRCHEN
         *  R5=24; R6= 8;
         1903 03 05 20:39         50 18.6 12 19.8 2         VG SA               5.0         GNy MARKNEUKIRCHEN
         1903 03 05 20:45         50 18.6 12 19.8 2         VG SA               4.0         GNy MARKNEUKIRCHEN
         1903 03 05 20:55:32      50 18.6 12 19.8 2  10  4  VG SA 4.2  4.5 4.5  6.5 135      GNy MARKNEUKIRCHEN
         *  R5=24;

         1903 03 05 21:07         50 18.6 12 19.8 2         VG SA               4.0         GNy MARKNEUKIRCHEN
         1903 03 05 21:10         50 18.6 12 19.8 2         VG SA               4.5         GNy MARKNEUKIRCHEN
         1903 03 05 21:15         50 18.6 12 19.8 2         VG SA               5.0         GNy MARKNEUKIRCHEN
         1903 03 05 21:30         50 18.6 12 19.8 2         VG SA               4.0         GNy MARKNEUKIRCHEN
         1903 03 05 21:40         50 18.6 12 19.8 2         VG SA               5.0         GNy MARKNEUKIRCHEN

         1903 03 05 22:00:26      50 18.6 12 19.8 2  11  5  VG SA 3.7       3.7  5.0  41     GNy MARKNEUKIRCHEN
         *  R5= 5;
         1903 03 05 22:10         50 18.6 12 19.8 2         VG SA               4.0         GNy MARKNEUKIRCHEN
         1903 03 06  0:03:47      50 18.6 12 19.8 2         VG SA 3.0            4.0         GNy MARKNEUKIRCHEN
         1903 03 06  0:50         50 18.6 12 19.8 2         VG SA               5.0         GNy MARKNEUKIRCHEN
         1903 03 06  1:13:10      50 18.6 12 19.8 2   9  4  VG SA 3.1       3.7  5.5  51     GNy MARKNEUKIRCHEN
         *  R5=10;

         1903 03 06  3:00         50 18.6 12 19.8 2   9  4  VG SA 3.6            5.0         GNy MARKNEUKIRCHEN
         1903 03 06  4:00         50 18.6 12 19.8 2         VG SA               5.0         GNy MARKNEUKIRCHEN
         1903 03 06  4:30         49 54.0 12 28.2 3         VG BY               4.5         G1y OBERPFAELZER WALD
         1903 03 06  4:57:29      50 18.6 12 19.8 2  14  4  VG SA 4.2  4.5 4.3  6.0 130      GNy MARKNEUKIRCHEN
         *  R5=24;
         1903 03 06  5:10         50 18.6 12 19.8 2  10  5  VG SA 3.3            4.5         GNy MARKNEUKIRCHEN

         1903 03 06  5:15         50 18.6 12 19.8 2         VG SA               5.0         GNy MARKNEUKIRCHEN
         1903 03 06  5:30         50 18.6 12 19.8 2         VG SA               4.0         GNy MARKNEUKIRCHEN
         1903 03 06  5:40         49 55.8 12 22.2 3         VG BY               4.5         G1y OBERPFAELZER WALD
         1903 03 06  6:00         50 18.6 12 19.8 2         VG SA               5.0         GNy MARKNEUKIRCHEN
         1903 03 06  7:00         50 18.6 12 19.8 2         VG SA               4.0         GNy MARKNEUKIRCHEN

         1903 03 06  7:10         50 18.6 12 19.8 2         VG SA               4.0         GNy MARKNEUKIRCHEN
         1903 03 06  8:10         50 18.6 12 19.8 2         VG SA               4.0         GNy MARKNEUKIRCHEN
         1903 03 06  8:35         50 18.6 12 19.8 2         VG SA               4.0         GNy MARKNEUKIRCHEN
         1903 03 06  8:45         50 18.6 12 19.8 2         VG SA               4.0         GNy MARKNEUKIRCHEN
         1903 03 06  8:55         50 18.6 12 19.8 2         VG SA               4.0         GNy MARKNEUKIRCHEN

         1903 03 06  9:33         50 18.6 12 19.8 2         VG SA               4.0         GNy MARKNEUKIRCHEN
         1903 03 06  9:47         50 18.6 12 19.8 2         VG SA               4.0         GNy MARKNEUKIRCHEN
         1903 03 06 10:30         50 18.6 12 19.8 2         VG SA               4.0         GNy MARKNEUKIRCHEN
         1903 03 06 11:10         50 18.6 12 19.8 2         VG SA               4.0         GNy MARKNEUKIRCHEN
         1903 03 06 11:58         50 18.6 12 19.8 2         VG SA               4.0         GNy MARKNEUKIRCHEN

         1903 03 06 12:12         50 18.6 12 19.8 2         VG SA               4.0         GNy MARKNEUKIRCHEN
         1903 03 06 12:59:45      50 18.6 12 19.8 2         VG SA 3.6      3.7  5.5         GNy MARKNEUKIRCHEN
```

```
            DATUM       HERDZEIT          KOORDINATEN   TIEFE  REGION           STÄRKE              A REF  LOKATION
        JAHR MO TA  ST  M   S       BREITE   LÄNGE  QE    H  Q  SR PR    ML    MW   MK   INT   RS
           * R5=13;
        1903 03 06 14:00            50 18.6 12 19.8 2           VG SA                  4.0                 GNy MARKNEUKIRCHEN
        1903 03 06 15:00            50 18.6 12 19.8 2           VG SA                  4.0                 GNy MARKNEUKIRCHEN
        1903 03 06 15:45            50 18.6 12 19.8 2           VG SA                  4.0                 GNy MARKNEUKIRCHEN

        1903 03 06 16:00            50 18.6 12 19.8 2           VG SA                  4.0                 GNy MARKNEUKIRCHEN
        1903 03 06 18:26            50 18.6 12 19.8 2           VG SA                  4.0                 GNy MARKNEUKIRCHEN
        1903 03 06 19:11:14         50 18.6 12 19.8 2  16  4    VG SA   4.0    4.0     5.5    68           GNy MARKNEUKIRCHEN
           * R5= 6;
        1903 03 06 19:13            50 18.6 12 19.8 2           VG SA                  4.0                 GNy MARKNEUKIRCHEN
        1903 03 06 19:28            50 18.6 12 19.8 2   7  4    VG SA   2.8            4.0    20           GNy MARKNEUKIRCHEN

        1903 03 06 20:00            50 18.6 12 19.8 2           VG SA                  4.0                 GNy MARKNEUKIRCHEN
        1903 03 06 20:40            50 18.6 12 19.8 2           VG SA                  4.0                 GNy MARKNEUKIRCHEN
        1903 03 06 20:54            50 18.6 12 19.8 2           VG SA                  4.0                 GNy MARKNEUKIRCHEN
        1903 03 06 21:01            50 18.6 12 19.8 2           VG SA                  4.0                 GNy MARKNEUKIRCHEN
        1903 03 06 21:43            50 18.6 12 19.8 2           VG SA                  4.0                 GNy MARKNEUKIRCHEN

        1903 03 07  5:00:51         50 18.6 12 19.8 2  10  5    VG SA   4.2    4.0     5.5    57           GNy MARKNEUKIRCHEN
           * R5= 4;
        1903 03 07  5:16            50 18.6 12 19.8 2           VG SA   2.8            4.0                 GNy MARKNEUKIRCHEN
        1903 03 07  6:55:27         50 18.6 12 19.8 2   9  4    VG SA   3.6    3.4     5.0    40           GNy MARKNEUKIRCHEN
        1903 03 07  7:10            50 18.6 12 19.8 2           VG SA                  4.0                 GNy MARKNEUKIRCHEN
        1903 03 07  9:50            50 18.6 12 19.8 2           VG SA                  4.0                 GNy MARKNEUKIRCHEN

        1903 03 07  9:57:13         50 18.6 12 19.8 2           VG SA   3.5            4.5                 GNy MARKNEUKIRCHEN
        1903 03 07 12:02            50 18.6 12 19.8 2           VG SA                  4.0                 GNy MARKNEUKIRCHEN
        1903 03 07 12:30            50 18.6 12 19.8 2           VG SA                  4.0                 GNy MARKNEUKIRCHEN
        1903 03 07 22:18            50 18.6 12 19.8 2           VG SA   3.4            4.5                 GNy MARKNEUKIRCHEN
        1903 03 08  0:00:44         50 18.6 12 19.8 2           VG SA   3.0            4.0                 GNy MARKNEUKIRCHEN

        1903 03 08  1:00            50 18.6 12 19.8 2           VG SA                  4.0                 GNy MARKNEUKIRCHEN
        1903 03 08  5:00            50 18.6 12 19.8 2           VG SA                  4.0                 GNy MARKNEUKIRCHEN
        1903 03 08  5:14            50 18.6 12 19.8 2           VG SA                  4.0                 GNy MARKNEUKIRCHEN
        1903 03 08  5:30            50 18.6 12 19.8 2           VG SA                  4.0                 GNy MARKNEUKIRCHEN
        1903 03 08  6:22:32         50 18.6 12 19.8 2   8  4    VG SA   4.0    4.0     5.5    50           GNy MARKNEUKIRCHEN
           * R5= 5;
        1903 03 08  7:40            50 18.6 12 19.8 2           VG SA                  4.0                 GNy MARKNEUKIRCHEN
        1903 03 08  9:37            50 18.6 12 19.8 2           VG SA                  4.0                 GNy MARKNEUKIRCHEN
        1903 03 08 11:30            50 18.6 12 19.8 2   8  5    VG SA   3.7            4.5                 GNy MARKNEUKIRCHEN
        1903 03 09  4:30            50 18.6 12 19.8 2           VG SA   2.9            4.0                 GNy MARKNEUKIRCHEN
        1903 03 09  5:44            50 18.6 12 19.8 2           VG SA                  4.0                 GNy MARKNEUKIRCHEN

        1903 03 09 14:13:52         50 18.6 12 19.8 2   6  4    VG SA   3.7    3.7     5.0    27           GNy MARKNEUKIRCHEN
        1903 03 09 15:46            50 18.6 12 19.8 2           VG SA   3.2            4.5                 GNy MARKNEUKIRCHEN
        1903 03 09 22:28            50 18.6 12 19.8 2           VG SA                  4.0                 GNy MARKNEUKIRCHEN
        1903 03 10 18:54            50 18.6 12 19.8 2           VG SA                  4.0                 GNy MARKNEUKIRCHEN
        1903 03 13  0:30            50 18.6 12 19.8 2           VG SA                  4.0                 GNy MARKNEUKIRCHEN

        1903 03 13  1:10            50 18.6 12 19.8 2           VG SA                  4.0                 GNy MARKNEUKIRCHEN
        1903 03 13  7:20            50 18.6 12 19.8 2           VG SA                  4.0                 GNy MARKNEUKIRCHEN
        1903 03 13 14:28            50 18.6 12 19.8 2           VG SA                  4.0                 GNy MARKNEUKIRCHEN
        1903 03 13 14:30            50 18.6 12 19.8 2           VG SA                  4.0                 GNy MARKNEUKIRCHEN
        1903 03 14  1:10            50 18.6 12 19.8 2           VG SA                  4.0                 GNy MARKNEUKIRCHEN

        1903 03 14  1:40            50 18.6 12 19.8 2           VG SA                  4.0                 GNy MARKNEUKIRCHEN
        1903 03 15  1:00            50 18.6 12 19.8 2           VG SA                  4.0                 GNy MARKNEUKIRCHEN
        1903 03 15 16:31            50 18.6 12 19.8 2           VG SA                  4.0                 GNy MARKNEUKIRCHEN
        1903 03 21 10:30            50 18.6 12 19.8 2           VG SA   3.2            4.5                 GNy MARKNEUKIRCHEN
        1903 03 22 05:08            49 05.  08 10.   2          SR RP          4.1     7.0    30           ASy KANDEL

        1903 03 22 10:55:32         50 18.6 12 19.8 2           VG SA   3.4            4.5                 GNy MARKNEUKIRCHEN
        1903 03 22 15:08            50 18.6 12 19.8 2           VG SA                  4.0                 GNy MARKNEUKIRCHEN
        1903 03 22 18:49:00         50 18.6 12 19.8 2   7  5    VG SA   2.9            4.5                 GNy MARKNEUKIRCHEN
        1903 03 22 18:59            50 18.6 12 19.8 2           VG SA                  4.0                 GNy MARKNEUKIRCHEN
        1903 03 23  4:00            50 18.6 12 19.8 2           VG SA                  4.0                 GNy MARKNEUKIRCHEN

        1903 03 23  7:30            50 18.6 12 19.8 2           VG SA                  4.0                 GNy MARKNEUKIRCHEN
        1903 03 23 22:30            50 18.6 12 19.8 2           VG SA                  4.0                 GNy MARKNEUKIRCHEN
        1903 03 23 23:30            50 18.6 12 19.8 2           VG SA                  4.0                 GNy MARKNEUKIRCHEN
```

```
           DATUM       HERDZEIT      KOORDINATEN  TIEFE REGION       STÄRKE         A REF  LOKATION
           JAHR MO TA  ST  M  S      BREITE LÄNGE QE   H Q SR PR  ML  MW  MK  INT RS

           1903 03 24  7:30          50 18.6 12 19.8 2     VG SA          4.0         GNy MARKNEUKIRCHEN
           1903 03 24 21:40          50 18.6 12 19.8 2     VG SA          4.0         GNy MARKNEUKIRCHEN

           1903 03 25  1:00          50 18.6 12 19.8 2     VG SA          4.5         GNy MARKNEUKIRCHEN
           1903 03 26 22:40          50 18.6 12 19.8 2     VG SA          4.0         GNy MARKNEUKIRCHEN
           1903 03 28 21:25          50 18.6 12 19.8 2     VG SA          4.0         GNy MARKNEUKIRCHEN
           1903 03 28 22:43          50 18.6 12 19.8 2     VG SA          4.0         GNy MARKNEUKIRCHEN
           1903 03 29 20:30          48 16.   9 00.   9    SA BW      3.5 4.5  47     S1y EBINGEN, HECHINGEN

           1903 03 29 21:19          50 18.6 12 19.8 2     VG SA          4.0         GNy MARKNEUKIRCHEN
           1903 03 30 15:40          50 18.6 12 19.8 2     VG SA          4.0         GNy MARKNEUKIRCHEN
           1903 03 30 22:07          50 18.6 12 19.8 2     VG SA          4.0         GNy MARKNEUKIRCHEN
           1903 03 30 22:51          50 18.6 12 19.8 2     VG SA          4.0         GNy MARKNEUKIRCHEN
           1903 03 31 20:45          50 18.6 12 19.8 2     VG SA          4.0         GNy MARKNEUKIRCHEN

           1903 04 02 23:15          50 18.6 12 19.8 2     VG SA          4.0         GNy MARKNEUKIRCHEN
           1903 04 03  0:00          50 18.6 12 19.8 2     VG SA          4.0         GNy MARKNEUKIRCHEN
           1903 04 03  9:30          50 18.6 12 19.8 2     VG SA          4.0         GNy MARKNEUKIRCHEN
           1903 04 03 11:00          50 18.6 12 19.8 2     VG SA          4.0         GNy MARKNEUKIRCHEN
           1903 04 08 16:55          50 18.6 12 19.8 2     VG SA          4.0         GNy MARKNEUKIRCHEN

           1903 04 10  8:50          50 18.6 12 19.8 2     VG SA          4.0         GNy MARKNEUKIRCHEN
           1903 04 12  2:15          50 18.6 12 19.8 2     VG SA          5.0         GNy MARKNEUKIRCHEN
           1903 04 13  9:30          50 18.6 12 19.8 2     VG SA          4.0         GNy MARKNEUKIRCHEN
           1903 04 21 21:00          50 18.6 12 19.8 2     VG SA          4.0         GNy MARKNEUKIRCHEN
           1903 04 23  8:45          50 18.6 12 19.8 2     VG SA          4.0         GNy MARKNEUKIRCHEN

           1903 04 23 23:10          50 18.6 12 19.8 2     VG SA          4.0         GNy MARKNEUKIRCHEN
           1903 04 24 19:15          50 18.6 12 19.8 2     VG SA          4.0         GNy MARKNEUKIRCHEN
           1903 04 24 23:02          50 18.6 12 19.8 2     VG SA          4.0         GNy MARKNEUKIRCHEN
           1903 04 25  7:35          50 18.6 12 19.8 2     VG SA          4.0         GNy MARKNEUKIRCHEN
           1903 04 25  8:50          50 18.6 12 19.8 2     VG SA          4.0         GNy MARKNEUKIRCHEN

           1903 04 27               50 18.6 12 19.8 2     VG SA          4.5         GNy MARKNEUKIRCHEN
           1903 04 27 10:38          50 18.6 12 19.8 2     VG SA          4.0         GNy MARKNEUKIRCHEN
           1903 04 27 16:08:04 50 18.6 12 19.8 2 5 4 VG SA 3.8    4.0  6.0         GNy MARKNEUKIRCHEN
           1903 04 27 20:59          50 18.6 12 19.8 2     VG SA          4.0         GNy MARKNEUKIRCHEN
           1903 04 28  0:28          50 18.6 12 19.8 2     VG SA          4.0         GNy MARKNEUKIRCHEN

           1903 05 01 15:10          50 18.6 12 19.8 2     VG SA          4.0         GNy MARKNEUKIRCHEN
           1903 05 02 20             50 18.6 12 19.8 2     VG SA          4.0         GNy MARKNEUKIRCHEN
           1903 05 02 20:07:47 50 18.6 12 19.8 2 6 4 VG SA 3.6    3.7  5.0         GNy MARKNEUKIRCHEN
           1903 05 02 20:10          50 18.6 12 19.8 2     VG SA          4.0         GNy MARKNEUKIRCHEN
           1903 05 30  5:00          50 18.6 12 19.8 2     VG SA          4.0         GNy MARKNEUKIRCHEN

           1903 06 25 20:30          50 18.6 12 19.8 2     VG SA          4.0         GNy MARKNEUKIRCHEN
           1903 06 27 21:30          50 18.6 12 19.8 2     VG SA          4.0         GNy MARKNEUKIRCHEN
           1903 06 30  4:30          50 18.6 12 19.8 2     VG SA          4.0         GNy MARKNEUKIRCHEN
           1903 07 02  1:00          50 19.2 12 44.4 2     VG CR          4.0         G1y SOKOLOV/CR
           1903 07 10 02:07          47 15.0 10 44.4       WY  A          4.5         ACy IMST

           1903 07 19 19:20          50 24.0 12 40.2 2     VG SA          4.0         G1y JOHANNGEORGENSTADT
           1903 07 21 18:58          49 00.   8 18.        SR RP          4.0         RSy HAGENBACH
           1903 07 22 18:30          49 06.   8 12.        SR RP          4.5         RSy WOERTH
           1903 08 11 05:30          48 50.  10 32.   2    FA BY          4.0    9    REy NOERDLINGEN
           1903 08 17 18:30          50 34.8 12 16.2 2     VG SA          4.0         G1y PLAUEN

           1903 09 15 10:15          48 27.6 15 22.2       SB  A          4.0         ACy ALBRECHTSBERG
           1903 09 17               50 13.2 12 10.8 2     VG BY          4.0         G1y SELB
           1903 11 03 18             50  8.4 12 49.2 2     VG CR          4.0         G1y SOKOLOV/CR
           1903 11 03 20             50  8.4 12 49.2 2     VG CR          4.0         G1y SOKOLOV/CR
           1903 11 03 21             50  8.4 12 49.2 2     VG CR          4.0         G1y SOKOLOV/CR

           1903 11 04               50 10.8 12 39.0 3     VG CR          4.0         G1y SOKOLOV/CR
           1903 11 12 09:30          48 17.4 15  9.6       SB  A          5.0         ACy NEUKIRCHEN
           1903 11 13               50 25.8 12 28.2 2     VG SA          4.0         G1y JOHANNGEORGENSTADT
           1903 11 13 13:45          50 28.8 12 22.2 2     VG SA          4.0         G1y AUERBACH
           1903 11 25  5             50 11.4 11 46.8 5     CT BY          4.0         G1y FICHTELGEBIRGE

           1903 12 11 23             47  7.8 11 27.0       SY  A          4.0         ACy MATREI/BRENNER
           1903 12 14 22:21          47 23.4 11 46.2       NY  A          5.0         ACy GALLZEIN/JENBACH
```

DATUM			HERDZEIT			KOORDINATEN			TIEFE		REGION		STÄRKE				A	REF	LOKATION
JAHR	MO	TA	ST	M	S	BREITE	LÄNGE	QE	H	Q	SR	PR	ML	MW	MK	INT	RS		
1903	12	15				50 50.	10 01.	2			WR	TH				4.0			SMy VACHA PHILIPPSTHAL
1903	12	15				50 20.	9 47.	2			HS	BY				4.0		9	SMy BAD BRUECKENAU
1903	12	21				50 13.2	12 10.8	2			VG	BY				4.0			Gly SELB
1903	12	21	16:00			50 13.2	12 10.8	2			VG	BY				4.5			Gly SELB
1904	01	05	18:18			50 13.8	12 18.6	2			VG	SA				4.0			GNy BAD BRAMBACH
1904	01	05	18:30			50 13.8	12 18.6	2			VG	SA				4.0			GNy BAD BRAMBACH
1904	01	06	1:00			50 13.8	12 18.6	2			VG	SA				4.0			GNy BAD BRAMBACH
1904	01	13	19:45			50 13.8	12 18.6	2			VG	SA				4.0			GNy BAD BRAMBACH
1904	01	13	22:15			50 13.8	12 18.6	2			VG	SA				4.0			GNy BAD BRAMBACH
1904	01	13	23:52			50 13.8	12 18.6	2			VG	SA				4.0			GNy BAD BRAMBACH
1904	01	16	21:00			50 13.8	12 18.6	2			VG	SA				4.0			GNy BAD BRAMBACH
1904	01	16	21:43			50 13.8	12 18.6	2			VG	SA				4.0			GNy BAD BRAMBACH
1904	01	17	3:00			50 13.8	12 18.6	2			VG	SA				4.0			GNy BAD BRAMBACH
1904	01	17	3:04			50 13.8	12 18.6	2			VG	SA				4.0			GNy BAD BRAMBACH
1904	01	17	6:35			50 13.8	12 18.6	2			VG	SA				4.0			GNy BAD BRAMBACH
1904	01	23	1:05			50 13.8	12 18.6	2			VG	SA				4.0			GNy BAD BRAMBACH
1904	02	22				50 0.6	11 49.8	4			CT	BY				4.0			Gly FICHTELGEBIRGE
1904	02	24	3:21			50 18.6	12 19.8	2			VG	SA				4.0			Gly OBERES VOGTLAND
1904	02	24	3:56			50 18.6	12 19.8	2			VG	SA				4.0			Gly OBERES VOGTLAND
1904	03	05	05:45			49 06.	8 12.				SR	RP				4.0			RSy KANDEL
1904	03	06	21			50 30.0	12 8.4	2			VG	SA				4.0			Gly PLAUEN
1904	03	23	16:00			50 11.4	12 9.6	3			VG	BY				4.0			Gly SELB
1904	03	26	5			50 13.2	12 10.8	2			VG	BY				4.0			Gly SELB
1904	03	27	8			50 19.2	12 15.6	2			VG	SA				4.0			Gly OBERES VOGTLAND
1904	04	26	3:00			50 19.2	11 55.2	2			CT	BY				4.0			Gly FRANKENWALD
1904	04	27	3:00			50 30.0	12 8.4	2			VG	SA				4.0			Gly PLAUEN
1904	05	02	11:35			47 40.2	8 25.8				SW	CH				4.0			E2y UNTER HALLAU
1904	05	31	03:45			47 4.2	10 58.2				WY	A				4.0			ACy LAENGENFELD
1904	07	02				50 13.2	11 55.8	3			CT	BY				4.0			Gly SELB
1904	07	20	11:55			50 13.2	12 10.8	2			VG	BY				4.0			Gly SELB
1904	07	20	11:58			50 13.2	12 10.8	2			VG	BY				4.0			Gly SELB
1904	07	28	19:40			50 16.8	12 25.2	2			VG	CR				4.0			Gly KRASLICE/CR
1904	07	30	22:45			50 13.8	12 18.6	2			VG	SA				4.0			Gly OBERES VOGTLAND
1904	07	30	22:50			50 13.8	12 18.6	2			VG	SA				4.0			Gly OBERES VOGTLAND
1904	08	09	16:02			50 13.8	12 18.6	2			VG	SA				4.0			Gly OBERES VOGTLAND
1904	08	09	22:05			50 13.8	12 18.6	2			VG	SA				4.0			Gly OBERES VOGTLAND
1904	08	18				50 13.2	11 55.8	3			CT	BY				4.0			Gly SELB
1904	09	29	02:10			47 17.4	11 35.4				NY	A				4.0			ACy WATTENS
1904	10	20	07:22			47 15.0	11 15.0				WY	A				4.0			ACy OBERPERFUSS
1904	10	26	01:00			55 48.	13 18.				MH	S				4.0		10	WGy SCHONEN/S
1904	11	10	16:10			48 44.	10 48.				FA	BY				6.0			REy DONAUWOERTH
1904	11	22	05:25			47 19.8	9 38.4				GV	A				4.5			ACy GOETZIS
1904	11	22	19:50			47 29.4	11 53.4				NY	A				4.0			ACy BRANDENBERG
1904	11	30	11:06			47 13.8	14 24.0				CA	A				5.5			ACy BAD EINOED
1904	12	08	00:57			47 24.6	13 13.2				SZ	A				5.5			ACy BISCHOFSHOFEN
1905	01	08	1:50			50 43.2	12 13.8	2			VG	SA				4.0			Gly GREIZ
1905	01	10	2:55			50 10.8	12 18.6	2			VG	CR				4.0			Gly CHEB/CR
1905	01	19				50 15.0	11 43.2	3			CT	BY				4.0			Gly FRANKENWALD
1905	02	01				50 3.0	11 37.8	3			CT	BY				4.0			Gly FRANKENWALD
1905	02	02	22:55			47 9.0	14 24.6				MM	A				6.0			ACy SCHEIFLING
1905	02	03	0:30			50 12.6	12 52.8	2			KH	CR				4.0			Gly SOKOLOV/CR
1905	02	08	11:48			47 41.4	14 37.2				CA	A				4.5			ACy ST.GALLEN
1905	02	22				50 15.0	11 43.2	3			CT	BY				4.0			Gly FRANKENWALD
1905	02	24	0:18			50 37.2	12 17.4	3			VG	SA	3.2			4.5			Gly GREIZ
1905	02	24	05:25			47 18.	11 42.	3	8		NY	A				6.0		50	T3y WEERBERG/A; TIROL
1905	03	04	0:30			50 12.6	12 52.8	2			KH	CR				4.0			Gly SOKOLOV/CR
1905	03	05	2:30			50 13.2	12 10.8	2			VG	BY				4.0			Gly SELB
1905	03	15	2:32			50 19.2	11 55.2	2			CT	BY				4.0			Gly FRANKENWALD
1905	03	31	10:45			47 30.6	14 7.2				CA	A				5.0			ACy AIGEN/IRDNING

```
        DATUM       HERDZEIT      KOORDINATEN  TIEFE REGION       STÄRKE           A REF  LOKATION
        JAHR MO TA  ST  M   S     BREITE  LÄNGE QE   H Q  SR PR   ML   MW  MK  INT RS
        1905 04 05                50 15.0 11 43.2 4       CT BY              4.0         G1y FRANKENWALD
        1905 04 28  01:45         47 18.0 11   .0         WY A               5.0         ACy OBERMIEMING
        1905 05 15  01:43         47 30.6 14  7.2         CA A               4.0         ACy AIGEN/IRDNING
        1905 05 21  00:20         47 42.0 14  9.0         CA A               4.0         ACy HINTERSTODER

        1905 05 27  17:58         47  4.2 10 58.2         WY A               4.5         ACy LAENGENFELD
        1905 06 18  13:28         50 16.2 12 15.0 2       VG CR              4.0         GNy BAD ELSTER
        1905 06 19  18:53         50 16.2 12 15.0 2       VG CR              4.5         GNy BAD ELSTER
        1905 06 19  18:56         50 16.2 12 15.0 2       VG CR              4.0         GNy BAD ELSTER
        1905 06 26  22:53         50 16.2 12 15.0 2       VG CR 3.2          4.5         GNy BAD ELSTER

        1905 06 29   0:15         50 16.2 12 15.0 2       VG CR              4.0         GNy BAD ELSTER
        1905  7  3   8:47         47  1.8  9  4.8         CC CH              5.0         E2y GLARUS
        1905 07 19  11:45         47 30.6 14  7.2         CA A               4.0         ACy AIGEN/IRDNING
        1905 08 12   0:45         50 28.8 12 22.2 2       VG SA              4.0         G1y AUERBACH
        1905 08 16  20:57         47 22.2  8 42.0         SF CH              4.5         E2y NAENIKON

        1905 08 17   3:00         50 32.4 12 18.6 3       VG SA              4.0         G1y AUERBACH
        1905 08 17   3:21         51 21.0 12 22.8 2 10 4  CS SA 4.1      4.0 5.5 59      G1y LEIPZIG
         * R5=10;
        1905 09 12  00:39         47  7.8 10 16.2         GV A               4.0         ACy ST.ANTON
        1905 09 16  03:04         47  7.8 10  7.2         GV A               5.0         ACy LANGEN
        1905 09 25  15:43         47 21.0 11 42.6         NY A               4.0         ACy SCHWAZ

        1905 10 10  20:45         47 12.0  9 27.0         GV CH              4.0         E2y GAMS, GRABS
        1905 10 27  23:20         47 12.0 11 52.2         NY A               4.5         ACy MAYRHOFEN
        1905 12 29  02:10         47  9.6  9 49.2         GV A               5.0         ACy BLUDENZ
        1906 01 08  20:30         52 18.    5 36.         CB NL          3.5 4.0         CRy HARDERWIJK/NL
        1906 01 28  08:10         47  7.8 10 16.2         GV A               5.0         ACy ST.ANTON

        1906 03 14  18:50         47 33.0 12  6.0         NY A               4.0         ACy LANGKAMPFEN
        1906 03 21  00:50         47  4.8  9 55.2         GV A               4.5         ACy SCHRUNS
        1906 04 28   3:52         50 13.2 12 24.0 2  4 4  VG CR 3.6      3.7 5.0  18     GNy SKALNA
        1906 04 28   4:50         50 13.2 12 24.0 2       VG CR              4.0         GNy SKALNA
        1906 05 06  18:17         48 36.    7 42.         SR F               4.0         RSy STRASBOURG

        1906 07 01  14:01         50 10.2 12 16.2 2       VG CR              4.0         G1y CHEB/CR
        1906 07 04  21:35         47 17.4 10 58.8         WY A               4.0         ACy MIEMING
        1906 07 04  22:15         47 17.4 10 58.8         WY A               4.0         ACy MIEMING
        1906 07 05   4:00         50  9.6 12 16.2 2       VG CR              4.0         G1y CHEB/CR
        1906 07 23  21            50 45.0 12 45.6 2       VG SA              4.0         G1y ZENTRAL-SACHSEN

        1906 07 24  02            47 30.    7 18.         SR F               4.0         RSy FERRETTE/F
        1906 08 01  19:01         48 54.    9 01.     6   NW BW          3.7 5.0  40     S1y LUDWIGSBURG
        1906 08 07  07:05         47 43.2 14 19.8         CA A               4.0         ACy WINDISCHGARSTEN
        1906 08 08  01:38         47 17.4 10 58.8         WY A               4.0         ACy MIEMING
        1906 08 31                51 12.    5 54.         NB NL          4.2 5.0         CRy GRATHEM/NL

        1906 09 14                54 30.   11 12.  4      ND OS          2.5 4.0         WGy FEHMARN
        1906 09 20  03:26         47 49.2  6 46.2         VO F               5.0         E2y VOSGES COMTOISES
        1906 12 22                50 43.2 12 30.0 2       VG SA              4.0         G1y ZWICKAU
        1906 12 22  12:15         47 19.2 13  9.0         SZ A               4.5         ACy SCHWARZACH
        1907 02 14  19:45         50  4.8 13  9.0 2       CM CR              4.0         G1y ZENTRAL-BOEHMEN/CR

        1907 02 21   1            47  1.8  8 25.8         CC CH              4.0         E2y WEGGIS
        1907 03 05  11:15         50 14.4 12  7.2 2       VG BY              4.0         G1y SELB
        1907 03 11   2:40         47  7.8  8 34.8         SF CH              4.0         E2y UNTERAEGERI
        1907 03 15   2:45         47 22.2  9 16.8         SF CH              4.0         E2y WALDSTATT)
        1907 03 15  19:57         47 19.2  9 16.8         SF CH              4.0         E2y URNAESCH

        1907 03 22  19:10         47 34.8 14 27.6         CA A               6.0         ACy ADMONT
        1907 03 25  21:40         47 43.8 14 39.0         CA A               4.0         ACy ALTENMARKT/ENNS
        1907 04 27  00:15         47 22.8  9 10.2         SF CH              4.0         E2y RUER, MOGELSBERG
        1907 04 27  02            47 45.   8 38.   3      BO BW              4.5  10     SEy SCHAFFHAUSEN
        1907 05 13  04:23         47 30.6 15 27.0         MM A               6.5         ACy KINDBERG

        1907 05 17                47 40.2 15 10.2         CA A               5.0         ACy WEICHSELBODEN
        1907 05 18                47 40.2 15 10.2         CA A               5.0         ACy WEICHSELBODEN
        1907 05 21                47 40.2 15 10.2         CA A               5.0         ACy WEICHSELBODEN
        1907 07 29  03:50         47  8.4 10 55.4         WY A               4.0         ACy UMHAUSEN
        1907 08 29                53 58.2 14 34.8 4       TZ PL          2.5 4.0         G1y NEAR STETTIN
```

```
         DATUM         HERDZEIT        KOORDINATEN  TIEFE REGION         STÄRKE            A REF LOKATION
     JAHR MO TA    ST  M  S      BREITE   LÄNGE QE   H Q  SR PR   ML   MW   MK   INT  RS
     1907 09 20   17:55         50 42.    6 27. 2        NB NW              5.0   20     GZy UNTERMAUBACH/EIFEL
     1907 11 12   15:50         47 18.6  11 35.4         NY  A              5.0          ACy FRITZENS
     1907 12 02   00:05         47 21.0  11 42.6         NY  A              4.0          ACy SCHWAZ
     1908 01 30   01:30         47 48.0  15 36.0         CA  A              4.0          ACy KERNHOF
     1908 02 01   06:25         47 18.6  11  4.2         WY  A              5.0          ACy TELFS

     1908 02 04    1:08         50 18.6  12 24.0 2       VG SA             4.0          GNy MARKNEUKIRCHEN
     1908 02 04    4:55         50 18.6  12 24.0 2       VG SA             4.5          GNy MARKNEUKIRCHEN
     1908 02 04    5:02:54      50 18.6  12 24.0 2   7 4 VG SA  3.7    3.7  5.0         NLy MARKNEUKIRCHEN
     1908 02 04    5:07         50 18.6  12 24.0 2       VG SA             4.0          GNy MARKNEUKIRCHEN
     1908 02 04    5:12:22      50 18.6  12 24.0 2   7 4 VG SA  3.2    3.7  5.0   29    NLy MARKNEUKIRCHEN

     1908 02 04    5:30         50 18.6  12 24.0 2       VG SA             4.0          GNy MARKNEUKIRCHEN
     1908 02 04    6:45         50 18.6  12 24.0 2       VG SA             4.0          GNy MARKNEUKIRCHEN
     1908 02 04    7:06         50 18.6  12 24.0 2       VG SA             4.0          GNy MARKNEUKIRCHEN
     1908 02 05   22:00         49 52.2  12 40.8 2       SB CR             4.0          Gly CESKY LES/CR
     1908 02 06    6:15         49 40.2  12 40.2 2       SB CR             4.0          Gly CESKY LES/CR

     1908 02 08    4:30         50 18.6  12 24.0 2       VG SA             4.0          GNy MARKNEUKIRCHEN
     1908 02 16   01:10         47 36.6  14 45.0         CA  A             5.5          ACy HIEFLAU
     1908 02 28    9:40         50 18.6  12 24.0 2       VG SA             4.0          GNy MARKNEUKIRCHEN
     1908 02 28   10:00         50 18.6  12 24.0 2       VG SA             4.5          GNy MARKNEUKIRCHEN
     1908 02 28   13:00         50 18.6  12 24.0 2       VG SA             4.5          GNy MARKNEUKIRCHEN

     1908 02 28   21:45         50 18.6  12 24.0 2       VG SA             4.5          GNy MARKNEUKIRCHEN
     1908 02 28   23:13         50 18.6  12 24.0 2       VG SA             4.0          GNy MARKNEUKIRCHEN
     1908 02 29   01:10         47 13.2  12 10.8         SZ  A             4.0          ACy KRIMML
     1908 03 01   20:15         50 18.6  12 24.0 2       VG SA             4.0          GNy MARKNEUKIRCHEN
     1908 03 01   20:45         50 18.6  12 24.0 2       VG SA             4.0          GNy MARKNEUKIRCHEN

     1908 03 24   20:30         50 34.8  12 16.2 3       VG SA             4.0          Gly PLAUEN
     1908 04 01   12:15         50 30.6  12 24.0 2       VG SA             4.0          Gly AUERBACH
     1908 05 02   21:30         47 36.6  14 45.0         CA  A             4.0          ACy HIEFLAU
     1908 05 20   08:25         47 53.4  14 27.6         CA  A             4.0          ACy REICHRAMING
     1908 06 05   06            47 54.0  15 44.4         CA  A             5.0          ACy ROHR

     1908 06 17   09:54         47 16.8  10 59.4         WY  A             4.0          ACy STAMS
     1908 10 20    1:17         51 20.4  12 22.8 3       CS SA             4.0          Gly LEIPZIG
     1908 10 21   13:42:43      50 13.2  12 33.0 2   7 4 VG SA  3.4    3.4  4.5   26    NLy ERLBACH
     1908 10 21   13:49:45      50 13.2  12 33.0 2   6 4 VG SA  3.3    3.7  5.0   26    NLy ERLBACH
     1908 10 21   14: 4: 9      50 13.2  12 33.0 2  10 5 VG SA  3.6    4.0  5.5   50    NLy ERLBACH
      * R5=12;

     1908 10 21   14:11:32      50 13.2  12 33.0 2   6 4 VG SA  2.6    3.2  4.0   18    NLy ERLBACH
     1908 10 21   14:30         50 13.8  12 18.6 3   6 4 VG SA         2.9       4.0   29    Gly OBERES VOGTLAND
     1908 10 21   14:49:44      50 13.2  12 33.0 2  11 5 VG SA  3.3    3.4  4.5   31    NLy ERLBACH
     1908 10 21   15: 6:36      50 13.2  12 33.0 2   7 4 VG SA  3.3    3.7  5.0   20    NLy ERLBACH
     1908 10 21   18:24:54      50 13.2  12 33.0 2   5 4 VG SA  3.0         4.0   16    NLy ERLBACH

     1908 10 21   20:13: 3      50 13.2  12 33.0 2   7 4 VG SA  3.6    3.7  5.0   29    NLy ERLBACH
     1908 10 21   20:28         51  1.2  13 21.0 2       CS SA             4.0          Gly ZENTRAL-SACHSEN
     1908 10 21   20:39:27      50 13.2  12 33.0 2  10 5 VG SA  3.9 4.2 4.3  6.0   77    NLy ERLBACH
      * R5=20;
     1908 10 21   21:53: 5      50 13.2  12 33.0 2       VG SA  3.0       4.0         NLy ERLBACH
     1908 10 22   13:37         50 15.0  12 24.6 2   7 4 VG CR             4.0   13    Gly KRASLICE/CR

     1908 10 22   21:42:33      50 13.2  12 33.0 2   9 4 VG SA  3.5    4.0  5.5   45    NLy ERLBACH
      * R5= 2;
     1908 10 22   23:49: 2      50 13.2  12 33.0 2       VG SA             5.0          NLy ERLBACH
     1908 10 23    5:46:50      50 13.2  12 33.0 2   8 4 VG SA  3.4    3.7  5.0   34    NLy ERLBACH
     1908 10 23   12:50:30      50 13.2  12 33.0 2       VG SA  3.0                     NLy ERLBACH
     1908 10 23   12:50:52      50 13.2  12 33.0 2   7 4 VG SA  3.5         3.7  5.0   23    NLy ERLBACH
      * R5= 0;

     1908 10 23   19:25: 9      50 13.2  12 33.0 2   7 4 VG SA  3.1    3.7  5.0   33    NLy ERLBACH
     1908 10 24   15:56: 5      50 13.2  12 33.0 2   4 4 VG SA  3.6    3.7  5.0   20    NLy ERLBACH
     1908 10 24   19: 0:16      50 13.2  12 33.0 2       VG SA  3.1    3.4  4.5         NLy ERLBACH
     1908 10 25   22:07         47 15.0  10 44.4         WY  A             5.0          ACy IMST
     1908 10 30   23:30         50 54.0  14 31.8 2       KH SA             4.0          Gly LAUSITZER GEBIRGE
```

```
      DATUM       HERDZEIT         KOORDINATEN  TIEFE REGION       STÄRKE              A REF LOKATION
      JAHR MO TA  ST  M   S     BREITE   LÄNGE QE  H  Q SR PR  ML  MW  MK  INT  RS

      1908 11 02  22      51   3.0 12 46.8  2       CS SA           4.0           G1y N-SACHSEN
      1908 11  3  11: 0:13 50 13.2 12 33.0  2 10  5 VG SA 3.3   3.7 5.0  40       NLy ERLBACH
      1908 11  3  11:10:20 50 13.2 12 33.0  2       VG SA 2.6       4.0           NLy ERLBACH
      1908 11  3  11:12:56 50 13.2 12 33.0  2       VG SA 2.6       4.5           NLy ERLBACH
      1908 11  3  11:38: 8 50 13.2 12 33.0  2       VG SA 2.8   3.4 4.5           NLy ERLBACH

      1908 11  3  11:43:50 50 13.2 12 33.0  2       VG SA 2.6   3.0 4.0           NLy ERLBACH
      1908 11  3  11:46:49 50 13.2 12 33.0  2  9  4 VG SA 3.0   3.7 5.0  40       NLy ERLBACH
      1908 11  3  11:58:25 50 13.2 12 33.0  2       VG SA 3.1   3.4 4.5           NLy ERLBACH
      1908 11  3  12: 1:57 50 13.2 12 33.0  2  8  4 VG SA 3.5   3.7 5.5  47       NLy ERLBACH
      * R5= 8;
      1908 11  3  12:23: 5 50 13.2 12 33.0  2 13  4 VG SA 2.8   3.4 4.5  42       NLy ERLBACH

      1908 11  3  12:44:36 50 13.2 12 33.0  2       VG SA 3.0   3.4 4.5           NLy ERLBACH
      1908 11  3  12:46:43 50 13.2 12 33.0  2 10  4 VG SA 3.7   3.7 5.0  40       NLy ERLBACH
      1908 11  3  13:24:47 50 13.2 12 33.0  2 10  4 VG SA 4.1 4.3 4.3  6.0  85    NLy ERLBACH
      * R5=20;
      1908 11  3  14:40:56 50 13.2 12 33.0  2       VG SA 3.3       4.5  18       NLy ERLBACH
      1908 11  3  15:44:15 50 13.2 12 33.0  2       VG SA 3.1   3.4 4.5           NLy ERLBACH

      1908 11  3  17:17:24 50 13.2 12 33.0  2       VG SA 2.7       4.0           NLy ERLBACH
      1908 11  3  17:21:29 50 13.2 12 33.0  2 10  4 VG SA 4.6 4.5 4.7  6.5 120    NLy ERLBACH
      * R5=30;
      1908 11  3  17:59    50 58.8 12 58.8  2       CS SA           4.0           G1y ZENTRAL-SACHSEN
      1908 11  3  19: 1:54 50 13.2 12 33.0  2 16  4 VG SA 3.4   3.4 4.5  37       NLy ERLBACH
      1908 11  3  19:21:50 50 13.2 12 33.0  2  7  4 VG SA 3.3   3.7 5.0  31       NLy ERLBACH

      1908 11  3  19:24:24 50 13.2 12 33.0  2 10  5 VG SA 2.8   3.4 4.5  29       NLy ERLBACH
      1908 11  3  20:10:42 50 13.2 12 33.0  2 15  4 VG SA 3.4   3.4 4.5  47       NLy ERLBACH
      1908 11  3  20:29:24 50 13.2 12 33.0  2       VG SA 3.4   3.4 4.5           NLy ERLBACH
      1908 11  3  20:59:39 50 13.2 12 33.0  2       VG SA 2.8   3.1 4.0           NLy ERLBACH
      1908 11  3  21:32: 8 50 13.2 12 33.0  2       VG SA 3.1   3.4 4.5           NLy ERLBACH

      1908 11  3  22: 4: 0 50 13.2 12 33.0  2 15  4 VG SA 3.3   3.4 4.5  42       NLy ERLBACH
      1908 11  3  22:42:12 50 13.2 12 33.0  2       VG SA 3.1   3.4 4.5           NLy ERLBACH
      1908 11  3  23:25:52 50 13.2 12 33.0  2       VG SA 2.7   3.1 4.0           NLy ERLBACH
      1908 11  3  23:35:51 50 13.2 12 33.0  2       VG SA 2.8   3.1 4.0           NLy ERLBACH
      1908 11  4   0:13:29 50 13.2 12 33.0  2  7  5 VG SA           4.0  14       NLy ERLBACH

      1908 11  4   1:55: 0 50 13.2 12 33.0  2 11  5 VG SA 3.4   3.7 5.0  39       NLy ERLBACH
      * R5= 4;
      1908 11  4   2:25: 7 50 13.2 12 33.0  2       VG SA 3.0   3.4 4.5           NLy ERLBACH
      1908 11  4   2:37:24 50 13.2 12 33.0  2       VG SA 2.8   3.1 4.0           NLy ERLBACH
      1908 11  4   2:38:17 50 13.2 12 33.0  2       VG SA 2.4   3.1 4.0           NLy ERLBACH
      1908 11  4   3:27:22 50 13.2 12 33.0  2       VG SA 2.7   3.1 4.0           NLy ERLBACH

      1908 11  4   3:32:55 50 13.2 12 33.0  2  6  4 VG SA 3.8 4.0 4.3  6.0  60    NLy ERLBACH
      * R5= 6;
      1908 11  4   3:45:30 50 13.2 12 33.0  2       VG SA 3.6   3.7 5.0           NLy ERLBACH
      1908 11  4   3:49:33 50 13.2 12 33.0  2       VG SA 3.0                     NLy ERLBACH
      1908 11  4   3:49:49 50 13.2 12 33.0  2       VG SA 3.1   3.4 4.5           NLy ERLBACH
      1908 11  4   4:11:42 50 13.2 12 33.0  2       VG SA 3.1       4.5           NLy ERLBACH

      1908 11  4   4:16:44 50 13.2 12 33.0  2       VG SA       3.1 4.0           NLy ERLBACH
      1908 11  4   4:19:29 50 13.2 12 33.0  2       VG SA       3.1 4.0           NLy ERLBACH
      1908 11  4   4:49:21 50 13.2 12 33.0  2 12  5 VG SA 3.3   3.7 5.0  49       NLy ERLBACH
      * R5= 4;
      1908 11  4   5: 0:40 50 13.2 12 33.0  2  8  4 VG SA 3.4   3.7 5.0  37       NLy ERLBACH
      1908 11  4   5: 3:40 50 13.2 12 33.0  2       VG SA 2.6   3.1 4.0           NLy ERLBACH

      1908 11  4   5: 4:44 50 13.2 12 33.0  2       VG SA 2.6   3.1 4.0           NLy ERLBACH
      1908 11  4   6: 2:32 50 13.2 12 33.0  2 11  5 VG SA 3.9   3.7 5.0  49       NLy ERLBACH
      * R5= 6;
      1908 11  4   6:31:40 50 13.2 12 33.0  2       VG SA 3.6   3.4 4.5           NLy ERLBACH
      1908 11  4   6:35:26 50 13.2 12 33.0  2  9  4 VG SA 3.1   3.4 4.5  25       NLy ERLBACH
      1908 11  4   7:35:49 50 13.2 12 33.0  2       VG SA 3.6   3.4 4.5           NLy ERLBACH

      1908 11  4   7:36:38 50 13.2 12 33.0  2       VG SA 3.1                     NLy ERLBACH
      1908 11  4   8: 4: 8 50 13.2 12 33.0  2       VG SA 2.6       4.0           NLy ERLBACH
      1908 11  4   8: 9:42 50 13.2 12 33.0  2       VG SA 2.6       4.0           NLy ERLBACH
      1908 11  4   8:15: 6 50 13.2 12 33.0  2       VG SA 3.5   3.7 5.0           NLy ERLBACH
```

DATUM			HERDZEIT			KOORDINATEN		TIEFE		REGION		STÄRKE			A	REF	LOKATION
JAHR	MO	TA	ST	M	S	BREITE	LÄNGE	QE	H Q	SR	PR	ML	MW	MK	INT	RS	
1908	11	4	8:20:42			50 13.2	12 33.0	2		VG	SA 2.8		3.1		4.0			NLy ERLBACH
1908	11	4	8:24:22			50 13.2	12 33.0	2		VG	SA		3.1		4.0			NLy ERLBACH
1908	11	4	8:27: 5			50 13.2	12 33.0	2		VG	SA 2.6				4.0			NLy ERLBACH
1908	11	4	8:35:25			50 13.2	12 33.0	2	7 5	VG	SA 2.6				4.0		22	NLy ERLBACH
1908	11	4	8:57: 1			50 13.2	12 33.0	2		VG	SA				4.0			NLy ERLBACH
1908	11	4	9: 6:56			50 13.2	12 33.0	2		VG	SA 2.8				4.0			NLy ERLBACH
1908	11	4	9:22:25			50 13.2	12 33.0	2		VG	SA 3.3		3.4		4.5			NLy ERLBACH
1908	11	4	9:24:20			50 13.2	12 33.0	2	5 5	VG	SA 3.0		3.1		4.0		10	NLy ERLBACH
1908	11	4	9:40:52			50 13.2	12 33.0	2		VG	SA				5.0			NLy ERLBACH
1908	11	4	9:46:58			50 13.2	12 33.0	2	14 4	VG	SA 3.4		3.4		4.0		29	NLy ERLBACH
1908	11	4	10:56: 2			50 13.2	12 33.0	2	9 4	VG	SA 4.4		4.5		6.5			NLy ERLBACH

* R5=20;

1908	11	4	11:48: 3			50 13.2	12 33.0	2		VG	SA 3.1				4.5			NLy ERLBACH
1908	11	4	12:35: 8			50 13.2	12 33.0	2	6 5	VG	SA 2.6				4.0		12	NLy ERLBACH
1908	11	4	13: 0:14			50 13.2	12 33.0	2		VG	SA 2.6				4.0			NLy ERLBACH
1908	11	4	13: 3:38			50 13.2	12 33.0	2		VG	SA 2.6				4.0			NLy ERLBACH
1908	11	4	13:10:44			50 13.2	12 33.0	2	9 4	VG	SA 4.7		4.4	4.6	6.5		85	NLy ERLBACH

* R5=27;

1908	11	4	14: 3:28			50 13.2	12 33.0	2		VG	SA 3.1							NLy ERLBACH
1908	11	4	15:49:34			50 13.2	12 33.0	2		VG	SA 2.8				4.0			NLy ERLBACH
1908	11	4	16:38:54			50 13.2	12 33.0	2	8 4	VG	SA 3.6		3.7		5.0		41	NLy ERLBACH
1908	11	4	17:19:18			50 13.2	12 33.0	2	11 5	VG	SA 3.1		3.4		4.5		35	NLy ERLBACH
1908	11	4	18:32:35			50 13.2	12 33.0	2		VG	SA 2.8		3.1		4.0			NLy ERLBACH
1908	11	4	18:35:27			50 13.2	12 33.0	2		VG	SA 2.8		3.1		4.0			NLy ERLBACH
1908	11	4	20:20:34			50 13.2	12 33.0	2		VG	SA				4.0			NLy ERLBACH
1908	11	4	20:41:42			50 13.2	12 33.0	2	14 4	VG	SA 4.1		4.3		6.0			NLy ERLBACH

* R5=27;

1908	11	4	21:11:46			50 13.2	12 33.0	2	14 5	VG	SA 3.0		3.1		4.0		35	NLy ERLBACH
1908	11	4	22:23: 8			50 13.2	12 33.0	2	7 4	VG	SA 3.4		3.7		5.0		38	NLy ERLBACH
1908	11	4	22:53:55			50 13.2	12 33.0	2	12 4	VG	SA 3.2		3.7		5.0		46	NLy ERLBACH
1908	11	5	0:13: 4			50 13.2	12 33.0	2		VG	SA 2.8		3.1		4.0			NLy ERLBACH
1908	11	5	0:49:45			50 13.2	12 33.0	2		VG	SA 3.1				4.5			NLy ERLBACH
1908	11	05	1:45			51 19.8	13 40.2	2		CS	SA				4.0			Gly N-SACHSEN
1908	11	5	3:19:57			50 13.2	12 33.0	2	11 5	VG	SA 3.6		3.4		4.5		34	NLy ERLBACH
1908	11	05	4:00			50 56.4	13 16.8	3		CS	SA				4.0			Gly ZENTRAL-SACHSEN
1908	11	5	4: 9:51			50 13.2	12 33.0	2		VG	SA		3.1		4.0			NLy ERLBACH
1908	11	5	11:48: 9			50 13.2	12 33.0	2		VG	SA		3.1		4.0			NLy ERLBACH
1908	11	5	22:48:46			50 13.2	12 33.0	2	15 5	VG	SA		3.4		4.5		42	NLy ERLBACH
1908	11	06	3:00			50 52.2	12 10.8	3		CS	TH				4.5			Gly GERA
1908	11	6	4:35:54			50 13.2	12 33.0	2	14 4	VG	SA 4.7		4.6	4.6	6.5		160	NLy ERLBACH

* R5=41;

1908	11	6	5:14:10			50 13.2	12 33.0	2	9 4	VG	SA		3.7		5.0		42	NLy ERLBACH
1908	11	06	14:37			51 13.2	13 7.2	2		CS	SA				4.0			Gly N-SACHSEN
1908	11	6	14:47:50			50 13.2	12 33.0	2		VG	SA 3.0				4.0			NLy ERLBACH
1908	11	6	18:43:40			50 13.2	12 33.0	2	16 5	VG	SA 3.4		3.4		4.5			NLy ERLBACH
1908	11	7	0:19:10			50 13.2	12 33.0	2		VG	SA		3.1		4.0			NLy ERLBACH
1908	11	7	0:39:21			50 13.2	12 33.0	2		VG	SA 2.6				4.5			NLy ERLBACH
1908	11	7	0:42:10			50 13.2	12 33.0	2		VG	SA				4.5			NLy ERLBACH
1908	11	7	8:47: 8			50 13.2	12 33.0	2		VG	SA 2.6				4.0			NLy ERLBACH
1908	11	7	8:48:53			50 13.2	12 33.0	2		VG	SA 2.8				4.0			NLy ERLBACH
1908	11	7	9:55:46			50 13.2	12 33.0	2		VG	SA 2.8				4.0			NLy ERLBACH
1908	11	7	13:42:13			50 13.2	12 33.0	2		VG	SA 2.6		2.9		4.0			NLy ERLBACH
1908	11	7	23:23:48			50 13.2	12 33.0	2		VG	SA				4.0			NLy ERLBACH
1908	11	08	0:43			51 3.0	13 44.4	2		KH	SA				4.0			Gly DRESDEN
1908	11	8	6: 4:18			50 13.2	12 33.0	2		VG	SA 3.3		3.4		4.5			NLy ERLBACH
1908	11	11	4:14: 0			50 13.2	12 33.0	2		VG	SA 2.6		3.1		4.0			NLy ERLBACH
1908	11	12	08:54:26			50 30.	5 36.			VE	B		4.1		6.0			CRy POULSEUR/B
1908	11	12	9:12:26			50 13.2	12 33.0	2		VG	SA 3.4							NLy ERLBACH
1908	11	12	09:14			50 30.	5 35.			VE	B				6.0		60	GZy POULSEUR/B
1908	11	12	11:31:10			50 13.2	12 33.0	2		VG	SA 3.6		3.7		5.0			NLy ERLBACH

```
         DATUM       HERDZEIT       KOORDINATEN   TIEFE REGION        STÄRKE           A REF  LOKATION
       JAHR MO TA  ST  M  S      BREITE   LÄNGE QE   H Q  SR PR   ML   MW  MK   INT  RS
       1908 11 12 16:50:45  50 13.2 12 33.0 2        VG SA 3.9      3.7  5.0         NLy ERLBACH
       1908 11 13  4:50:45  50 13.2 12 33.0 2        VG SA 3.8           4.5         NLy ERLBACH
       1908 11 15 10:36:21  50 13.2 12 33.0 2        VG SA          3.1  4.0         NLy ERLBACH
       1908 11 18  3:21:56  50 13.2 12 33.0 2        VG SA 3.1                       NLy ERLBACH
       1908 11 19 12:38:10  50 13.2 12 33.0 2        VG SA          3.1  4.0         NLy ERLBACH

       1908 11 27  2        50 16.2 11 55.8 2        CT BY               4.0         G1y SELB
       1908 11 29 05:05     48 43.8 15  5.4          SB  A               4.0         ACy KIRCHBERG
       1908 12 19  5: 3:51  51  6.6 12 55.8 2 14  4  CS SA 3.8      4.0  5.5  82     G1y ROCHLITZ
            * R5=17;
       1909 01 04 22:30     50 42.6 12 47.4 2        VG SA               4.0         G1y ZENTRAL-SACHSEN
       1909 01 06  3:53     50 31.2 13 15.0 2        KH SA               4.5         G1y ERZGEBIRGE

       1909 01 14 00:40     47 48.0 13  3.0          BY  A               5.0         ACy SALZBURG
       1909 01 14  2:56     50 32.4 12 33.6 2        VG SA               4.0         G1y SCHNEEBERG
       1909 01 15 21        47  1.8  6 51.0          WJ CH               4.0         E2y MALVILLIERS, VAL
       DE RUZ NE
       1909 01 18  1:25     47  0.0  6 55.2          WF CH               4.0         E2y NEUCHÂTEL NE
       1909 01 26  5:10     50  9.0 12 53.4 2        KH CR               4.5         G1y SOKOLOV/CR

       1909 02 11 13:23     54 06.  15 36.   3       TZ PL          4.3  6.5         GPy KOLBERG
       1909 02 20  5        50 45.0 12 40.8 2        VG SA               4.0         G1y ZENTRAL-SACHSEN
       1909 02 20  6        50 45.0 12 40.8 2        VG SA               4.0         G1y ZENTRAL-SACHSEN
       1909 02 20 16:50     47 13.2  7 10.8          WF CH               4.0         E2y SONCEBOZ, TAVAN
       1909 03 21           50 55.8 12 48.0 2        CS SA               4.0         G1y ZENTRAL-SACHSEN

       1909 04 18  8:27     50 13.8 12 14.4 2        VG BY               4.0         G1y SELB
       1909 04 18 10:28     50 13.8 12 14.4 2        VG BY               4.0         G1y SELB
       1909 04 21  6:30     50 39.6 12 13.2 2        VG SA               4.0         G1y GREIZ
       1909 05 05  1:45     50 41.4 12 13.2 2        VG SA               4.0         G1y GREIZ
       1909 05 12 02:10     47  9.0 10 45.0          WY  A               5.0         ACy JERZENS

       1909 05 15 19:46     47 35.4 12  4.2          NY  A               4.5         ACy HINTERTHIERSEE
       1909 07 23 23:30     50 12.0 12 13.8 2        VG BY               4.0         G1y SELB
       1909 07 24  4:30     50 12.0 12 13.8 2        VG BY               4.0         G1y SELB
       1909 09 06 20:45     50 14.4 12 33.6 2        VG CR               4.0         G1y SOKOLOV/CR
       1909 09 06 21:00     50  9.6 12 16.2 2        VG CR               4.0         G1y CHEB/CR

       1909 09 06 21:10     50  7.8 11 58.2 2        CT BY               4.0         G1y FICHTELGEBIRGE
       1909 09 06 21:12     50 11.4 12 15.6 2        VG BY               4.0         G1y SELB
       1909 09 06 21:40     50 10.2 12  7.8 2        VG BY               4.0         G1y FICHTELGEBIRGE
       1909 09 06 21:57     50 11.4 12 22.8 3        VG CR               4.0         G1y CHEB/CR
       1909 09 07 14:00     50  6.6 12 13.2 2        VG BY               4.0         G1y FICHTELGEBIRGE

       1909 09 07 22:00     50 13.2 12 22.2 2        VG CR               4.0         G1y KRASLICE/CR
       1909 09 07 22:05     50 13.2 12 22.2 2        VG CR               4.0         G1y KRASLICE/CR
       1909 09 08  2:10     50 13.2 12 10.8 2        VG BY               4.0         G1y SELB
       1909 09 14 18:20     47 15.6 11 16.2          NY  A               4.0         ACy KEMATEN
       1909 09 19 22        50  9.0 12 53.4 2        KH CR               4.0         G1y SOKOLOV/CR

       1909 09 20  3        50  9.0 12 53.4 2        KH CR               4.0         G1y SOKOLOV/CR
       1909 09 22 16:25     47 24.6 13 13.2          SZ  A               5.5         ACy BISCHOFSHOFEN
       1909 10 15 05:56:09  47 28.2  7 37.8 3   8    SR CH          3.4  4.0  32     E2y HOCHWALD
       1909 10 18 18:02     47 36.6 14 45.0          CA  A               4.5         ACy HIEFLAU
       1909 10 19 19:30     47 42.6 13 37.2          SZ  A               4.0         ACy BAD ISCHL

       1909 11 13  2:45     51 19.2 12 37.2 2        CS SA               4.0         G1y N-SACHSEN
       1909 12 01 10:45     48 42.  13 15.           SB BY               5.0   4     LUy GAISSA
       1909 12 30 22:52     47 42.   7 34.     6     SR BW          3.4  4.5  50     S1y KANDERN
       1909 12 31 16:40     47  1.8 11 13.8          WY  A               4.5         ACy STUBAI
       1910 01 06  2:10     50 19.8 12 28.8 2        VG CR               4.0         G1y KRASLICE/CR

       1910 01 06  2:20     50 19.8 12 28.8 2        VG CR               4.0         G1y KRASLICE/CR
       1910 01 06  3:53     50 31.2 13 15.0 2        KH SA               5.0         G1y ERZGEBIRGE
       1910 01 21           50 39.6 12 13.2 2        VG SA               4.0         G1y GREIZ
       1910 01 30 00:57     47  7.8 11 27.0          SY  A               4.5         ACy MATREI/BRENNER
       1910 02 17 01:15     47 42.0 14  9.0          CA  A               5.0         ACy HINTERSTODER

       1910 02 17 03:40     47 15.0 11 19.8          NY  A               4.5         ACy VOELS
       1910 02 26  3:20     49 46.8 12  9.0 3        VG BY               4.0   6     BAy WINDISCHESCHENBACH
```

DATUM	HERDZEIT	KOORDINATEN	TIEFE	REGION	STÄRKE	A REF	LOKATION
JAHR MO TA	ST M S	BREITE LÄNGE QE	H Q	SR PR	ML MW MK	INT RS	
1910 03 06	23:45	50 10.8 12 39.0 2		VG CR	4.0		G1y SOKOLOV/CR
1910 03 07	18:30	50 20.4 12 42.6 2		VG CR	4.0		G1y SOKOLOV/CR
1910 03 11	20:55	50 20.4 12 42.6 2		VG CR	4.0		G1y SOKOLOV/CR
1910 03 11	20:58	50 20.4 12 42.6 2		VG CR	4.0		G1y SOKOLOV/CR
1910 03 16	03:30	47 24.0 14 49.8		CA A	4.5		ACy MAUTERN
1910 03 17	10:43	51 18.6 12 21.0 3		CS SA	3.1 4.0		G1y LEIPZIG
1910 03 24	14:37	47 12.0 14 16.8		CA A	6.5		ACy OBERWOELZ
1910 03 27	17:53:21	48 24. 7 36.	3	SR F	3.6 5.5	25	S1y WESTHOUSE/F
1910 04 02	14:26	50 13.2 12 22.2 2		VG CR	4.0		G1y KRASLICE/CR
1910 04 02	14:27	50 28.8 12 22.2 2		VG SA	4.0		G1y AUERBACH
1910 04 09	14:18	47 12.0 14 16.8		CA A	4.5		ACy OBERWOELZ
1910 05 10	12:00	50 32.4 13 0. 2		KH SA	4.0		G1y ANNABERG-BUCHHOLZ
1910 05 11	20:18	47 44.4 15 59.4		VB A	6.5		ACy SIEDING
1910 05 26	06:12	47 29. 7 28. 3	12	SR CH	4.6 5.1	6.0 150	E1y METZERLEN/CH
* R5=43; R6=15;							
1910 06 16	4:20	50 32.4 12 36.6 2		VG SA	4.0		G1y SCHNEEBERG
1910 06 23	22	50 26.4 12 22.8 2		VG SA	4.0		G1y AUERBACH
1910 07 06	02:08:30	47 16. 8 39.		SF CH	4.5		E1y MEILEN/CH
1910 07 13	08:32:30	47 17. 10 52. 2	10 5	WY A	5.0 4.8	7.0 260	T3y NASSEREITH
* R5=25;							
1910 08 17	22:08	47 17.4 10 58.8		WY A	4.0		ACy MIEMING
1910 08 21	21:45	47 8.4 10 30.6		WY A	4.5		ACy GRINS
1910 09 15	16:55	47 19.2 10 50.4		WY A	5.0		ACy NASSEREITH
1910 11 03	3:05	50 39.6 12 13.2 2		VG SA	5.0		G1y GREIZ
1910 11 07	00:40	50 39. 6 12. 2	9	VE NW	5.0	30	GZy ROETGEN
1910 11 19	11:20	47 42. 12 54.		BY BY	4.5	3	GIy BAD REICHENHALL
1910 12 05	20:20	50 12.6 12 52.8 2		KH SA	4.0		G1y SOKOLOV/CR
1910 12 7	18:51	47 48.0 7 36.6		SR BW	5.0	20	E2y WEIL/RHEIN
1911 01 09	05:00	55 30. 14 18.		MH S	4.0	10	WGy N BORNHOLM
1911 02 02	21:00	50 33.6 12 22.2 2		VG SA	4.0		G1y AUERBACH
1911 02 26	12:15	50 42.6 12 29.4 2		VG SA	4.0		G1y ZWICKAU
1911 04 02	0:15	50 19.8 12 29.4 2		VG CR	4.0		GNy KRASLICE
1911 04 02	1:15	50 19.8 12 29.4 2		VG CR	4.0		GNy KRASLICE
1911 04 02	1:30	50 19.8 12 29.4 2		VG CR	4.5		GNy KRASLICE
1911 04 02	1:45	50 19.8 12 29.4 2		VG CR	4.5		GNy KRASLICE
1911 04 02	2:15	50 19.8 12 29.4 2		VG CR	4.0		GNy KRASLICE
1911 04 02	3	50 19.8 12 29.4 2		VG CR	4.0		GNy KRASLICE
1911 04 02	3:07	50 19.8 12 29.4 2		VG CR	4.0		GNy KRASLICE
1911 04 02	3:10	50 19.8 12 29.4 2		VG CR	5.0		GNy KRASLICE
1911 04 02	3:24	50 19.8 12 29.4 2		VG CR	4.0		GNy KRASLICE
1911 04 02	4:00	50 19.8 12 29.4 2		VG CR	4.0		GNy KRASLICE
1911 04 03	3:15	50 19.8 12 29.4 2		VG CR	4.0		GNy KRASLICE
1911 04 03	4:15	50 19.8 12 29.4 2		VG CR	4.0		GNy KRASLICE
1911 04 03	19:40	50 19.8 12 29.4 2		VG CR	4.0		GNy KRASLICE
1911 04 03	19:45	50 19.8 12 29.4 2		VG CR	4.0		GNy KRASLICE
1911 04 04	0:30:20	50 19.8 12 29.4 2		VG CR 3.3	5.0		NLy KRASLICE
1911 04 04	1:30	50 19.8 12 29.4 2		VG CR	4.0		GNy KRASLICE
1911 04 04	2:00	50 19.8 12 29.4 2		VG CR	4.0		GNy KRASLICE
1911 04 04	4:30	50 19.8 12 29.4 2		VG CR	5.0		GNy KRASLICE
1911 04 04	5:30	50 19.8 12 29.4 2		VG CR	4.0		GNy KRASLICE
1911 04 04	5:45	50 19.8 12 29.4 2		VG CR	4.0		GNy KRASLICE
1911 04 04	8:03	50 19.8 12 29.4 2		VG CR	4.0		GNy KRASLICE
1911 04 04	8:20	50 19.8 12 29.4 2		VG CR	4.0		GNy KRASLICE
1911 04 04	8:30	50 19.8 12 29.4 2		VG CR	4.0		GNy KRASLICE
1911 04 13	05:28	47 33.6 13 55.8		SZ A	4.0		ACy MITTERNDORF
1911 04 24	17:19	47 10. 10 20. 3	7 5	GV A	3.7 6.0	35	T3y PETTNEU/A; TIROL
1911 05 07	01:38	47 18.6 11 4.2		WY A	5.0		ACy TELFS
1911 05 24	01:09	47 44.4 13 27.0		SZ A	4.0		ACy ST.WOLFGANG
1911 05 30	19:43	50 35. 6 19.	7	EI NW	4.2 5.5	35	GZy SIMMERATH
1911 05 30	22:30	50 39. 6 24.		EI NW	5.0		GZy SCHMIDT/EIFEL

DATUM			HERDZEIT			KOORDINATEN		TIEFE	REGION		STÄRKE				A REF	LOKATION
JAHR	MO	TA	ST	M	S	BREITE	LÄNGE	QE H Q	SR	PR	ML	MW	MK	INT RS		
1911	05	31	00:18			50 34.	6 19.		EI	NW			5.5	20	GZy	SIMMERATH
1911	05	31	02:08			50 47.	6 20.		NB	NW		4.0	5.5	20	GZy	WENAU, HEISTERN
1911	05	31	02:20			50 40.	6 24.		EI	NW			5.0		GZy	MAUSBACH; EIFEL
1911	05	31	21:05			50 35.	6 16.		VE	NW			4.5		GZy	IMGENBROICH; EIFEL
1911	07	05	1:00			50 32.4	12 47.4	2	VG	SA			4.0		Gly	SCHNEEBERG
1911	07	05	1:15			50 32.4	12 47.4	2	VG	SA			4.0		Gly	SCHNEEBERG
1911	07	18	20:24			47 18.0	11 40.2		NY	A			5.0		ACy	WEERBERG
1911	09	06	04:21			48 13.	9 00.	12	SA	BW		4.2	5.5	110	Sly	EBINGEN
1911	09	06	13:54:47			50 45.	6 15.	10	NB	NW		4.1	6.0	105	CRy	AACHEN
1911	9	21	12:34:53			47 31.2	9 10.2		BO	CH			4.5	40	E2y	BUHWIL
1911	10	13	4:10			50 39.6	12 13.2	2	VG	SA			5.0		Gly	GREIZ
1911	11	11	11:00			50 21.6	12 31.2	2	VG	CR			4.5		Gly	KRASLICE/CR
1911	11	15	18:03			48 12.	9 02.	8	SA	BW		3.8	5.0	55	Sly	EBINGEN
1911	11	16	12:15			50 19.2	12 15.6	2	VG	SA			4.0		Gly	OBERES VOGTLAND
1911	11	16	21:25:48			48 17.4	08 57.7	2 10	SA	BW	6.1	5.7	5.5	8.0 500	SBy	EBINGEN

* Erdrutsch;

1911	11	16	22:00			50 13.2	12 10.8	2	VG	BY			4.0		Gly	SELB
1911	11	17	0: 0			50 13.2	12 10.8	2	VG	BY			4.0		Gly	SELB
1911	11	17	4:15			50 19.2	12 15.6	2	VG	SA			4.0		Gly	OBERES VOGTLAND
1911	11	23	01:59			48 12.	9 02.	3	SA	BW		3.9	6.0	35	Sly	EBINGEN
1911	11	28	17:38			48 12.	9 02.	6	SA	BW		3.2	4.5	25	Sly	EBINGEN
1911	11	28	22:17			47 33.6	6 5.4		F				4.0		E2y	AVANT-PAYS JURASS.
1911	12	12	5: 8			48 12.	9 02.	6	SA	BW		3.8	5.5	50	Sly	EBINGEN
1912	01	08	19:14			49 49.2	12 28.8	3	VG	BY			4.0		Gly	OBERPFAELZER WALD
1912	01	17	4:39			48 15.	9 01.	6	SA	BW		3.9	5.5	56	Sly	ONSTMETTINGEN
1912	01	17	05:12			48 15.	9 01.	6	SA	BW		3.9	5.5	56	Sly	ONSTMETTINGEN
1912	01	19	05:45			48 12.	9 02.	8	SA	BW		4.3	6.0	110	Sly	EBINGEN
1912	01	22	20:08			47 16.2	15 19.8		MM	A			6.0		ACy	FROHNLEITEN
1912	01	26	00:00			48 12.	9 02.	12	SA	BW		3.7	4.5	56	Sly	EBINGEN
1912	02	03	03:40			48 12.	9 02.	8	SA	BW		3.5	4.5	42	Sly	EBINGEN
1912	02	05	03:46			48 12.	9 02.	10	SA	BW		3.6	4.5	48	Sly	EBINGEN
1912	03	30	21:03			50 6.0	12 22.8	2	VG	CR			4.0		Gly	CHEB/CR
1912	3	31	3:52			47 13.2	7 49.8		SF	CH			4.5		E2y	ST. URBAN
1912	04	14	14:56			50 13.2	12 22.2		VG	CR			4.0		Gly	KRASLICE/CR
1912	05	04	16:48			48 13.	8 58.	15	SA	BW		4.3	5.5	150	Sly	EBINGEN
1912	05	09	23:03			47 16.2	11 23.4		NY	A			5.5		ACy	INNSBRUCK
1912	06	15	02			48 31.8	14 .0		SB	A			4.5		ACy	ARNREITH
1912	09	14	15:31			47 15.0	9 25.2		GV	CH			4.0		E2y	FAELENSEE
1912	09	27	18:09			48 12.	9 02.	10	SA	BW		3.6	4.5	50	Sly	EBINGEN
1912	10	13	10:25			50 16.2	12 29.4	2	VG	CR			4.0		Gly	KRASLICE/CR
1912	12	31	17:44			48 13.	9 00.	10	SA	BW		3.9	5.0	70	Sly	EBINGEN
1913	1	4	1			47 39.0	9 9.0		BO	BW			4.0		E2y	KONSTANZ
1913	01	12	21:00			50 6.0	12 22.8	2	VG	CR			4.0		Gly	CHEB/CR
1913	01	12	21:50			50 10.2	12 18.0	3	VG	CR			4.0		Gly	CHEB/CR
1913	02	27	03:15			47 54.6	7 42.	3	SR	BW			6.0	100	Ely	MARKGRAEFLER LAND
1913	02	28	05:40			47 17.4	11 27.6		NY	A			4.0		ACy	RUM
1913	03	12	13:41			47 15.6	11 16.2		NY	A			5.0		ACy	KEMATEN
1913	04	16	19:50			50 11.4	12 15.6	3	VG	BY			4.0		Gly	SELB
1913	4	21	20:25			47 15.0	8 36.0		SF	CH			4.0		E2y	HORGENBERG
1913	05	18	01:30			48 13.8	14 10.8		BM	A			4.0		ACy	HOERSCHING
1913	05	18	14:19			47 27.6	13 22.8		SZ	A			5.0		ACy	ST.MARTIN
1913	05	21	07:27			47 18.6	11 35.4		NY	A			5.0		ACy	FRITZENS
1913	6	1	12:55:50			47 12.0	7 25.2		WF	CH			4.0		E2y	BETTLACH
1913	07	10	22:38			50 28.8	12 22.3		VG	SA	3.5		5.0		NLy	AUERBACH
1913	07	13	23:42			48 12.	9 02.	15	SA	BW		3.8	4.5	70	Sly	EBINGEN
1913	07	20	12:06:22			48 18.	09 00.5	2 9	SA	BW	5.0	4.9	7.0	250	SBy	EBINGEN
1913	07	20	12:29			48 12.	9 02.	8	SA	BW		3.5	4.5	55	Sly	EBINGEN
1913	08	24	15:25			47 6.6	11 40.8		SY	A			5.0		ACy	TUX
1913	09	27	6:34			50 52.8	10 48.0	2	CT	TH			4.0		Gly	GOTHA

```
       DATUM     HERDZEIT      KOORDINATEN  TIEFE REGION       STÄRKE           A REF LOKATION
       JAHR MO TA ST  M   S    BREITE  LÄNGE QE  H Q SR PR   ML  MW  MK  INT RS

       1913 10 13 02:37        48 00.   7 48.        SR BW            4.0          RSy FREIBURG
       1913 10 17 21:32        47  4.8 13 42.0       SZ A             4.0          ACy ST.MARGARETHEN

       1913 11  2  1:50        47 13.2  7 24.0       WF CH            5.5          E2y GRENCHEN/SO
       1913 11 05 00:36        47 25.8 11 52.8       NY A             5.0          ACy BRIXLEGG
       1913 11 11  7:58:45     47 13.2  7 24.0       WF CH            5.5          E2y GRENCHEN/SO
       1913 11 23  5:38        51  9.6 13  7.8 2     CS SA            4.0          G1y N-SACHSEN
       1913 12 15 00:30        47 42.0 14  9.0       CA A             4.0          ACy HINTERSTODER

       1914 01 02 20:36        47 15.0 11 27.0       NY A             4.0          ACy ALDRANS/INNSBRUCK
       1914 01 04 12:51        47 18.0 10 55.8       WY A             4.5          ACy OBSTEIG
       1914 02 02 15:35        48 13.   9 00.     7  SA BW       3.9  5.0  75      S1y EBINGEN
       1914 02 08 21:51        48 15.   8 51.    10  SA BW       3.8  5.0  55      S1y BALINGEN
       1914 02 13 15:30        48 10.   9 00.  4     SA BW            5.0 100      SEy EBINGEN

       1914 03 09  6:15        50 28.8 12 22.2 2     VG SA            4.0          G1y AUERBACH
       1914 04 21 19:16        50 12.6 12 10.8 2     VG BY            4.0          GNy SELB
       1914 04 21 20:00        50 12.6 12 10.8 2     VG BY            4.0          GNy SELB
       1914 04 22 19:10        50 12.6 12 10.8 2     VG BY            5.0          GNy SELB
       1914 04 22 19:30        50 12.6 12 10.8 2     VG BY            4.0          GNy SELB

       1914 04 23  1:30        50 12.6 12 10.8 2     VG BY            4.0          GNy SELB
       1914 04 23 20:30        50 12.6 12 10.8 2     VG BY            4.0          GNy SELB
       1914 06 24  8:25        50 12.6 12 52.8 3     KH CR            4.0          G1y SOKOLOV/CR
       1914 06 27  1:44:50     51 21.6 12 25.8 2   8 5 CS SA     4.3  6.0          G1y LEIPZIG
        * R5=12;
       1914 07 09 01:34        47 27.  11 17.        NY BY            4.0          LUy MITTENWALD

       1914 07 12 19:55        47 13.2  9 48.0       GV A             4.0          ACy BUERS/BLUDENZ
       1914 07 16 02:08        47 34.8 12 10.2       SZ A             4.0          ACy KUFSTEIN
       1914 07 19 12:33        47 17.4 10 26.4       WY A             4.5          ACy ELBINGENALP
       1914 07 28 22:17        48 54.  11 13.        FA BY            4.0          LUy ALTMUEHLTAL
       1914 08 16 07:45        47 21.6 10 27.6       WY A             4.0          ACy HINTERHORNBACH

       1914 08 25 06:49        48 27.   9 03.     6  SA BW       3.2  4.0  20      S1y S TUEBINGEN
       1914 08 30 11:22:38     47 19.   9 39.  2  4  GV CH       3.5  6.0  45      T3y GOETZIS
       1914 08 31 13:26        47 18.  11 30.     3  NY A        3.9  6.5  33      T3y HALL/A; TIROL
       1914 09 06 06:16        47 19.8 11 30.0       NY A             5.0          ACy HALLTAL
       1914 09 19 17:36        47 21.6  9 39.0       GV A             4.0          ACy ALTACH

       1914  9 19 23:26        47 21.0  9 39.0       GV CH            4.0          E2y GOETZIS
       1914 10 01 17:25        48 54.  11 18.        FA BY 4.2        5.0  50      LUy ALTMUEHLTAL
       1914 10 01 17:34        48 52.  11 24.        FA BY            4.0  20      LUy ALTMUEHLTAL
       1914 10 01 20:31        48 52.  11 25.        FA BY 4.6        5.0 150      LUy ALTMUEHLTAL
        * R5=25;
       1914 10 02  1           49 40.8 12 40.8 3     SB CR            4.0          G1y CESKY LES/CR

       1914 10 14 19:08        48 13.   9 00.     5  SA BW       3.3  4.5  20      S1y EBINGEN
       1914 10 15 04:15        47 47.4 13 11.4       SZ A             4.5          ACy EBENAU/GAISBERG
       1914 10 29 22           50 24.0 13 15.6 2     KH CR            4.0          G1y OHRE-GRABEN/CR
       1914 10 29 23:55        50 24.0 13 15.6 2     KH CR            4.0          G1y OHRE-GRABEN/CR
       1914 11 29 17:10        47 16.2 11 23.4       NY A             4.5          ACy INNSBRUCK

       1914 11 30 19:43        47 18.  11 24.  3  8  NY A             5.5          T3y INNSBRUCK
       1914 12 23 03:45        47 21.6  9 41.4       GV A             4.0          ACy HOHENEMS
       1915  1 18 22:35:32     47 10.8  7 30.0       WF CH            4.5          E2y NENNIGKOFEN
       1915 03 20 11:41        48 13.   9 00.  4     SA BW       3.6  5.0  30      S1y EBINGEN
       1915 06 02 02:33        48 52.  11 25.        FA BY 5.0 4.9    6.5 200      LUy ALTMUEHLTAL
        * R5=90; R6=15;
       1915 06 02 05:25        48 57.  11 15.        FA BY            4.0  35      LUy ALTMUEHLTAL
        * Azi= 50;
       1915 06 03 03:49        48 56.  11 17.        FA BY            4.0  25      LUy ALTMUEHLTAL
        * Azi= 80;  Axe=2:1;
       1915 06 05 15:08        47 17.4  9 39.6       GV A             5.0          ACy ROETHIS
       1915 06 07 06:05        48 57.  11 23.        FA BY            4.0  20      LUy ALTMUEHLTAL
       1915 06 08 06:06        48 57.  11 25.        FA BY            4.0          LUy ALTMUEHLTAL

       1915 06 09 06:26        48 57.  11 25.        FA BY            4.0  10      LUy ALTMUEHLTAL
       1915 06 09 16           50 16.2 12 10.2 2     VG BY            4.0          G1y SELB
       1915 06 11 11:48        48 57.  11 25.        FA BY            4.0  15      LUy ALTMUEHLTAL
```

```
         DATUM       HERDZEIT      KOORDINATEN    TIEFE REGION        STÄRKE           A REF  LOKATION
        JAHR MO TA  ST  M  S     BREITE  LÄNGE QE  H Q  SR PR   ML  MW  MK  INT  RS
        1915 06 13 14:15:42 48 20.  08 59.5   11     SA BW           4.2 5.5 100      S1y HECHINGEN
        1915 06 13 14:20    48 20.  08 59.5   10     SA BW           3.9 5.0  70      S1y HECHINGEN

        1915 06 20 19:39    47 19.8  9 38.4          GV A                4.5          ACy GOETZIS
        1915  7 13 22:28    47 15.0  8 36.0          SF CH               4.0          E2y HORGENBERG
        1915 07 18 23       50 30.0 12  8.4 2        VG SA               4.0          G1y PLAUEN
        1915 07 22 18:10    49 53.4 12 43.2 3        SB CR               4.5          G1y CESKY LES/CR
        1915 08 16 16:54    47 35.4 12  2.4          NY A                5.0          ACy LANDL/KUFSTEIN

        1915 09 08 16:40    50 19.8 12 31.8 3        VG CR               4.5          G1y KRASLICE/CR
        1915 09 08 16:55    50 19.2 12 34.8 3        VG CR               4.5          G1y SOKOLOV/CR
        1915 09 09  7:30    50 21.0 12 35.4 2        VG CR               4.0          G1y SOKOLOV/CR
        1915 10 10 03:50    48 49.  11 34.     7     FA BY  4.8 4.9 4.7 7.0 160       ASy ALTMUEHLTAL
           * R5=50; R6=25; R7= 5;
        1915 10 10 04:10    48 52.  11 21.          FA BY   4.5         5.0 100       LUy ALTMUEHLTAL
           * R5=15;

        1915 10 22 09:35    48 52.  11 28.          FA BY                4.0  15      LUy ALTMUEHLTAL
        1915 12 05  9       50 30.0 12  8.4 2        VG SA               4.5          G1y PLAUEN
        1915 12 31 21:08    47 21.6 10 39.6          WY A                4.5          ACy NAMLOS
        1916  1  9  9:11    47  0.0  7 15.0   12     WF CH               5.0          E2y KERZERS/FR
        1916 02 13 11:58    48 24.   9 16.     7     SA BW           3.5 4.5  30      S1y GOMADINGEN

        1916 03 27 07:06    48 55.  11 20.          FA BY                5.0  15      LUy ALTMUEHLTAL
        1916 04 15 16:08    48 16.   9 40.     7     SA BW           3.7 4.5  47      S1y BURLADINGEN
        1916 05 01 10:24    47 10.2 14 39.6          MM A                7.0          ACy JUDENBURG
        1916  7 17  9:46    47 24.0  8 30.0   18     SF CH               4.0          E2y ZUERICH-WIPKINGEN
        1916 09 25 23:35:30 47 50.   8 00.    10     SW BW           3.4 4.0  35      S1y FELDBERG

        1916 12 31          50 21.6 12 28.2 2        VG CR               4.0          G1y KRASLICE/CR
        1917 01 02 22:07    47 30.6 12  7.2          NY A                5.0          ACy BAD HAERING
        1917  1 28 15:50:48 47 16.2  8 37.2          SF CH               4.0          E2y HORGEN
        1917 02 11 21:05    47 16.2 11 30.6          NY A                5.0          ACy HALL
        1917  2 26 19:55:40 47  0.0  9  9.0          CC CH               5.0          E2y GLARUS

        1917 03 27 16:41:59 47 28.   7 32.     4     SR CH           3.5 5.0  40      S1y BLAUEN/CH
        1917 04 18 11:05    47 41.   8 22.     4     SW CH           3.5 5.0  23      S1y HALLAU/CH
        1917 06 20 23:09    47 43.   9 01.    12     BO BW       4.9 4.5 6.0 160      S1y ALLENSBACH
           * R5=74; R6=39;
        1917 08 08 02:49    47 52.2 15  9.0          CA A                5.0          ACy LACKENHOF
        1917 11 09 21:05    47 22.2 10 32.4          WY A                4.0          ACy VORDERHORNBACH

        1917 12 30 07:50    47 29.  10 57.          BY BY                5.0  15      LUy GARMISCH-PARTENK.
        1917 12 31 05:40    47 20.4 14 25.2          CA A                4.0          ACy BRETSTEIN
        1918 01 14 14:13    47 19.2 10 50.4          WY A                5.0          ACy NASSEREITH
        1918 02 16 00:17    48 54.  11 25.          FA BY                5.0  35      LUy ALTMUEHLTAL
        1918 02 21 19:57    48 53.  11 25.          FA BY                4.0  30      LUy ALTMUEHLTAL

        1918 02 21 20:02    48 53.  11 25.          FA BY                4.0  30      LUy ALTMUEHLTAL
        1918 03 06 17:45    48 53.  11 24.          FA BY                4.0  30      LUy ALTMUEHLTAL
        1918 03 16 03:35    47 35.  11 19.     1     BY BY                4.0   5 1   LUy WALCHENSEE
        1918 05 05 22:40    48 22.2 14  1.8          BM A                4.0          ACy ASCHACH/DONAU
        1918 05 15 09:30    47 42.6 14 13.8          CA A                5.0          ACy VORDERSTODER

        1918 05 27 16:08:04 50 51.   5 41.     5     BR NL           4.4 6.5 170      GZy MAASTRICHT/NL
        1918 08 07 02:42    48 54.  11 24.          FA BY                4.0  25      LUy ALTMUEHLTAL
        1918 09 17 02:11    47 30.6 14  7.2          CA A                5.5          ACy AIGEN/IRDNING
        1918 09 17  7:53    50 37.8 12 18.0 2        VG SA               4.0          G1y ZWICKAU
        1918 09 26 00:16:25 47 18.  10 18.    2 6    GV A                6.0  50      LUy ARLBERG

        1918 10 10 22:08    47 30.6 14  7.2          CA A                4.5          ACy AIGEN/IRDNING
        1918 10 30 19:50    47 15.0 11 34.2          NY A                4.0          ACy HALL IN TIROL
        1918 12 22 09:40    47 30.6 14  7.2          CA A                4.0          ACy AIGEN/IRDNING
        1919  1  4  3:18:28 47 28.8  9 22.2          BO CH               4.0          E2y RAEDLISAU
        1919 02 28 09:36    47 15.0 11 34.2          NY A                4.0          ACy HALL IN TIROL

        1919 06 01 20:45    47 36.  13 06.     1     SZ BY                4.0  13 1   LUy BERCHTESGADEN
        1919 06 04 07:22    47 17.4 10 58.8          WY A                4.0          ACy MIEMING
        1919 08 18 03:33    47 42.  12 54.     2     BY BY                4.0      1  LUy BAD REICHENHALL
        1919 11 16  0       47  1.2  9  4.2          CC A                4.0          E2y KLOENTAL
        1919 11 21  7:30    47  1.2  9  4.2          CC A                4.0          E2y KLOENTAL
```

DATUM			HERDZEIT			KOORDINATEN			TIEFE	REGION			STÄRKE				A	REF	LOKATION
JAHR	MO	TA	ST	M	S	BREITE	LÄNGE	QE	H Q	SR	PR	ML	MW	MK	INT	RS			
1919	11	22	3:45			47 1.2	9 4.2			CC	A				4.0				E2y KLOENTAL
1919	11	22	9:45:10			47 1.2	9 4.2			CC	A				4.5				E2y KLOENTAL
1919	11	26	1:10			47 1.2	9 4.2			CC	A				4.0				E2y KLOENTAL
1919	11	30	2:30			50 51.6	10 34.8	2		CT	TH				4.0				G1y THUERINGER WALD
1919	12	7	1: 0			47 1.2	9 4.2			CC	A				4.0				E2y KLOENTAL
1920	01	03	14:30			47 30.6	14 7.2			CA	A				5.0				ACy AIGEN/IRDNING
1920	01	05	13:50			47 21.6	10 39.6			WY	A				4.5				ACy NAMLOS
1920	02	05	17:18			47 42.	12 54.		2	BY	BY				4.0		1		LUy BAD REICHENHALL
1920	04	09	17:57			47 16.2	11 23.4			NY	A				4.0				ACy INNSBRUCK
1920	5	15	5:14:36			47 12.0	7 25.2			WF	CH				4.5				E2y BETTLACH
1920	05	19	07:10			48 55.	11 31.			FA	BY				4.0	30			LUy ALTMUEHLTAL
1920	05	22	03:26			47 30.6	14 7.2			CA	A				5.0				ACy AIGEN/IRDNING
1920	06	29	23			51 46.2	14 13.2	2		ND	BR	3.2			4.5				G2y COTTBUS
1920	09	13	23			53 39.0	15 10.2	3		TZ	PL				4.0				G1y STARGARDT, STETTIN
1920	09	27	11:03			47 42.	12 54.		2	BY	BY				5.0		5	1	LUy BAD REICHENHALL
1920	10	22	21:35			47 30.	11 30.			NY	BY				4.0	40			LUy HINTERRISS
1920	11	15	03:55			47 16.2	11 23.4			NY	A				4.0				ACy INNSBRUCK
1920	12	03	09:32			47 18.	10 18.			GV	BY				4.5				LUy EINOEDSBACH
1920	12	12	03:10			47 30.	11 30.			NY	BY				4.0				LUy HINTERRISS
1920	12	16	18:30			47 58.	6 27.		3	VO	F		3.0		4.5	10			S1y SW REMIREMONT/F
1920	12	22	22:14			47 36.6	15 59.4			VB	A				6.0				ACy KIRCHBERG
1920	12	30	19:11			50 21.6	12 22.2	2		VG	SA				4.0				GNy MARKNEUKIRCHEN
1920	12	31	6			50 21.6	12 22.2	3		VG	SA				4.0				GNy MARKNEUKIRCHEN
1920	12	31	17			50 21.6	12 22.2	2		VG	SA				4.0				GNy MARKNEUKIRCHEN
1921	01	01	8:44			50 21.6	12 22.2	2		VG	SA				4.0				GNy MARKNEUKIRCHEN
1921	1	7	22: 0			47 12.0	7 34.8			WF	CH				4.0				E2y DERENDINGEN
1921	01	08	23			50 21.6	12 22.2	2		VG	SA				4.0				GNy MARKNEUKIRCHEN
1921	01	23	19:37			47 25.8	11 52.8			NY	A				4.5				ACy BRIXLEGG
1921	01	27	03:45			48 14.4	15 20.4			EF	A				4.5				ACy EMMERSDORF
1921	02	20	16:17:35			50 36.	5 54.		10	VE	B		3.6		5.0	30			GZy STEMBERT/B
1921	03	30	14:10			50 28.8	12 22.2	2		VG	SA				4.0				G1y AUERBACH
1921	03	30	16:30			50 28.8	12 22.2	2		VG	SA				4.0				G1y AUERBACH
1921	04	06	20:33			47 16.8	10 59.4			WY	A				4.0				ACy STAMS
1921	04	07	11:45			50 55.2	13 40.2	2		KH	SA				4.5				G1y ZENTRAL-SACHSEN
1921	05	02	02:24			47 16.2	10 55.8			WY	A				4.0				ACy SILZ
1921	05	08	22:15			47 7.8	13 40.8			SZ	A				4.0				ACy MAUTERNDORF
1921	07	28	02:35			47 31.8	12 34.2			SZ	A				5.5				ACy ST.ULRICH
1921	08	04	06:50			47 18.6	10 34.8			WY	A				5.0				ACy BSCHLABS
1921	8	15	22:10			47 34.8	8 31.2			SF	CH				4.0				E2y EGLISAU
1921	08	23	22:00			55 0.	15 0.			BH	DK		3.6		5.0	65			WGy BORNHOLM
1921	08	23	23:45			55 0.	15 0.			BH	DK		3.6		5.0	65			WGy BORNHOLM
1921	09	27	01:30			47 42.	13 00.			BY	BY				4.0				FUy BERCHTESGADEN
1921	10	3	1:50			47 0.0	8 31.8			CC	CH				4.0				E2y GERSAU SZ
1921	10	24	02:06			47 32.	12 34.		3	SZ	A				6.5				T3y ST.ULRICH
1921	11	09	19:45			47 17.4	10 26.4			WY	A				4.0				ACy ELBINGENALP
1921	12	09	15:45			48 19.2	15 12.0			SB	A				4.5				ACy POEGGSTALL
1921	12	13	06:30			47 17.4	12 31.8			SZ	A				5.5				ACy STUHLFELDEN
1922	3	11	18:30: 7			47 24.0	7 46.2			SF	CH				4.0				E2y DIELENBERG
1922	03	13	21:05			47 24.	8 06.		3	SF	CH				5.0	40			E1y LAUFENBURG
1922	03	18	11:03			47 19.2	10 50.4			WY	A				4.0				ACy NASSEREITH
1922	4	14	8:10			47 37.8	8 37.2	2		SF	CH				4.0				E2y RHEINAU (ZH)
1922	04	15	12:10			50 20.4	12 9.6	2		VG	BY				4.0				G1y SELB
1922	05	05	00:05			48 8.4	14 21.6			BM	A				5.0				ACy MARIA LAAB
1922	05	30	05:51			47 19.8	9 38.4			GV	A				4.5				ACy GOETZIS
1922	08	09	09:56			47 16.2	11 23.4			NY	A				4.5				ACy INNSBRUCK
1922	08	09	10:13			47 16.2	11 23.4			NY	A				4.5				ACy INNSBRUCK
1922	08	09	10:36			47 16.2	11 23.4			NY	A				4.5				ACy INNSBRUCK
1922	09	04	12:10			47 19.8	9 38.4			GV	A				5.0				ACy GOETZIS
1922	9	19	13:46			47 15.0	8 34.2			SF	CH				4.0				E2y HORGENBERG

```
         DATUM       HERDZEIT       KOORDINATEN   TIEFE REGION      STÄRKE          A REF  LOKATION
    JAHR MO TA ST  M   S   BREITE   LÄNGE    QE    H Q  SR PR  ML   MW  MK  INT  RS

    1922 11  8 22:24       47  0.0  9  4.8          CC CH            4.5           E2y SOOL BEI SCHWANDEN

    1922 12 17 20:50       47 23.4 11 48.0          NY A             4.0           ACy JENBACH
    1923 02 13 17:53       47 16.2 11 23.4          NY A             4.0           ACy INNSBRUCK
    1923 03 04 20:45       48 06.   7 16.       2   SR F        3.2  5.0   12      S1y W COLMAR/F
    1923  4 29  9:57       47  7.8  9 28.8          GV CH            4.0           E2y SEVELEN
    1923  6  5 19:50       47 24.0  8 31.8 2        SF CH            4.5           E2y ZUERICH-WIPKINGEN

    1923  6  5 20:35       47 24.0  8 31.8          SF CH            4.0           E2y ZUERICH-WIPKINGEN
    1923 06 12             47 29.4 12 35.4          SZ A             5.0           ACy ST.ULRICH
    1923 06 14             47 29.4 12 35.4          SZ A             5.0           ACy ST.ULRICH
    1923 06 17             47 29.4 12 35.4          SZ A             5.0           ACy ST.ULRICH
    1923 08 28 06:53       47 21.0 11 42.6          NY A             4.0           ACy SCHWAZ

    1923 11  5  2:35       47  1.8  8 30.0          CC CH            5.0           E2y RIGI-SCHEIDEGG/SZ
    1923 11 28 06:07       47  7.8 13 48.6          SZ A   4.8       6.0           ACy TAMSWEG
    1923 12 16 18:30       47 57.0  6 22.2          VO F             4.0           E2y LE VAL-D'AJOL/F
    1924 01 03 14:36       47 27.0 14 40.2          CA A             5.5           ACy WALD AM SCHOBER
    1924 03 06 15:59       47 30.   7 54.           SF BW            5.0           RSy SAECKINGEN

    1924 03 14 14:59       47 33.   7 57.       4   SW BW       3.5  5.0   25      S1y SAECKINGEN
    1924 06 19 19:45       47 42.  12 54.       2   BY BY            4.0           FUy BAD REICHENHALL
    1924 06 25 00:01       47 24.   7 42.           SR BW            4.0           RSy SAECKINGEN
    1924 11  7 10:54       47  7.2  9  9.0          GV CH            5.0           E2y WEESEN,WALENSEE
     * Erdrutsch;
    1924 12 02 20:02       47 30.6 14  6.6          CA A             4.0           ACy IRDNING

    1924 12 10 13:20       47  4.8 13 51.0          SZ A             4.0           ACy RAMINGSTEIN
    1924 12 11 16:33:03 48 15.5 09 05.5      14     SA BW       4.7  6.0  230      S1y EBINGEN
    1924 12 11 21:50       47 34.2 14 14.4          CA A             4.0           ACy LIEZEN
    1924 12 12 07:21    48 15.5 09 05.5      17     SA BW       4.2  5.0  140      S1y EBINGEN
    1924 12 15 22:45    53 52.8 14 16.2   3         TZ PL       2.5  4.0           G1y SWINEMUENDE

    1925  1 20 18:40    49  6.  15  6.    1  4      SB CR            5.0           SHy CIMER
    1925 01 31 13:28       47  4.8 13 51.0          SZ A             4.5           ACy RAMINGSTEIN
    1925 02 23 21:33    50 50.   5 33.       5      BR B        4.7  7.0   65      GZy BILZEN/B
    1925 07 31 20:35    50 33.0 12 12.0 2           VG SA            4.0           G1y PLAUEN
    1925 10 13 19:42    48 15.   8 56.       5      SA BW       3.1  4.0   17      S1y BALINGEN

    1925 11 23 06:27       47 22.8 12 25.2          SZ A             5.0           ACy JOCHBERG
    1926 01 05 23:37:19 50 43.   6 48.   2 22 3     NB NW  4.6       5.0  6.0 260  HOy ZUELPICH
    1926 01 06 11:37    50 48.   7 12.   3 14 2     MR RP            4.6  6.0      K1y SIEGBURG
     * R5=22;
    1926 01 28 16:57:37 50 56.4 11 56.4 2   6 4     CT TH  3.9  4.0  3.4  6.0   38 NUy EISENBERG
     * R5=13;
    1926 01 31 19:00    50 56.4 11 56.4 2           CT TH            4.0           NUy EISENBERG

    1926 03 19 20:39       47 34.   7 32.       4   SR BW       3.5  5.0   22      S1y WEIL A. RHEIN
    1926 03 26 21:46       47 17.4 11 35.4          NY A             4.0           ACy WATTENS
    1926 05 02 01:43    48 36.   7 48.       2      SR BW       3.2  5.0   10      S1y OFFENBURG
    1926 06 28 22:00:40 48 08.   07 41.      8      SR BW  5.0  4.8  7.0  200      ASy KAISERSTUHL
     * R6=13; R7= 6;
    1926  6 29  1:15       47 21.0  7 46.2          SF CH            4.0           E2y LANGENBRUCK BL

    1926 07 06 07:39       47 36.6 15 40.2          MM A             6.5           ACy MUERZZUSCHLAG
    1926 07 26 07          47 40.2 12 24.6          BY A             5.0           ACy KOESSEN
    1926 08 25  1:30    50 30.0 12  8.4 2           VG SA            4.0           G1y PLAUEN
    1926 08 25  1:45    50 25.2 12  9.6 2           VG SA            4.0           G1y PLAUEN
    1926 08 25  2:00    50 30.0 12  8.4 3           VG SA            4.5           G1y PLAUEN

    1926  9 13 20: 3:18 47 13.2  9 19.2             GV CH            4.0           E2y UNTERWASSER
    1926 09 30 17:21    50 43.2 12 30.0 2           VG SA            4.5           G1y ZWICKAU
    1926 10 07 02:30       47 33.   8 43.       2   SF CH            4.5           E1y HETTLINGEN
    1926 12 03 06:50:29 47 54.   6 54.              VO F             4.0           RSy EPINAL/F
    1926 12 11 20:00    50 43.2 12 30.0 2           VG SA            4.5           G1y ZWICKAU

    1926 12 30 11:26       47 40.  11 45.           BY BY            5.0           FUy MIESBACH
    1927 02 19 18:45       47 24.0 10 55.2          WY A             4.0           ACy EHRWALD
    1927 03 06 13:30       47 21.6 10 39.4          WY A             4.0           ACy NAMLOS
    1927 05 09 00:40    48 22.   7 57.      13      SR BW       3.7  4.5   60      S1y LAHR
    1927 05 19 17:45       47 23.4 11 46.2          NY A             4.0           ACy JENBACH
```

```
         DATUM       HERDZEIT      KOORDINATEN   TIEFE  REGION         STÄRKE           A REF  LOKATION
     JAHR MO TA  ST   M   S       BREITE  LÄNGE  QE   H Q  SR PR    ML  MW  MK  INT RS
     1927 07 25  20:35            47 31.8 15 29.4         MM    A 5.1          7.0         ACy WARTBERG
     1927  8 19   1:15             47  7.8  7 22.2        WF CH                4.0         E2y BUEREN A.D. AARE
     1927  8 31   8:14             47  1.2  8 36.0        CC CH                4.0         E2y URMIBERG, BRUNNEN
     1927 12 16  10:44:30          48 16.   9 01.     8   SA BW           4.3 6.0 110      S1y EBINGEN
     1928 01 14  00:17:35          50 30.   6 12.     7 2 VE NW           4.4 6.0 220      CRy KALTERHERBERG

     1928 01 27  03:13             47 40.   7 42.    11   SR BW           4.0 5.0  75      S1y SCHOPFHEIM
     1928 02 02  02:15             47 33.6 13 39.0        SZ  A                4.5         ACy HALLSTATT
     1928  2  6  21:44             47 30.0  9 15.0        BO CH                4.0         E2y BISCHOFSZELL
     1928 02 07  04:52             47 25.8 11 45.0        NY  A                5.0         ACy MAURACH
     1928 02 15  15:16             47 35.4 13 12.0        SZ  A                4.5         ACy PASS LUEG

     1928 05 02  01:21:40          51 54.   5 24.         NB NL            3.5 4.0         CRy TIEL/NL
     1928 05 28  11:40             48 21.0 13 39.0        BM  A                4.5         ACy RAAB/INNVIERTEL
     1928 05 31  20:08             48 55.  13 22.         SB BY                4.5         FUy GRAFENAU
     1928 06 11  15               54 12.  16  0.    4    TZ PL            3.6 5.0         GPy KOSZALIN
     1928 06 19  21:25             50 22.   7 23.    2 7  MR RP 4.0       3.9 6.0  70      HOy NEUWIED

     1928 08 30  20:11             48 22.   8 54.    7    SA BW            3.7 5.0  45     S1y BALINGEN
     1928 10 06  06:40             47 42.  12 54.    2    BY BY                4.0      1  FUy BAD REICHENHALL
     1928 12 13  19:36             50 56.   6 31.    2 10 NB NW 4.2       4.1 5.5 120      HOy ROEDINGEN
     1928 12 30   7:33             47 33.0  8 54.0   4    SF CH                4.0         E2y FRAUENFELD TG
     1929  1 26  23:34             47 12.0  9 19.8        GV CH                4.5         E2y WILDHAUS

     1929 02 14  23:50             48 22.8 15 21.0        SB  A                4.5         ACy MUEHLDORF
     1929  2 27  17:21             47 22.8  9 18.0        SF CH                4.0         E2y ST.GALLEN
     1929  3 23  12: 5             47 34.8  8 31.8   6    SF CH            3.2 4.0  20     E2y EGLISAU
     1929 05 13  23:15             50 18.0 12 24.0 2      VG SA                4.0         NLy MARKNEUKIRCHEN
     1929 05 14  23:30             50 18.0 12 24.0 2      VG SA                4.0         NLy MARKNEUKIRCHEN

     1929 05 15   8:46:17 50 18.0 12 24.0 2      8 4 VG SA 3.2          5.0              NLy MARKNEUKIRCHEN
      * R5= 8;
     1929 05 15   9: 8:04 50 18.0 12 24.0 2          VG SA 2.9                4.0         NLy MARKNEUKIRCHEN
     1929 05 15   9:45:55 50 18.0 12 24.0 2          VG SA 2.2                4.0         NLy MARKNEUKIRCHEN
     1929 05 15  10:41:48 50 18.0 12 24.0 2          VG SA 2.5                4.5         NLy MARKNEUKIRCHEN
     1929 05 15  20:34:50 50 18.0 12 24.0 2          VG SA                    4.5         NLy MARKNEUKIRCHEN

     1929 05 15  21:37:18 50 18.0 12 24.0 2          VG SA                    4.0         NLy MARKNEUKIRCHEN
     1929 05 15  23:51:20 50 18.0 12 24.0 2      8 4 VG SA 2.7                5.0         NLy MARKNEUKIRCHEN
      * R5= 8;
     1929 05 16   8:53:16 50 18.0 12 24.0 2          VG SA 2.2                4.0         NLy MARKNEUKIRCHEN
     1929 05 16  19:52:45 50 18.0 12 24.0 2          VG SA                    4.0         NLy MARKNEUKIRCHEN
     1929 07 19               55 42.  11 42.         SJ DK            2.8 4.0  20         WGy SJAELLAND/DK

     1929 08 16  20:45             50 33.6 12 25.2 3      VG SA                4.0         G1y AUERBACH
     1929  9 16  11:11             47 10.2  9 27.0        GV CH                4.5         E2y WERDENBERG, GRABS
     1929 09 29                    53 32.8  9 49.4 1   1 1 NX ND               4.0      1  HMy HAMBURG-FLOTTBEK
     1929 09 29  20:38             50 13.2 12 10.8 2      VG BY                4.0         G1y SELB
     1930  1 14  21:47             47 28.2  7 45.0 3      SF CH                4.0  40     E2y LAUSEN, LIESTAL

     1930 01 22  20:45             50 06.   8 08.    2    MR HS            3.6 5.0         RSy WISPERQUELLE
     1930 01 31  19:54             47 52.   8 01.    8    SW BW            3.0     30      ACy NEUSTADT/SCHW.
     1930 05 18  04:14             47 27.6 13 22.8        SZ  A 4.1           6.0         ACy ST.MARTIN
     1930 07 26  11:47             47 25.2 13 18.6        SZ  A                4.5         ACy HUETTAU
     1930 08 10  22:45             48   .0 13 55.2        SZ  A                4.0         ACy VORCHDORF

     1930 10 07  23:27             47 22.  10 40.    8    WY  A        5.0     7.5 250    T3y NAMLOS/A; TIROL
      * R5=30;
     1930 10 15  22:19:06 47 45.   7 40.    4         SR BW            3.5 5.0  78         S1y SCHOPFHEIM
     1930 10 31  15: 6             47 34.2  8 25.2        SF CH                4.5   7     E2y E BADEN
     1930 10 31  23:16:40 55 17.  12 46.   40         SJ OS            4.1 5.5 135        WGy S BALTIC SEA, NEAR
     MON
     1931  1 11  16:45             47 26.4  6 52.8        WJ CH                4.0         E2y AVANT-PAYS JURASS.

     1931 02 02  16:56             50 13.2 12 10.8 2      VG BY                4.0         G1y SELB
     1931 02 02  17                50 19.8 12  9.0 2      VG BY                4.0         G1y SELB
     1931 02 16   6:42             50 30.6 12 24.0 2      VG SA                4.0         G1y AUERBACH
     1931 02 18  15:30             50 43.2 12 30.0 2      VG SA                4.5         G1y ZWICKAU
     1931 03 23  01:23             47 18.6 10 29.4        WY  A                4.0         ACy HAESELGEHR
```

```
           DATUM       HERDZEIT       KOORDINATEN   TIEFE REGION       STÄRKE           A REF  LOKATION
         JAHR MO TA  ST   M   S     BREITE  LÄNGE  QE   H Q  SR PR  ML   MW  MK  INT  RS
         1931 04 01 07:41:53 49 30.   6 35.      2      HU RP      3.4 5.0  18     S1y METTLACH/SAAR
         1931 04 14 21:50          47  7.2 13  8.4       SZ A          4.0          ACy BADGASTEIN
         1931 05 22 07:19          47 21.6 10 39.6       WY A          4.0          ACy NAMLOS
         1931 05 24 20:05          47 21.6 10 39.6       WY A          4.5          ACy NAMLOS
         1931 07 10 16:57          50 59.   6 35.   2 10 NB NW 3.9    3.9 5.0  75   HOy BEDBURG

         1931 11 24 10:12          48 51.0 14 28.2 1  7  SB CR 3.3        5.0  29   SHy BUDWEIS
         1931 12 11 20:45          48 15.5  8 54.      8 SA BW      3.5 4.5  35     S1y BALINGEN
         1931 12 22 02:48          48 25.2  9 21.      3 EW BW      3.4 5.0  22     S1y URACH
         1932  1 17 20: 8          47 36.0  8 46.2       SF CH          4.0          E2y NEUNFORN TG
         1932  1 17 23:22          47 36.0  8 46.2       SF CH          4.0          E2y NEUNFORN TG

         1932 02 11 16:33          56  0.  14 36.          S        3.3 4.0  52     WGy KRISTIANSTAD
         1932  2 14  6:50          47 22.2  9  7.8       SF CH          4.5          E2y NASSEN (SG)
         1932  7  1  2:14          47 19.2  7 10.8       WJ CH          4.5          E2y COMBE TABEILLON
         1932  7  8 21:36          47 25.8  9 22.2       SF CH          4.5          E2y ST.GALLEN
         1932  9  4 13:14          47 21.0  8 34.8       SF CH          4.0          E2y ZOLLIKON

         1932 10 21 18:43          47 26.4 12 45.6       SZ A           5.5          ACy LEOGANG
         1932 10 24 05:30          47 30.  11 06.        BY BY          4.0          FUy GARMISCH-PARTENKI.
         1932 11 20 20:29:54 51 42.   5 36.              NB NL     3.5 4.0           CRy UDEN/NL
         1932 11 20 23:36:55 51 38.   5 32.   2  8 3 NB NL 5.3   5.0 7.0 380  HOy VEGHEL/NL
         1932 11 23 03:08:02 51 34.   5 18.              NB NL         4.5 5.0      KNy BOXTEL/NL

         1932 11 24 21:10:59 51 42.   5 36.              NB NL     3.5 4.0           CRy UDEN/NL
         1932 11 28 03:59:25 51 54.   5 24.              NB NL     4.0 5.0           CRy TIEL/NL
         1932 11 28 05:41:40 51 54.   5 18.              WB NL     4.3 5.0           CRy VUGHT/NL
         1932 12 15  7:30          50 28.8 12 22.2 3     VG SA          4.0          G1y AUERBACH
         1932 12 23 11:07          48 55.8 15 14.4       SB A           4.5          ACy KAUTZEN

         1932 12 24 04             48 55.8 15 14.4       SB A           4.5          ACy KAUTZEN
         1933  1 15 20             47 25.8  8 51.0       SF CH          4.5          E2y TURBENTHAL
         1933 01 15 22:30          50 30.   9 34.  3  1  HS HS          4.5 17 1    LFy SW FULDA
         1933 02 01 23:25          48 18.6 14 17.4       BM A           4.0          ACy LINZ
         1933 02 06 22:50          47 42.  12 54.     2  BY BY          4.0       1  FUy BAD REICHENHALL

         1933 02 08 07:07:12 48 51.  08 12.        6     SR BW     4.8 4.7 7.0 200  ASy RASTATT
         * R6=12;
         1933 02 21 15:45:30 48 14.5  8 56.5     22      SA BW     4.3 5.0 150     S1y BALINGEN
         1933 02 21 15:48:45 48 14.5  8 56.5     22      SA BW     4.3 5.0 150     S1y BALINGEN
         1933 02 26  1:48          48 51.   8 12.      7 SR BW          4.0 5.5  60 S1y RASTATT
         1933 02 26 04:07          48 14.5  8 56.5    22 SA BW     3.8 4.0  75     S1y BALINGEN

         1933 03 01 02:13:38 48 14.5  8 56.5     21      SA BW     4.2 5.0 145     S1y BALINGEN
         1933 03 29 07:41          47 20.4 10 32.4       WY A           5.0          ACy ELMEN
         1933 04 23 20:27          47 14.4 11 52.8       NY A           4.5          ACy ZELL/ZILLER
         1933 05 22 12:33          47 20.4 10 32.4       WY A           4.0          ACy ELMEN
         1933 10 10 20:55          48 15.   8 59.8     8 SA BW      3.5 4.5  35     S1y BALINGEN

         1933 10 10 21:00          48 15.   8 59.8     8 SA BW      3.5 4.5  35     S1y BALINGEN
         1933 11 08 00:51          47 24.  10 42.  3  3 WY A 4.6        6.5          T3y NAMLOS/A; TIROL
         1933 12 19 20:41          47 14.4 11 25.8       NY A           5.0          ACy LANS/INNSBRUCK
         1933 12 30 02:43          48 15.6  8 57.      6 SA BW      3.3 4.5  25     S1y BALINGEN
         1934 01 01 14:26:26 48 21.5  9 00.         6    SA BW      3.6 5.0  35     S1y BALINGEN

         1934 02 12 22:40          47 13.2 12 10.8       SZ A           4.0          ACy KRIMML
         1934 03 17 02:09          48 23.5  8 52.0     5 SA BW      3.1 4.0  15     S1y BALINGEN
         1934  3 21  9:22          47  4.8  7 25.2       WF CH          4.0          E2y ZINNLISBERG
         1934 03 24 02:48          48 15.3  9 12.4     6 SA BW      3.4 4.5  25     S1y EBINGEN
         1934  5  7 11:34          47  9.0  9 31.2       GV CH          4.5          E2y MUELIHOLZ, VADUZ

         1934 06 17 17:08          47 15.6 10 20.4       GV A           5.0          ACy HOLZGAU/REUTTE
         1934 07 09 02:00          48 08.   7 55.      8 SR BW      3.5 4.5  40     S1y EMMENDINGEN
         1934 07 09 03:35          48 08.   7 55.     12 SR BW      3.6 4.0  40     S1y EMMENDINGEN
         1934 08 01 02:39          47 22.2 10 32.4       WY A           4.0          ACy VORDERHORNBACH
         1934 08 09 22:56          48 24.   7 42.      5 SR BW      3.1 4.0  15     S1y OFFENBURG

         1934 09 04 01:26:01 47 24.  11 48.         6    NY A           6.5 150     T3y JENBACH/A; TIROL
         1934 09 12 20:50:53 48 24.   7 42.         4    SR BW      3.4 5.0  22     S1y OFFENBURG
         1934 11 24 17:50          47 39.   8 22.      9 SW BW      3.2 4.0  30     S1y STUEHLINGEN
         1934 11 27 23:57          47 16.8  8 54.0       SF CH          4.5          E2y WALD
```

95

```
       DATUM       HERDZEIT      KOORDINATEN    TIEFE  REGION     STÄRKE           A REF LOKATION
    JAHR MO TA   ST  M   S     BREITE  LÄNGE QE  H Q   SR PR  ML  MW  MK  INT  RS

    1935 01 04   04:12          51 14.  6 12.5  2 13   NB NL 4.4      4.2 6.0 150   HOy ROERMOND/NL

    1935 01 17   13:30          50 02.  7 18.          HU RP              5.0        SIy BLANKENRATH/MOSEL
    1935 01 17   14:10          47 42.  7 58.     8    SW BW 3.5     4.5      37     SIy SCHOPFHEIM
    1935 01 18   12:53          49 59.  7 32.          HU RP              4.0        SIy SIMMERN; IDARWALD
    1935 01 22   07:06          50 34.  5 51.          VE  B              5.0      28 GZy VERVIERS, THEUX/B
    1935  1 31    9:12          47 40.8 9  6.0         BO BW              5.0        E2y REICHENAU

    1935  1 31    9:18          47 40.8 9  6.0         BO BW              5.0        E2y REICHENAU
    1935 01 31   12:39          47 42.  9 01.     8    BO BW     4.5     6.0 110     SIy KONSTANZ
    1935  2  1   21             47 40.2 9 10.8        BO BW               4.0        E2y KONSTANZ
    1935 02 05   01:30          48 18.  8 12.          NW BW              6.0        RSy FURTWANGEN
    1935 03 02   03:48          50 55.  6 06.   2      NB NW              4.0        SIy PALENBERG

    1935  3  4    5             47 47.4 7 19.2         SR  F              4.0        E2y PLAI. HAUTE-ALSACE
    1935  3 11    6: 4          47  3.0 7  1.2         WF CH              4.0        E2y ENGES, CRESSIER NE
    1935 03 19   05:21          47 15.0 11 15.0        WY  A              4.0        ACy OBERPERFUSS
    1935 04 03   13:51          50 54.  6 09.          NB NW              4.5        SIy MERKSTEIN, AACHEN
    1935 05 07   01:05          47  7.8 10 16.2        GV  A              4.0        ACy ST.ANTON

    1935 05 16   03:00          48 24.  7 42.     2    SR BW 3.2     5.0      10     SIy ERSTEIN, BERNFELD
    1935 05 16   04:34          48 24.  7 42.     2    SR BW 3.2     5.0      10     SIy ERSTEIN, BERNFELD
    1935 05 20   11:40          48 20.  7 25.          SR  F              4.0        RSy DAMBACH/F
    1935 05 22   02:50          47 34.8 12 34.2        SZ  A              4.0        ACy WAIDRING
    1935 06 27   17:19:30  48 02.5 09 28.    11 2  SA BW 5.2 5.6 5.1  7.5 420  ASy MS=5.2; SAULGAU
     * R5=145; R6=60; R7=15;

    1935 06 28   09:09          48 02.5  9 28.    20   SA BW     4.2     5.0 160     SIy SAULGAU
    1935  6 28    9:10          47 10.2  8  6.6        SF CH              4.0        E2y SURSEE LU
    1935 10 09   19:45          48 18.  13 24.         BM  A              5.0        T3y ST.MARTIN/A; INN
    1935 12 30   03:07:51  48 37.  8 13.      24       NW BW         4.5 6.0 150     SIy HORNISGRINDE
    1935 12 30   03:36:20  48 37.  8 13.      24       NW BW     4.9 4.7 6.5 250     SIy HORNISGRINDE
     * R5=60; R6=15;

    1936  1 18   20:35          47  3.0  7  1.8        WF CH              4.0        E2y CRESSIER NE
    1936 02 17   20:08          47 34.2 14 14.4        CA  A              5.0        ACy LIEZEN
    1936 02 18   21:03          48 22.3  8 59.6   5    SA BW 3.3     4.5      20     SIy BALINGEN
    1936 02 21   17:22          48 22.3  8 59.6   3    SA BW 3.0     4.5      10     SIy BALINGEN
    1936 03 09   06:58          47 32.   7 10.   5 4   SR  F  3.8    5.5     11      LCy SE BELFORT/F
     * R5= 4;

    1936  3  9   12:56          47 31.2  7  9.6        SR  F              4.5        E2y SUNDGAU (ALTKIRCH)
    1936 03 15   01:26          47 37.   9 29.    8    BO BW 4.3     6.0 100         SIy RAVENSBURG
    1936 04 01   01:50          49 28.   9 00.         NF BW              4.0        SIy EBERBACH/NECKAR
    1936 04 19   22:21          48 32.5  9 00.7   9    SA BW 3.5     4.5      40     SIy REUTLINGEN
    1936 04 22   15:06          47 19.2 10 50.4        WY  A              4.5        ACy NASSEREITH

    1936 05 15   01:48          47 15.6 10 20.4        GV  A              4.0        ACy HOLZGAU/REUTTE
    1936 05 18   13:14          47  8.4 10 34.2        WY  A              4.0        ACy LANDECK
    1936 07 01   21:32          47 33.   9 28.    7    BO CH 3.9     5.5      60     SIy LANGENARGEN
    1936  8 26   22:12          47 10.2  9 19.8        GV CH              4.0        E2y GAMSER-RUGG
    1936  8 26   23:33          47 10.2  9 19.8        GV CH              4.0        E2y GAMSER-RUGG

    1936 09 28   02:04          47 17.4 11 35.4        NY  A              4.0        ACy WATTENS
    1936 09 28   20:29          50 13.2 12 10.8 2      VG BY              4.0        Gly SELB
    1936 10 03   15:48          47  4.2 14 42.0        MM  A 5.1         7.5        ACy OBDACH
    1936 11 03                  51 33.   7 18.   2 1   RU NW              6.5   4 C  SWy CASTROP-RAUXEL
     * R5= 1;
    1936 12 02   14:10:06  50 16.8 12 25.2  2          VG CR 2.4          4.5        NLy LUBY

    1936 12 02   15:28:02  50 16.8 12 25.2  2          VG CR 2.0          4.0        NLy LUBY
    1936 12 02   18:01:50  50 16.8 12 25.2  2          VG CR 2.8          4.5        NLy LUBY
    1936 12 02   18:08:22  50 16.8 12 25.2  2          VG CR 2.8          4.5        NLy LUBY
    1936 12 02   18:33:40  50 16.8 12 25.2  2          VG CR 2.0          4.0        NLy LUBY
    1936 12 02   20:55          50 16.8 12 25.2  2     VG CR              4.0        NLy LUBY

    1936 12 02   23:40:54  50 16.8 12 25.2  2          VG CR 2.5          4.0        NLy LUBY
    1936 12 02   23:48:50  50 16.8 12 25.2  2          VG CR 2.8          4.0        NLy LUBY
    1936 12 03    3:09:06  50 16.8 12 25.2  2          VG CR 2.1          4.0        NLy LUBY
    1936 12 03    9:10:43  50 16.8 12 25.2  2          VG CR 2.3          4.0        NLy LUBY
    1936 12 04    3:28:59  50 16.8 12 25.2  2          VG CR 2.6          4.5        NLy LUBY
```

```
        DATUM       HERDZEIT        KOORDINATEN    TIEFE REGION       STÄRKE          A REF  LOKATION
        JAHR MO TA  ST    M    S    BREITE  LÄNGE  QE   H Q SR PR  ML MW  MK  INT  RS
        1936 12 16  19:01:26 50 16.8 12 25.2 2          VG CR 2.1      4.0          NLy LUBY
        1936 12 16  19:02:42 50 16.8 12 25.2 2          VG CR 2.6      4.5          NLy LUBY
        1936 12 22  12:17:24 50 16.8 12 25.2 2          VG CR 3.1      5.0          NLy LUBY
        1936 12 22  12:24:19 50 16.8 12 25.2 2          VG CR 2.9      5.0          NLy LUBY
        1936 12 22  13:51:26 50 16.8 12 25.2 2          VG CR 2.8      4.0          NLy LUBY

        1936 12 23  20:23:06 50 16.8 12 25.2 2          VG CR 2.3      4.0          NLy LUBY
        1936 12 24   1:53:22 50 16.8 12 25.2 2          VG CR 2.4      4.0          NLy LUBY
        1936 12 24   2:09:25 50 16.8 12 25.2 2          VG CR 2.4      4.0          NLy LUBY
        1936 12 24   2:15:40 50 16.8 12 25.2 2          VG CR 2.5      4.0          NLy LUBY
        1936 12 24   2:35:23 50 16.8 12 25.2 2          VG CR 2.6      4.0          NLy LUBY

        1937 01 11  19:27    47 37.  12 54.             SZ BY          5.0          FUy BAD REICHENHALL
        1937 01 13  01:07    47 37.  12 54.             SZ BY          5.0          FUy BAD REICHENHALL
        1937 01 16  18:38    47 54.0 14 13.8            CA A           4.5          ACy LEONSTEIN
        1937 01 17  21       47 36.  12 54.             SZ BY          4.0          SIy RAMSAU
        1937 02 03  04:01    47  3.6 10 39.0            WY A           4.0          ACy RIED

        1937 03 14  07:03    50 33.   6 15.             VE NW          4.0          SIy MONSCHAU
        1937 04 07  15:13    50 55.   6 06.             NB NW          4.0          SIy PALENBERG
        1937  4 14  19: 4    47 10.2  7 15.0            WF CH          4.0          E2y TAUBENLOCHSCHLUCHT
        1937 05 01  01:16    47 40.2 14 20.4            CA A           4.0          ACy SPITAL AM PYHRN
        1937 06 17  09:57    48 15.3  9 12.4   5        SA BW      3.7 5.0  30      S1y GAMMERTINGEN

        1937 07 24  21:11    47 36.0 14 21.6            CA A           4.5          ACy ARDNING
        1937 07 27  19:55    47  8.4 10 34.2            WY A           4.0          ACy LANDECK
        1937  9 18  15:12    47 37.8  6  7.8               F           4.5          E2y PLAT. HAUTE-SAONE
        1937  9 30  15:31    47 34.2  9  0.0            BO CH          4.5          E2y HARENWILEN
        1937 10  3   2:15    47 34.2  8 54.0            SF CH          4.5          E2y FRAUENFELD TG

        1937 11 20  05       50 32.   7 18.             MR RP          5.0          SIy LINZ, SINZIG
        1938 01 07  18:15    53 32.8  9 49.4 1   1 1 NX ND             4.0        1 HMy HAMBURG-FLOTTBEK
        1938  2 18   2: 2    47 33.0  8 49.2            SF CH          4.0          E2y RICKENBACH
        1938 03 19  04:03    47 42.0 14  9.0            CA A           4.5          ACy HINTERSTODER
        1938 04 11  06:42    48 02.5  9 28.       7     SA BW      4.2 6.0 200      S1y SAULGAU

        1938 04 11  06:47    48 02.5  9 28.      13     SA BW      4.2 5.5 200      S1y SAULGAU
        1938  4 18   0:30    47 10.8  8 34.8            SF CH          4.5          E2y MENZINGEN
        1938 06 12  14:45    47 42.  12 54.             BY BY          5.0          FUy BAD REICHENHALL
        1938 06 13  14:46    47 40.2 14 20.4            CA A           4.0          ACy SPITAL AM PYHRN
        1938 07 29  05:12    47 37.2 15  9.0            CA A           4.5          ACy HOCHSCHWAB

        1938 08 02  04:11:00 48 16.   8 59.5   8        SA BW      4.0 5.5  70      S1y BALINGEN
        1938 10 22  23:24    47 16.2 11 23.4            NY A           4.5          ACy INNSBRUCK
        1938 11 17   0:18    47 33.0  8 54.0            SF CH          4.0          E2y FRAUENFELD TG
        1938 12 27  00:33    47 17.4 11 28.2            NY A           4.0          ACy THAUR/INNSBRUCK
        1939 01 30  01:55    47 16.2 11 23.4            NY A           4.5          ACy INNSBRUCK

        1939 01 30  02:01    47 16.2 11 23.4            NY A           4.5          ACy INNSBRUCK
        1939 03 01  11:33:39 48 14.5  8 59.    3        SA BW      3.6 5.5  27      S1y BALINGEN
        1939 03 06  14:55    47 19.2 10 50.4            WY A           4.0          ACy NASSEREITH
        1939 03 15  11:27    47 25.8 11 45.0            NY A           4.5          ACy MAURACH
        1939 03 24  21:24    47 40.8 15 29.4            CA A           4.5          ACy MUERZSTEG

        1939  7  1  21:32    47 33.0  9 28.2            BO CH          5.5  60      S4y FRIEDRICHSHAFEN
        1939 07 21  13:04    50 26.   7 49.     13      MR RP      4.2 5.5  70      SIy MONTABAUR
        1939 08 17  20:32    47  3.6 10 22.8            WY A           4.5          ACy KAPPL
        1939 09 18  00:14    47 46.2 15 54.6            VB A 5.0       7.0          ACy PUCHBERG
        1939 09 28  21:52    47 24.0 14 42.0            CA A           4.0          ACy WALD

        1939 11 17  20:15    47 21.0  8  1.8            SF CH          4.5          E2y OBERENTFELDEN AG
        1939 12  5   5:43    47 24.0  7 48.0            SF CH          4.5          E2y DIEGTEN BL
        1939 12  7  20:43    47 24.0  7 48.0            SF CH          4.0          E2y DIEGTEN BL
        1939 12 14  20:17    47 24.  11 18.             NY BY          4.0          SIy MITTENWALD
        1940 02 27  03:52    47 51.   9 28.       7     BM BW      3.5 4.5  30      S1y N FRIEDRICHSHAFEN

        1940  3 17   5:11    47 34.8  8 31.2            SF CH          4.0          E2y HUENTWANGEN
        1940  4  3   9: 8    47 22.2  7 52.8            SF CH          4.5          E2y TRIMBACH
        1940 05 24  19:08:58 51 28.8 11 47.5 1   1 4 CS AH 4.3     4.1 7.5  25  2   SMy TEUTSCHENTHAL
        * R5= 7; R6= 4; R7= 2; Verletzte; Tote;
```

```
          DATUM      HERDZEIT       KOORDINATEN    TIEFE REGION     STÄRKE           A REF  LOKATION
          JAHR MO TA ST  M  S    BREITE  LÄNGE QE  H  Q  SR PR  ML  MW  MK  INT  RS
          1940 05 24 19:13       51 28.8 11 47.5        CS AH 3.2                    2 SMy TEUTSCHENTHAL
          1940 08 04 16:58       48 44.   9 28.    5    EW BW     3.8 5.5  45          S1y GOEPPINGEN

          1940 08 06 15:18       48 17.   8 58.    6    SA BW     3.3 4.5  27          S1y BALINGEN
          1940 09 09 13:13       47 16.2 11 14.4        WY  A     4.0                   ACy ZIRL
          1940 12 12  1:36:20    47  4.2  9  9.0        GV CH     4.0                   E2y MUERTSCHENSTOCK
          1940 12 23 19:09       48 45.   9 06.    4    EW BW     3.2 4.5  17          S1y SINDELFINGEN
          1941 08 29 02:30       47 27.0 12  9.6        SZ  A     4.0                   ACy HOPFGARTEN

          1941 09 03 23:27       49 18.   8 06.    5    NR RP     3.6 5.5  30          S1y NEUSTADT/WEINSTR.
          1942 02 02 17:12       47  4.8 13 51.0        SZ  A     4.0                   ACy RAMINGSTEIN
          1942 02 18 14:00       47 42.  12 54.    2    BY BY     4.0                 1 FUy BAD REICHENHALL
          1942  6 25 22:13       47 10.2  9 16.2        GV CH     4.5                   E2y CHURFIRSTEN
          1942 07 17 10:26:42    48 16.   9 00.   11    SA BW     4.5 6.0 150          S1y BALINGEN

          1942 07 17 10:42       48 16.   9 00.    8    SA BW     3.8 5.0  50          S1y BALINGEN
          1942 07 18 15:47:06    47 36.   7 31.    5    SR BW     3.1 4.5  17          S1y WEIL A. RHEIN
          1942 07 30 21:50:06    48 16.   9 00.    4    SA BW     3.5 5.0  27          S1y BALINGEN
          1942 11 03 04:05       47 37.  12 54.         SZ BY     4.0                   FUy BAD REICHENHALL
          1942 11 10  6:50       47  0.0  7 10.2        WF CH     4.5                   E2y TREITEN

          1942 12 03 02:14       48 16.   9 00.    5    SA BW     3.5 5.0  27          S1y BALINGEN
          1943 02 04 09:18       48 16.5  8 59.5   5    SA BW     3.7 5.0  40          S1y BALINGEN
          1943 02 04 10:12       48 16.5  8 59.    5    SA BW     3.7 5.0  40          S1y BALINGEN
          1943 02 17 11:02       48 15.   8 58.    3    SA BW     3.1 4.5  15          S1y BALINGEN
          1943 03 05 23          51 45.0 11 31.2  1  1 4 HZ AH 4.0  6.5                2 G1y ASCHERSLEBEN

          1943 03 20 03:30       47 42.  12 54.         BY BY     4.0                   FUy BAD REICHENHALL
          1943 04 21 08:34       48 15.5  8 59.    5    SA BW     3.6 5.0  30          S1y BALINGEN
          1943 04 25 11:35:08    48 16.   8 58.5   8    SA BW     4.3 6.0 110          S1y BALINGEN
          1943 05 02 01:08:02    48 16.  08 59.   2 13  SA BW   5.2 5.1 7.0 375        ASy ONSTMETTINGEN
              * R5=56;  R6=16;  R7= 7;
          1943 05 24 23:40       47 53.4 15 13.8        CA  A     4.0                   ACy TRUEBBACH

          1943 05 28 01:24:08    48 16.  08 59.   2  9  SA BW   5.5 5.4 8.0 485        ASy ONSTMETTINGEN
              * R5=69;  R6=23;  R7=10;
          1943 06 01 13:53:05    48 15.5  8 59.    6    SA BW     4.3 6.5 150          S1y ONSTMETTINGEN
          1943 06 14 21:38:51    48 15.5  8 59.    9    SA BW     3.8 5.0  60          S1y ONSTMETTINGEN
          1943 06 24 19:42:57    48 15.5  8 59.    7    SA BW     4.0 5.5  65          S1y ONSTMETTINGEN
          1943 07 03 18:13       48 17.   9 00.    8    SA BW     3.5 4.5  50          S1y ONSTMETTINGEN

          1943 07 04 04:37:09    48 16.   8 59.    7    SA BW     4.2 6.0  80          S1y ONSTMETTINGEN
          1943 07 14 04:16:35    48 15.5  8 59.    9    SA BW     4.3 6.0 125          S1y ONSTMETTINGEN
          1943 07 16 16:22       48 12.   9 02.    6    SA BW 3.2                      S1y EBINGEN
          1943  8 16  3:41       47 45.0  8 34.2        SW CH     4.5                   E2y RANDEN, HEMMENTAL
          1943 08 19 23:57       48 17.   9 00.    3    SA BW     3.0 4.5  10          S1y ONSTMETTINGEN

          1943 08 23 03:00       48 23.   8 52.    3    SA BW     3.0 4.0  10          S1y BALINGEN
          1943 09 14 03:27       48 23.   8 52.    3    SA BW     3.0 4.5  10          S1y BALINGEN
          1943 09 16 05:27       48 23.   8 52.    3    SA BW     3.0 4.5  10          S1y BALINGEN
          1943 09 16 17:19       48 24.   8 52.    5    SA BW     3.3 4.5  20          S1y ROTTENBURG
          1943 09 17 06:47       48 23.   8 52.    5    SA BW     3.3 4.5  25          S1y BALINGEN

          1943 09 18 10:15       48 23.   8 52.    5    SA BW     3.3 4.5  25          S1y BALINGEN
          1943 10  6 21:22       47 19.8  7 21.0        WF CH     4.0                   E2y CHÂTILLON
          1943 10 13 11:22       48 17.   9 04.    3    SA BW     3.4 5.0  15          S1y EBINGEN
          1943 10 13 23:24:08    48 16.5  8 59.    8    SA BW     4.4 6.0 130          S1y BALINGEN
          1943 10 17 02:30:12    48 18.   9 00.    3    SA BW     3.9 6.0  40          S1y BALINGEN

          1943 10 22 10:41:18    48 15.   8 59.    8    SA BW     3.8 5.0  50          S1y BALINGEN
          1943 11 04 05:30       48 17.   9 00.    4    SA BW     3.1 4.5  15          S1y ONSTMETTINGEN
          1943 11 24 04:24       47 12.0 11 24.6        NY  A     4.0                   ACy ELLBOEGEN
          1943 12 12 13:32       48 15.   8 59.    4    SA BW     3.1 4.5  15          S1y BALINGEN
          1943 12 24 02:45       48 17.   9 01.    3    SA BW     3.1 4.5  10          S1y EBINGEN

          1943 12 25 01:04       48 17.   9 01.    3    SA BW     3.1 4.5  10          S1y EBINGEN
          1943 12 27 18:50:35    48 15.5  8 59.    7    SA BW     4.5 6.5 130          S1y BALINGEN
          1943 12 27 18:57:00    48 15.5  8 59.   10    SA BW     4.4 6.0 130          S1y BALINGEN
          1943 12 27 19:46:01    48 15.5  8 59.   12    SA BW     4.2 5.5 120          S1y BALINGEN
          1943 12 27 19:53:47    48 15.5  8 59.    6    SA BW     3.7 5.0  40          S1y BALINGEN
```

DATUM			HERDZEIT			KOORDINATEN		TIEFE	REGION			STÄRKE				A REF	LOKATION
JAHR	MO	TA	ST	M	S	BREITE	LÄNGE	QE H Q	SR	PR	ML	MW	MK	INT	RS		
1943	12	27	19:57			48 15.5	8 59.	5	SA	BW		3.3	4.5	22		S1y	BALINGEN
1943	12	27	21:52			48 15.5	8 59.	5	SA	BW		3.3	4.5	22		S1y	BALINGEN
1943	12	27	21:53			48 15.5	8 59.	5	SA	BW		3.1	4.0	22		S1y	BALINGEN
1943	12	27	22:07			48 15.5	8 59.	5	SA	BW		3.1	4.0	22		S1y	BALINGEN
1943	12	28	03:36			48 15.5	8 59.	5	SA	BW		3.3	4.5	22		S1y	BALINGEN
1943	12	29	02:36			48 15.5	8 59.	5	SA	BW		3.1	4.0	22		S1y	BALINGEN
1943	12	29	02:38			48 15.5	8 59.	5	SA	BW		3.1	4.0	22		S1y	BALINGEN
1943	12	29	17:57			48 15.5	8 59.	5	SA	BW		3.1	4.0	22		S1y	BALINGEN
1943	12	30	03:18			48 15.5	8 59.	5	SA	BW		3.1	4.0	22		S1y	BALINGEN
1943	12	31	18:17			48 16.	8 58.	3	SA	BW		3.1	4.5	15		S1y	BALINGEN
1944	01	01	05:06			48 17.	9 01.	4	SA	BW		3.1	4.0	15		S1y	EBINGEN
1944	01	05	19:06:15			48 15.	9 00.	6	SA	BW		3.6	5.0	15		S1y	BALINGEN
1944	01	06	05:10:23			48 15.	8 59.	3	SA	BW		3.4	5.0	17		S1y	BALINGEN
1944	01	06	09:44			48 15.	8 59.	3	SA	BW		3.4	5.0	17		S1y	BALINGEN
1944	01	06	09:51			48 15.	8 59.	3	SA	BW		3.4	5.0	17		S1y	BALINGEN
1944	01	06	15:13			48 15.	8 59.	3	SA	BW		3.4	5.0	17		S1y	BALINGEN
1944	01	06	15:25			48 15.	8 59.	3	SA	BW		3.4	5.0	17		S1y	BALINGEN
1944	01	09	05:25			48 17.	9 00.	5	SA	BW		3.3	4.5	20		S1y	BALINGEN
1944	01	09	18:05			48 17.	9 00.	5	SA	BW		3.3	4.5	20		S1y	BALINGEN
1944	01	11	11:02			47 16.2	11 23.4		NY	A			4.0			ACy	INNSBRUCK
1944	01	21	21:16			48 15.5	8 59.	3	SA	BW		3.4	5.0	17		S1y	BALINGEN
1944	01	22	20:29			48 15.5	8 59.	3	SA	BW		3.0	4.0	15		S1y	BALINGEN
1944	01	23	14:14			48 15.5	8 59.	3	SA	BW		3.0	4.0	15		S1y	BALINGEN
1944	01	27	19:40			48 15.5	8 59.	3	SA	BW		3.0	4.0	15		S1y	BALINGEN
1944	01	30	16:07			48 15.	8 59.	2	SA	BW		3.2	5.0	12		S1y	BALINGEN
1944	02	08	12:34:12			48 15.	8 58.5	3	SA	BW		3.4	5.0	17		S1y	BALINGEN
1944	02	09	12:02			48 15.	8 58.	4	SA	BW		3.4	5.0	20		S1y	BALINGEN
1944	03	15	01:30			47 29.4	14 59.4		CA	A			5.0			ACy	VORDERNBERG
1944	04	25	06:05:24			48 16.5	9 00.	8	SA	BW		3.8	5.0	60		S1y	BALINGEN
1944	05	17	01:40			47 42.0	14 9.0		CA	A			4.0			ACy	HINTERSTODER
1944	05	25	16:33			48 15.5	8 59.	5	SA	BW		3.6	5.0	30		S1y	BALINGEN
1944	05	29	08:51:18			48 15.	8 59.	3	SA	BW		3.6	5.5	25		S1y	BALINGEN
1944	08	17	03:39			48 15.	9 00.	3	SA	BW		3.5	5.0	20		S1y	BALINGEN
1944	08	17	04:39			48 15.	9 00.	3	SA	BW		3.5	5.0	20		S1y	BALINGEN
1944	10	13	20:24			47 25.8	9 39.6		BO	A			4.0			ACy	WILDNAU
1944	10	26	20:44			48 16.5	9 02.	3	SA	BW		3.0	5.0	10		S1y	EBINGEN
1945	01	05	23:29			47 34.8	14 27.6		CA	A			5.5			ACy	ADMONT
1945	01	10	05:06			47 34.8	14 27.6		CA	A			5.5			ACy	ADMONT
1945	02	15	23:53			48 53.	9 10.	3	EW	BW	3.0					S5y	LUDWIGSBURG
1945	03	27	00:54			48 15.	8 53.	5	SA	BW		3.1	4.0	15		S1y	BALINGEN
1945	6	16	23:47			47 4.2	9 9.0		GV	CH			4.0			E2y	MUERTSCHENSTOCK
1945	08	17	20:31			47 27.0	12 23.4		SZ	A			4.0			ACy	KITZBUEHEL
1945	12	01	02:37			48 21.	9 00.	4	SA	BW		3.2	4.5	15		S1y	HOHENZOLLERN
1946	02	10	00:59			47 4.8	9 48.0		GV	A			5.0			ACy	PROETIGAU
1946	03	08	19:19			47 28.8	13 11.4		SZ	A			5.0			ACy	WERFEN
1946	04	24	17:45			55 24.	15 36.		OS			3.2	4.0	50		WGy	E BORNHOLM
1946	04	24	18:30			55 24.	15 36.		OS			3.8	5.0	100		WGy	E BORNHOLM
1946	04	24	19:10			55 24.	15 36.		OS			3.8	5.0	100		WGy	E BORNHOLM
1947	01	16	22:31			47 45.	8 48.	4	BO	BW		3.2	4.5	17		S1y	SINGEN/HOHENTWIEL
1947	01	19	22:30			47 23.4	11 48.0		NY	A			4.0			ACy	JENBACH
1947	04	14	21:30:41			48 15.	9 03.	8	SA	BW		4.3	6.0	110		S1y	EBINGEN
1947	06	28	13:13			48 15.5	9 03.	9	SA	BW		4.5	6.5	180		S1y	EBINGEN
1947	09	14	20:05			48 13.	8 58.	6	SA	BW		3.3	4.5	25		S1y	BALINGEN
1947	12	25	23:37			47 39.	8 16.	5	SW	BW		3.2	4.5	18		S1y	WALDSHUT
1948	01	27	03:17:03			48 15.5	9 03.	12	SA	BW		4.6	5.5	110		S1y	EBINGEN
1948	02	13	09:16			47 3.6	10 39.0		WY	A			4.5			ACy	RIED
1948	2	25	3:40			48 3.0	6 42.0		VO	F			4.0			E2y	HAUTES-VOSGES
1948	06	06	14:10			48 58.	8 20.	15	SR	BW		4.1	5.0	100		S1y	FORCHHEIM/RHEIN
1948	06	07	07:15:19			48 58.	08 20.	6	SR	BW		4.7	7.0	160		ASy	FORCHHEIM/RHEIN
1948	7	5	10:46			47 27.0	8 42.0		SF	CH			4.5			E2y	KEMPTTHAL

DATUM			HERDZEIT		KOORDINATEN			TIEFE		REGION			STÄRKE				A REF	LOKATION
JAHR	MO	TA	ST	M S	BREITE	LÄNGE	QE	H	Q	SR	PR	ML	MW	MK	INT	RS		
1948	07	22	20:15		55 24.	15 36.				OS			3.6	4.5	75		WGy	E BORNHOLM
1948	8	2	22:29		47 27.0	8 42.0				SF	CH			4.0			E2y	KEMPTTHAL
1948	8	3	15:13		47 27.0	8 42.0				SF	CH			4.0			E2y	KEMPTTHAL
1948	8	3	16:12		47 27.0	8 42.0				SF	CH			4.0			E2y	KEMPTTHAL
1948	8	4	23:53		47 25.8	8 40.8				SF	CH			4.0			E2y	EFFRETIKON
1948	8	6	19: 4		47 27.0	8 42.0				SF	CH			4.5			E2y	KEMPTTHAL
1948	08	17	20:31		47 31.2	12 25.8				SZ	A			4.0			ACy	ST.JOHANN
1948	9	17	13:25		47 27.0	8 42.0				SF	CH			4.5			E2y	KEMPTTHAL
1948	09	19	13:31		48 13.5	9 00.	4			SA	BW		3.2	4.5	17		S1y	BALINGEN
1948	11	11	08:47		47 19.2	11 22.8				NY	A			4.5			ACy	INNSBRUCK
1948	11	16	11:10		47 27.0	8 42.0				SF	CH			4.0			E2y	KEMPTTHAL
1948	11	23	0:52		47 25.2	8 46.8				SF	CH			5.0	20		E2y	WEISSLINGEN
1948	11	30	23:26		47 27.0	8 42.0				SF	CH			4.0			E2y	KEMPTTHAL
1949	06	20	14:30		50 56.4	13 40.8	2			KH	SA			4.0			G1y	ZENTRAL-SACHSEN
1949	06	30	23:18:15		50 55.	6 09.				NB	NW	3.8		4.5			KNy	KOELN
1949	07	08	13:53:25		48 17.	9 00.		5		SA	BW		3.6	5.0	30		S1y	BALINGEN
1949	07	11	01:07:38		50 51.	6 39.		12		NB	NW	4.2	3.9	5.0			GZy	KOELN, KERPEN
1949	07	27	06:06:03		48 42.	7 54.				SR	F			4.0	10		RSy	STRASBOURG
1949	09	15	00:26		48 17.	8 58.		3		SA	BW		3.4	5.0	17		S1y	BALINGEN
1949	10	02	11:52		48 58.	8 20.		5		SR	BW		3.3	4.5	22		S1y	ETTLINGEN
1949	11	04			50 25.	7 28.	3			MR	RP			4.5			SCy	NEUWIED
1949	11	04	07		55 24.	12 36.				SJ	DK		2.4	4.0	10		WGy	S KOPENHAGEN
1949	11	06	07:49:31		48 15.5	8 59.5		9		SA	BW		4.1	5.5	85		S1y	ONSTMETTINGEN
* R5=13;																		
1949	12	07	17:18		47 12.6	10 54.0				WY	A			4.0			ACy	OETZ
1949	12	25	18:59		48 16.	9 01.		3		SA	BW		3.0	4.5	11		S1y	EBINGEN
1950	01	04	14:40		47 18.0	11 12.6				WY	A			4.0			ACy	REITH
1950	03	08	04:27:06		50 38.	06 43.		7		NB	NW	4.7	4.7	7.0	200		ASy	EUSKIRCHEN
1950	04	05	03:50		51 20.	10 41.		1	G	HM	TH			5.0		B	THy	SONDERSHAUSEN
1950	04	07	7:33		47 18.0	8 18.0		17		SF	CH			4.0			E2y	BOSWIL AG
1950	08	03	10:31		47 34.	7 39.		4		SR	BW		3.6	5.5	30		S1y	WEIL A. RHEIN
1950	08	09	07:52:56		47 34.	7 38.				SR	BW			4.0			SEy	WEIL A. RHEIN
1950	08	14	00:35:32		48 03.	7 08.				VO	F			4.0	4		RSy	W COLMAR/F
1950	09	26	08:16		47 34.	7 39.		5		SR	BW		3.4	4.5	22		S1y	WEIL A. RHEIN
1950	10	13	22:49:21		47 19.2	9 54.6				GV	A	3.2					ACy	HIRSCHAU
1950	10	24	11:48		47 .6	14 44.4				ET	A	4.1		6.0			ACy	REICHENFELS
1950	10	24	16:18		47 3.6	10 39.0				WY	A			4.5			ACy	RIED
1950	10	31	1:11		47 30.0	8 57.0				SF	CH			4.0			E2y	WAENGI TG
1950	11	13	18:21		50 06.	8 42.				NR	HS			4.5			RSy	FRANKFURT, HANAU
1950	12	17	13:06		47 12.0	10 42.0				WY	A			4.5			ACy	MILS
1951	01	29	00:47		47 15.6	10 45.6				WY	A			4.5			ACy	TARRENZ/IMST
1951	03	14	09:46:59		50 38.	06 43.	2	9	4	NB	NW	5.1	5.2	7.5	260		ASy	MS=5.3; EUSKIRCHEN
* Verletzte;																		
1951	03	16			50 38.	6 43.	2			NB	NW			5.0			SCy	EUSKIRCHEN
1951	03	18			50 38.	6 43.	2			NB	NW			5.0			SCy	EUSKIRCHEN
1951	03	22	15:13:58		48 12.	9 00.				SA	BW			5.0			DCy	SPAICHINGEN
1951	04	16	15:47		50 38.	6 43.		5		NB	NW		3.7	5.5	50		SCy	EUSKIRCHEN
1951	06	07	04:06:29		47 18.	11 00.		4		WY	A	3.3		6.0	32		T1y	IMST
1951	06	13	07:41		47 19.2	10 54.0				WY	A			4.5			ACy	NASSEREITH
1951	06	13	07:43		47 19.2	10 54.0				WY	A			4.5			ACy	NASSEREITH
1951	07	14	04:15		47 30.0	14 13.8				CA	A			4.5			ACy	OPPENBERG
1951	09	07	23:06:58		50 32.	5 49.		13		VE	B		4.4	6.0	165		GZy	THEUX/B
1951	10	18	19:57:44		48 16.5	9 01.		6		SA	BW		4.1	6.0	70		S1y	EBINGEN
1951	11	3	2:26		47 0.0	6 55.2				WF	CH			4.0			E2y	NEUCHÂTEL NE
1951	12	30	0:49		47 10.8	8 31.8				SF	CH			4.5			E2y	INWIL BEI ZUG ZG
1952	01	11	14:45		50 38.	6 43.	2			NB	NW			4.0			SCy	EUSKIRCHEN
1952	02	24	21:25:30		49 30.	08 19.		8		NR	RP	4.7	4.8	7.0	200		ASy	LUDWIGSHAFEN WORMS
1952	03	26	00:09		47 18.6	10 58.2				WY	A			4.0			ACy	BARWIES
1952	04	08	23:46		47 42.6	13 37.2				SZ	A			4.0			ACy	BAD ISCHL

```
         DATUM       HERDZEIT      KOORDINATEN  TIEFE REGION        STÄRKE           A REF   LOKATION
         JAHR MO TA  ST   M   S    BREITE  LÄNGE  QE  H Q  SR PR    ML    MW  MK INT RS
         1952 05 09  14:10          47 57.   7 05.         VO  F              5.5           RSy PETITE BALLON/F
         1952 05 19  21:45          47 18.6 10 58.2        WY  A              4.0           ACy BARWIES
         1952 07 10  16:12:50       48 18.   8 59.5   6    SA  BW       3.6   5.0  35       S1y EBINGEN

         1952 07 11  21:49          47 16.8 11 30.6        NY  A              4.0           ACy SOLBAD HALL
         1952 08 10  21:22:27       48 54.   7 58.         SR  F        3.4   5.0           S1y SELTZ/F
         1952 09 17  00:55          47 23.4 11 51.0        NY  A              5.0           ACy BRUCK/ZILLER
         1952 09 28  04:31          47 21.0 11 51.0        NY  A              4.0           ACy JENBACH
         1952 09 28  04:36          47 21.0 11 51.0        NY  A              4.0           ACy JENBACH

         1952 09 29  16:45:10       48 54.   7 58.    2    SR  F        4.2   7.0  40       S1y SELTZ/F
         1952 10 06  22:27:40       48 54.   7 58.    2    SR  F        3.9   6.5  20       S1y SELTZ/F
         1952 10 08  05:17:15       48 57.   7 59.   10 5  SR  F    4.8 5.0   7.0  80       LCy SELTZ/F
         * R5=35; R6=15;
         1953 01 31  21:47          47 34.8 12 10.2        SZ  A              4.0           ACy KUFSTEIN
         1953 02 15  13:07          47 34.8 12 10.2        SZ  A              4.0           ACy KUFSTEIN

         1953 02 22  20:16:21       50 55.  10 00.    1 1 4 WR HS 5.0      5.4   8.0 35 2 SMy MS=4.6; HERINGEN
         * R5= 9; R6= 5; R7= 2; Verletzte; Erdspalten;
         1953 03 26  23:16          47 16.8 11 30.6        NY  A              4.5           ACy SOLBAD HALL
         1953 05 04  06:19          47 16.8 11 30.6        NY  A              5.0           ACy SOLBAD HALL
         1953 06 01  13:09          47 28.2 14  7.8        CA  A              4.0           ACy DONNERSBACH
         1953 06 10  22:16          47 16.2 11 23.4        NY  A              5.0           ACy INNSBRUCK

         1953  8 12  21:39:57       47 15.0  7  9.0        WJ  CH             4.5       30  E2y LES GENEVEZ
         1953  8 21   6:46:20       47  3.0  9  7.2    7   CC  CH             4.5           E2y SCHILT, ENNENDA GL
         1953  8 23  21:16:55       47 18.0  7  7.2   13   WJ  CH             4.5           E2y SAINT-BRAIS
         1953 08 30  23:35:26       50 17.   5 55.          EI  B             6.0       24  GZy VIELSAM/B
         1953 12 08  07:23          49 30.   8 30.         NR  BW             4.5           RSy MANNHEIM

         1954 01 16  06:05          47 16.2 11 23.4        NY  A              4.0           ACy INNSBRUCK
         1954 02 01  04:51          50 38.   6 42.    3    NB  NW             4.0           SCy EUSKIRCHEN
         1954 02 05  21:38          47 23.4 12  8.4        NY  A              4.0           ACy KELCHSAU/KITZBUEHL
         1954 02 05  21:40          47 23.4 12  8.4        NY  A              4.0           ACy KELCHSAU/KITZBUEHL
         1954 03 11  02:30          47 34.8 12 34.2        SZ  A              4.0           ACy WAIDRING

         1954 04 04  18:39:06       48 16.5  8 59.    6    SA  BW       3.7   5.0  40       S1y BALINGEN
         1954 04 05  08:54          48 30.   8 12.    3    NW  BW       3.2   5.0  15       S1y OBERKIRCH
         1954 04 26  11:05          47 34.8 14 27.6        CA  A              4.0           ACy ADMONT
         1954 06 04  21:03          55 24.  12 36.         SJ  DK       2.8   4.0  20       WGy S KOPENHAGEN
         1954 07 03  07:51          47 16.2 11 23.4        NY  A              4.0           ACy INNSBRUCK

         1954 10 24  12:09          47 16.2 11 14.4        WY  A              5.0           ACy ZIRL
         1954 10 28  02:31          47 16.2 11 23.4        NY  A              4.5           ACy INNSBRUCK
         1954 10 28  03:07          47 15.6 11 16.2        NY  A              4.0           ACy KEMATEN
         1954 11  1  13:35: 9       47  1.2  9 18.0        GV  CH             4.0           E2y HOCHFINSLER
         1954 11 05  22:14          47 15.6 11 16.2        NY  A              4.0           ACy KEMATEN

         1954 11 06  03:35          50 56.   5 35.         BR  B              5.0       13  GZy ZUTENDAAL/B
         1954 11 18  07:59          48 27.6 15 22.2        SB  A              4.5           ACy ALBRECHTSBERG
         1955 02 02  18:43          47 12.6 10 45.6        WY  A              5.0           ACy ARZL/PITZTAL
         1955 02 04  00:42          47   .6 10 17.4        GV  A              4.0           ACy ISCHGL
         1955 03 02  23:02          47 15.6 11 16.2        NY  A              4.0           ACy KEMATEN

         1955 04 11  13:23:59       48 15.   9 02.    5    SA  BW       3.2   4.0  20       S1y EBINGEN
         1955 05 12  13:42:02       49 30.   8 30.   13    NR  BW       3.7   4.5  60       S1y MANNHEIM
         1955 05 22  04:57:32       47 18.  11 24.   10    NY  A  4.6 4.1     6.5 100       T1y INNSBRUCK, HALL
         1955 06 02  03:42          47 21.0 11 51.0        NY  A              4.0           ACy JENBACH
         1955 06 15  08:43          47 16.2 11 23.4        NY  A              4.5           ACy INNSBRUCK

         1955 06 26  18:57:27       48 15.   8 59.    5    SA  BW       3.7   5.0  35       S1y BALINGEN
         1955 06 26  19:28:07       48 15.   8 59.    5    SA  BW       3.1   4.0  16       S1y BALINGEN
         1955 06 26  19:48:10       48 15.   8 59.    5    SA  BW       3.3   4.5  22       S1y BALINGEN
         1955 06 30  23:12:48       48 15.   8 59.    5    SA  BW       3.3   4.5  20       S1y BALINGEN
         1955 07 02  18:09:26       48 15.   8 59.    5    SA  BW       3.1   4.0  16       S1y BALINGEN

         1955 08 10  22:46:30       47 24.  10 42.         WY  A              4.5       18  T1y NAMLOS/A; TIROL
         1955 08 22  00:10          47 16.2 11 23.4        NY  A              4.5           ACy INNSBRUCK
         1955 09 03  12:44:54       47 48.   7 42.         SR  BW             4.0           RSy FREIBURG/BREISGAU
         1955 09 15  02:02          47 16.2 11 23.4        NY  A              4.0           ACy INNSBRUCK
         1955 10 18  22:08          47 16.2 11 23.4        NY  A              4.0           ACy INNSBRUCK
```

```
         DATUM      HERDZEIT       KOORDINATEN   TIEFE  REGION       STÄRKE           A REF  LOKATION
         JAHR MO TA ST  M   S      BREITE  LÄNGE QE  H Q SR PR   ML  MW  MK  INT  RS
         1955 10 21 20:40:59 48 17.   9 02.      5    SA BW        3.6 5.0  25      S1y EBINGEN
         1955 10 27 01:15       47 25.   6 00.             F               4.5      E1y BESANCON/F
         1955 11 03 14:27:45 47 25.   6 00.     10       F          4.2 6.0          LCy BESANCON/F
            * R5= 6;
         1955 11 06 17:06       47 16.2 11 23.4          NY A               4.0      ACy INNSBRUCK
         1955 11 23 06:39:12 47 25.   5 59.      5       F          4.2 6.0          LCy BESANCON/F
            * R5= 7; R6= 3;

         1955 12 04 00:42       47  3.6 10 22.8          WY A               4.0      ACy KAPPL
         1955 12 24 23:40:29 47  9.6   9 48.6          GV A 3.4                      ACy BLUDENZ
         1956 02 08 00:10       47 17.4 11 28.2          NY A               4.0      ACy THAUR/INNSBRUCK
         1956 03 02 03:29:05 47 53.   7 56.      7    SW BW        3.5 4.5  30      S1y FREIBURG I.
         BREISGAU
         1956 07 09 16:49       47 13.8 11 24.6          NY A               4.0      ACy IGLS

         1956 08 01 09:40:33 48 18.   9 01.      8    SA BW        4.3 6.0 100      S1y EBINGEN
         1956 09 15 15:53       50 35.   6 39.   2    EI NW               4.0       SCy MECHERNICH
         1956 09 16 21:07:17 48 04.   7 24.             SR F               5.0      RSy SUNDHOFFEN/F
         1956 10 02 00:42       50 22.   7 23.          MR NW              4.0      SCy NEUWIED BASIN
         1956 11 24 04:12       47 13.8 11 24.6          NY A               4.0      ACy IGLS

         1957 04 24 18:20:47 50 30.  16  0.           SU CR 3.7           5.0       PKy UPICE
         1957  5  1 18:49:50 47  4.8  9 36.0          GV CH               4.0       E2y GRAUSPITZ, STEG FL
         1957 08 04 05:17:18 47 31.8   7 30.          SR CH               4.0  10   RSy BASEL
         1957 08 05 22:08:46 50 36.   6 40.   3    EI NW 3.0              4.0       SCy EUSKIRCHEN
         1957 08 28 11:45:09 48 14.   9 01.   4    SA BW        3.2 4.0  15        S1y EBINGEN

         1957 08 29 03:45:54 48 14.   9 01.   9    SA BW        4.3 6.0 120        S1y EBINGEN
         1957 09 14 12:38       47 16.2 11 23.4          NY A               4.0      ACy INNSBRUCK
         1957 09 23 11:20:05 48 17.   8 59.5   8    SA BW        3.7 5.0  50       S1y BALINGEN
         1957 11 01 20:00       47 16.2 10 55.8          WY A               4.0      ACy SILZ
         1957 11 01 20:10       47 16.2 10 55.8          WY A               4.0      ACy SILZ

         1957 11 01 20:30       47 16.2 10 55.8          WY A               4.0      ACy SILZ
         1957 12 08 05:54:38 48 14.   9 01.    3    SA BW        3.1 4.5  16       S1y EBINGEN
         1957 12 22 13:50       47 43.2 14 19.8          CA A               4.0      ACy WINDISCHGARSTEN
         1958 01 11 05:33       47 16.2 11 23.4          NY A               4.0      ACy INNSBRUCK
         1958 01 13 07:36       47 36.6 15 40.2          MM A 2.3           6.0      ACy MUERZZUSCHLAG

         1958  4 12  5:53:28 47 15.0   9 30.0          GV CH               4.0       E2y SALEZ, SENNWALD
         1958 05 11 14:04       47  9.6 10 35.4          WY A               4.0      ACy ZAMS
         1958 07 08 05:02:24 50 50.  10 07.   1  1 4 WR TH 4.8     5.2 7.5  19 2    SMy MS=4.4; MERKERS
            * R5= 7; R6= 4; R7= 2;
         1958 07 20 19:46       47 49.2 14 38.4          CA A               5.0      ACy KLEINREIFLING
         1958 07 21 01:55       47 15.0 10 44.4          WY A               4.5      ACy IMST

         1958 09 05 10:48       47 16.2 11 23.4          NY A               4.0      ACy INNSBRUCK
         1958 09 30 08:45:27 47 14.  10 34.    5    WY A 4.5              6.5 200   T1y LANDECK
            * R5=10;
         1958 09 30 22:08       47 13.8 10 35.4          WY A               4.0      ACy LANDECK
         1958 10 01 05:03       47 13.8 10 35.4          WY A               4.0      ACy LANDECK
         1958 10 05             47 13.8 10 35.4          WY A               4.5      ACy LANDECK

         1958 12 10 19:15       47 53.4 14 15.0          CA A               4.5      ACy MOLLN
         1959 02 17 01:54       48 27.0 15 33.6          EF A 3.5           6.0      ACy SENFTENBERG
         1959 02 23 07:30       47 18.0 11 30.0          NY A               4.0      ACy KARWENDEL
         1959 03 18 23:21:21 48 17.5   9 00.5   6    SA BW        3.7 5.0  40       S1y EBINGEN
         1959  4 25 17:47:25 47 24.0   9  9.0          SF CH               4.0       E2y BILTEN (GL)

         1959 06 03 23:35:22 49 24.   8 43.    2    NR BW              5.0   5      RSy HEIDELBERG
         1959 06 29 04:26:06 49 24.   8 43.    2    NR BW              4.0   5      RSy HEIDELBERG
         1959 07 02 03:36       47 16.8 11 30.6          NY A               4.0      ACy SOLBAD HALL
         1959 08 29 07:44       47 19.8 11 11.4          WY A               4.5      ACy SEEFELD
         1959 09 04 08:56:54 48 23.   07 43.    2  4 SR F          4.1 7.0  22      ASy BOOFZHEIM/F

         1959 09 20 19:19       47 34.2 13 21.0          SZ A               4.5      ACy ABTENAU
         1960 01 02 10:36       47 25.2   9 22.2         SF CH               4.0      E2y ST.GALLEN
         1960 03 28 02:52:14 48 18.   9 02.    6    SA BW        3.7 5.0  40       S1y EBINGEN
         1960 04 05 04:25:44 48 18.   9 02.    5    SA BW        3.3 4.5  20       S1y EBINGEN
         1960 04 26  0:50       47 30.0   8 12.0         SF CH               4.0      E2y RINIKEN BEI BRUGG
```

```
           DATUM       HERDZEIT      KOORDINATEN  TIEFE REGION       STÄRKE         A REF  LOKATION
           JAHR MO TA  ST   M   S    BREITE  LÄNGE QE  H Q SR PR ML  MW MK  INT RS
           1960 04 29  11:32         47 18.0 11 30.0       NY  A       4.0          ACy KARWENDEL
           1960 05 07  23:10         47 22.2  8 31.8       SF  CH      4.0          E2y ZUERICH
           1960 05 10  23:45         47 22.2  8 31.8       SF  CH      4.5          E2y ZUERICH
           1960 05 13  03:55:34 48 25.    7 20.      3     SR  F   3.7 6.0  25       RSy MOLSHEIM/F
           1960  5 20   8:45         47 22.2  8 31.8       SF  CH      4.0          E2y ZUERICH

           1960 05 23  01:08:25 48 25.    7 16.            VO  F       5.0  16      RSy NE ST. DIE/F
           1960 06 19  03:35:14 47 32.    7 24.      9     SR  F   3.8 5.0  60      S1y WEIL A. RHEIN
           1960 06 25  14:29:13 51 11.2   5 41.     13     NB  B 4.2 4.0 5.0 135    A1y STRAMPROY/B
           1960 06 25  17:15         47  4.8 13 42.0       SZ  A       4.5          ACy ST.MARGARETHEN
           1960 08 11  03:19         47 18.0 11 30.0       NY  A       4.5          ACy KARWENDEL

           1960 08 11  03:19:15 47 18.   11 30.            NY  A       4.5  20      T1y BETTELWURFSPITZE
           1960 08 17  15:28:06 49 42.0  7 15.4      6     HU  RP  3.7 5.0  38      S1y BIRKENFELD/SAAR
           1960 11 19  03:40         47 15.0 10 44.4       WY  A       4.0          ACy IMST
           1961 02 02  13:05         48 38.   9 04.      6 SA  BW 3.1                S5y SINDELFINGEN
           1961 02 03  23:57:51 50 54.    6 14.      1     NB  NW      5.0        C A1y SIERSDORF

           1961  2 14  20:34:58 47  0.   9 43.2            EA  CH      5.0          E2y SCHIERS/GR
           1961 03 14  14:10         47 40.   9 00.        BO  BW      4.0          SEy SINGEN/HOHENTWIEL
           1961 04 18  03:09:28 48 16.5  9 04.       3     SA  BW  3.1 4.5  12      S1y EBINGEN
           1961 04 19  00:16:10 48 17.   9 02.       3     SA  BW  3.6 5.5 150      S1y EBINGEN
           1961 04 28  20:48:49 47 43.   7 53.      22     SW  BW  4.4 6.0 140      S1y SCHOPFHEIM

           1961 05 02  07:56         48 23.   7 41.      2 SR  BW  3.2 5.0  10      S1y LAHR
           1961 06 29  11:52:49 50 49.2 10  6.6 1  1 4 WR  TH 3.7     6.0    2      G1y MERKERS
           * R5= 4;
           1961 07 09  20:10         47 14.4  9 36.0       GV  A       4.0          ACy FELDKIRCH
           1961 07 22  22:05:46 47 54.   6 24.       3     VO  F   3.4 5.5  20      RSy LE VAL-D'AJOL/F
           1961 07 26  12:01         47 25.2 13 18.6       SZ  A       5.5          ACy HUETTAU

           1961 08 25  12:22         47 24.  10 36.       8 WY A        5.5  45     T2y STANZACH
           * R5=10;
           1961 08 25  22:29         47 19.2 10 36.0       WY  A       4.0          ACy HAESELGEHR
           1961 08 27  13:26         47 19.2 10 30.0       WY  A       4.0          ACy HAESELGEHR
           1961 09 10  04:15         47 19.2 10 36.0       WY  A       4.0          ACy HAESELGEHR
           1961 10 04  12:21         47 33.0 12 41.4       SZ  A 3.0   5.5          ACy LOFERER STEINBERGE

           1961 10 25  22:50:56 51 29.    7 07.      1     RU  NW      4.0   5    C A1y ESSEN
           1962 01 21  06:49:49 48 17.    8 59.      3     SA  BW  3.3 5.0  15      S1y BALINGEN
           1962 04 09  00:14:32 48 17.    9 01.      5     SA  BW  3.5 5.0  30      S1y EBINGEN
           1962 07 03  00:59:40 48 23.    9 01.      6     SA  BW  3.7 5.0  27      S1y EBINGEN
           1962 07 04  09:02         47 23.4 11 46.2       NY  A       4.0          ACy JENBACH

           1962  9  8  18:20         47 33.0  8 33.0       SF  CH      5.5  11      E2y EGLISAU
           1962 09 13   6:31:42 50 25.3 12 30.6 2  7 1 VG  SA 3.0                   NLy KLINGENTHAL
           1962 09 17  22:18:41 50 25.3 12 30.6 2  7 1 VG  SA 3.1                   NLy KLINGENTHAL
           1962 09 18   7:41:56 50 25.3 12 30.6 2  7 1 VG  SA 3.3                   NLy KLINGENTHAL
           1962 09 18  10:19:35 50 25.3 12 30.6 2  7 1 VG  SA 3.0                   NLy KLINGENTHAL

           1962 09 19  23:16: 8 50 25.3 12 30.6 2  7 1 VG  SA 3.1                   NLy KLINGENTHAL
           1962 09 21   5:50:40 50 25.3 12 30.6 2  7 1 VG  SA 3.0                   NLy KLINGENTHAL
           1962 09 27  21:33         47 24.0 11 49.2       NY  A       5.0          ACy JENBACH
           1962 10 04   8:27:34 50 25.3 12 30.6 2  7 1 VG  SA 3.2                   NLy KLINGENTHAL
           1962 10 04  18:28:20 50 25.3 12 30.6 2  7 1 VG  SA 2.7     5.0           NLy KLINGENTHAL

           1962 10 18  00:19         47 23.4 11 46.2       NY  A       4.0          ACy JENBACH
           1962 11 29  04:57:34 47 48.   11 06.       1    BM  BY      4.0        B KOy HOHER PEISSENBERG
           1963 02 05  12:21         47 16.2 11 23.4       NY  A       5.0          ACy INNSBRUCK
           1963 02 05  12:26         47 16.2 11 23.4       NY  A       4.5          ACy INNSBRUCK
           1963 03 10  05:51:33 51 01.    5 36.      8 1   BR  B 3.5                A1y PROVINZ LIMBURG/B

           1963 04 10  20:16         47 30.6 13 25.8       SZ  A       5.0          ACy ANNABERG/LAMMERTAL
           1963 04 19  09:54         47 46.2 14 12.6       CA  A       4.0          ACy ST.PANKRAZ
           1963 06 25  17:42:02 50 35.   07 19.5 2  7 2 MR RP 3.0      4.0  30      N5y REMAGEN
           1963 06 25  22:16:11 50 35.   07 19.5 2  7 2 MR RP 3.2      4.0  30      N5y REMAGEN
           1963 08 09  19:14:07 51 11.5 06 24.   2  8 2 NB NW 3.6  3.6 4.5  40      N5y RHEYDT

           1963 08 13  21:16:08 51 31.   07 12.      1 1   RU  NW      4.5        C N5y ESSEN
           1963  8 17  13:21         47  6.0  9 19.2       GV  CH      4.5          E2y WALENSTADT
```

DATUM	HERDZEIT	KOORDINATEN	TIEFE	REGION			STÄRKE				A	REF	LOKATION
JAHR MO TA	ST M S	BREITE LÄNGE	QE	H Q	SR PR	ML	MW	MK	INT	RS			
1963 09 26	22:32	47 30.6 12 19.8			SZ A				5.0			ACy	GOING/KITZBUEHEL
1963 11 11	23:44:38	50 35. 07 19.5	8		MR RP	3.0			4.0	25		N5y	RMKAGEN
1963 12 08	13:35	47 15.6 10 20.4			GV A				4.0			ACy	HOLZGAU/REUTTE
1963 12 29	23:28	47 13.8 11 24.6			NY A				4.0			ACy	IGLS
1964 02 01	05:44	47 31.2 14 54.6			CA A				5.0			ACy	EISENERZ
1964 02 10	17:37:54	50 06. 08 45.5	1	2 1	NR HS		2.6		4.5	6		B2y	OFFENBACH/MAIN
1964 3 10	16: 0:29	47 7.8 9 19.2			GV CH				4.0			E2y	GLARUS
1964 04 22	20:01:11	50 35. 07 19.5	2		MR RP	2.9			4.0	16		N5y	REMAGEN
1964 05 04	20:39:50	47 40.5 09 05.		11 1	BO BW		3.3		4.5	17		N5y	REICHENAU
1964 06 04	22:28:22	51 59. 09 16.	1		SX ND	3.2			4.5	15	1	A2y	BAD PYRMONT
1964 06 06	12:29:59	47 42. 15 54.			VB A	3.6			5.0			PKy	WALDEGG
1964 06 12	20:57	47 18.6 10 29.4			WY A				4.0			ACy	HAESELGEHR
1964 07 07	08:50	47 9.6 10 35.4			WY A				4.0			ACy	ZAMS
1964 10 27	19:46	47 37.8 15 48.6			VB A	5.3			6.5			ACy	SEMMERING
1964 12 15	5:34	48 4.2 6 36.0	20		VO F				4.0			E2y	HAUTES-VOSGES
1964 12 22	04:02:54	48 17.5 09 06.	2	2 1	SA BW		2.4		4.0	7		N5y	EBINGEN
1965 03 27	03:11:58	48 02.3 09 31.8	1	2 1	SA BW	3.4	3.2		5.0	23		S3y	SAULGAU
* R5= 7;													
1965 03 27	06:29:54	48 02. 09 32.	2	2 1	SA BW		2.0		4.0	7		N5y	SAULGAU
1965 03 30	17:34:37	48 02. 09 33.5	2	2	SA BW	3.5	3.2		5.0	10		S3y	SAULGAU
* R5= 5;													
1965 4 4	15:57	47 56.4 7 25.2			SR F	3.3						E2y	VOSGES
1965 4 13	14:11	47 20.4 7 34.8			WF CH	3.6						E2y	HOHE WINDE
1965 5 18	20:34:40	47 0.0 7 12.0			WF CH	3.1						E2y	MURTENSEE
1965 05 19	00:06:39	48 16. 08 53.	2	2 1	SA BW		2.1		4.0	5		N5y	BALINGEN
1965 05 25	03:29:02	48 04.5 09 33.	2	2 1	SA BW	3.6	3.2		5.0	20		S3y	SAULGAU
* R5= 6;													
1965 6 21	22:38	47 16.8 9 19.2			GV CH				4.0			E2y	KRONBERG
1965 06 29	00:43:43	47 8.4 10 .0			GV A	4.0						ACy	WALD/ARLBERG
1965 07 09	00:20	47 18. 11 24.	1		NY A	3.5	3.9		6.0	40		T2y	INNSBRUCK
* R5= 4;													
1965 07 09	22:48:48	47 48. 12 54.			BY BY				5.0	15		BCy	BAD REICHENHALL
1965 09 07	20:08:01	49 07. 08 07.	2	3 2	SR RP		2.2		4.0	10		N5y	LANDAU/PFALZ
1965 09 19	08:10:44	47 57. 08 16.	2	18 1	SW BW	4.4	4.5		6.0	60		N5y	NEUSTADT/SCHW.
1965 10 10	05:23	47 7.8 10 1.8			GV A				4.5			ACy	WALD/ARLBERG
1965 12 17	03:57:37	51 34. 7 50.		1 1	RU NW	3.2					C	N5y	UNNA
* Tote;													
1965 12 21	10:00:03	50 40. 5 35.	2		BR B	4.4	4.2		7.0	135		A2y	LUETTICH/B
1966 2 3	17:40:06	47 58.8 7 37.8	25		SR F	3.3						E2y	W FREIBURG
1966 3 16	11:23:46	47 25.2 8 13.8			SF CH	3.3			4.5	70		E2y	MAEGENWIL
1966 03 16	13:27	47 16.2 11 23.4			NY A				5.0			ACy	INNSBRUCK
1966 04 07	08:08:09	48 17. 09 05.5	4		SA BW	3.2	3.0		4.0	10		S3y	EBINGEN
1966 06 03	03:16	47 18.6 10 56.4			WY A				4.5			ACy	BARWIES/GSCHWEND
1966 7 2	6:15:23	47 28.8 6 18.0	10		F		2.7		4.0			E2y	PLAT. HAUTE-SAONE
1966 07 11	16:15	47 18.6 10 56.4			WY A				4.5			ACy	BARWIES/GSCHWEND
1966 08 22	03:42	47 51.0 15 33.6			CA A				4.0			ACy	ST.AEGYD
1966 10 03	20:27	47 24.0 13 31.2			SZ A				4.5			ACy	FILZMOOS/MANDLING
1966 10 11	03:30	47 24.0 13 28.8			SZ A				4.0			ACy	RADSTADT
1966 11 04	17:33	47 24.0 11 30.0			NY A				4.0			ACy	KARWENDEL
1966 11 23	10:50	47 19.8 9 38.4			GV A				4.0			ACy	GOETZIS
1967 01 04	04:43:50	50 04.8 8 12.4	1	3 1	MR HS	2.0			4.0	6		B1y	WIESBADEN
* Azi= 70; Axe=4:1;													
1967 01 04	08:01:30	50 04.8 8 12.4	1	3 1	MR HS	2.1			4.0	6		B1y	WIESBADEN
* Azi= 70; Axe=4:1;													
1967 01 29	00:12:12	47 53.4 14 15.0	8		CA A	4.6			6.5			ACy	MOLLN
1967 01 30	05:07	47 53.4 14 15.0			CA A				4.0			ACy	MOLLN
1967 02 12	23:19	47 53.4 14 15.0			CA A				4.5			ACy	MOLLN
1967 03 01	22:50	47 18.6 10 58.2			WY A				4.0			ACy	BARWIES
1967 03 06	02:33	47 30.0 14 44.4			CA A				4.5			ACy	ZEIRITZKAMPEL
1967 05 10	07:51	47 49.2 14 9.6			CA A				5.0			ACy	KLAUS

```
           DATUM        HERDZEIT       KOORDINATEN    TIEFE REGION        STÄRKE             A REF   LOKATION
           JAHR MO TA ST  M  S      BREITE   LÄNGE  QE  H Q  SR PR  ML    MW  MK  INT  RS
           1967 06  7 16:19        47 53.4 14 15.0        CA  A           5.0         ACy MOLLN
           1967 06 13 17:40        47 53.4 14 15.0        CA  A           5.0         ACy MOLLN
           1967 07 16 14:04        47 13.   5 26.    5       F  4.1   4.0 5.0         LCy D'AUXONNE
           1967  7 21 21:48:59     47 10.8  9 22.8   10    GV CH          4.0         E2y TOBELSAEGE
           1967  8 18 12: 2:50     47  0.0 10 30.0          WY  A  3.7                E2y N FINSTERMUENZ

           1967 09 16 06:53:42     47 50.   11 06.   3 1  BM BY           5.0       B KOy HOHER PEISSENBERG
           1967 10 09 10:03:00     47 47.   11 06.     1  BM BY           5.5       B KOy HOHER PEISSENBERG
           1967 10 31 20:53        47 16.2 11 23.4          NY  A         4.0         ACy INNSBRUCK
           1967 11 23 13:19        47 47.   11 06.     1  BM BY           5.0       B FUy HOHER PEISSENBERG
           1967 12  4  2:58:46     47  0.0  7 48.0          SF CH  3.0    3.5         E2y TRACHSELWALD

           1968 02 29 14:17        47 11.4  9 42.6          GV  A         4.0         ACy NENZING/WALGAU
           1968 03 28 04:22        47 49.2 14  9.6          CA  A         4.0         ACy KLAUS
           1968  4 11 17:21:25     47 13.2  9 33.6   4    GV CH  3.1      5.0         E2y SW OF FELDKIRCH
           1968  5  7 21:44:27     47 19.8  9  7.2          SF CH  3.2    4.0         E2y SCHWANDEN
           1968  6 20  5: 4:32     47 46.2  6  5.4   25       F  3.3                  E2y N BELFORT

           1968 07 21 00:57:38     50 07.4  8 24.3  1  1 1 NR HS  2.0  2.1 4.0    4  JHy LORSBACH
           1968 09 18 03:02        47 49.2 14  9.6          CA  A         5.0         ACy KLAUS
           1968 10 14 16:19        47 18.0 11  6.0          WY  A         4.0         ACy HOHE MUNDE
           1968 10 15 19:19        47 18.0 11  6.0          WY  A         4.5         ACy HOHE MUNDE
           1968 10 29 02:57        47  4.2 10 58.2          WY  A         4.5         ACy LOENGENFELD

           1968 11 03 06:27:02     48 16.   9 02.    3    SA BW  2.8  2.3 4.0    6  S2y ONSTMETTINGEN
           1968 12 06 19:53        47 53.4 14 15.0          CA  A         4.0         ACy MOLLN
           1969 01 28 21:25:58     50 22.   8 03.    8    MR RP  2.9      4.0   17   N6y SW LIMBURG/LAHN
           1969  2  1 15:39:19     47 38.4  8 51.6   5    BO CH  3.1                  E2y FRAUENFELD
           1969 02 17 16:20        47 47.  11 06.      1  BM BY           5.0       B FUy HOHER PEISSENBERG

           1969 02 22 23:15:25     48 45.   9 04.    2    SA BW  2.0      4.0    5  C1y STUTTGART
           1969 02 26 01:28:01     48 17.5  9 00.5   8    SA BW  4.8  4.8 7.0  175  S3y MS=3.9; TAILFINGEN
           1969 03 01 20:27:17     48 17.5  9 02.0   2    SA BW  3.2                 S3y TAILFINGEN
           1969 05 22 20:44        47 40.2 14 20.4          CA  A         5.0         ACy SPITAL AM PYHRN
           1969 06 06 05:27:23     48 17.   9 05.0   4    SA BW  2.6  3.0 4.0   11  S3y EBINGEN

           1969 06 19 13:18:55     47 18.  11 24.           NY  A         4.0         C1y HALL
           1969 06 23 00:54:03     48 19.   9 01.0   5    SA BW  3.1  3.3 4.5   15  S3y EBINGEN
           1969 07 07 17:38:21     48 58.5  9 03.    10   NW BW  2.5      4.0   10  C1y LUDWIGSBURG
           1969 07 09 13:56:37     51 30.   7 12.    1    RU NW  2.4      4.5       B A2y BOCHUM
           1969 09 17 11:46:27     47 46.  11 06.      1  BM BY           5.5       B C1y HOHER PEISSENBERG

           1969 09 22 23:45:19     48 15.0  9 04.0   5    SA BW  2.9  3.1 4.0   12  S3y EBINGEN
           1969 09 29 21:59:30     48 18.   9 04.    3    SA BW  2.9  2.9 4.0   16  S3y EBINGEN
           1969 11 21 11:26        47 14.4 11 18.6          NY  A         4.0         ACy GOETZENS
           1969 11 26 22:28:16     47 45.  11 06.      1  BM BY           4.5       B C1y HOHER PEISSENBERG
           1969 12 18 11:05        47 22.8 13  7.8          SZ  A         4.0         ACy MUEHLBACH

           1969 12 20 08:36:24     47 48.  11 06.      1  BM BY           5.0       B C1y HOHER PEISSENBERG
           1970 01 10 12:09:40     50 58.   5 27.           BR  B  3.3    5.0   15  C2y GENK/B
           1970 01 22 15:25:17     48 17.   9 02.    8    SA BW           4.8 7.0 230 S1y EBINGEN
           1970 01 24 04:16:55     48 17.   9 00.    3    SA BW  3.1                 C2y BALINGEN
           1970 01 24 07:43:22     48 18.   8 57.    2    SA BW  3.2                 S3y BALINGEN

           1970 01 24 21:14:23     48 18.   8 59.    2    SA BW  3.2                 S3y BALINGEN
           1970 02 13 14:53:27     48 20.   9 04.         SA BW  3.2      4.0         S3y EBINGEN
           1970 02 23 14:42:53     49 08.   6 46.    2    SM  F  2.8      4.5       C A2y MERLEBACH/F
           1970 03 02 15:23        47 49.2 14  9.6          CA  A         4.0         ACy KLAUS
           1970 03 06 01:54:47     47 48.  11 06.      1  BM BY           4.0       B C2y HOHER PEISSENBERG

           1970  3 11  2:32:12     47 30.0  9  6.0          SF CH         4.5         E2y WUPPENAU
           1970 03 21 20:40:21     48 19.   9 03.    2    SA BW  3.3  3.2 5.0   23  S1y EBINGEN
           1970 04 05 23:04        47 11.4  9 42.6          GV  A         4.0         ACy NENZING/WALGAU
           1970 04 10 20:19:06     48 19.   9 03.    2    SA BW  3.9  3.4 5.5   35  S1y EBINGEN
           1970 05 10 01:49        47 14.4  9 36.0          GV  A  2.5    6.0         ACy FELDKIRCH

           1970 05 24 07:28:24     48 18.   9 06.    2    SA BW  3.5  3.3 3.5       C2y EBINGEN
           1970 05 25 17:45:06     48 20.   9 01.    2    SA BW  2.9  3.2 5.5       S1y EBINGEN
           1970 05 29 07:28:23     48 18.   9 06.         SA BW  3.5                 C2y EBINGEN
           1970 05 30 16:38:03     48 19.   9 02.    5    SA BW  3.6  3.3 5.0       S1y EBINGEN
           1970 05 31 08:11:29     48 19.   9 03.    2    SA BW  4.0  4.0 5.0   35  S1y EBINGEN
```

```
         DATUM     HERDZEIT       KOORDINATEN   TIEFE  REGION          STÄRKE             A REF  LOKATION
         JAHR MO TA ST   M   S    BREITE  LÄNGE  QE   H Q  SR PR  ML   MW  MK  INT RS
         1970 06 09 03:49          47  6.0 13 54.0           SZ  A          4.0              ACy RAMINGSTEIN
         1970 06 23 22:13:32 47 48.  11 07.     1        BM BY          4.0            B C2y HOHER PEISSENBERG
         1970  7 23 17:14:11 47  0.0  8 18.0             CC CH 3.3      3.5              E2y HORW
         1970 09 10 13:47:19 49 54.  12 06.     2        VG BY 3.5      4.0              FUy FICHTELGEBIRGE
         1970 10 28 01:15       47 13.8 11 16.8           NY  A          4.5              ACy ZIRL

         1970 12 01 10:49:08 50 13.   7 42.    10        MR RP 3.8      4.5  80          C2y BOPPARD
         1970 12 10 08:27:20 48 18.   8 54.    18        SA BW 3.0                       N7y BALINGEN
         1970 12 15 19          48  0.0  6 37.2          VO  F          4.5              E2y REMIREMONT
         1971 01 15 02:55:19 48 18.   8 57.     8        SA BW 4.1  3.8 5.0  22          S1y BALINGEN
         1971 02 18 23:41:25 51 03.   5 57.    22        NB NW 4.4  4.2 4.5 130          C3y KONINGSBOSCH/NL
           * Azi= 50; Axe=2:1;

         1971 03 09 21:33:08 48 17.   6 38.     5 1      VO  F 3.8  3.9 5.0  35          LCy RAMBERVILLE
         1971 03 10 05          47 53.4 14 15.0  3        CA  A 1.3      4.0              ACy MOLLN
         1971 03 20 02:20       47 14.4 11 22.8  2        NY  A          4.0              ACy NATTERS
         1971 04 04 05:00:53 51 45.  11 31.2 1  1        HZ AH 4.6      6.5            2 C3y ASCHERSLEBEN
         1971 04 29 04:35:29 48 19.   9 00.     8        SA BW 3.5  3.5 5.0  27          S1y BALINGEN

         1971  5  3  5:53:51 47 25.2  8  4.8             SF CH 2.9      4.0              E2y BIBERSTEIN
         1971 05 18 20:31:04 50 57.5  6 40.5    1        NB NW 1.8      4.5           3 B C3y BERGHEIM
         1971 05 19 17:30:44 48 15.   9 02.     7        SA BW 3.8  3.9 5.0  20          S1y EBINGEN
         1971 06 08 02:22:02 48 21.   8 56.     6        SA BW 4.2  3.5 6.0  25          S1y BALINGEN
         1971 06 17 07:40:43 47 42.   8 42.    20        BO CH 4.2      5.0  80          C3y SCHAFFHAUSEN

         1971 07 12 07:10:50 49 24.   8 37.     6 4      NR BW 3.8  3.7 5.0  40          N7y HEIDELBERG
         1971  8  3  5:17:40 47 57.6  8  0.6             SW BW 3.5                       E2y E FREIBURG
         1971 08 07 05:50:49 51 39.   7 04.     1        RU NW 2.8      5.0            B C3y MARL-HUELS
         1971 09 03 21:33:08 48 19.   6 35.     6        VO  F 3.7      5.0              C3y N EPINAL/F
         1971 09 22 18:35:50 48 19.   9 05.     2        SA BW 3.1  3.5 5.0  15          S1y EBINGEN

         1971 09 28 18:10:54 50 38.   7 10.     8        MR NW 3.3      4.0  22          C3y MEHLEM, SE BONN
         1971 09 29 07:18:52 47 06.   9 00.    12        CC CH 4.5      7.0 170          SEy GLARUS, URI/CH
         1971 10 19 10:58:09 47 36.6  8 54.6             BO CH 3.2                       E2y FRAUENFELD
         1971 11 19 03:03:45 48 14.   9 35.    10        EW BW 3.9  3.3 5.0  15          S1y MUNDERKINGEN/DONAU
         1971 12 18 13:33:11 48 48.   8 12.     4        SR BW 3.0  2.8 4.0  10          C3y RASTATT

         1971 12 23 20:21:17 47 15.0 11 27.0    8        NY  A 2.8      4.5              ACy ALDRANS/INNSBRUCK
         1972 01 06 23:04:19 51 38.   7 07.     1        RU NW 3.2      5.0            B C4y RECKLINGHAUSEN
         1972 02 17 04:03:31 50 36.   6 00.              VE  B 3.1      4.0  20          C4y S VERVIERS/B
         1972 02 19 00:41:24 50 28.   5 56.    26        VE  B 3.2      4.0  35          C4y S VERVIERS/B
         1972 02 25 02:37       47 19.2 10  9.6  4        GV  A 1.6      4.0              ACy MITTELBERG

         1972 02 28 15:41:10 49 21.6  8 20.7   20        NR RP 3.2  3.9 5.0  25          IGy SPEYER
         1972 03 15 23:38:20 51 30.   7 03.     1        RU NW          4.0            B C4y ESSEN
         1972  3 22  0:10:11 47  0.0  9 15.0   10        GV CH 3.0      4.0              E2y HOCHFINSLER
         1972 04 06 10:02:07 51 33.   6 45.     1        RU NW          4.5            B C4y DUISBURG
         1972 04 07 08:06:20 50 58.   6 38.     2        NB NW 2.4      4.5            4 C4y DUEREN

         1972 04 09 00:28       47 14.4 11 22.8  7        NY  A 3.0      5.0              ACy NATTERS
         1972 05 14 11:20       47 51.6 15  1.8  3        CA  A          4.5              ACy LUNZ/SCHEIBBS
         1972 05 17 08:13:51 48 16.   9 04.     5        SA BW      3.5 5.0  32          S1y EBINGEN
         1972 05 18 08:11:01 48 17.   9 02.     8        SA BW 4.8  4.5 7.0 125          S1y EBINGEN
         1972 06 17 09:03       48 21.6 14 31.8  4        SB  A 3.6      6.5              ACy PREGARTEN

         1972 06 18 23:33       48 22.2 14 31.2  4        SB  A 2.4      5.0              ACy HAGENBERG
         1972 07 04 08:57:34 48 17.   9 03.     8        SA BW 3.2                       C4y EBINGEN
         1972 07 21 04:29       47 14.4 11 22.8  5        NY  A 2.4      4.5              ACy NATTERS
         1972  8  5  1:14:03 47  3.6  7 34.2   12        WF CH 3.1                       E2y LYSSACH
         1972  8 27  6:13: 8 47 19.2  7 36.0   18        WF CH 3.3      4.0              E2y AEDERMANNSDORF

         1972 10 17 11:01:27 48 16.   9 03.    10        SA BW 3.5                       C4y EBINGEN
         1972 12 30 05:48:27 51 48.   5 52.              NB NW 3.2      4.0 20           C4y NIJMEGEN/NL
         1973 02 22 06:48:32 48 15.   6 33.8    5        VO  F 3.2      3.0              C5y N EPINAL/F
         1973 03 03 10:53:45 50 19.9 12 24.8 2           VG SA 2.6      4.0              NLy FALKENSTEIN/V.
         1973 03 05 20:06:14 51 33.   7 13.     1        RU NW 3.3               C C5y ESSEN
           * Tote;

         1973 03 11  9: 5:24 50 19.9 12 24.8 2           VG SA 3.0      3.0              NLy FALKENSTEIN/V.
         1973 03 11 12:17:23 50 19.9 12 24.8 2           VG SA 3.0      4.5              NLy FALKENSTEIN/V.
```

```
        DATUM      HERDZEIT      KOORDINATEN  TIEFE REGION        STÄRKE           A REF  LOKATION
       JAHR MO TA  ST  M   S     BREITE  LÄNGE QE   H Q SR PR  ML  MW  MK  INT  RS
       1973  3 20  18: 9:24    48  4.2   5 50.4   5       F 3.1                          E2y MT. DES FOURCHES
       1973 03 24  11:45       47 14.4  11 22.8   7    NY A 2.7          4.5             ACy NATTERS
       1973 04 20  12:24:21    49 24.    6 00.    1       F 4.3                       2  C5y S ARLON/B

       1973 05 15  22:51:55    47 06.   12 57.   18    SZ A 4.1          5.0             ACy SONNBLICK
       1973 06 10  02          48 22.2  14 31.2   1    SB A              4.5             ACy HAGENBERG
       1973 06 12  21:03       47 32.4  15 30.6   8    MM A 4.0          6.0             ACy MITTERDORF/MUERZ
       1973  7 22  21: 6:57    48 12.6   6 34.8  10    VO F 3.4          4.5             E2y RAMBERVILLER
       1973  7 24   0:46:38    47  7.2   9 31.2   6    GV FL             5.0             E2y TRIESEN/FL

       1973 07 27  10:02:09    51 42.    6 48.    1    RU NW 3.3                       B C5y DORSTEN
       1973 08 25  13:47:43    51 36.    6 46.    1    RU NW 2.4         4.5           B C5y DUISBURG
       1973 08 26  21:11:17    47 41.4  11 46.2   1    BY F 2.6          4.0         2   C5y SE ROSENHEIM
       1973 11  5   7:34:28    47 52.8   6 12.0  10       F 3.1                          E2y W LUXEUIL
       1973 12 05  14:58:13    51 40.    7 08.    0    RU NW 3.2         4.5           B C5y RECKLINGHAUSEN

       1973 12 12  00:03       47  3.0  14  5.4  13    ET A 4.5          6.0             ACy MURAU
       1974 02 04  14:02       47 33.0  14  9.0   5    CA A 3.0          5.5             ACy WOERSCHACH
       1974 03 03  13:17       47 48.6  14  7.8   2    CA A              4.0             ACy STEYRLING
       1974 05 12  19:48:14    48 20.    8 59.  1 9 1 SA BW 3.2     4.1  5.5  40         SGy BALINGEN
         * R5=10;
       1974 05 20  04:19:25    49 50.1  07 33.6 2 11 2 HU RP 2.9         4.0       25    BNy NE KIRN

       1974 05 21  07:42:38    47 35.0  07 46.5 1 22 1 SW BW 3.9         5.5       70    IGy SAECKINGEN
       1974 06 17  21:26       47  8.4  10 34.2   9    WY A 3.3          5.0             ACy LANDECK
       1974 06 28  05:29:40    51 42.0  07 51.0 2  1 1 RU NW 3.4         4.0         4 C BNy HAMM
         * Verletzte; Tote;
       1974 06 28  23:59       48 21.6  14 31.8   3    SB A 1.9          5.0             ACy PREGARTEN
       1974 07 14  04:03       47 48.6  14  7.8   2    CA A              4.0             ACy STEYRLING

       1974 07 14  04:35       47 48.6  14  7.8   2    CA A              4.0             ACy STEYRLING
       1974 07 24  00:23:23    48 17.   09 03.  2 10 2 SA BW 3.5     4.0  5.5  20        SGy ONSTMETTINGEN
         * R5=10; Azi= 10; Axe=4:1;
       1974 07 25  19:10:59    51 09.0  06 33.0 2  8 2 NB NW 3.1         4.0       20    BNy LIEDBERG
       1974 08 09  22:19:04    51 30.0  07 06.0 2  1 1 RU NW 3.1         5.0         5 B BNy GELSENKIRCHEN
       1974 10 10  04:03:23    47 28.   12 43.  2 10 4 SZ A 3.7     3.6  5.0             VIy LEOGANGER STEINB.
         * R5= 6;

       1974 10 10  05:17       47 27.0  12 42.0  10    SZ A 2.8          4.0             ACy LEOGANGER STEINB.
       1974 10 16  03:42:09    48 19.   09 01.  2 10 2 SA BW 4.2 4.0 4.0 6.0  29         SGy ONSTMETTINGEN
         * R5=10; Azi= 10; Axe=3:1;
       1974 11  8  11:52:32    47 19.2   6 50.4        WJ F 3.3                          E2y E BESANCON
       1974 11 11  00:41:06    48 18.   09 04.  2 10 2 SA BW 2.8         4.5       19    SGy TAILFINGEN
       1974 11 12  02:58:38    48 14.    6 32.   3  5  VO F 3.9          5.0             LLy RAMBERVILLERS/F

       1974 11 14  17:09:25    48 19.   09 03.  1  6 1 SA BW 3.1         4.0        5    SGy ONSTMETTINGEN
       1974 12 27  08:28       48 18.   09 04.  2 10 2 SA BW 3.2                         SGy HAUSEN
       1975 01 29  06:07       47 27.0  14 39.0  20    CA A 3.2          3.5             ACy SCHOBERPASS
       1975 02 24  01:57:53    48 03.5  09 29.  1 17 2 SA BW 3.3     3.6  4.0  14        SGy SAULGAU
       1975 04 07  10:24       47 39.0  14 43.8   4    CA A 2.0          4.5             ACy LANDL-GROSSREIFL.

       1975 04 14  20:21:15    51 00.    6 35.  2  1   NB NW 1.7         4.5         2 B BNy BEDBURG
       1975 04 23  10:47:49    47 57.4   7 54.3 1 17 1 SW BW 3.2                         GCy OBERRIED
       1975 05 03  23:45:52    48 37.   13 51.   2  3 4 SB A 2.3         5.0       11    VIy KOLLERSCHLAG
       1975 05 31  00:40       47 48.6  14  7.8   1    CA A              5.0             ACy STEYRLING
       1975 06 02  19:05:03    48 17.5  09 03.  1  9 1 SA BW 3.3     3.6  4.5  17        SGy JUNGINGEN

       1975 06 04  15:15:49    47 30.   11 06.5 1  1 4 WY BY 2.7         4.0        2    FUy GARMISCH-PARTENKI.
       1975 06 13  12:04:22    50 25.0   7 51.0 2      MR RP 2.9         4.0             BNy MONTABAUR
       1975 06 17  07:06:16    47 16.2  11 23.4 3  8 4 NY A 3.2          5.0       25    ACy INNSBRUCK
         * R5= 1;
       1975 06 21  16:49:54    50 46.6   6 07.3 1      NB NW 3.2         4.0       10    BNy AACHEN
       1975 06 21  23:31       47 51.6  15  8.4   1    CA A              5.5             ACy LANGAU/SCHEIBBS

       1975 06 22  06:53       47 51.6  15  8.4   1    CA A              5.5             ACy LANGAU/SCHEIBBS
       1975 06 23  13:17:36    50 48.   10 00.  1  1 1 WR TH 5.2 4.9 5.3 8.0  75 2       L1y MS=5.0; SUENNA
         * R5=10;
       1975  6 28  23:57:05    47  6.0   6 26.4  15    WJ F 3.3                          LDy SE BECANCON
       1975 07 05  12:49:00    47 54.   14 12.         CA A              5.5        4    VIy KLAUS
       1975 07 13  21:39       47 49.2  14  9.6   4    CA A 2.2          4.5             ACy KLAUS
```

```
        DATUM      HERDZEIT     KOORDINATEN  TIEFE REGION      STÄRKE          A REF  LOKATION
        JAHR MO TA ST    M    S  BREITE LÄNGE QE  H Q SR PR  ML  MW MK INT RS
        1975 07 29 11:22       47 49.2 14  9.6         CA A         4.0          ACy KLAUS
        1975 07 30 09:27       47 49.2 14  9.6    1    CA A         4.5          ACy KLAUS
        1975 08 05 04:47       47  3.6 10 39.0    5    WY A 1.9     4.0          ACy RIED
        1975 08 24 12:23:11 47 42.6 13 37.2 2  5    SZ A 2.1     4.0       9  ACy BAD ISCHL
        1975 08 30 02:58:15 47 19.  10 36.  2       WY A 2.8     5.0      24  FUy LECHTALER ALPEN

        1975 10 01 13:22:26 47 48.  14 09.         CA A         4.5       5  VIy KLAUS
        1975 10 03 07:17:55 47 29.  11 58.  2       NY A 2.6     4.5       8  FUy KUNDL
        1975 10 12 19:03:18 47 16.5 10 55.  2       WY A 3.4     4.0       5  FUy HAIMING
        1975 10 24 17:33:08 47 24.  10 21.  2 19    GV A 3.4     5.0      28  VIy LECHTALER ALPEN
        1975 10 25 19:23:50 47 24.  10 21.  2  8    GV A 2.8     4.5      15  VIy LECHTALER ALPEN

        1975 11 04 08:30:13 50 24.6  8 52.4 2 11 2 HS HS 3.6 3.7 4.5  36  NTy ECHZELL/WETTERAU
        1975 11 30 20:59:18 47 18.  11 30.  2  3    NY A 2.3     5.0      12  FUy HALL
         * R5= 1;
        1975 12 29 05:25:17 47 07.2  9 10.2 2 10 1 GV CH 3.3     4.0          E2y OBSTALDEN
        1976 02 02 03:04       47  4.8 10 41.4    5    WY A 2.6     5.0          ACy KAUNS/LANDECK
        1976 02 29 03:40:18 48 01.0 08 29.0 2 10 1 SW BW 4.0 3.9 5.0  40  SGy WOLTERDINGEN

        1976 03 02 08:27:57 47 35.0 09 25.0 2 20 2 BO CH 4.2 4.2 5.0  40  SGy LANGENARGEN
        1976  3 22 14:44:23 47  2.4  6 55.8   19    WF CH 2.9     4.0          E2y LA CHAUX DE FONDS
        1976 03 25 11:15:16 47 28.  10 40.  2  5 5 BY A 4.2  3.2 4.5  10  VIy WEISSENBACH/LECH
        1976 03 26 22:28:31 47 36.0 09 24.0 2 18 1 BO CH 4.3     4.5  40  SGy LANGENARGEN
        1976 03 28 08:19:42 47 36.0 09 27.0 2 19 2 BO CH 3.1             E2y LANGENARGEN

        1976 05 06 23:04:40 47 32.  13 00.          SZ BY 3.0            ISy BAD REICHENHALL
        1976 06 29 05:00:29 51 13.   5 42.     1    NB NL 3.3     5.0        CRy WEERT/NL
        1976 08 14 07:31:42 47 18.  11 24.  2  8 5 NY A 3.4 3.3 5.0  30  FUy INNSBRUCK
         * R5= 4;
        1976 08 27 23:09:00 47  3.  11 14.    10 G WY A 3.8     5.0          ISy S INNSBRUCK
        1976 09 07 02:50:32 50 58.   6 40.     1    NB NW 2.5     4.5        B BNy BERGHEIM

        1976 09 15 23:39:10 48 19.0 09 04.0 1  1 1 SA BW 4.0     6.0  40  SGy HECHINGEN
        1976 09 16 22:49:44 48 19.0 09 03.0 1  8 1 SA BW 3.0             SGy MOESSINGEN
        1976 10 09 13:31:26 52 18.   6 42.          CB NL 3.0            LDy SW ENSCHEDE/NL
        1976 10 13 11:59:32 48 12.6  8 58.2    5    SA BW 3.1             E2y EBINGEN
        1976 10 29 21:42:33 47 26.  10 08.    10 G GV BY 3.0            ISy OBERSTDORF

        1976 11 18 17:15       47 51.6 15  8.4    1    CA A         4.5          ACy LANGAU/SCHEIBBS
        1976 11 19 13:12:17 47 33.  12 46.  2  4 5 SZ A     2.6 5.0  15  VIy SAALACHTAL/A
         * R5= 2;
        1976 12 26 08:59:36 47 18.6  9 38.4 10 G GV CH 3.2     6.0          E1y ST.GALLEN/CH
        1976 12 27 06:56:56 47 18.6  9 38.4    7    GV CH 3.1     5.0          E1y ST.GALLEN/CH
        1977 01 08 01:19       47 17.4  9 34.8    2    GV A         5.5          ACy MEININGEN

        1977 01 18 17:00:03 47 11.   9 22.     7    GV CH 3.0            ISy RHAETIKON/CH
        1977 01 31 20:30       47  8.4 10 34.2    3    WY A         4.0          ACy LANDECK
        1977 02 11 18:33:51 48 18.0 09 04.0 1  5 1 SA BW 3.6 3.3 4.5  25  SGy JUNGINGEN
        1977 02 28 16:46:10 51 32.6  7 08.7 1  1 1 NU NW 2.4     5.0        B BUy WANNE-EICKEL
        1977 03 07 08:18:16 50 15.   08 08.  2 13 2 MR HS 3.8     5.0  60  TNy SE LIMBURG/LAHN

        1977 03 24 07:32:27 51  6.  15 30.          EH PL 3.8     5.5          SHy PLAWNA
        1977 04 09 21:46:42 49 40.8  8 33.5   14    NR HS 3.4     4.0  15  TNy LORSCH
        1977 05 08 23:09:20 50 04.0  7 56.6   11    MR HS 3.1     3.5  28  BNy WISPERTAL/TAUNUS
        1977 06 02 13:32:23 52 56.9  9 56.7 2  8 5 NX ND 4.0     5.5  30  LSy SOLTAU, MUNSTER
         * R5= 7;
        1977 06 06 21:47:17 51 39.   7 54.     1    RU NW 2.5     4.5        B GRy HAMM

        1977 06 21 15:30:31 51 00.2 06 35.1    1    NB NW 1.9     4.5   2 B BNy BEDBURG
        1977 06 27 21:30       47 37.8  6  7.2          F         4.0          E2y PLAT. HAUTE-SAONE
        1977 07 06 03:29:32 48 21.0 09 01.5 1  8 1 SA BW 2.9     4.0       5  SGy JUNGINGEN
        1977 08 07 13:27:03 47 12.0 10 45.0    5    WY A 2.3     4.5          ACy IMST
        1977 09 02 22:47:14 48 02.0 09 19.0 1  3 2 SA BW 3.9 4.1 6.5  20  SGy W SAULGAU
         * R5=16; R6= 5;

        1977 09 18 23:59:59 48 01.0  9 22.0 1 09 1 SA BW 3.7     5.5  18  SGy MENGEN
         * R5= 9;
        1977 11 02 14:42:39 50 57.7  6 46.5 1 13 1 NB NW 3.0     4.0  32  BNy PULHEIM
        1977 11 06 01:22:52 50 57.8  6 47.6 1 14 1 NB NW 3.6     4.5  75  BNy PULHEIM
        1977 11 06 01:23:57 50 57.6  6 46.5 1 13 1 NB NW 2.9     4.0      BNy PULHEIM
        1977 11 07 00:23:07 48 04.0 09 23.0 1 12 1 SA BW 3.9     5.0  20  SGy HOHENTENGEN
```

```
         DATUM       HERDZEIT      KOORDINATEN  TIEFE REGION       STÄRKE         A REF LOKATION
         JAHR MO TA  ST  M  S    BREITE  LÄNGE QE  H Q SR PR  ML   MW  MK  INT RS

         1977 11 13 15:47:31 49 48.0   8 43.0  2 16 2 NR HS 2.4            4.5   8   TNy SE DARMSTADT
         1977 11 14 19:51:57 49 48.    8 43.   2 12   NR HS 2.6            4.0   8   TNy SE DARMSTADT
         1977 11 19 08:29:10 47 31.   12 44.   3  9 5 SZ A  2.9   3.0      4.5  20   ISy MARIA ALM/A
         1977 11 19 21:41:53 47 23.   12 53.   3 10 5 SZ A  3.5   3.5      5.0  33   FUy MARIA ALM/A
         1977 11 19 21:50:55 47 22.8 13   .0     10   SZ A  3.0            4.5       ACy DIENTEN

         1977 11 19 23:44:27 47 29.   12 49.   3  9 5 SZ A  3.2   3.3      5.0  30   ISy MARIA ALM
         1977 11 21 19:27:40 47 16.8   8 34.8    25   SF CH 3.5            3.0       E2y HORGE
         1978 01 01 18:24:20 48 01.   09 19.   1  8 1 SA BW 3.0   2.8      3.0       SGy SAULGAU
         1978 01 16 14:31:17 48 18.   09 02.   1  7 1 SA BW 4.6   4.4      6.5  45   SGy ONSTMETTINGEN
         1978 01 16 14:33:13 48 18.   09 02.5 1  6 1 SA BW 4.1                       SGy ONSTMETTINGEN

         1978 01 16 18:09:33 48 17.   09 00.   1 10 2 SA BW 3.1                      SGy ONSTMETTINGEN
         1978 01 16 22:56:48 48 17.   09 01.   1 12 2 SA BW 3.3                      SGy ONSTMETTINGEN
         1978 02 06 06:55:06 48 17.   09 00.   1 11 2 SA BW 3.2                      SGy ONSTMETTINGEN
         1978 02 09 23:50:57 47 12.   11 25.          NY A  3.0            4.5       FUy PATSCHERKOFEL
         1978 02 09 23:53:17 47 12.   11 27.          NY A  2.7            4.5       FUy PATSCHERKOFEL

         1978 02 11 15:00:23 47 30.    7 00.     18   WJ F  3.0                      USy BELFORT/F
         1978 02 12 06:21:22 47 13.   11 27.   2 11 2 NY A  2.7            5.0       FUy PATSCHERKOFEL
         1978 03 29 23:33:17 47 05.   11 16.   2  7 5 WY A  3.3            5.0  27   FUy KEMATEN; TIROL
         1978 03 29 23:46:25 47 12.   11 12.          WY A                 4.5       GRy KEMATEN; TIROL
         1978 03 30 00:00:45 47 05.   11 16.   2  7 5 WY A  3.3            5.0  30   FUy KEMATEN; TIROL
            * R5= 2;

         1978 03 30 00:25    47 16.2 11 14.4         WY A                  4.0       ACy ZIRL
         1978 04 07 14:48:37 47 12.    7 12.     24   WF CH 3.4                      USy THONON/CH
         1978 04 17 04:27    47 18.0 11 30.0   3     NY A                  4.0       ACy KARWENDEL
         1978 04 30 05:23:27 50 32.0   7 12.5 2       MR RP 2.6            4.0  20   BNy SINZIG
         1978 04 30 06:56    47 55.8 15 17.4   3     CA A  1.7             4.5       ACy PUCHENSTUBEN

         1978 05 05 04:33:48 47 30.0 14 13.8 3  8    CA A  3.4             5.0       ACy OPPENBERG
         1978 05 07 15:32:13 47 43.   12 51.   2  1 4 BY BY 2.6            5.0  10   FUy BAD REICHENHALL
         1978 06 10 13:58:21 50 37.2   6 12.2  1  6 1 VE NW 3.0                      BNy ROETGEN
         1978 07 04 04:37:45 47 26.4 10 28.8           BY A  3.0                     ACy TANNHEIM
         1978  8 13  4: 2:26 47 17.4   7 41.4    24   WF CH 3.3            4.5       E2y OENSINGEN

         1978 08 22 07:33:32 50 10.3   8 10.7 2       MR HS 3.0                      BNy NEUHOF/TAUNUS
         1978  8 28 14:44:40 47 21.0   8 54.6    22   SF CH 2.8            4.0       E2y BAERETSWIL
         1978 08 29 13:16:05 51 00.    6 35.   1  1 1 NB NW 2.3            5.0   2 B BNy BEDBURG
         1978 09 03 05:08:32 48 15.4 09 01.6  1  7 1 SA BW 5.7  5.5 4.9    7.5 340   SGy MS=5.1; ALBSTADT
            * R5=140; R6=45; R7=20; Verletzte;
         1978 09 03 05:23:32 48 18.    9 01.     9    SA BW 3.9                      IGy ALBSTADT

         1978 09 03 05:34:20 48 17.9   9  3.4    7    SA BW 4.3                      IGy ALBSTADT
         1978 09 03 05:46:01 48 15.    9 00.    13    SA BW 3.1                      IGy ALBSTADT
         1978 09 03 05:50:59 48 15.9   9  1.7    5    SA BW 3.5                      IGy ALBSTADT
         1978 09 03 06:24:04 48 16.    9 05.          SA BW 3.0                      IGy EBINGEN
         1978 09 03 08:10:11 48 18.8   9  3.7    8    SA BW 4.1                      IGy ALBSTADT

         1978 09 03 08:13:40 48 19.    9 07.    10 G SA BW 3.0                       IGy EBINGEN
         1978 09 03 10:02:43 48 17.5   9  1.7    7    SA BW 4.7                      IGy EBINGEN
         1978 09 03 11:14:30 48 16.4   9  0.6   12    SA BW 3.0                      IGy EBINGEN
         1978 09 04 06:41: 5 48 18.4   9  1.5    8    SA BW 3.1                      IGy EBINGEN
         1978 09 05 18:25: 6 48 30.0   8 54.0   10    SA BW 3.4                      IGy EBINGEN

         1978 09 19 03:46:48 48 16.2   9 01.6    4    SA BW 3.9                      LEy ALBSTADT
         1978 09 19 23:53:48 48 16.2   9  1.9    4    SA BW 4.1                      IGy EBINGEN
         1978 09 25 08:24:56 48 17.0   9  1.8    5    SA BW 3.2                      IGy EBINGEN
         1978 09 25 08:24:57 48 48.    8 54.          NW BW 3.2                      GRy CALW
         1978 09 29 01:42:27 48 17.8   9  1.6   10    SA BW 3.0                      IGy EBINGEN

         1978 09 29 15:53: 2 48 19.8   9  1.9    5    SA BW 3.0                      IGy EBINGEN
         1978 10 06 14:34:11 48 19.2   9  2.5    6    SA BW 3.3                      IGy EBINGEN
         1978 10 07 09:36:53 48 19.4   9  2.3    6    SA BW 3.3                      IGy EBINGEN
         1978 10 10 13:03:47 48 19.4   9  2.2    6    SA BW 3.1                      IGy BALINGEN
         1978 11 09 20:31    47 21.0 11 42.6    4    NY A  1.7             4.0       ACy SCHWAZ

         1978 12 24 16:56:21 48 21.3   9  2.1    3    SA BW 3.0                      IGy HECHINGEN
         1979 01 10 15:50:55 48 17.0 09 01.0  1  8 1 SA BW 3.1                       SGy ONSTMETTINGEN
```

```
          DATUM     HERDZEIT       KOORDINATEN    TIEFE REGION       STÄRKE          A REF  LOKATION
        JAHR MO TA  ST  M  S     BREITE  LÄNGE QE  H Q  SR PR  ML   MW  MK  INT RS
        1979 01 26  03:59:16    48 22.3 09 02.5 1   5 1 SA BW  3.7                        SGy EBINGEN
        1979 01 27  08:58:52    48  7.8  7 58.     17   SW BW  3.1                        IGy EMMENDINGEN
        1979 02 06  09:49:47    47 24.0 14 50.     10   CA  A  3.8       5.5              ACy MAUTERN

        1979 03 11  10:52:41    50 57.   6 40.      1   NB NW  2.1       5.5     3 B      BNy BERGHEIM
        1979 03 25  23:28:57    47 23.  11 19.  2   8 5 NY  A  2.9       4.5    14        VIy SEEFELD
        1979 03 27  12:10:06    47 26.2 10 36.6    10   BY  A  3.1                        SEy HINDELANG/A
        1979 04 06  07:48:05    47 16.9 10 52.6    10   WY  A  3.2                        SEy IMST
        1979 04 25  03:50:18    48 53.  11 22.  2   3 4 FA BY  2.7       5.0    20        FUy E EICHSTAETT
         * R5= 5;

        1979 05 01  23:31:54    47 12.  11 30.  2   6 4 NY  A  2.8       5.0    24        FUy VOLDERTAL; TIROL
         * R5= 2;
        1979 05 12  21:34       47 16.8 15 19.8     9   MM  A  4.0       6.0              ACy FROHNLEITEN
        1979 05 26  20:09:14    47 14.4  8 34.5    10   SF CH  3.3       3.0    30        SEy S ZUERICH
        1979 06 05  10:46: 1    47  4.2  9 37.8         GV  A  3.0                        ACy BRAND
        1979 06 15  00:20:27    50 58.4  6 36.8     1   NB NW  2.0       4.5     2 B      BNy QUADRATH-ICHENDORF

        1979 07 10  20:18:32    48 36.  13 51.  2   5 4 SB  A  2.3       5.0    18        VIy KOLLERSCHLAG
         * R5= 3;
        1979 07 17  16:48:56    51 50.   5 47.     10   NB NL  3.0       4.0    10        BNy NIJMEGEN/NL
        1979 07 28  23:01:57    47 22.8 10 49.8         WY  A  3.0                        ACy BIBERWIER
        1979 07 31  05:33:28    49 52.   8 27.      8   NR HS  3.0                        TNy W DARMSTADT
        1979 08 04  22:24:04    47 45.  12 51.  2       BY BY  3.5       5.0    15 1      FUy BAD REICHENHALL
         * R5= 2;

        1979 09 25   1:01:55    50 36.6 12 41.4 2   5 1 VG SA  2.9       5.0              Gly SCHNEEBERG
         * R5= 2;
        1979 09 25  05:59:02    47 23.  11 36.  2       NY  A  3.3                        FUy INNSBRUCK, HALL
        1979  9 25  23:20       47 34.2  7 28.2         SR CH            4.0              E2y SUNDGAU
        1979 10 15  07:56:54    47 18.  10 56.  2   6 4 WY  A  2.7       4.0     8        FUy IMST
        1979 10 27  14:58:54    48 17.4  7 38.9     7   SR  F  4.0       5.0              IGy SELESTAT/F

        1979 10 31  06:31:35    48 17.2  7 39.0    10   SR  F  3.0                        SEy SELESTAT/F
        1979 11 04  02:24:58    50  1.8  8 18.     10   NR HS  3.3       4.5              TNy WIESBADEN
        1979 11 21  18:57:26    50 30.  16  0.      8   SU CR  3.7       5.0              SHy TRUTNOV
        1979 11 30  00:44:54    47 14.5 08 29.0    27   SF CH  3.1       3.5    30        SEy S ZUERICH
        1979 12 03  03:34:55    47 19.  11 41.  2   5 4 NY  A  3.0       4.5    12        FUy SCHWAZ

        1980 01 14  01:33:39    50 57.6  6 38.1 1   1 G NB NW  2.1       4.5     2 B      BNy BERGHEIM
        1980 01 25  07:09:24    47 16.  10 55.     10 G WY  A  3.1                        SEy IMST
        1980 01 28  03:36:37    47 40.   7 30.     12   SR  F  3.2                        IGy LOERRACH
        1980 03 12  01:09:32    48 23.   9 12.0 1  13 1 SA BW  3.0                        SGy EBINGEN
        1980 04 01  13:19:02    48 19.0  9 04.5 1   6 1 SA BW  3.3       3.5    20        SGy EBINGEN

        1980 04 16  14:42:02    50 14.   5 20.     26     B    3.0                        ISy S LIEGE/B
        1980 04 21  18:08:51    48 17.   9 02.  1   7 1 SA BW  3.5   3.7 5.0    35        SGy ONSTMETTINGEN
         * R5= 8;
        1980 04 25  22:25:44    51 00.1  6 34.9 1 G     NB NW  2.0       4.5     2 B      BNy BEDBURG
        1980 05 13  20:30       48 52.2 15  7.2  3      SB  A  1.7       4.5              ACy HEIDENREICHSTEIN
        1980 05 17  16:31:30    47 44.  12 53.  2       BY BY  2.7       5.0     3        FUy BAD REICHENHALL

        1980 06 05  12:11:40    51 13.4  5 50.3 10 G    NB NL  3.8       5.0    55        BNy HEYTHUYSEN/NL
        1980 07 14  19:59:18    51 26.   7 10.   1 G    RU NW  2.3       5.0       B      BNy ESSEN
        1980 07 15  12:17:20    47 41.   7 29.     11   SR  F  3.0                        IGy SIERENTZ/F
        1980 07 15  12:17:21    47 40.   7 29.     12   SR  F  4.7 4.5 4.7 7.0 130        IGy SIERENTZ/F
         * R5=30; R6= 5;
        1980 07 15  12:43:56    47 41.   7 29.     12   SR  F  3.0                        IGy SIERENTZ/F

        1980 07 15  12:54:46    47 40.   7 29.     10   SR  F  3.7       4.0              IGy SIERENTZ/F
        1980 07 15  13:31:43    47 41.   7 29.     10   SR  F  3.2                        IGy SIERENTZ/F
        1980 07 15  14:20:14    47 41.   7 28.     13   SR  F  3.1                        IGy SIERENTZ/F
        1980 07 15  15:32:17    47 41.   7 29.     13   SR  F  2.4       4.0              IGy SIERENTZ/F
        1980 07 16  03:38:17    47 41.   7 29.     12   SR  F  3.3       4.5    80        IGy SIERENTZ/F

        1980 07 16  15:00:48    47 40.   7 29.     13   SR  F  3.8       5.0    80        IGy SIERENTZ/F
        1980 07 18  23:03:53    47 40.   7 29.     13   SR  F  2.8       4.5              IGy SIERENTZ/F
        1980 07 19  20:27:49    47 40.   7 29.     13   SR  F  2.6       4.5              IGy SIERENTZ/F
        1980 07 22  09:59:32    47 41.   7 29.     11   SR  F  3.2                        IGy SIERENTZ/F
        1980 07 22  22:46:23    47 41.   7 29.     13   SR  F  3.7       5.5              IGy SIERENTZ/F
```

```
       DATUM         HERDZEIT          KOORDINATEN TIEFE REGION       STÄRKE             A REF LOKATION
       JAHR MO TA ST  M   S        BREITE  LÄNGE QE  H Q SR PR  ML   MW  MK INT  RS

       1980 07 25 03:52:28 47 21.0 11 42.6    4    NY  A 2.6        5.0        ACy SCHWAZ
       1980 07 29 19:15:50 47 44.  12 52.  2  1 G BY BY 2.0        5.0     4   FUy BAD REICHENHALL
        * R5= 1;
       1980 09 12 09:37:39 49 39.  13 58.     1 G CM CR 3.5                2   USy ROKYCANY
       1980 09 19 01:54:19 47 41.   7 28.    11    SR  F 3.4        5.0        IGy SIERENTZ/F
       1980 09 26 23:55:58 48 48.   8 24.    10 G NW BW 3.0                    LDy WILDBAD

       1980 10 06 19:54:31 52 18.   7 48.     1 G TW NW 2.8        4.0     6 B BNy IBBENBUEREN
       1980 10 08 15:29:58 50 02.   5 29.           B    3.1                   BNy FORET DE FREYR/B
       1980 10 13 01:09:01 51 26.  10 30.     1 G HM AH 3.2        3.0       B BNy BLEICHERODE
       1980 11 05 20:46:20 50 58.   6 38.     1 G NB NW 1.6        4.0     1 B BNy BERGHEIM
       1980 11 08 20:26    47 16.2  9 33.0    3    GV  A 2.8        5.0    16   ACy BANGS/FELDKIRCH

       1980 11 10 23:58    47 15.6 11 25.8    4    NY  A 1.8        4.0            ACy INNSBRUCK-AMRAS
       1980 12 03 02:39:08 47 15.0  9 34.8    2    GV  A 2.2        4.0            ACy FELDKIRCH
       1980 12 08 17:45:35 47 06.   9 55.8    4    GV  A 2.4        5.0            ACy SCHRUNS/BLUDENZ
       1980 12 09 20:01    47  6.6 14  1.8    5    CA  A 2.3        4.5            ACy ST.RUPRECHT
       1980 12 29 12:02:08 47 25.  14 37.    10 G CA  A 3.2                        USy S ADMONT/A

       1980 12 31 00:02:00 50 10.2  7 42.6    6    MR RP 2.8        4.0    20     BNy NE ST.GOAR
       1981 01 31 12:49:37 47  7.2 14 39.6    8    MM  A 3.7        6.0            ACy JUDENBURG
       1981 03 03 17:08:02 48 17.   06 35.    5    VO  F 3.2                       IGy N EPINAL/F
       1981 03 23 21:29:04 47 39.   07 31.   14    SR  A 2.9        5.0            SEy SIERENZ/F
       1981 04 22 23:09:17 47 50.   6 52.    14    VO  F 3.0                       ISy N BELFORT/F

       1981 04 23 16:18:57 47 16.  11 19.     2 G NY  A 3.0        4.5            EMy W INNSBRUCK
       1981 04 28 12:51:42 47 19.  10 58.    10 G WY  A 3.7                       EMy IMST/A
       1981 04 30 21:31:31 47 33.0 14 12.0    5    CA  A 2.3        4.5            ACy LIEZEN
       1981 05 05 03:00:08 54 42.  13 00.         BH OS  3.1                       NOy N RUEGEN
       1981 05 22 13:34:27 47 30.0 14 12.0   12    CA  A 3.5        4.5            ACy DONNERSBACH

       1981 05 30 02:16:04 47 29.4 13 58.8   13    SZ  A 2.8        5.0            ACy ST.MARTIN/GRIMMING
       1981 05 30 07:31    47 29.4 13 58.8   10    SZ  A 2.9        4.0            ACy ST.MARTIN/GRIMMING
       1981 05 31 19:46:15 47 29.4 13 58.8   15    SZ  A 3.7        4.5            ACy ST.MARTIN/GRIMMING
       1981 05 31 23:50:22 47 29.4 13 58.8   10    SZ  A 2.9        4.0            ACy ST.MARTIN/GRIMMING
       1981 06 15 10:16:54 47 05.  14 46.    10 G MM  A 4.5        6.0            EMy S KNITTELFELD/A

       1981 06 15 10:17:53 47  2.4 14 43.8   12    ET  A 4.4        6.0            ACy OBDACHER SATTEL
       1981 07 09 13:07:35 50 10.  12 14.  2      VG BY 3.0                       NLy MARKTREDWITZ
       1981 07 13 08:12:44 52 15.7 07 42.5 2  2 4 TW NW 4.1        6.0     9 B HHy IBBENBUEREN
        * R5= 3;
       1981 07 17 01:19:03 51 30.   07 04.    1 G RU NW 2.3        4.0      B BNy ESSEN
       1981 07 18 09:52:24 51 30.   07 04.    1 G RU NW 2.6        4.5      B BNy ESSEN

       1981 07 18 23:48:13 51 36.   07 04.    1 G RU NW 2.3        4.0      B BNy ESSEN
       1981 07 21 21:50:18 47 42.   07 32.   12    SR BW 3.2        4.5    40   IGy WELMLINGEN
       1981 07 26 01:27:51 47 34.8 14 27.6    6    CA  A 2.8        5.0            ACy ADMONT
       1981 07 30 06:33:28 47 17.4 11 27.6    7    NY  A 2.7        4.5            ACy RUM
       1981 07 30 06:34:14 47 20.  11 26.          NY  A 3.7                       FUy INNSBRUCK, HALL/A

       1981 08 02 14:15:49 48 22.  10 53.  2 28 2 BM BY 3.1        4.0    15     FUy AUGSBURG
       1981 09 21 21:32:18 50 10.   9 06.     3 G NR HS 3.4        5.0    30     TNy E HANAU
       1981 09 28 22:08:26 51 42.   7 20.     1 G RU NW 3.4                   B  BNy LUENEN
       1981 11 24 18:04:56 51 38.   6 38.  4  1 G KR NW 3.4                   B  BNy WESEL/RHEIN
       1982 01 04 09:09:26 47 12.6  9 50.4    7    GV  A 3.2        4.5            ACy RAGGAL

       1982 01 08 00:52:13 47 12.6  9 50.4    6    GV  A 3.7        5.5            ACy RAGGAL
       1982 01 29 23:03:51 50 48.   9 40.     8  1 HS HS 3.4        5.5    22     TNy SE BAD HERSFELD
       1982 02 12 13:02:05 50 57.9  6 37.0    1    NB NW 2.1        5.0     3 B BNy PFAFFENDORF
       1982 02 20  4:34:37 51 21.0 12 26.4 1  8 1 CS SA           3.7 5.0          G1y LEIPZIG
       1982 03 02 01:27:27 51 01.8  5 54.2    6    NB NL 3.5        4.0    30     BNy SITTARD/NL

       1982 03 04 05:27:38 47  6.6 13 42.0    4    SZ  A 2.0        4.5            ACy MAUTERNDORF
       1982 03 05 10:43:36 47 42.   6 06.           F    3.0                       LDy VESOUL/F
       1982 03 21 12:20:07 47 44.   6 02.    10 G      F 3.5                       EMy VESOUL/F
       1982 04 09 08:25:13 47 03.  14 35.    10 G ET  A 3.5        5.0            EMy SEETALER ALPEN/A
       1982 04 30 07:25:17 47 18.  11 24.    10 G NY  A 3.7        4.5    18     FUy INNSBRUCK, HALL/A
        * Azi= 30;  Axe=2:1;

       1982 04 30 11:28:24 47 19.  11 25.    10 G NY  A 4.0        5.0    25     FUy INNSBRUCK, HALL/A
       1982 04 30 21:57:44 47 20.  11 22.    10 G NY  A 3.7        4.5    15     FUy INNSBRUCK, HALL/A
```

```
          DATUM       HERDZEIT     KOORDINATEN  TIEFE REGION      STÄRKE           A REF LOKATION
       JAHR MO TA  ST  M   S     BREITE  LÄNGE  QE   H Q  SR PR  ML  MW  MK   INT  RS
       1982 05 01  06:33:11  47 17.  11 30.   2  10 2 NY  A  4.5              5.5  30     FUy INNSBRUCK, HALL/A
         * R5= 5;
       1982 05 02  17:09:13  47 09.   9 57.      10 G GV  A  3.0                          SEy BLUDENZ/A
       1982 05 06  11:25:08  50 00.   5 12.              B  3.1                          LDy W NEUFCHATEAU/B

       1982 05 06  16:39:51  47 16.  11 28.      10 G NY  A  3.4              4.0  12     EMy INNSBRUCK, HALL/A
       1982 05 17  17:30:07  48 33.  10 15.   2  30 2 FA BW  4.3              5.0  75     FUy SONTHEIM/BRENZ
       1982 05 22  04:41:08  51 03.   5 59.       7    NB NW  3.0             3.5          BNy WALDFEUCHT
       1982 05 22  06:00:04  51 03.   5 59.      14    NB NW  3.7             4.5  55     BNy WALDFEUCHT
       1982 05 26  21:54:50  47 15.6  9 35.4    3       GV  A  2.7            4.0          ACy FELDKIRCH

       1982 06 10  22:11:18  47 16.2 12 21.0    4       SZ  A  3.0            4.5          ACy BRAMBERG
       1982 06 10  22:12:22  47 18.  11 57.   4  10 G NY  A  2.4              4.5          BGy SCHWAZ/A
       1982 06 11  01:09:57  47 24.  11 42.      10 G NY  A  3.0                          FUy NE INNSBRUCK
       1982 06 26  13:57:24  50 40.2  7 59.1  1  13 1 RS RP  3.1              4.0  15     BNy BAD MARIENBERG
       1982 06 28  09:57:34  50 40.8  7 59.5  1  13 1 RS RP  4.7              5.5 150     BNy BAD MARIENBERG
         * R5=15;

       1982 10 04  04:06:31  47 42.0  7 50.4  2  20 1 SW BW  3.2        3.7   4.0  25     SGy SCHOPFHEIM
       1982 11 02  23:56:01  48 03.   6 22.      10 G VO  F  3.1              4.0          SEy EPINAL/F
       1982 11 22  18:00:41  52 16.   7 48.       1 G TW NW  2.7              4.0        B BNy METTINGEN
       1982 11 28  04:34:05  48 18.5  9 02.1  1   3 1 SA BW  3.5        3.5   5.0  30     SGy JUNGINGEN
       1982 12 03  11:48:03  47 16.8 11 30.6       6    NY  A  3.2            3.5          ACy SOLBAD HALL

       1983 01 20  19:34:37  47 33.0 12    .0  2   5 5 NY  A  2.5       2.3   4.5  10     VIy SW THIERSEE; TIROL
       1983 02 03   2:48:30  47 19.8  6 31.0     10 G WJ  F  3.4              4.0          LDy BAUME LES DAMES/F
       1983 03 01  22:29:13  47  8.4 10 34.2    7       WY  A  2.9            4.5          ACy LANDECK
       1983 03 22   7:24:32  50 21.6  7 21.7   11       MR RP  3.2            4.0  20     BNy OCHTENDUNG
       1983 04 14  14:52:13  47 43.2 15    .0   6       CA  A  5.2  4.4       6.5 100     VIy YBBS; TOTES GEBIR.
         * R5=40; R6= 5;

       1983 04 14  17:19:10  47 39.6 15  7.8          CA  A  3.0                          ACy WEICHSELBODEN
       1983 04 14  17:27:37  47 39.6 15  7.8          CA  A  3.1                          ACy WEICHSELBODEN
       1983 04 19  15:46:23  52 13.4  9 52.8      1 1 SX ND  1.8              5.0   3 B   IFy AHRBERGEN
       1983 05 14  18:43:53  51 45.2  7 58.6    1 G MU NW  3.0                          C BUy HAMM
       1983 05 30  12:26:53  50 57.7  6 40.1    1       NB NW  1.8            4.0   3 B   BNy BERGHEIM

       1983 06 21  15: 3: 4  47  6.5  6  9.0    1        F  2.6              4.5          SEy SE BESANCON/F
       1983 07 02   3:18:45  51 25.2 10 39.6  1   1 1 HM TH  3.5              6.0   2     Gly BLEICHERODE
       1983 07 23   0:04:47  50 58.1  6 39.2    1       NB NW  1.7            4.0   2 B   BNy BERGHEIM
       1983 08 02   9: 1: 8  49  7.8  6 46.2    1 G SM  F  3.4                       2     EMy LAUTERBACH
         * Verletzte; Tote;
       1983 08 16  13:35:31  49 50.6  5 18.2     10 G    B  3.1                          ISy W NEUFCHATEAU/B

       1983 08 31  14: 8:37  50  8.4  5 27.6     10 G    B  3.1                          ISy FORET DE FREYR/B
       1983 09 04  21:51: 4  47 41.0  8 47.9      8     BO CH  3.0                          SEy SINGEN/HOHENTWIEL
       1983 09 11  11:48:14  48 19.6  9  2.4  1   8 1 SA BW  3.6         3.7   5.0  25     STy JUNGINGEN
         * R5= 5;
       1983 09 21  12:27:38  50 57.6  6 39.4    1       NB NW  2.1            4.0   2 B   BNy BERGHEIM
       1983 10 11  16:49:59  48 18.6  9  2.3  1   6 1 SA BW  3.0                          STy EBINGEN

       1983 10 12  14:32:59  49 55.8  5  9.0   13        B  3.0                          ISy W NEUFCHATEAU/B
       1983 10 13  16:56:59  47 35.  11 12.   2   8    BY BY  3.3             3.5   1     FUy ESCHENLOHE
       1983 10 23  20:56:45  47 31.9 12 58.5     10 G SZ  A  3.0                          SEy KOENIGSEE
       1983 11 05  14:13:16  50 48.6 12 40.8  1   3 4 CS SA  2.2              4.5   9     Gly CHEMNITZ
       1983 11 08   0:49:34  50 37.8  5 30.0  1   4 1 BR  B  4.9  4.9  4.9   7.0 230     BBy LUETTICH/B
         * R5=21; R6=11; R7= 4; Verletzte; Tote;

       1983 11 08   2:13:22  50 39.0  5 28.8    4       BR  B  3.5            4.5          ROy LUETTICH/B
       1983 11 18   9:21: 5  50 24.0 13 12.0           KH CR  3.2                          GRy ANNABERG-BUCHHOLZ
       1983 11 18  22:18:26  50 35.2  7 15.9   13       MR RP  2.7            4.0  40     BNy REMAGEN
       1983 11 24  19:43:18  47 32.  11  9.   2   8 2 BY BY  3.8              5.0  20     FUy FARCHANT/A
         * R5= 2;
       1983 11 28  20:33:35  47 17.4 11 24.6  2   3 4 NY  A  2.7        2.7   4.0   4     ACy INNSBRUCK

       1983 12 11  16: 0:23  47 58.5  7 14.7    5       SR  F  2.6            4.0          SEy NW MULHOUSE/F
       1983 12 12  11:32:54  48 21.8  9 11.9  1  10 1 SA BW  3.1                          STy EBINGEN
       1983 12 12  14:18:45  49 47.6  5 19.7     10 G    B  3.3                          ISy E SEDAN/F
       1983 12 14  18:23:47  48 21.0 14 30.0    1      SB  A  2.1              4.5          ACy WARTBERG/PREGARTEN
       1983 12 15  10:15:32  48 21.0  9  0.     10 G SA BW  3.0                          EMy BALINGEN
```

```
     DATUM       HERDZEIT     KOORDINATEN   TIEFE REGION      STÄRKE           A REF  LOKATION
   JAHR MO TA  ST  M   S    BREITE  LÄNGE QE   H Q  SR PR  ML   MW  MK  INT RS
   1984 01 11  14:11:58  47 19.8   8 48.6   11       SF CH 3.3                       SEy SE ZUERICH
   1984 01 16  08:56:38  47 18.0  10 49.8    5       WY  A 3.0            4.5        ACy TARRENZ
   1984 01 18  02:53:26  48 19.8  14 33.0    1       SB  A 2.0            4.5        ACy PREGARTEN
   1984 01 20  15:41:42  48 19.8  14 33.0    3       SB  A 3.5            5.5  12    ACy PREGARTEN
   1984 02 04  09:10:18  48 20.4  14 33.6    2       SB  A 2.9            5.0        ACy PREGARTEN

   1984 02 06  11:33:24  47 21.0   9 52.8    3       GV  A 2.6            4.5        ACy MELLAU
   1984 02 10   05:15             47 21.0   9 52.8   3  GV  A 2.2         4.0        ACy MELLAU
   1984 02 26  01:35:40  47 13.2  11 24.0   11       NY  A 4.4            5.0        ACy INNSBRUCK
   1984 03 21  11:44:30  47 24.0  11 45.0   10 G     NY  A 3.1                       SEy NE INNSBRUCK
   1984 04 13   3:42:42  47 32.0  11  7.0    1       BY BY 2.2            5.0        FUy GARMISCH-PARTENKI.

   1984 04 15  10:57:53  47 38.4  15 52.2    7       VB  A 4.9            6.5        ACy SEMMERING
   1984 05 24  19:56: 4  47 39.0  15 55.2   10       VB  A 4.6            6.0        ACy SEMMERING
   1984 07 09  23:19: 2  50 48.0   5 26.4   10       BR  B 3.6            3.5        BNy TONGEREN, NW
   LIEGE/B
   1984  9  5   5:16:49  47 15.0   8 33.6   15       SF CH 4.0            4.5        E2y ALBIS
   1984 09 16  20:45: 4  50 57.6   6 37.5    1       NB NW 2.1            4.0   3 B  BNy BERGHEIM

   1984 10 10   9: 3:37  49 12.0   6 54.6    1 G     SM  F 3.0                     B EMy LAUTERBACH
   1984 10 13  21:23:15  47 18.0   6  6.0    9           F 3.1                       LDy BESANCON/F
   1984 12 11  13:56:46  48  6.0   6 36.0   10       VO  F 3.3                       EMy REMIREMONT/F
   1984 12 22   2:18:18  48  8.4   6 33.6   10 G     VO  F 4.1            5.0        EMy REMIREMONT/F
   1984 12 24  16:41: 3  48  5.4   6 36.0   10 G     VO  F 3.0                       EMy REMIREMONT/F

   1984 12 24  16:44:53  48  7.8   6 32.4   10 G     VO  F 4.1                       EMy REMIREMONT/F
   1984 12 25  17:34:53  48  6.6   6 35.4   10 G     VO  F 3.0                       EMy REMIREMONT/F
   1984 12 26   6:43:27  48  6.0   6 35.4   10 G     VO  F 3.2                       EMy REMIREMONT/F
   1984 12 29  10:40:11  48  4.8   6 36.6   10 G     VO  F 3.0                       EMy REMIREMONT/F
   1984 12 29  11: 2:37  48  6.6   6 30.0   10 G     VO  F 4.8 4.3 4.5   6.0  95     EMy REMIREMONT/F
    * R5=16; R6= 6;

   1984 12 29  11: 3:14  48  0.0   6 36.0   11       VO  F 4.5                       LDy REMIREMONT/F
   1984 12 29  11: 6:30  48  0.0   6 36.0    9       VO  F 3.1                       LDy REMIREMONT/F
   1984 12 29  11: 7:33  48  0.0   6 36.0    2       VO  F 3.0                       LDy REMIREMONT/F
   1984 12 29  11: 8: 5  48  0.0   6 36.0    7       VO  F 3.3                       LDy REMIREMONT/F
   1984 12 29  11: 9:23  48  5.4   6 34.8   10 G     VO  F 3.5                       EMy REMIREMONT/F

   1984 12 29  11:13:59  48  6.0   6 34.8   10 G     VO  F 3.3                       EMy REMIREMONT/F
   1984 12 29  11:21:41  48  6.0   6 34.8   10 G     VO  F 3.2                       EMy REMIREMONT/F
   1984 12 29  11:24:28  48  4.2   6 34.2   10 G     VO  F 3.1                       EMy REMIREMONT/F
   1984 12 29  11:41:20  48  5.4   6 34.2   10 G     VO  F 3.3                       EMy REMIREMONT/F
   1984 12 29  11:55:58  48  6.0   6 34.2   10 G     VO  F 3.3                       EMy REMIREMONT/F

   1984 12 29  12:11:19  48  5.4   6 35.4   10 G     VO  F 3.1                       EMy REMIREMONT/F
   1984 12 29  12:45:33  48  5.4   6 34.8   10 G     VO  F 3.0                       EMy REMIREMONT/F
   1984 12 29  14: 1:59  48  0.6   6 31.8   10 G     VO  F 3.8                       EMy REMIREMONT/F
   1984 12 29  14: 2: 5  48  5.4   6 31.8   10 G     VO  F 4.3                       EMy REMIREMONT/F
   1984 12 29  14:54:14  48  7.2   6 33.0   10 G     VO  F 4.2                       EMy REMIREMONT/F

   1984 12 29  15:50:29  48  5.4   6 34.2   10 G     VO  F 3.8                       EMy REMIREMONT/F
   1984 12 29  16:34:54  48  4.2   6 35.4   10 G     VO  F 3.0                       EMy REMIREMONT/F
   1984 12 31  16:44:53  48  3.6   6 33.6   10 G     VO  F 3.8                       EMy REMIREMONT/F
   1984 12 31  23:26:53  48  6.0   6 33.6   10 G     VO  F 4.1            5.0        EMy REMIREMONT/F
   1985 01 01  22:42:20  48  0.0   6 36.0   11       VO  F 3.2                       LDy REMIREMONT/F

   1985 01 02  18:39:27  48  6.0   6 36.0    9       VO  F 4.0                       LDy REMIREMONT/F
   1985 01 02  19:41:53  48  6.0   6 36.0    9       VO  F 3.0                       LDy REMIREMONT/F
   1985 01 02  22: 7:44  48  0.0   6 36.0   11       VO  F 3.0                       LDy REMIREMONT/F
   1985 01 16  17:29:15  48  6.0   6 36.0   11       VO  F 3.2                       LDy REMIREMONT/F
   1985 01 25   8:31:24  50 32.4  14  1.8   10 G     KH CR 3.6                       ISy SE TEPLICE/CR

   1985 02 03  18:26:45  47 23.4  14 54.6    4       MM  A 2.5            4.5        ACy LIESINGTAL
   1985 02 28  21:33: 2  47 39.0   7 24.8   10       SR  F 3.4            5.0  30    IGy LOERRACH
   1985 03 11  21:19: 9  49  6.0   6 48.0    2       SM  F 3.4                     B LDy LAUTERBACH
   1985 04 26  17:32:53  49  7.2   6 42.6    1 G     SM  F 3.2                     B EMy LAUTERBACH
   1985 05 09   2:37:18  49  7.8   6 46.8    1 G     SM  F 3.0                     B ISy LAUTERBACH

   1985 05 12  21:47:50  50 26.4   5 59.4   10 G     VE  B 3.1            3.0        EMy S VERVIERS/B
   1985 06 10  11:25:47  47 19.2  11 51.6   11       NY  A 3.8            5.0        ACy UDERNS/ZILLERTAL
   1985 06 19  20:12:55  49 43.2   8 34.8   10 G     NR HS 3.4            3.0        EMy WORMS
```

```
         DATUM      HERZEIT       KOORDINATEN   TIEFE REGION      STÄRKE         A REF  LOKATION
         JAHR MO TA ST   M   S   BREITE  LÄNGE QE  H Q SR PR  ML  MW MK  INT RS
         1985 06 21  7:35:13 50 37.2 14  6.0         KH CR 3.1              ISy USTINAD/CR
         1985 06 29  6:29: 2 49  7.8  6 44.4    1 G SM  F  3.0            B EMy LAUTERBACH

         1985 07 16  5:33:51 50 49.2  5 37.2   10 G BR  B  3.3      3.5     EMy BILZEN/B
         1985 08 16  6:30: 4 50 41.4 14 36.0   10 G CM CR 3.5              ISy CESKA LIPA/CR
         1985 08 24  6: 8:41 50 15.6  7 59.4   15   MR RP 3.9      4.0     BNy KATZENELENBOGEN
         1985 08 25 09:31: 1 47 12.0 10  6.6    7   GV  A 2.8      4.5     ACy ZUG
         1985 09 17  0: 1:36 49  6.0  6 48.0    2   SM  F 3.0            B LDy LAUTERBACH

         1985 09 23 12:08:50 47 18.0 11 17.4    9   NY  A 3.3      4.0 12  ACy KEMATEN,INNTAL
         1985 11 04  6: 4:14 48  3.6  6 40.8   10 G VO  F 3.3              EMy GERARDMER/F
         1985 11 05 21:35:35 47 39.6  5 37.8   10 G    F 3.4               EMy HAUTE SAONE/F
         1985 11 15 11:25:43 48  0.0  6 30.0    9   VO  F 3.1               LDy LE VAL-D'AJOL/F
         1985 11 28 13: 0:11 50 54.0 14 12.0   10 G KH CR 3.3              ISy E PIRNA

         1985 12 02 19:56: 4 47  9.6 14  4.8    5   CA  A 1.9      4.0     ACy RANTEN
         1985 12  6  5: 0:32 50 14.5 12 27.1  2 10 1 VG CR 2.7      5.0 60  NLy NOVY KOSTEL
          * R5=11;
         1985 12  6 12:20:29 50 14.5 12 27.1  2 10 1 VG CR 2.8      4.0 31  NLy NOVY KOSTEL
         1985 12  6 20:20:15 50 14.5 12 27.1  2 10 1 VG CR 2.6      4.0     NLy NOVY KOSTEL
         1985 12 07 23: 9:25 50 52.7  5 56.5    5   NB NL 3.0      4.0     KNy KUNRADE/NL

         1985 12 12 02:58:35 47 35.4 14 21.6    9   CA  A 4.1      5.5 45  ACy ARDNING
         1985 12 14  5:38: 5 50 14.5 12 27.2  2 10 1 VG CR 3.6 4.3 6.5 97  NLy NOVY KOSTEL
          * R5=13; R6= 5;
         1985 12 14  5:40:44 50 14.5 12 27.2  2 10 1 VG CR 3.5      5.0     NLy NOVY KOSTEL
         1985 12 14  5:51:60 50 14.5 12 27.2  2 10 1 VG CR 2.1      4.5     NLy NOVY KOSTEL
         1985 12 14  5:54:43 50 14.5 12 27.2  2 10 1 VG CR 2.5      4.5     NLy NOVY KOSTEL

         1985 12 14  5:59:22 50 14.5 12 27.2  2 10 1 VG CR 2.5      4.5     NLy NOVY KOSTEL
         1985 12 14  6: 3:38 50 14.5 12 27.2  2 10 1 VG CR 2.6      4.5     NLy NOVY KOSTEL
         1985 12 14  8:34:50 50 14.5 12 27.2  2 10 1 VG CR 2.3      4.0     NLy NOVY KOSTEL
         1985 12 16  0: 2:39 50 14.2 12 26.8  2 10 1 VG CR 2.8      4.0     NLy NOVY KOSTEL
         1985 12 16  0:12:31 50 14.2 12 26.8  2 10 1 VG CR 2.5      4.0     NLy NOVY KOSTEL

         1985 12 16  2:35: 1 50 14.2 12 26.8  2 10 1 VG CR 2.6      4.0     NLy NOVY KOSTEL
         1985 12 16  2:49:30 50 14.2 12 26.8  2 10 1 VG CR 2.1      4.0     NLy NOVY KOSTEL
         1985 12 16 11: 7:51 50 14.2 12 26.8  2 10 1 VG CR 2.5      4.0     NLy NOVY KOSTEL
         1985 12 16 13:11: 3 50 14.4 12 27.1  2 10 1 VG CR 2.5      4.0     NLy NOVY KOSTEL
         1985 12 16 14: 6: 4 50 14.4 12 27.1  2 10 1 VG CR 3.6      5.0 54  NLy NOVY KOSTEL
          * R5= 7;
         1985 12 16 14:16:56 50 14.4 12 27.1  2 10 1 VG CR 3.2      4.0     NLy NOVY KOSTEL
         1985 12 16 15: 4:40 50 14.4 12 27.1  2 10 1 VG CR 2.6      4.0     NLy NOVY KOSTEL
         1985 12 16 15:16:55 50 14.4 12 27.1  2 10 1 VG CR 2.2      4.0     NLy NOVY KOSTEL
         1985 12 16 15:25:51 50 14.4 12 27.1  2 10 1 VG CR 2.4      4.0     NLy NOVY KOSTEL
         1985 12 16 18:55:30 50 14.4 12 27.1  2 10 1 VG CR 3.1      4.0     NLy NOVY KOSTEL

         1985 12 16 18:58:26 50 14.4 12 27.1  2 10 1 VG CR 2.6      4.0     NLy NOVY KOSTEL
         1985 12 16 19: 0:58 50 14.4 12 27.1  2 10 1 VG CR 2.1      4.0     NLy NOVY KOSTEL
         1985 12 16 19:24: 3 50 14.4 12 27.1  2 10 1 VG CR 2.0      4.0     NLy NOVY KOSTEL
         1985 12 16 20: 1:11 50 14.4 12 27.1  2 10 1 VG CR 2.6      4.0     NLy NOVY KOSTEL
         1985 12 16 20:53: 3 50 14.4 12 27.1  2 10 1 VG CR 2.6      4.0     NLy NOVY KOSTEL

         1985 12 16 21:10:57 50 14.4 12 27.1  2 10 1 VG CR 2.4      4.0     NLy NOVY KOSTEL
         1985 12 16 21:16:18 50 14.4 12 27.1  2 10 1 VG CR 3.4      4.0     NLy NOVY KOSTEL
         1985 12 16 21:36:49 50 14.4 12 27.1  2 10 1 VG CR 3.1      4.0     NLy NOVY KOSTEL
         1985 12 16 23: 6:25 50 14.5 12 27.2  2 10 1 VG CR 3.3      4.0     NLy NOVY KOSTEL
         1985 12 16 23: 9:46 50 14.5 12 27.2  2 10 1 VG CR 3.3      4.0     NLy NOVY KOSTEL

         1985 12 17  1:15:33 50 14.5 12 27.2  2 10 1 VG CR 3.2      5.0     NLy NOVY KOSTEL
         1985 12 17  5:14:15 50 14.0 12 26.7  2 10 1 VG CR 2.7      4.0     NLy NOVY KOSTEL
         1985 12 17  5:20: 5 50 14.0 12 26.7  2 10 1 VG CR 2.9      4.0     NLy NOVY KOSTEL
         1985 12 17 11:26:54 50 14.0 12 26.7  2 10 1 VG CR 3.0      4.0     NLy NOVY KOSTEL
         1985 12 17 11:32:18 50 14.0 12 26.7  2 10 1 VG CR 2.5      4.0     NLy NOVY KOSTEL

         1985 12 17 11:41:15 50 14.0 12 26.7  2 10 1 VG CR 2.6      4.0     NLy NOVY KOSTEL
         1985 12 17 16:50:13 50 14.0 12 26.8  2 10 1 VG CR 2.7      4.0     NLy NOVY KOSTEL
         1985 12 20 16:36:30 50 14.1 12 26.9  2  9 1 VG CR 3.9 4.3 6.0 111 NLy NOVY KOSTEL
          * R5=12;
         1985 12 21  0: 1:21 50 14.1 12 26.9  2  9 1 VG CR 3.1      4.0     NLy NOVY KOSTEL
```

```
          DATUM       HERDZEIT     KOORDINATEN   TIEFE REGION     STÄRKE            A REF  LOKATION
          JAHR MO TA ST   M    S   BREITE  LÄNGE QE   H Q SR PR  ML   MW  MK INT  RS
          1985 12 21  0:24:54 50 14.1 12 26.9 2   9 1 VG CR 2.2               4.5      NLy NOVY KOSTEL

          1985 12 21  2: 7:49 50 14.1 12 26.9 2   9 1 VG CR 3.2               4.0      NLy NOVY KOSTEL
          1985 12 21 10: 4:11 50 14.3 12 26.9 2  10 1 VG CR 3.8               6.0      NLy NOVY KOSTEL
          1985 12 21 10:16:21 50 14.3 12 26.9 2  10 1 VG CR 4.9 4.8           7.0 160  NLy NOVY KOSTEL
           * R5=47; R6=24;
          1985 12 21 10:51:25 50 14.3 12 26.9 2  10 1 VG CR 2.8               4.0      NLy NOVY KOSTEL
          1985 12 21 12:22:50 50 14.3 12 26.9 2  10 1 VG CR 2.4               4.0      NLy NOVY KOSTEL

          1985 12 21 12:29:16 50 14.3 12 26.9 2  10 1 VG CR 2.9               4.5      NLy NOVY KOSTEL
          1985 12 21 17:13:19 50 14.2 12 26.8 2   9 1 VG CR 2.6               4.0      NLy NOVY KOSTEL
          1985 12 21 18:46:55 50 14.2 12 26.8 2   9 1 VG CR 2.6               4.0      NLy NOVY KOSTEL
          1985 12 21 20: 4:57 50 14.2 12 26.8 2   9 1 VG CR 2.7               4.0      NLy NOVY KOSTEL
          1985 12 22  4:49:41 50 14.1 12 26.8 2  10 1 VG CR 3.0               4.5      NLy NOVY KOSTEL

          1985 12 22  5: 1:57 50 14.1 12 26.8 2  10 1 VG CR 2.3               4.0      NLy NOVY KOSTEL
          1985 12 22  5:51:37 50 14.1 12 26.8 2  10 1 VG CR 2.5               4.0      NLy NOVY KOSTEL
          1985 12 22 17:30:57 50 14.3 12 27.1 2   9 1 VG CR 2.6               4.0      NLy NOVY KOSTEL
          1985 12 23  3:24:49 50 14.3 12 27.1 2   9 1 VG CR 3.6               5.5      NLy NOVY KOSTEL
          1985 12 23  4: 4:52 50 14.3 12 27.1 2   9 1 VG CR 2.9               5.0      NLy NOVY KOSTEL

          1985 12 23  4:27: 9 50 14.3 12 27.1 2   9 1 VG CR 3.6 4.5           6.5 143  NLy NOVY KOSTEL
           * R5=18;
          1985 12 23  4:33:24 50 14.3 12 27.1 2   9 1 VG CR 2.6               4.0      NLy NOVY KOSTEL
          1985 12 23 12:36:20 50 14.5 12 27.0 2   9 1 VG CR 2.7               4.0      NLy NOVY KOSTEL
          1985 12 24  0: 4:18 50 14.8 12 27.3 2   9 1 VG CR 3.8               5.5  89  NLy NOVY KOSTEL
           * R5= 9;
          1985 12 24 12: 3:38 50 14.8 12 27.3 2   9 1 VG CR 2.6               4.0      NLy NOVY KOSTEL

          1985 12 25  6:25:46 47 42.0  6 36.0    11   VO  F 3.0                        LDy LURE/F, NE VESOUL
          1985 12 25 14:50:14 50 14.5 12 26.9 2   9 1 VG CR 2.9               4.0      NLy NOVY KOSTEL
          1985 12 29 15:29:49 50 14.6 12 27.1 2   9 1 VG CR 2.8               4.0      NLy NOVY KOSTEL
          1985 12 30 21:49:53 50 14.8 12 26.9 2   9 1 VG CR 2.7               4.0      NLy NOVY KOSTEL
          1986  1  5 19:17:38 50 14.5 12 27.1 2   9 1 VG CR 2.6               4.0      NLy NOVY KOSTEL

          1986  1 20 23:38:30 50 14.3 12 27.4 2  10 1 VG CR 4.3 4.7           6.5 170  NLy NOVY KOSTEL
           * R5=32; R6=15;
          1986  1 21 20:22: 1 50 14.9 12 27.1 2   9 1 VG CR 3.0               4.0      NLy NOVY KOSTEL
          1986  1 23  2:21:58 50 14.9 12 27.0 2   9 1 VG CR 3.5               5.5  75  NLy NOVY KOSTEL
           * R5=15;
          1986 02 04  6:55:54 48  3.6  6 36.6     6   VO  F 3.1                        ISy REMIREMONT/F
          1986 02 07 19:16:14 48  8.4  6 29.4    10 G VO  F 3.0                        ISy REMIREMONT/F

          1986 02 27 12:07:06 47 43.0  8 56.0 1  13 1 BO BW 4.4      4.3      5.5 160  STy SINGEN/HOHENTWIEL
           * R5=30;
          1986 03 25  8:38:34 49 10.8  6 39.6     7   SM  F 3.3                      B ISy E METZ/F
          1986 04 11 11:50:44 49  4.8  6 36.0     6   SM  F 3.3                      B ISy E METZ/F
          1986 04 14 12:30:27 50 57.6  6 39.1     1 1 NB NW 2.4               5.0  5 B BNy BERGHEIM
          1986 05 01 13:25:12 49 10.8  6 43.2     1 G SM  F 3.9                      B EMy LAUTERBACH

          1986 05 15 15:16:15 48  3.6  6 40.8     5   VO  F 3.1                        LDy GERARDMER/F
          1986 05 29  9: 0: 7 50 45.6 14 27.0    10 G KH CR 3.1                        ISy CESKA LIPA/CR
          1986 07 09 22:46: 9 47 34.8  5 37.8    14      F 3.2                        LDy DIJON/F
          1986 10 04  0: 7:23 47 40.2 14 49.2    10 G CA  A 2.8               5.0      ISy YBBS/A
          1986 10 16  8:59:57 51  0.0 13 49.2       KH SA 3.2                          BGy PIRNA, S DRESDEN

          1986 10 26 14:10:34 47 25.8 14 45.6     9   CA  A 3.0               4.0      ACy KALWANG
          1986 12 08 05:23:12 47 19.8  9 38.4     3   GV  A 2.2               4.5      ACy GOETZIS
          1986 12 13  6:11:32 51 21.0 10 27.6     1 G HM TH 2.6               4.5    2 BGy BLEICHERODE
          1986 12 26 07:47:51 52 59.4  6 33.       1   NX NL 2.8               4.5    B CRy S ASSEN/NL
          1987  1 29  0: 7: 1 47 25.8  9 17.4     8   SF CH 3.2                        E2y HERISAU

          1987  3 17  3: 5: 9 48 14.0  9  0.0     5   SA BW 3.8               5.0  25  STy PFEFFINGEN
          1987  3 22 23:15: 2 48 13.8  9  0.0     6   SA BW 3.1                        STy BALINGEN
          1987  4 11  3:14:40 47 26.2  7 52.1     6   SF CH 3.5                        SEy SAECKINGEN
          1987  4 14 18:54:36 47 46.8  5 23.4     3      F 3.0                        LDy CHASSIGNY-AISEY/F
          1987 04 15 03:16:55 47  8.4 10  9.6     5   GV  A 2.2               4.0      ACy STUBEN

          1987  5 24 13:24:25 47  4.8  6 11.4    15   WJ  F 3.0                        LDy BESANCON/F
          1987 05 29 07:21:47 47 13.2  9 37.2     3   GV  A 2.1               4.0      ACy FELDKIRCH
          1987 07 29 09:53:46 47 12.0  9 42.0     4   GV  A 3.1               4.5      ACy BLUDESCH
```

DATUM			HERDZEIT			KOORDINATEN		TIEFE	REGION			STÄRKE				A	REF	LOKATION
JAHR	MO	TA	ST	M	S	BREITE	LÄNGE	QE	H	Q	SR PR	ML	MW	MK	INT	RS		
1987	8	16	16:58:33			47 55.2	6 27.0	11			VO	F 3.5						LDy LE VAL-D'AJOL/F
1987	08	23	14:24:25			47 18.0	11 30.0	9			NY	A 3.1			4.0			ACy KARWENDEL
1987	10	11	22:19:56			47 14.4	9 36.0	5			GV	A 2.2			4.5			ACy FELDKIRCH
1987	10	15	10:32:	1		47 12.6	9 43.8	3			GV	A 2.2			4.5			ACy SCHNIFIS
1987	10	22	09:33:40			47 14.4	9 36.0	5			GV	A 2.4			4.5			ACy FELDKIRCH
1987	10	22	10: 0:	7		50 28.0	14 45.4	10	G		CM	CR 3.4						USy MLADA BOLESLAV/CR
1987	10	23	08:30			47 14.4	9 36.0	3			GV	A 1.4			4.0			ACy FELDKIRCH
1987	10	28	23:49:	1		47 4.1	9 11.7	7			GV	CH 4.2			4.0			SEy GLARUS
1987	11	01	10:16:18			47 13.2	9 37.8	4			GV	A 2.8			4.5			ACy FRASTANZ
1987	11	13	12:59:22			50 50.0	14 35.5	10	G		KH	CR 3.0						USy HORY LUZICKE/CR
1987	11	14	17: 5:52			47 42.0	5 35.4	11				F 3.9						LDy MAATZ/F
1987	11	28	21:27:47			48 22.2	14 1.8	3			BM	A 2.0			4.0			ACy ASCHACH/DONAU
1987	12	11	2:25:58			47 18.8	7 9.5	8			WJ	CH 3.7						SEy ST. URSANNE/CH
1987	12	14	20:49:48			52 55.8	6 33.	2			NX	NL 2.5			4.0		B	CRy HOOGHALEN/NL
1987	12	20	00:08:	1		48 26.4	13 56.4	3			SB	A 3.3			5.0			ACy OBERMUEHL
1988	1	8	21:42:	3		50 57.2	6 38.9	1			NB	NW 1.9			4.0		3 B	BNy BERGHEIM
1988	01	11	02:46:38			47 27.6	13 59.4	10	G		SZ	A 3.5			5.0			ACy OEBLARN
1988	01	11	03:16:21			47 27.6	13 59.4	10	G		SZ	A 3.2			4.5			ACy OEBLARN
1988	01	20	17:07:47			47 30.6	12 7.2	4			NY	A 2.4			4.5		8	ACy BAD HAERING
1988	02	01	09:21:22			47 12.6	10 45.6	7			WY	A 2.8			4.0		11	ACy ARZL/PITZTAL
1988	3	17	6:24:59			51 29.4	10 26.4	2	1		HM	TH 2.1			4.5		B	POy BLEICHERODE/HARZ
1988	4	15	10:49:29			54 18.9	6 7.9	10	G		CN	NS 3.7						ISy NORDSEE, NW BORKUM
1988	4	20	18:15:41			49 11.4	6 52.8	1			SM	F 3.2					B	LDy MERLEBACH/F
1988	06	15	23:13:19			47 33.0	14 12.0	6			CA	A 2.8			4.0			ACy LIEZEN
1988	06	22	02:14			48 21.6	14 31.8	2			SB	A			4.0			ACy PREGARTEN
1988	06	30	11:12			48 37.2	14 1.8	2			SB	A			4.0			ACy ST.OSWALD
1988	07	12	17:02:42			47 20.4	10 32.4	8			WY	A 3.5			5.0			ACy ELMEN
1988	07	13	07:51:31			47 20.4	10 32.4	7			WY	A 2.4			4.0			ACy ELMEN
1988	8	2	22:49:	2		48 34.8	11 23.4	23			BM	BY 3.0			4.0		25	FUy INGOLSTADT
* Azi= 30; Axe=2:1;																		
1988	08	19	01:13:18			47 18.0	11 30.0	6			NY	A 2.4			4.5			ACy KARWENDEL
1988	8	26	0:30:34			47 48.4	7 41.0	18			SR	BW 3.5			4.0		20	STy E MUELLHEIM
1988	10	17	19:39:55			50 48.8	5 54.4	22			NB	NL 3.7			3.5		40	BNy GULPEN
1988	12	27	11:53:12			50 31.8	5 40.2	20			VE	B 3.5			4.0		75	BNy S LIEGE/B
1988	12	29	19:11:20			50 57.7	6 38.8	1			NB	NW 2.2			5.0		7 B	BNy BERGHEIM
1989	1	16	0:15:16	51		0.0	6 10.8	1			NB	NW 2.1			4.0		B	BNy BAESWEILER
1989	2	21	23:36:50			47 31.1	8 51.4	23			SF	CH 3.4						SEy WINTERTHUR/CH
1989	3	13	13:02:17			50 48.	10 03.	1			WR	TH 5.6			8.5	140	2	LGy VOELKERSHAUSEN
* R5=15; R6= 8; R7= 4; R8= 1;																		
1989	3	15	14:10:28			49 54.4	7 55.9	19			NR	RP 3.0						IGy GENSINGEN
1989	3	18	14:26:	1		47 54.5	7 41.9	14			SR	BW 3.0			2.5			IGy BAD KROZINGEN
1989	4	2	6:59:	0		47 7.3	9 7.4	11			GV	CH 3.3						SEy WALENSEE/CH
1989	04	06	01:35:35			47 37.2	14 18.0	5			CA	A 1.4			4.5			ACy PYHRNPASS
1989	4	16	4:46:30			47 30.0	12 7.2	15			NY	A 3.2			4.5		15	FUy E WOERGL/A
1989	4	30	3:38:	2		47 18.0	6 40.2	11			WJ	F 3.4			4.5			E2y AVANT-PAYS JURASS.
1989	05	27	05:03:56			47 12.6	10 41.4	5			WY	A 2.6			4.5			ACy IMSTERBERG
1989	07	05	02:46:15			47 39.0	14 43.8	9			CA	A 3.0			4.0			ACy LANDL-GROSSREIFL.
1989	07	05	03:21:11			47 39.0	14 43.8	9			CA	A 3.2			4.5			ACy LANDL-GROSSREIFL.
1989	07	16	22:10:53			47 33.0	13 7.2	10	G		SZ	A 3.4			4.5			ACy HAGENGEBIRGE
1989	07	16	23:16:02			47 33.0	13 7.2	10	G		SZ	A 3.0			4.0			ACy HAGENGEBIRGE
1989	07	18	19:56:	8		47 33.0	13 7.2	10	G		SZ	A 4.0			5.0	30		ACy HAGENGEBIRGE
1989	07	20	09:15:56			47 33.0	13 7.2	10	G		SZ	A 3.5			4.0			ACy HAGENGEBIRGE
1989	07	23	03:50:37			47 33.0	13 7.2	10	G		SZ	A 3.4			4.0			ACy HAGENGEBIRGE
1989	07	23	03:58:22			47 33.0	13 7.2	10			SZ	A 3.4			4.0			ACy HAGENGEBIRGE
1989	09	03	15:09:45			47 45.8	7 3.1	12			SR	F 3.1			4.0			BKy W MULHOUSE/F
1989	10	4	4:57:22			49 11.2	8 27.9	5			SR	BW 3.0			4.0		35	IGy PHILIPPSBURG
1989	10	23	0:14:24			49 8.4	6 54.6	10	G		SM	RP 3.0					B	EMy SAARBRUECKEN-WEST
1989	10	23	05:09:30			47 12.6	10 45.6	10	G		WY	A 2.8			4.5		20	ACy ARZL/PITZTAL
1989	10	24	18:11:44			47 21.0	9 52.8	3			GV	A 2.3			4.5			ACy MELLAU

```
          DATUM       HERDZEIT       KOORDINATEN   TIEFE REGION         STÄRKE             A  REF   LOKATION
       JAHR MO TA  ST  M   S     BREITE  LÄNGE  QE   H Q  SR PR  ML   MW  MK  INT  RS

       1989 11 17 00:54:16 47 23.4 11 51.0   12      NY   A 4.0           5.0 50   ACy BRUCK/ZILLER
       1990  1  6  4:47:11 50 58.2  6 39.0    1 G  NB NW 2.0              4.0      B BNy BERGHEIM
       1990  1 24 00:42:11 48  2.5  9 18.0 1  5 1  SA BW 2.8              4.0      STy HOHENTENGEN
       1990 01 24 20:54:14 48 19.2 15 12.0    7     SB   A 1.5            4.5      ACy POEGGSTALL
       1990  1 28  7:36:10 49  7.2  6 48.0   10 G  SM   F 3.0                      B EMy MERLEBACH/F

       1990  2  3  0: 1:56 47  1.2 10 37.8   10 G  WY   A 3.4             5.0      EMy PFUNDS/A
       1990  2 12  6:24:21 48 11.4  7  0.0    4     VO   F 3.0                     LDy GERARDMER/F
       1990  2 26 14: 6:48 47 27.6 12  0.1   10 G  NY   A 3.2                      USy KUFSTEIN, WOERGL/A
       1990 03 28 08:21:50 47 24.0 11 57.0    7     NY   A 3.0            4.5      ACy ALPBACH
       1990  4  1 19:25:54 47 19.9 14 26.6   12     CA   A 2.8            4.0      ISy SEETALER ALPS/A

       1990 04 02 10:45:23 47 16.2 11 23.4    5     NY   A 3.0            4.0      ACy INNSBRUCK
       1990  4 12 13:25:32 49  7.8  6 46.8    1 G  SM RP 3.3                       B EMy LAUTERBACH
       1990  4 19  5:35:18 50 42.6  5 30.0   19     BR   B 3.1            3.0      BNy NNW OF LIEGE/B
       1990  5 20  4:54:44 49  7.8  8 21.0   19     SR BW 3.0                      LDy KARLSRUHE
       1990  5 26 11:45:00 50 13.   8 42.  1  5     NR HS 3.8             5.0 60   TNy FRANKFURT/MAIN

       1990  5 29  6:14:27 50 10.   8 42.  1  5     NR HS 3.5             5.0 40   TNy FRANKFURT/M-WEST
       1990 05 30 03:52:39 51 34.8 15 58.2   19     EH PL 4.2             4.0      SHy GLOGAU
       1990 06 01 20:21:27 47 53.4 14 21.0    9     CA   A 3.5            4.5      ACy MOLLN
       1990 06 10 04:09:54 50  9.2  8 41.2    5     NR HS 3.5                      BKy LANGEN
       1990 07 09 03:33:11 47 34.8 12  1.8    7     NY   A 2.8            4.0      ACy VORDERTHIERSEE

       1990 08 20 13:33:35 47  3.0 11 18.0   10 G  SY   A 3.6             5.0      ACy PINNISTAL
       1990 09 05 03:03:43 47 24.6 13 46.2    8     SZ   A 3.3            5.0      ACy HAUS/ENNSTAL
       1990 11 14  2:35:43 48  2.5  6 42.8    4     VO   F 2.5            4.0      IGy REMIREMONT/F
       1990 11 18 14:20:57 50  9.0  7 51.6   14     MR HS 3.4             4.0      BNy STRUETH/TAUNUS
       1990 11 30  8:31:58 48 37.8  7 43.2   14     SR   F 3.0                     LDy N OF STRASBOURG

       1990 12  1  0: 1:50 49  9.0  6 46.8    1     SM RP 3.2                      B LDy LAUTERBACH
       1991 01 30 02:46: 1 48 22.8 15 21.0    5     SB   A 2.8            5.0      ACy MUEHLDORF
       1991  3 14  5:31:29 47 58.2  5 41.4    8          F 3.2                     LDy DIJON/F
       1991 03 24  5: 5: 7 50 16.9 12 13.0 2 12 1  VG SA 2.4              4.0 18   NLy BAD ELSTER
       1991 03 24 14:33:31 50 16.9 12 13.0 2 12 1  VG SA 2.7              4.0 18   NLy BAD ELSTER

       1991 03 25 14:54:16 50 16.9 12 13.0 2 12 1  VG SA 2.8              4.0 19   NLy BAD ELSTER
       1991  4 25 15:41:14 47 13.8  6 25.8    3     WJ   F 3.0                     LDy BAUME LES DAMES/F
       1991 04 25 20:05:32 47 27.0 10 57.0 2 10 G  WY BY 3.2              4.5      ACy ZUGSPITZE
       1991  5 16  2: 6:19 52 16.8  7 45.7 1  1 4  TW NW 4.3              6.0 20 B BUy IBBENBUEREN
            * Azi= 50; Axe=2:1;
       1991 05 19 03:22:12 50 21.7 12 23.0          VG SA 2.5             4.0 20   NLy KLINGENTHAL

       1991  5 22  7:30:22 47 17.4 11 30.0          NY   A 3.0                     FUy E OF INNSBRUCK
       1991  6 17  3:25:38 48 28.2  5 58.2   12          F 3.0                     LDy TROYES/F
       1991  7  4  8:47:14 47 37.8  5 23.4   23          F 3.7                     LDy DIJON/F
       1991  8 10 14:55:31 50 40.1  5 35.2   14     BR   B 3.2                     ISy TONGEREN/B
       1991  8 13  8:16:50 51 36.4  7 11.9    1 G  RU NW 2.0              4.0      B BUy RECKLINGHAUSEN

       1991  9  4 13: 8: 6 50 57.0  6 39.0    1 G  NB NW 2.1              4.5  5 B BNy BERGHEIM
       1991 11  7 15:30:47 47  9.2  9 31.0    1     GV CH 3.2             4.5      SEy VADUZ
       1991 11 13 23:53:48 51 36.7  7 37.8    1 G  RU NW 2.3              4.0      B BUy BERGKAMEN
       1991 12 09 20:24:55 47  3.6 10 22.8    9     WY   A 2.7            4.5      ACy KAPPL
       1991 12 13  5: 5:48 51  3.  12 11.  1 16 1  CS AH 2.9              4.5 40   MOy ZEITZ

       1992  1  3  6:46:10 51 34.7  7 11.9    1 G  RU NW 1.8              4.0      B BUy RECKLINGHAUSEN
       1992  1  8  6:29:17 51 34.4  7 13.3          RU NW 2.3             4.0      B ISy RECKLINGHAUSEN
       1992  1 10  9:11: 4 48 30.1  6 46.4    8     PS   F 3.2                     ISy BACCARAT/F
       1992  2 12  6:25:22 49  8.7  6 53.2    1     SM   F 3.0                     B ISy MERLEBACH/F
       1992  4 13  1:20: 3 51  9.0  5 55.8   17 4  NB NL 5.9 5.5          7.0 440  BNy MS=5.6; ROERMOND
            * R5=102; R6=42; R7= 6; Verletzte;

       1992  4 13  3:49:43 51  9.0  5 57.6   13     NB NL 3.4                      BNy ROERMOND/NL
       1992  4 13  6: 2:12 51  9.0  5 58.8   12     NB NL 3.1                      BNy ROERMOND/NL
       1992  4 14  1: 6:46 50 56.4  6 10.8   14     NB NW 3.8             5.0 80   BNy NE ALSDORF
       1992  5  8  6:44:40 47  9.0  9 31.2    2     GV CH 4.6             4.5      E2y BUCHS
       1992 05 08 07:47: 2 47 13.8  9 34.8          GV   A 3.1                     ACy FELDKIRCH

       1992  5  8  7:51:03 47 13.8  9 34.8          GV   A 4.3            6.5      ACy FELDKIRCH
       1992  5  9  5:37:58 49 55.8  7 27.4   14     HU RP 3.0             2.0      BNy KIRCHBERG/HUNSRUE.
       1992 05 09 11:13:04 47 13.8  9 34.8          GV   A 3.2                     ACy FELDKIRCH
```

117

DATUM			HERDZEIT			KOORDINATEN		TIEFE	REGION			STÄRKE				A REF	LOKATION
JAHR	MO	TA	ST	M	S	BREITE	LÄNGE	QE H Q	SR	PR	ML	MW	MK	INT	RS		
1992	05	09	18:54: 1			47 13.8	9 34.8		GV	A	3.3					ACy	FELDKIRCH
1992	05	14	21:33:51			47 22.8	11 44.4	3	NY	A	1.9			5.0		ACy	JENBACH
1992	5	15	0:43:43			47 9.6	9 31.2	11	GV	CH	3.9			4.0		SEy	BUCHS/CH
1992	5	19	14:25: 3			49 10.8	6 57.6	5	SM	F	3.6					B LDy	MERLEBACH/F
1992	5	20	11:22:40			49 16.2	6 55.2	1	SM	F	3.2					B LDy	MERLEBACH/F
1992	6	2	12: 1:52			47 9.0	9 31.2	1	GV	CH	3.1					SEy	BUCHS/CH
1992	06	15	06:05:10			47 15.6	11 11.4	10 G	WY	A	2.4			5.0		ACy	RANGGEN
1992	7	8	19:47:56			49 10.2	6 57.0	1	SM	F	3.5					B LDy	MERLEBACH/F
1992	8	3	20: 2: 0			51 38.5	7 44.9	1 G	RU	NW	3.0			2.0		B BUy	HAMM, BOENEN
1992	8	8	11:20:15			49 7.0	6 50.0	0	SM	F	3.1					B ISy	SW OF SAARBRUECKEN
1992	8	27	0:49: 1			49 10.8	6 53.4	1	SM	F	3.5					B LDy	MERLEBACH/F
1992	9	3	1:57:47			49 13.2	6 51.6	1	SM	F	3.2					B LDy	MERLEBACH/F
1992	9	9	14:39:14			49 6.6	6 49.2	0	SM	F	3.1					B ISy	SW OF SAARBRUECKEN
1992	9	9	16:56:10			49 12.0	6 52.8	1	SM	F	3.2					B LDy	MERLEBACH/F
1992	9	11	7: 3:11			49 12.6	6 52.8	1	SM	F	3.1					B LDy	MERLEBACH/F
1992	9	21	17: 3:42			48 1.0	9 4.0	1 21 1	SA	BW	3.1			3.0		STy	MESSKIRCH
1992	9	22	20:17:37			49 10.8	6 53.4	1	SM	F	3.5					B LDy	MERLEBACH/F
1992	09	28	13:30:50			54 52.8	12 44.2	11	BH	DK	3.5					GHy	N MOEN
1992	10	1	17:18:56			49 12.0	6 52.2	1	SM	F	3.2					B LDy	MERLEBACH/F
1992	10	6	15:15:55			51 38.3	7 39.5	10 G	RU	NW	3.6					B ISy	HAMM/WESTFALEN
1992	11	4	17: 9:33			49 12.0	6 54.6	1	SM	F	3.1					B LDy	MERLEBACH/F
1992	11	7	23:55:49			49 13.2	6 59.4	1	SM	F	3.5					B LDy	MERLEBACH/F
1992	11	24	07:48:54			47 24.0	14 49.8		CA	A	2.6			4.5		ACy	MAUTERN
1992	11	24	22:45: 9			48 21.6	14 31.8		SB	A	1.9			4.5		ACy	PREGARTEN
1992	12	1	7:22:56			49 11.4	6 57.0	1	SM	F	3.4					B LDy	MERLEBACH/F
1992	12	17	22:24: 5			49 10.8	6 48.6	1	SM	F	3.2					B LDy	MERLEBACH/F
1992	12	28	2: 8:22			47 9.0	9 12.6	12	GV	CH	3.3					SEy	WALENSEE/CH
1992	12	30	21:34:13			47 42.6	8 22.7	1 22 1	SW	BW	4.0			5.0	100	STy	UEHLINGEN
1993	1	7	21:29:32			49 10.8	6 52.8	1 G	SM	F	3.3					B EMy	MERLEBACH/F
1993	2	20	10:21:42			49 8.4	6 48.0		SM	F	3.3					B ISy	MERLEBACH/F
1993	3	15	17:53:47			49 7.8	6 55.9	1 G	SM	F	3.1					B NIy	MERLEBACH/F
1993	3	22	18:40:46			52 15.8	7 45.4	1 G	TW	NW	3.6			5.0	15	B BNy	IBBENBUEREN
1993	5	6	15:36:31			50 57.1	6 40.1	1 G	NB	NW	1.7			4.0	3	B BNy	BERGHEIM
1993	6	3	12:57:39			51 9.9	5 57.0	11	NB	NL	3.3					BNy	ROERMOND
1993	6	5	14:45:44			49 8.8	6 48.2	1 G	SM	F	3.2					B NIy	MERLEBACH/F
1993	6	24	15:40: 4			49 9.0	6 52.8	0 G	SM	F	3.3					B ISy	MERLEBACH/F
1993	7	6	15:58:29			49 9.9	6 54.5	9	SM	F	3.0					B NIy	MERLEBACH/F
1993	07	10	08:59: 8			47 7.8	10 13.2	19	GV	A	3.9			5.0		ACy	ARLBERG
1993	8	3	9: 1:35			49 8.4	6 51.6	2	SM	F	3.8					B LDy	MERLEBACH/F
1993	9	9	1:17:56			47 48.0	9 19.2	3 19 2	BM	BY	3.0					LEy	UEBERLINGEN
1993	10	9	23:07:57			52 40.7	9 0.2	3 G	SX	ND	2.0			5.0	7	B L3y	PENNIGSEHL
1993	11	08	04:16:59			47 40.2	14 20.4		CA	A	2.8			4.0		ACy	SPITAL AM PYHRN
1993	11	8	18:59:36			51 40.0	7 42.7	1 G	RU	NW	2.5			4.0		B BUy	HAMM
1993	11	16	15:04:21			55 30.2	15 47.6		OS		3.8					ISy	NE OF BORNHOLM
1993	12	02	02:49:44			47 17.4	10 37.2	20	WY	A	3.0			5.0		ACy	NAMLOS
1994	1	17	15:10:39			47 49.5	8 19.6	8	SW	BW	3.0					IGy	NEUSTADT/SCHWARZW.
1994	1	21	20:42: 5			47 19.5	6 8.3	7		F	3.2					LDy	BESANCON/F
1994	1	29	5:52:41			52 13.8	7 49.8	1 G	TW	NW	3.6			5.0		B GRy	IBBENBUEREN
1994	02	05	15:10:06			52 50.0	7 02.7	2 G	SX	NL	2.9			4.5		B KNy	ROSWINKEL/NL
1994	3	6	2:59: 8			51 31.2	10 31.8	1 G	HM	TH	2.6			5.0	2	KUy	BLEICHERODE
1994	3	31	0:37:48			47 12.0	10 13.2		GV	A	3.1			4.0		FUy	LECHTALER ALPS/A
1994	03	31	00:38:47			47 7.8	10 7.2	10	GV	A	2.9			4.0		ACy	LANGEN
1994	3	31	9:41:41			47 11.	10 15.	11	GV	A	4.2			5.5	45	FUy	LECHTALER ALPS/A
* R5=17;																	
1994	04	05	21:51:47			47 8.4	10 9.6		GV	A	3.0			4.0		ACy	STUBEN
1994	06	10	20:11: 7			47 39.0	15 .0		CA	A	3.1			4.0		ACy	WILDALPEN
1994	06	27	14:32:21			47 34.2	13 39.0		SZ	A	3.3			3.0		ACy	HALLSTATT
1994	7	21	5:59:34			47 23.	10 35.	10 G	WY	A	3.2			4.0		FUy	LECHTAL/TYROL/A
1994	07	30	09:18:21			53 21.1	6 37.7	1 G	NX	NL	2.7			4.5		B KNy	MIDDLESTUM/NL

```
         DATUM       HERDZEIT        KOORDINATEN   TIEFE REGION       STÄRKE          A REF  LOKATION
        JAHR MO TA  ST  M  S      BREITE  LÄNGE QE   H Q SR PR  ML   MW MK  INT RS
        1994  8 16 14:37:42 53  3.7   6 41.9      3 G NX NL 2.3          4.5       B KNy ANNEN/NL
        1994  8 28 14: 1:29 47 37.8  14 43.2            CA  A 2.8        4.0         ISy SALZA VALLEY/A
        1994  8 30  3:23: 7 51 28.8  10 24.6      0 G HM TH 2.5          5.0       2 KUy BISCHOFFERODE
        1994  9 17 22:35:24 51 27.0  10 30.0      1 G HM TH 2.6          5.0       2 KUy BISCHOFFERODE

        1994 10 18 18:38:19 55 27.6   5  7.2     11     CN NS 4.0        4.5       B ISy DAN OILFIELD
        1994 10 22  8:38:50 47 36.   13 42.       5     SZ  A 2.9        4.5         VIy HALLSTATT/A
        1994 11 22 02:51:54 47  7.8  11 20.4     10     SY  A 2.2        4.0         ACy FULPMES
        1994 11 24 18: 1: 3 47 46.2  14 48.0     10 G CA  A 3.0                      ISy SALZA VALLEY/A
        1995  1 10 11:26:14 47 44.4   7 45.0 1 13 1 SW CH 3.1                        LEy SCHOPFHEIM

        1995  1 22  6: 3:30 48 10.8   8 45.0 1  3 2 SA BW 2.9            4.5     7 LEy SPAICHINGEN
        1995 01 31 19:57:56 53  3.8   6 43.2      3 G NX NL 2.0          4.0       B KNy ANNEN/NL
        1995  3 24 16:38:45 47 45.0   8 45.6 1  7 1 BO BW 3.5            4.0 10     LEy SINGEN/HOHENTWIEL
        1995  6 25 17:31:52 47 36.6   8 51.6 1 11 1 BO BW 3.1                        LEy SINGEN/HOHENTWIEL
        1995  6 25 18:53: 7 47 36.6   8 51.6 1 10 1 BO BW 4.1            3.5 15     LEy SINGEN/HOHENTWIEL

        1995  6 27 17:16:50 47 45.0  12 51.0      2 G BY BY 3.0          4.0     4 FUy BAD REICHENHALL
           * Azi= 70; Axe=2:1;
        1995  8  3 17:47: 8 52 16.8   7 49.2 3  1 G TW NW 3.3            3.5       B BGy IBBENBUEREN
        1995 09 08 23:46:12 47 48.6  15 42.6            CA  A 2.5        4.5         ACy SCHWARZAU
        1995 11 10 00:32:51 47 12.6  14 40.8     10     MM  A 4.2        6.0         ACy JUDENBURG
        1995 11 10  0:32:56 47 25.2  14 34.2 3 10 G CA  A 4.2            4.0         BGy TRIEBEN/A

        1995 11 10  0:35: 4 47 31.8  14 28.8 3 10 G CA  A 3.8            5.0         BGy JUDENBURG/A
        1995 11 13 21:52:55 47  9.2  10 44.9 1 20 2 WY  A 3.1            4.5         FUy PITZTAL, ARZL/A
        1995 11 16  5:57:21 47  1.7   8 47.3     11     CC CH 4.1        5.0 35     SEy EINSIEDELN/CH
        1996 02 15 20:06        47 30.6  12  5.4           NY  A 2.7     4.5         ACy KIRCHBICHL
        1996  2 25 14:23:26 51 26.4  11 21.6 2  1 G HZ AH 2.7            4.0       2 GRy EINZINGEN

        1996  3  5 22: 7:33 47 34.2  11 12.0 2        BY BY 2.2          4.0         FUy ESCHENLOHE
        1996  3  6 20: 3:15 50 43.8   6 23.1 2  8    NB NW 2.7           4.0         BNy GROSSHAU
        1996 03 12 12:13:49 52 49.9   7  3.5      2 G SX NL 2.6          4.0       B KNy ROSWINKEL/NL
        1996  3 22 14:28:42 49  9.0   6 54.0 3  1 G SM  F 3.0                      B LEy MERLEBACH/F
        1996  4 24  9:36:57 47 33.6   7 36.0 1 11    SR BW 3.3           3.0         LEy HERTEN/BADEN

        1996  4 27  7: 0: 1 47 12.0  10  4.8 3 12 2 GV  A 3.1            3.0         BGy ARLBERG/A
        1996  5 17  9:30:59 47 10.2   9 29.4      1    GV CH 3.9         4.0         E2y BUCHS
        1996  6  4  5: 5:23 47 48.6   7 14.4 1  1 2 SR  F 3.2                        LEy NW OF MULHOUSE/F
        1996 06 15 21:40: 8 47 12.6  10  8.4           GV  A 4.0         4.5         ACy LECH AM ARLBERG
        1996  6 28  3:43:11 47 45.6   8 45.6 1  4 2 BO BW 3.3            4.0 20     LEy GOTTMADINGEN

        1996 06 28 09:57:43 47 12.0  10  6.0           GV  A 4.3         5.0         ACy LECH AM ARLBERG
        1996  7 15 22:22: 0 47 34.0  12 22.4 1        SZ  A 3.0          4.0         FUy KITZBUEHLER ALPS/A
        1996 07 17 00:50: 7 47  7.2  11 32.4      7    SY  A 3.4         3.5         ACy STEINACH/BRENNER
        1996 07 17 00:54:13 47  6.6  11 32.4      6    SY  A 3.9         4.5         ACy WIPPTAL
        1996  7 23 22:30:22 50 27.5   5 54.9     12 3 VE  B 4.0          4.0         BNy S OF VERVIERS/B,
        SPA

        1996 08 20 04:59:55 47  9.0  10  6.0           GV  A 3.1         3.5         ACy KLOESTERLE
        1996  8 23 19:35:40 50 23.6   7 23.5 2  4 3 MR RP 3.0            4.5         BNy PLAIDT
        1996  8 24  2:38:23 47 26.0   9  2.5 2 28 1 SF CH 4.0            5.0 70     LEy WIL/CH
        1996  8 24 23:39: 1 47 57.8   7 30.1 1  7 2 SR  F 3.5            4.0         LEy DESSENHEIM/F
        1996 09 11 03:36:36 51 26.9  11 50.7 1  1 1 CS AH 4.9            6.5 40  2 TKy MS=5.0;TEUTSCHENT.
           * R5= 7; R6= 3;

        1996 09 27 06:46:36 47 23.4  13 30.0     10     SZ  A 3.0        4.0         ACy RADSTADT
        1996 10 03 09:29:26 47 24.0  11 52.2      5     NY  A 2.9        4.0         ACy JENBACH
        1996 10 19 15:21:54 48  0.1   7 30.7 1  6 2 SR  F 3.2                        LEy NEUF-BRISACH/F
        1996 11 21 23:08:13 47 14.4  10 28.8     10 G WY  A 2.7          4.5         ACy ELBIGENALP
        1996 12 15  4:49: 9 47 20.5   7 53.1 2 20 1 SF CH 3.0                        SEy OLTEN

        1996 12 28 18:16:53 52 50.0   7  2.6      2 G SX NL 2.7          4.5       B KNy ROSWINKEL/NL
        1997 01 16 00:12:47 52 50.0   7  2.8      2 G SX NL 2.4          4.0       B KNy ROSWINKEL/NL
        1997  2  1 14:01:59 47 40.2   7 28.8 1 10    SR  F 3.6           4.0 30     LEy SIERENTZ/F
        1997 02 17 10:53:36 47 35.4  14 22.8     32    CA  A 3.4         4.0         ACy ADMONT
        1997  2 17 10:53:44 47 51.6  14 22.8     10 G CA  A 3.0                      GRy ENNS VALLEY/A

        1997  2 19 21:53:51 52 49.9   7  2.3      2 G SX NL 3.4          6.0       B KNy ROSWINKEL/NL
        1997  2 20 15:39:34 47 48.6   7 33.6 2 21    SR BW 3.1           3.0 15     LEy NEUENBURG/RHEIN
        1997  4  4  4: 7:43 51 24.0   6 54.0      2    RU NW 3.0                   B LDy DUISBURG
```

```
      DATUM      HERDZEIT       KOORDINATEN    TIEFE REGION       STÄRKE         A REF  LOKATION
    JAHR MO TA   ST  M  S       BREITE  LÄNGE  QE   H Q SR PR  ML   MW  MK  INT RS
    1997 04 30   04     43     47 29.4 14 11.4  2     CA  A  2.7        4.0         ACy IRDNING
    1997 06 01   01:09: 1      47 17.4 10 43.8        WY  A  3.1        4.0         ACy IMST

    1997 06 03   21:02:58      47 47.4 15 42.0        CA  A  3.0        4.0         ACy SCHWARZAU
    1997 06 05   20:22:58      47 12.6 10 49.2        WY  A  4.2        5.5         ACy IMST
    1997 06 28   02:44:59      47 36.0 12 33.6        SZ  A  3.6        5.0         ACy LOFER
    1997 07 12   15:18:23      47  9.6 11 21.0  10  G NY  A  3.1        4.0         ACy FULPMES
    1997  7 25   18:50:25      50 13.7  7 52.0  2 10 3 MR RP  1.8       4.0         BNy NASTAETTEN

    1997 08 02   01:36:17      47 48.6 15 19.8        CA  A  2.4        4.0         ACy MARIAZELL
    1997 08 07   22:28:51      47 46.8 15 20.4        CA  A  2.8        4.5         ACy MARIAZELL
    1997 08 15   00:37:45      48  1.2 15 21.6        CA  A  2.5        4.0         ACy KIRCHBERG
    1997  9  2    0:30:53      47 36.0  7 51.  2 23 1 SW BW  3.0        4.0   30    LEy SCHOPFHEIM
    1997 10 19   10:30:57      47 22.8 11 48.6  6     NY  A  3.0        4.0         ACy JENBACH

    1997 10 21   16:44:40      48 46.8  9 41.4 1  9 1 EW BW  3.7        5.0   30    LEy LORCH/REMSTAL
    1997 10 23   12: 7: 2      47 12.0  8 36.0   28    SF CH  3.2                   SEy MENZINGEN
    1997 11 10   16:13: 6      50 23.4 10 17.4  2 10 G NF BY  3.1                   GRy BAD NEUSTADT
    1997 11 17   17: 9:23      47 38.3  7 37.4  2 17 1 SR CH  3.5       4.0   40    LEy WEIL A. RHEIN
    1997 11 22    4:56:11      47  7.2  9 13.2   2     GV CH  4.1       5.0         E2y QUINTEN, WALENSEE

    1997 11 29   10:54:38      50 16.2  8 19.8  2 10 2 MR HS  3.5       4.0         GRy LIMBURG/LAHN
    1997 11 29   20: 6:10      50 15.6  8 16.2  2  5 2 MR HS  4.0       5.0         BNy IDSTEIN
    1997 12 28   22:52:26      47  4.8  9 50.4        GV  A  3.1        4.0         ACy SCHRUNS
    1998  1  5    4:47:55      49  9.0  6 52.8  2  1 G SM  F  3.4                 B LEy MERLEBACH/F
    1998 01 28   21:33:04      52 50.0  7  2.4   2  G SX NL  2.7        5.0       B KNy ROSWINKEL/NL

    1998 02 19   05:03:52      47 18.6 13 20.4        SZ  A  3.0        4.0         ACy WAGRAIN
    1998 02 19   05:04:58      47 19.2 13 21.0        SZ  A  3.3        4.0         ACy WAGRAIN
    1998  2 20    9:44:53      48 48.0  6 18.0   12       F  3.3                    LDy NANCY/F
    1998 03 07   12:07:48      47 54.6 14 16.8        CA  A  3.4        3.5         ACy MOLLN
    1998 03 09   02:17:29      47 17.4 11 18.0   9     NY  A  2.5        4.0        ACy VOELS

    1998 03 20   03:11:42      47 12.0  9 42.0   7     GV  A  3.3        5.0        ACy BLUDESCH
    1998  3 23   13: 7:19      47  6.0  9  6.0   8     CC CH  3.5                   SEy GLARUS
    1998  3 28   19: 5:36      48  6.0  6 30.0   13    VO  F  3.1                   LDy EPINAL/F
    1998  4 21    2:30:56      47  6.0  9 18.0    1  G GV CH  3.6                   SEy GLARUS
    1998  4 25    4:17:21      47 44.5  7 47.9  2  9 1 SW BW  3.1       3.0         LEy TEGERNAU

    1998 06 09   20:30:57      48 26.4 13 57.6   3     SB  A  3.0        4.0        ACy ASCHACH/DONAU
    1998  7 14   12:12:02      52 50.0  7  3.2 1  2 G SX NL  3.3         5.0      B KNy ROSWINKEL/NL
    1998 07 23   12:29:16      47 35.4 14 12.0   7     CA  A  3.1        4.0        ACy LIEZEN
    1998 09 20   02:52:52      47 17.4 11 18.6   8     NY  A  3.1        4.0        ACy INNSBRUCK
    1998 09 30   05:53:40      47 15.0 11 16.2   4     NY  A  3.0        4.5        ACy KEMATEN

    1998 11  7   16:16:56      50 09.7  7 52.1   16    MR RP  2.9        4.0        BNy NASTAETTEN
    1998 11 10    9:17:41      50 12.8  7 50.6   18    MR RP  3.0        5.0        BNy NASTAETTEN
    1998 12 10   03:24:31      48 29.4 13 58.8        SB  A  3.1         4.5        ACy NEUFELDEN
    1998 12 17   19:36:24      47 34.8  7 46.2  2 18 1 SW CH  3.0                   LEy RHEINFELDEN
    1999  3 16   16:39:17      48 13.2  7 15.6  11     VO  F  3.2                   LEy STE-MARIE-AM

    1999 03 24   11:40: 8      48 18.6 14 25.8        SB  A  2.4        4.0         ACy ST.GEORGEN
    1999 03 31   13      1     47 49.2 14  9.0        CA  A  3.6        5.5         ACy KLAUS
    1999 03 31   15:09:23      47 49.2 14  9.0        CA  A  3.0        4.5         ACy KLAUS
    1999 04 02   13:25:43      47 42.0 14 56.4        CA  A  2.3        4.0         ACy WILDALPEN
    1999  4 17    9:11:25      52 17.4  7 42.6  4  1 G TW NW  3.0                 B GRy IBBENBUEREN

    1999 05 02   04:49:44      47 40.8 13 42.6        SZ  A  3.1                    ACy BAD ISCHL
    1999  5 15    5:34:29      47 45.6 12 54.0  3 10 G BY BY  3.1        4.0        BGy BAD REICHENHALL
    1999 05 19   13:23:51      47 20.4 11 30.6   2     NY  A  1.7        4.0        ACy HALL IN TIROL
    1999  5 29    1:42:33      48 12.0 10 42.0   15    BM BY  3.1                   LDy LANDSBERG/LECH
    1999  6  8    2:01:23      49  9.6  6 51.6    1  G SM  F  3.1                 B LEy MERLEBACH

    1999  7 13   20:47: 2      47 30.0  7 42.6  2 15 1 SR CH  3.2       3.0         LEy SAECKINGEN
    1999 08 28   11:49:18      47 21.0 10 51.6        WY  A  3.4        4.0         ACy LERMOOS
    1999  8 29   17:44: 7      47 24.0  5  6.0   18       F  3.2                    LDy LUX, N OF DIJON/F
    1999  9 11    1:12:59      49 32.4  6 47.8  2 10 G HU RP  3.6        4.0        LEy LOSHEIM
    1999  9 11   12:32:55      51 32.9  5 33.9  2 12    NB NL  3.4       4.0        KNy UDEN/NL

    1999  9 12   13:25:23      47 35.4  8 31.2   6     SF CH  3.1                   LEy EGLISAU
    1999 10 14   09:33:45      47 18.6  9 57.6        GV  A  2.9        4.0         ACy AU/BREGENZERWALD
```

```
       DATUM       HERDZEIT       KOORDINATEN  TIEFE REGION        STÄRKE         A REF  LOKATION
     JAHR MO TA  ST  M  S       BREITE  LÄNGE QE   H  Q SR PR  ML  MW MK  INT RS

     1999 10 28  04:54:24  47 23.4   9 54.0         GV  A 3.1           4.5          ACy BEZAU
     1999 12 31 11:00:55 52 50.0    7  2.9 1   2 G SX NL 2.8            5.0        B KNy ROSWINKEL/NL
     2000  1 20   3: 3:18 50 36.1   7 04.7 2  10 1 MR RP 3.8            5.0          HKy MECKENHEIM

     2000  2 23   4: 7: 7 47  3.    9 33.6     10 G GV FL 3.7                        LEy VADUZ
     2000  3  4 15:43:20 47 13.2    9 28.8      3   GV FL 3.6                        E2y BUCHS
     2000 03 11  02:31:29 48 29.4  15   .0          SB  A 3.3           4.0          ACy SCHOENBACH
     2000  3 28  5:29:50 47 23.4    7  9.6      1   WJ CH 3.1                        E2y SAINT URSANNE
     2000  4  6  0:43:18 47 22.2    7 10.2      1   WJ CH 3.2                        E1y SAINT URSANNE

     2000  4  8 20:30    53 34.3   9 52.6 1   1 1 NX ND               4.0          1 HAy HAMBURG-BAHRENFELD
     2000  5 12 13:16:12 47 38.4  12 43.2 3  10 G SZ BY 3.4            4.5            LEy BAD REICHENHALL
     2000  5 19 19:22:40 53 33.8  11  0.9 2  17 2 ND ND 3.2                          GOy WITTENBURG
     2000 06 03 15:14:11 47 14.4  10 10.2         GV  A 3.5             4.5          ACy LECH/WARTH
     2000 06 10 05:51: 1 47 14.4  10 10.2         GV  A 3.6             4.5          ACy LECH/WARTH

     2000  6 14  2:25:21 49 12.0   6 38.4 2   1 G SM  F 3.4                        B LEy E OF METZ/F
     2000  6 19  8:29:37 48 55.8   8 11.4 1  11 1 SR BW 3.0                          LEy RASTATT
     2000  6 20  6:18:49 47 28.4   7 47.4 1  15 1 SF CH 3.0            3.0           LEy SISSACH
     2000 07 02 13:36:38 47  7.2  11 16.2         SY  A 2.9             4.0          ACy FULPMES
     2000  7 10  2:48:47 47 13.8   7 33.6      9   WF CH 3.0                         LEy S OF SOLOTHURN/CH

     2000 07 19 02:51:17 47 12.0  10  6.0        GV  A 2.5             4.0          ACy LECH AM ARLBERG
     2000  7 26 12:19:24 50 15.4   7 54.3 2   8   MR RP 3.4            3.5          BNy KATZENELNBOGEN
     2000 08 07 21:43:35 47  9.0  11 22.8        NY  A 2.5             4.0          ACy FULPMES
     2000  8 24  4:58:57 47 46.1   8 57.8    10   BO BW 3.3            3.0          LEy RADOLFZELL
     2000  9  4  0:31:46 50 13.2  12 27.3 1   8 1 VG CR 3.2                         IPy NOVY KOSTEL

     2000 09 09 02:02: 7 47 14.4  10  7.8        GV  A 3.0              4.0         ACy WARTH AM ARLBERG
     2000 10 23 21:22: 2 50 12.6  12 27.4 1   8 1 VG CR 3.3                         IPy NOVY KOSTEL
     2000 10 25 18:10:35 52 49.9   7  3.2 1   2 G SX NL 3.2             5.0       B KNy ROSWINKEL/NL
     2000 11  6 22: 7:20 50 12.4  12 27.6 1   8 1 VG CR 3.2                         IPy NOVY KOSTEL
     2000 11  6 22:34:37 50 12.4  12 27.5 1   8 1 VG CR 3.0                         IPy NOVY KOSTEL

     2000 11  6 23:31:33 50 12.6  12 27.4 1   7 1 VG CR 3.4                         IPy NOVY KOSTEL
     2000 11  6 23:53: 7 50 12.5  12 27.4 1   8 1 VG CR 3.2                         IPy NOVY KOSTEL
     2000 11 12 23:36:21 48  6.1   7 45.5 1   7 1 SR BW 2.9             4.0 15      LEy EMMENDINGEN
     2000 11 13 16:30:40 47 13.2   7 34.2        WF CH 3.6                          LEy S OF SOLOTHURN/CH
     2001  1 30  3:24:23 47  6.0   9 34.2 3  15 G GV FL 3.0                         LEy VADUZ

     2001  3  7  9:17:59 50 51.5   5 55.1      6 3 NB NL 3.2            4.5         BNy MAASTRICHT/NL
     2001  3  7 10:29:13 50 52.4   5 55.8      5 2 NB NL 2.7            4.5         BNy MAASTRICHT/NL
     2001  3  7 11: 3:59 50 53.1   5 55.3      4   NB NL 2.9            4.5         BNy VOERENDAAL/NL
     2001  3  8  9: 7:49 49  9.0   6 52.2 3   1 G SM  F 3.0                       B LEy MERLEBACH/F
     2001 03 16 05:40:36 47 11.4  10  7.2        GV  A 3.2              4.0         ACy LECH AM ARLBERG

     2001  3 16 10:13:54 49  9.0   6 51.0 2   1 G SM  F 3.3                       B LEy MERLEBACH/F
     2001  3 19  0:31:19 47 18.4   6  9.2      3 G    F 3.2                         LDy BESANCON/F
     2001 04 15 18:05:10 47 33.0  13 56.4        SZ  A 2.6              4.0         ACy BAD MITTERNDORF
     2001 04 28 23:00:16 52 50.0   7  3.2 1   2 G SX NL 2.4             4.0       B KNy ROSWINKEL/NL
     2001 06 08 20:45:30 47 18.0  10 40.8        WY  A 2.7              4.5         ACy IMST

     2001  6 21 19:55:47 49  8.4   6 43.8 3   1 G SM  F 4.0                       B GRy MERLEBACH/F
     2001  6 23  1:40: 4 50 52.6   5 55.3      3   NB NL 4.1            6.0         BNy KERKRADE/NL
     2001  6 23  1:53:45 50 52.1   5 55.2      4   NB NL 3.4            3.0         BNy AACHEN
     2001  6 23  2: 2:31 50 54.2   5 54.1      4   NB NL 3.1                        BNy KERKRADE/NL
     2001 07 01 17:49: 1 47  8.4  13 59.4        SZ  A 2.8              4.0         ACy STADL/MUR

     2001  7  2 13:19: 6 50 21.6  10 11.4 2   5 G NF BY 3.3                         BGy BAD NEUSTADT
     2001  7 17 23:20:04 47 19.8   6 49.8      3 G WJ  F 3.2                        LDy S OF MONTBELIARD/F
     2001  7 21  3:57:37 50 35.1   7 17.4 2  13   MR RP 2.1             4.0         BNy BIRRESDORF
     2001  7 21 16:35:58 54  3.6  12 26.4 2   7 2 ND ND 3.4             4.5         BGy E OF ROSTOCK
     2001  8  2 15:35: 5 49 22.2   6 52.8 2   1 G SM RP 3.0                       B LEy SAARBRUECKEN-WEST

     2001 08 07 21:55:41 47 16.2  10 24.0        WY  A 2.7              4.0         ACy BACH IM LECHTAL
     2001  8 26 23: 8:21 49 22.8   6 54.0 2   1 G SM RP 3.0                       B LEy SAARBRUECKEN-WEST
     2001  9  1 19: 1:39 49 24.0   6 54.6 2   1 G SM RP 3.1                       B BGy LEBACH
     2001 09 07 20:57:32 47 15.6  10 24.6        WY  A 2.6              4.0         ACy HOLZGAU IM LECHTAL
     2001 09 07 21:52:19 47 15.0  10 24.6        WY  A 2.6              4.0         ACy HOLZGAU IM LECHTAL

     2001  9 25 16:48:42 49 23.4   6 57.0 2   1 G SM RP 3.1                       B LEy SAARBRUECKEN-WEST
```

```
        DATUM        HERDZEIT       KOORDINATEN    TIEFE REGION          STÄRKE         A REF  LOKATION
    JAHR MO TA ST  M  S        BREITE   LÄNGE  QE   H Q  SR PR   ML   MW  MK  INT  RS

    2001 10  3 11: 0:14 50 57.5  6 17.2   13 2 NB NW 3.0         4.0           BNy ESCHWEILER
    2001 10  6 12:15:54 49 23.4  6 57.0 2  1 G SM RP 3.1                     B LEy SAARBRUECKEN-WEST
    2001 10  7 13:53: 5 48  0.2  9 30.2 2  7 2 SA BW 3.1         3.5           BSy SAULGAU, SW OF ULM
    2001 10 29 21:25:23 49 22.2  6 52.2 2  1 G SM RP 3.2                     B LEy SAARBRUECKEN-WEST

    2001 10 30 17:30:23 47 15.6 10 10.8        GV  A 3.2         4.0           ACy WARTH AM ARLBERG
    2001 10 30 17:31:32 47 15.6 10 10.8        GV  A 3.0         4.0           ACy WARTH AM ARLBERG
    2001 11 10 05:08: 7 47 29.4 14  1.2        CA  A 2.4         4.0           ACy ST.MARTIN/GRIMMING
    2002  1 10 19:27:26 47 36.0  9  6.0  25 2 BO CH 3.1                        LEy WEINFELDEN/CH
    2002  1 27  2:24:17 47 58.1  9 19.1 2 18 1 SA BW 3.9         3.0           LEy PFULLENDORF

    2002  2 28 21: 4:40 47 31.8 11 10.2 2 10 G BY BY 3.4         4.5           LEy GARMISCH
    2002  3 17 14:46:31 50 46.8  6 18.0   11 1 NB NW 3.6         4.0           BNy E-STOLBERG
    2002  4 22 21:17: 2 50 50.5  6 16.8   13 2 NB NW 3.0         4.0           BNy DUERWISS
    2002  5 10 19:55:02 47  0.6  9  9.0    5   CC CH 3.1                       E2y ENGI
    2002  5 17  7:19:40 47 42.0  8 30.0   24   SW BW 3.0                       LEy HALLAU

    2002  7 11 21: 2:44 52 58.7  8 49.0 1  2 4 NX ND 2.3         5.0   5 B L4y WEYHE, S OF BREMEN
    2002  7 22  5:45: 5 50 52.3  6 11.3   14 2 NB NW 5.0         6.0           BNy ALSDORF
    2002 08 22 03:21:56 47 30.0 14 40.8        CA  A 3.1                       ACy WALD AM SCHOBER
    2002 12 02 09:36:54 48 43.2 15  5.4        SB  A 2.9         5.0           ACy WALDENSTEIN
    2003  1  6 21:49:39 52 19.8  7 45.6 2  1 G TW ND 4.2                     B BGy IBBENBUEREN

    2003 01 29 08:00:05 47 16.2 10 10.8        GV  A 3.7         5.0           ACy WARTH
    2003 01 29 15:18:14 47 16.2 10 10.8        GV  A 2.8         4.0           ACy WARTH
    2003 01 29 18:37:55 47 16.2 10 10.8        GV  A 2.6         4.0           ACy WARTH
    2003  2  3 13:11:43 47  1.8  6 58.2    3   WF CH                4.0        E2y NEUCHATEL
    2003  2  9 15:25:59 50 22.2  7 27.6 2 10 2 MR RP 3.3                       LRy KOBLENZ

    2003 02 18 07:42:43 47 18.0 10 11.4        GV  A 2.6         4.0           ACy WARTH
    2003  2 22 20:41: 6 48 19.9  6 40.4 2 12   VO  F 5.4 5.0     6.5 250       CBy RAMBERVILLERS
     * R5=65; R6=15;
    2003  2 22 20:54:26 48 20.3  6 40.0 2 13 G VO  F 3.7                       LDy RAMBERVILLERS
    2003  2 23  0:16:42 48 20.1  6 40.1 2 13 G VO  F 3.3                       LDy ST. DIE/F
    2003  2 23  4:53:48 48 19.8  6 39.7 2 10   VO  F 3.4                       LDy RAMBERVILLERS

    2003  2 23 23:58:53 48 18.7  6 40.0 2 15   VO  F 3.6                       LDy RAMBERVILLERS
    2003  2 24  0:35:42 48 19.4  6 40.2 2 10   VO  F 3.3                       LDy ST. DIE/F
    2003  2 24 21:21:23 47  1.3  6 11.2 2  2   WJ  F 3.9                       LDy SE BESANCON/F
    2003  3  4 19: 8:12 48 20.1  6 39.1 1 10   VO  F 3.6                       LDy RAMBERVILLERS
    2003  3 22 13:36:16 48 12.6  9  0.0 1  6 1 SA BW 4.4         5.0  75       SBy EBINGEN

    2003  3 24  7:54:23 47 38.9  6 40.7 2 17 G    F 3.6                        LDy BELFORT/F
    2003  4 11 16: 4: 2 48 13.2  9  0.0 1  6 1 SA BW 3.0         3.0  10       LEy EBINGEN
    2003  5 19  8: 9: 1 49  9.0  6 51.6 3  1 G SM  F 3.0                     B LEy MERLEBACH/F
    2003  6 10 22:54:14 48 56.4  7 50.4 2  6 1 SR  F 3.0         3.0  10 B LEy SOULZ-SOUS-FORETS
    2003 07 14 03:24:35 47 38.4 13 37.2        SZ  A 2.9         4.0           ACy BAD GOISERN

    2003 07 21 13:15:57 47  9.6 14 19.8        MM  A 4.4         6.0           ACy NIEDERWOELZ
    2003 08 21 01:22:41 47 19.2 11 10.8        WY  A 2.4         4.0           ACy TELFS
    2003  8 24 12:43:41 47 47.6  8  0.0 2 24 1 SW BW 3.1         3.0  15       LEy TODTNAU
    2003  8 31  5:38:58 47 32.5  7 53.5 2 17 1 SF BW 3.2         3.0  25       LEy SAECKINGEN
    2003  9  3  2:28:32 47 54.0  9 22.6 2 18 1 BM BW 3.2         3.0           LEy WILHELMSDORF

    2003 09 08 19:30:23 48 42.0 15  7.8        SB  A 1.6         4.0           ACy KIRCHBERG
    2003 10  1  7:31: 5 47 12.0  9 12.0   13   GV CH 3.0                       SEy GLARUS
    2003 10 24  1:52:41 53 17.7  6 47.5 1  3 G NX NL 3.0         4.5         B KNy HOEKSMEER/NL
    2003 10 29  7:15:30 47 29.4 12  0.6 2 10 G NY  A 3.9         6.0           ACy WOERGL
    2003 10 31 15:59:21 48 20.3  6 38.5   10   VO  F 3.1                       LDy RAMBERVILLERS

    2003 11  3 18: 4:47 48 19.4  6 38.7   10   VO  F 3.4                       LDy RAMBERVILLERS
    2003 11 09 12:06: 1 47 15.6  9 34.8        GV  A 3.1         4.5           ACy FELDKIRCH
    2003 11 10  0:22:38 53 20.1  6 42.1 1  3 G NX NL 3.0         4.5         B KNy STEDUM/NL
    2003 11 13 18:31: 9 48 20.0  6 39.7   10   VO  F 3.1                       LDy RAMBERVILLERS
    2003 11 13 22:18:32 48 19.7  6 39.8   11   VO  F 3.2                       LDy RAMBERVILLERS

    2003 11 15 00:28:55 47 15.6  9 35.4    7   GV  A 2.5         4.0           ACy FELDKIRCH
    2003 11 23 01:53:47 47 54.0 15 42.0        CA  A 3.2         4.0           ACy ROHR IM GEBIRGE
    2003 12  8  9:58:43 48 20.3  6 39.6   10   VO  F 3.2                       LDy EPINAL-N/F
    2003 12 11 01:38:51 48 15.0 15 21.6        EF  A 3.4         5.0           ACy MELK
    2003 12 24 02:09:29 47 16.2  9 35.4        GV  A 2.6         4.0           ACy FELDKIRCH
```

```
        DATUM        HERDZEIT        KOORDINATEN  TIEFE REGION        STÄRKE              A REF  LOKATION
      JAHR MO TA  ST  M   S       BREITE  LÄNGE QE  H Q  SR PR  ML  MW MK  INT  RS
      2004 01 10  02:51:58  47  7.8 10 40.2         WY  A 2.6         4.0              ACy FLIESS
      2004 01 16  19:26:23  47  7.8 10 39.0         WY  A 2.5         4.0              ACy FLIESS
      2004 01 27  01:19:16  47 11.3  6 31.7    17   WJ  F 3.8                          LDy MORTEAU/F
      2004 02 04  22:21:36  47 12.0 10 37.8         WY  A 2.1         4.0              ACy FLIESS
      2004 02 04  22:36:36  47 10.8 10 38.4         WY  A 2.2         4.0              ACy FLIESS

      2004 02 16  09:58:28  48 19.6  6 40.7  12 G  VO  F 3.5                           LDy ST. DIE/F
      2004 02 22  20:09: 9  47 32.4 13 33.6         SZ  A 2.4         4.0              ACy HALLSTATT
      2004 02 23  08:38:25  55 24.0 12  2.5   0 G  SJ DK 3.3                           BGy ROSKILDE
      2004 02 23  17:31:21  47 16.3  6 16.2    17      F 5.5          5.0 250          LDy BESANCON/F
      2004 02 28  13:08:16  49 40.1  8  9.8    2   NR RP 3.2                           LDy ALZEY, SW WORMS

      2004 03 13  20:00:19  48  1.8  7 57.7    13   SW BW 3.4         4.0  20          LEy GLOTTERTAL
      2004 03 15  13:37:28  48  2.5  6 30.7    15   VO  F 3.6                          LDy REMIREMONT
      2004 03 28  04:07:36  47 17.4 10 53.4         WY  A 2.4         4.0              ACy SILZ
      2004 03 28  20:23:56  47 40.2 15  5.4         CA  A 2.4         4.0              ACy WEICHSELBODEN
      2004 04 08  03:09:49  48 20.8  9  2.3    3   SA BW 3.1          2.0              LEy JUNGINGEN

      2004 04 12  12:55:35  47 31.2 13 40.8         SZ  A            4.0               ACy HALLSTATT
      2004 04 15  15:14:59  47 32.4  8 43.2   12   SF CH 3.0                           LEy WINTERTHUR/CH
      2004 05 01  06:25:44  48 20.8  6 38.4    4 G  VO  F 3.4                          LDy RAMBERVILLERS
      2004 05 22  05:19:04  50 24.6  7 23.3    3   MR RP 3.7          4.0  50          BNy PLAIDT
      2004 05 22  12:18:44  47 18.0 11 51.6    9   NY  A 3.2          4.0              ACy KALTENBACH

      2004 05 26  09:37:50  48 19.9  6 37.6   11   VO  F 3.0                           LDy RAMBERVILLERS
      2004 06 18  08:10:45  47 28.8 13 21.6         SZ  A 3.6         5.0              ACy ST.MARTIN
      2004 06 21  23:10:03  47 30.6  7 42.6   20   SR CH 4.0          5.0  20          LEy LIESTAL/CH
      2004 06 22  01:49:58  48 40.1  8 57.6    4   SA BW 3.1          4.0  10          LEy EHNINGEN/SCHWARZW.
      2004 06 28  23:42:30  47 31.8  8 10.2   19   SF CH 4.3          5.0  70          LEy LAUFENBURG/CH

      2004 06 29  22:25:49  47 27.0 13 12.6         SZ  A 3.1         4.5              ACy PFARRWERFEN
      2004 07 22  12:12:31  47 36.1 12  3.0   10   NY BY 3.3                           BGy S OF ROSENHEIM
      2004 07 27  23:05:25  47 18.7  6 34.8    3 G  WJ  F 3.2                          LDy BAUME LES DAMES/F
      2004 07 28  16:25:18  47 18.3  6 35.0    4 G  WJ  F 3.0                          LDy BAUME LES DAMES/F
      2004 09 21  14:27:45  47 20.4 11 42.0    1   NY  A 1.7          4.0              ACy SCHWAZ

      2004 09 22  04:55:02  47 55.7  6 29.5   15   VO  F 3.0                           LDy LE VAL-D'AJOL/F
      2004 10 01  10:01:42  47 23.4 15 10.2   10   MM  A 3.8          6.0              ACy NIKLASDORF
      2004 10 08  19:22:54  48 58.9  5 35.3    3 G      F 4.3                          LDy ST. MIHIEL/MEUSE/F
      2004 10 20  06:59:16  53  4.6  9 32.2   10 5 NX ND 4.5  4.4     5.5  68          LBy ROTENBURG/WUEMME
        * R5=15;
      2004 11 04  19:11:44  47  7.2 11  5.4   13   WY  A 3.1          4.5              ACy UMHAUSEN

      2004 11 08  11:52:41  47 42.6  8 31.2   22   SW BW 3.2          3.0              LEy VILLINGEN
      2004 11 23  17:41:29  47 56.6  9 17.5   23   BM BW 3.7          4.0  30          LEy PFULLENDORF
      2004 12 05  01:52:39  48  4.8  8  2.4    9   SW BW 5.4  4.8     6.0 225          LEy WALDKIRCH
        * R5=46; R6=10;
      2004 12 09  07:43:07  49 22.8  6 55.8    1 G  SM RP 3.0                       B  LEy LEBACH
      2005 01 09  20:58:31  49 22.2  6 55.8  2  1 G  SM RP 3.0                       B  LEy LEBACH

      2005 02 13  12:38:10  49 22.2  6 53.4  2  1 G  SM RP 3.2                       B  LEy LEBACH
      2005 02 25  13:30:17  49 22.8  6 54.0  2  1 G  SM RP 3.2                       B  LEy LEBACH
      2005 03 14  12:35:00  48  5.0  7 46.5  1  6    SR BW 3.2         4.0  20          LEy TENINGEN
      2005 03 18  20:58:18  51 29.8 15 57.9    1 G  EH RP 4.1                        B  BGy POLAND
      2005 03 18  22:55:14  49 22.8  6 55.8  2  1 G  SM RP 3.3                       B  LEy LEBACH

      2005 05 02  21:20:26  47 20.4 10 59.4   14 G  WY  A 2.1         4.0              ACy BARWIES
      2005 05 02  21:33:24  47 20.4 10 58.8   13 G  WY  A 2.1         4.0              ACy BARWIES
      2005 05 03  15:31:32  47 11.4 10 47.4   10 G  WY  A 2.8         4.0              ACy ARZL
      2005 05 03  15:35:10  47 10.8 10 47.4         WY  A 3.0         4.0              ACy UMHAUSEN
      2005 05 05  16:24:51  47 10.8 10 48.6    7 G  WY  A 2.7         4.0              ACy UMHAUSEN

      2005 05 08  14:29:40  47 18.0  7 42.0  2 23  WF CH 3.1          3.0              LEy BALSTHAL/CH
      2005 05 09  14:32:27  51 24.4 15 56.3    1 G  EH PL 3.1                          BGy POLAND
      2005 05 10  04:38: 5  47 21.0 11  .0   14   WY  A 2.5           4.0              ACy TELFS
      2005 05 10  20:26:39  49 23.0  6 54.6  2  1 G  SM RP 3.4         5.0           B  LEy LEBACH
      2005 05 12  01:38:06  47 16.2  7 40.8  2 25  WF CH 4.1          5.0  70          LEy BALSTHAL/CH

      2005 05 13  19:44:08  48  5.0  8  2.2    9   SW BW 3.2          3.5              LEy WALDKIRCH
      2005 05 15  13:46:46  49 22.5  6 54.4  2  1 G  SM RP 3.3                       B  LEy LEBACH
```

DATUM			HERDZEIT			KOORDINATEN			TIEFE	REGION			STÄRKE			A	REF	LOKATION
JAHR	MO	TA	ST	M	S	BREITE	LÄNGE	QE	H Q	SR	PR	ML	MW	MK	INT	RS		
2005	06	08	10:21:06	48	19.7	6	38.1		12		VO	F 3.5					LDy	RAMBERVILLERS/F
2005	06	09	23:58:33	48	20.0	6	37.9		10 G		VO	F 3.3					LDy	RAMBERVILLERS/F
2005	06	21	13:50:32	51	33.0	15	58.8		1 G	EH	PL 3.0						BGy	POLAND
2005	06	21	16:02:18	51	35.7	15	52.3		1 G	EH	PL 3.2						BGy	POLAND
2005	06	22	01:41:41	47	34.2	12	33.6		12		SZ	A 1.8			4.0		ACy	WAIDRING
2005	06	23	12:12			47	27.6	13	48.0	10		SZ	A 1.9		4.0		ACy	HAUS
2005	06	23	22:33:08	49	22.8	6	54.0	2	1 G	SM	RP 3.3					B	LEy	LEBACH
2005	06	24	00:03: 5	47	9.6	11	1.2				WY	A 1.5			4.0		ACy	UMHAUSEN
2005	07	04	05:42:31	51	20.9	15	19.3		1 G	EH	PL 3.0						BGy	POLAND
2005	07	04	23:02:35	47	13.8	10	30.0		9		WY	A 2.8			4.0		ACy	ELBIGENALP
2005	07	11	06:49:11	49	19.2	6	50.4	2	1 G	SM	RP 3.0					B	LEy	LEBACH
2005	07	13	03:59:25	51	31.7	15	59.7		1 G	EH	PL 3.7						BGy	POLAND
2005	07	15	15:02:50	52	53.2	8	47.5	1	10 4	NX	ND 3.8			5.0	24		KLy	SYKE-BASSUM
2005	07	20	01:27:46	49	22.8	6	54.6	1	1 G	SM	RP 3.3					B	LEy	LEBACH
2005	07	20	15:21:06	48	20.2	6	38.9		10 G		VO	F 3.3					LDy	RAMBERVILLERS/F
2005	08	03	06:44:40	49	22.8	6	55.2	1	1 G	SM	RP 3.3					B	LEy	LEBACH
2005	09	06	07:08:30	47	14.4	11	42.0		8		NY	A 3.6			5.0		ACy	SCHWAZ
2005	09	08	02:17:52	47	18.6	10	31.8				WY	A 1.7			4.0		ACy	ELMEN IM LECHTAL
2005	09	21	01:34:23	47	22.2	11	40.8		3		NY	A 2.1			4.0		ACy	SCHWAZ
2005	09	22	19:43:59	49	23.5	6	54.9		1 G	SM	RP 3.3			4.0		B	BNy	SAARBRUECKEN-WEST
2005	10	06	07:23: 9	48	10.8	13	.0		13 G	BM	A 3.6			4.5			ACy	MATTIGHOFEN
2005	10	17	19:58:16	47	16.2	10	36.0				WY	A 2.0			4.0		ACy	IMST
2005	11	01	13:58:18	51	30.1	6	39.1		1 G	KR	NW 1.7			4.0		B	BNy	RHEINBERG
2005	11	03	00:18:07	48	16.9	7	27.7	1	6		SR	F 3.5			2.5		LEy	SELESTAT/F
2005	11	12	19:31:16	47	30.0	8	12.0		22		SF	CH 4.1			5.0	70	SEy	LAUFENBURG/CH
2005	11	15	01:58:32	49	22.8	6	54.0	2	1 G	SM	RP 3.1					B	LEy	LEBACH
2005	11	26	14:47:00	49	22.8	6	54.6	2	1 G	SM	RP 3.0					B	LEy	LEBACH
2005	12	19	03:37:12	49	22.2	6	58.2	1	1 G	SM	RP 3.0					B	LEy	LEBACH
2005	12	28	16:05:09	51	24.7	15	56.4		1 G	EH	PL 3.0						BGy	POLAND
2006	01	25	12:29:11	54	30.4	14	50.5	4			RG	OS 3.3					ISy	E RUEGEN
2006	01	31	22:41:31	47	33.0	12	.3		8		NY	A 2.9			4.0		ACy	KIRCHBICHL
2006	02	07	22:22:09	49	22.8	6	54.6	2	1 G	SM	RP 3.0					B	LEy	LEBACH
2006	02	15	01:47:35	51	27.2	10	25.7	2	1 G	HM	TH 2.4			5.0		B	BGy	BLEICHERODE/HARZ
2006	02	17	17:51:14	49	22.8	6	54.6	2	1 G	SM	RP 3.3					B	LEy	LEBACH
2006	02	22	03:39:00	47	38.4	13	42.0		7		SZ	A 3.0			4.0		ACy	BAD GOISERN
2006	02	26	15:30:42	47	8.4	10	55.2		12		WY	A 3.6			4.5		ACy	ROPPEN
2006	03	07	21:26:46	50	20.7	7	34.6		12 2	MR	RP 2.2			4.5			BNy	EHRENBREITSTEIN
2006	03	07	22:56:56	49	22.8	6	53.4	2	1 G	SM	RP 3.2					B	LEy	SAARBRUECKEN-WEST
2006	03	16	05:20:50	49	22.8	6	54.0	2	1 G	SM	RP 3.2					B	LEy	SAARBRUECKEN-WEST
2006	03	22	14:03:16	49	22.8	6	54.6	2	1 G	SM	RP 3.2					B	LEy	SAARBRUECKEN-WEST
2006	03	29	03:48:03	49	22.8	6	52.2	2	1 G	SM	RP 3.2					B	LEy	SAARBRUECKEN-WEST
2006	04	24	06:51:18	48	21.6	14	30.0		5 G	SB	A 2.7			4.5			ACy	WARTBERG
2006	05	18	00:39:33	47	40.8	13	34.8		13		SZ	A 2.6			4.0		ACy	LAUFFEN
2006	05	23	12:57:39	47	21.0	11	27.6		9		NY	A 3.3			4.5		ACy	HALL IN TIROL
2006	05	28	18:51:56	51	37.2	6	59.6		1 G	RU	NW 1.5			4.0		B	BUy	DORSTEN-ALTENDORF
2006	08	08	05:04:00	53	20.8	6	36.1	2	5 G	NX	NL 3.5					B	BGy	GRONINGEN/NL
2006	10	14	13:09:23	47	.4	13	21.7	3	10 G	ET	A 3.0						BGy	WESTERN LUNGAU/A
2006	11	08	22:25:14	47	19.2	11	.0		11		WY	A 2.8			4.0		ACy	TELFS
2006	11	15	23:16:07	47	22.2	11	29.4		6		NY	A 2.8			4.0		ACy	HALL IN TIROL
2006	11	24	02:13:26	47	16.8	11	19.8		6		NY	A 2.0			4.0		ACy	INNSBRUCK
2006	12	08	16:48:39	47	35.6	7	36.3	1	5 1	SR	CH 3.6			5.0	25	H	LEy	WEIL A. RHEIN
2006	12	29	12:53:20	51	28.6	6	34.4		1 G	KR	NW 2.5			4.0		B	BNy	KAMP-LINTFORT
2007	01	06	07:19:52	47	34.9	7	36.0		5		SR	CH 3.1			4.0		H	SEy	WEIL A. RHEIN
2007	01	11	03:24:41	50	11.0	7	42.2		5 2	MR	RP 1.9			4.0			BNy	ESCHBACH
2007	01	14	22:10:54	50	10.9	7	43.4		6 2	MR	RP 2.1			4.0			BNy	ESCHBACH
2007	01	15	06:23:57	47	38.3	6	15.2	1	16 G		F 3.2						LDy	VESOUL/F
2007	01	16	00:09:07	47	34.9	7	36.2		5		SR	CH 3.2			4.0		H	SEy	WEIL A. RHEIN
2007	01	28	02:18:28	51	29.8	15	55.3	3	1 G	EH	PL 3.2					B	BGy	POLAND
2007	02	02	03:54:27	47	34.9	7	36.1		5		SR	CH 3.3			4.0		H	SEy	WEIL A. RHEIN

```
     DATUM       HERDZEIT       KOORDINATEN  TIEFE REGION     STÄRKE        A REF  LOKATION
     JAHR MO TA  ST  M  S     BREITE  LÄNGE QE  H Q SR PR  ML  MW MK INT RS
     2007 02 23  06:14:38  47  1.8 13 16.8   8     ET  A 3.2        4.0        ACy MALLNITZ
     2007 03 20  19:54:49  52 17.2   7 44.7 2   1 G TW ND 3.3                  B BGy IBBENBUEREN
     2007 04 03  13:43:22  48 20.2   6 37.7 2  11 1 VO  F 3.2                  LDy RAMBERVILLERS
     2007 04 08  19:30:13  48 19.8   6 38.2 2  10   VO  F 3.1                  LDy RAMBERVILLERS

     2007 04 19  10:32:07  51 27.2 15 59.9 2   1 G EH  P 3.0                  B BGy POLAND
     2007 05 13  01:45:56  47 10.2 11  6.6    9    WY  A 2.8        4.0        ACy PFAFFENHOFEN
     2007 05 17  03:34:58  48 19.1   6 39.2 1  11 G VO  F 3.2                  LDy, RAMBERVILLERS
     2007 05 19  16:19:39  47 10.8 10 37.2 2  13    WY  A 4.2        5.5       ACy SCHOENWIES
     2007 05 26  13:40:23  48 18.8   6 40.2 2  12 G VO  F 3.7                  LDy ST. DIE/F

     2007 06 09  05:40:09  49 22.2   6 51.0 2   1 G SM RP 3.6                 B LEy SAARBRUECKEN-WEST
     2007 08 03  02:58:10  50 22.0   7 23.4    9 2 MR RP 3.9        4.5 60    BNy KOBLENZ
     2007 08 05  11:15:43  47  4.8   9 36.6 2  10 G GV FL 3.2        4.0       ZAy VADUZ
     2007 08 07  06:46:16  48 19.6   6 39.8 2  13 G VO  F 3.1                  LDy RAMBERVILLERS
     2007 08 13  06:00:21  48 19.8   6 38.7 2  10 1 VO  F 3.0                  LDy RAMBERVILLERS

     2007 08 16  09:36:08  48 12.8   8 59.9 1   6 1 SA BW 3.3        3.5 20    LEy ALBSTADT-EBINGEN
     2007 08 17  05:43:03  48 19.8   6 39.6 1  11 1 VO  F 3.5                  LDy RAMBERVILLERS
     2007 08 19  07:32:55  48 20.0   6 38.8 2  11 1 VO  F 3.9                  LDy RAMBERVILLERS
     2007 09 20  20:04:52  47 44.0 12 53.9 2   2 G BY BY 3.3        4.5        BGy BAD REICHENHALL
     2007 10 12  00:51:18  49 23.5   6 48.6 2   1 G SM RP 3.0                 B BGy SAARBRUECKEN-WEST

     2007 10 15  16:25:49  47 10.2 10 37.2 1  11 2 WY  A 3.4        4.5        ZAy ZAMS
     2007 10 19  04:41:59  50 47.5 12  5.3 2   5 G VG SA 3.1                   BGy GREIZ, S OF GERA
     2007 11 09  04:54:28  51 27.8 15 58.1 2   1 G EH  P 3.1                  B BGy POLAND
     2007 11 10  10:31:31  49 22.8   6 51.6 2   1 G SM RP 3.3                 B LEy SAARBRUECKEN-WEST
     2007 11 14  15:43:28  49 22.8   6 50.4 2   1 G SM RP 3.4                 B LEy SAARBRUECKEN-WEST

     2007 11 25  03:10:22  50 30.2   5 58.9 4  10 G VE  B 3.1                  BGy S VERVIERS/B
     2007 11 26  17:27:17  49 22.8   6 49.8 2   1 G SM RP 3.5                 B LEy SAARBRUECKEN-WEST
     2007 12 05  13:51:04  49 22.2   6 50.4 2   1 G SM RP 3.0                 B LEy SAARBRUECKEN-WEST
     2007 12 11  20:29:14  49 22.8   6 51.0 2   1 G SM RP 3.0                 B LEy SAARBRUECKEN-WEST
     2007 12 12  14:52:32  51 24.5   6 34.0     1 G KR NW 3.3        5.0      B BUy MOERS-REPELEN

     2008 01 03  06:07:55  49 22.8   6 50.4 2   1 G SM RP 3.4                 B LEy LEBACH
     2008 01 04  09:53:42  49 22.8   6 50.4 2   1 G SM RP 3.1                 B LEy LEBACH
     2008 01 24  03:30:08  51 29.3   6 33.1     1 G KR NW 3.2                 B BUy MOERS
     2008 01 26  04:19:31  49 23.4   6 51.6 2   1 G SM RP 3.5                 B LEy LEBACH
     2008 01 26  05:44:31  49 22.8   6 51.0 1   1 G SM RP 3.3                 B LEy LEBACH

     2008 02 23  15:30:56  49 22.8   6 50.4 2   1 G SM RP 3.9                 B LEy LEBACH
     2008 02 26  19:57:58  47 41.2 15 56.5 2   2 G VB  A 3.5        5.0        ZAy GLOGGNITZ
     2008 03 11  18:17:37  51 26.9   6 38.9 2   1 G KR NW 3.1        4.0      B BGy MOERS
     2008 03 16  07:26:43  47 36.0 14 12.6    10 G CA  A 2.2        4.0        ACy LIEZEN
     2008 03 18  11:03:42  47  7.8 11 22.2   12    SY  A 3.5        4.0        ACy FULPMES

     2008 04 17  16:00:33  47 42.7 12 48.9 2   5 G BY BY 3.6        4.5        BGy BAD REICHENHALL
     2008 05 03  23:17:24  47 19.8 10  1.2   11    GV  A 2.0        4.0        ACy MITTELBERG
     2008 05 21  07:21: 1  47 26.4 13 37.8    9    SZ  A 3.0        3.5        ACy MANDLING
     2008 05 21  13:39:57  47 27.0 13 36.0    9    SZ  A 3.6        4.0        ACy MANDLING
     2008 05 25  23:33:34  47 21.6 11 24.6   11    NY  A 2.2        4.0        ACy INNSBRUCK

     2008 06 05  07:09:45  47 54.0 14 14.4    2    CA  A 1.9        4.0        ACy MOLLN
     2008 06 05  21:09:48  47 54.0 14 15.6    2    CA  A 1.7        4.0        ACy MOLLN
     2008 06 22  15:05:45  47 53.5 14 13.5 1   2 1 CA  A 3.2        5.0        ZAy KIRCHDORF/KREMS
     2008 07 18  18:12:40  52 19.7   7 41.9     1 G TW ND 3.2                 B BUy IBBENBUEREN
     2008 07 18  22:54: 3  47 28.8 13 44.4    9    SZ  A 3.8        5.0        ACy PRUGGERN

     2008 07 19  23:30: 7  47  6.6 10 11.4    8    GV  A 2.5        4.0        ACy SANKT ANTON
     2008 08 12  17:25:47  48 13.2 13 18.0   10    BM  A 3.7        4.0        ACy RIED/INNKREIS
     2008 09 03  00:51:20  51 31.0 15 59.7 2   1 G EH PL 3.0                  B BGy POLAND
     2008 09 10  13:24:49  47 20.4 11  1.1 2   9 1 WY  A 2.8        4.5        ZAy TELFS
     2008 09 10  13:33:35  47 20.7 11  1.3 1   8 1 WY  A 2.7        4.5        ZAy TELFS

     2008 09 10  13:57:26  47 21.0 11  1.3 1  10 1 WY  A 3.0        4.5        ZAy TELFS
     2008 09 15  17:27:04  47 25.1 11 17.9 2  10 G NY  A 2.5        4.5        BGy INN VALLEY/A,
     2008 09 17  22:10:39  47  3.0 11 20.4 2  11 2 SY  A 3.1        4.0        ACy GSCHNITZ
     2008 10 09  22:20:37  50 13.2 12 26.4 2  11 2 VG CR 3.8        3.0        BGy KRASLICE/CR
     2008 10 10  00:39:44  50 12.9 12 26.7 2  11 2 VG CR 3.6        3.0        BGy KRASLICE/CR
```

DATUM			HERDZEIT			KOORDINATEN					TIEFE		REGION		STÄRKE				A	REF	LOKATION
JAHR	MO	TA	ST	M	S	BREITE		LÄNGE		QE	H	Q	SR	PR	ML	MW	MK	INT	RS		
2008	10	10	03:22:04			50	13.0	12	26.6	2	11	2	VG	CR	3.9			3.0			BGy KRASLICE/CR
2008	10	10	04:22:16			50	13.3	12	26.8	2	11	2	VG	CR	3.1						BGy KRASLICE/CR
2008	10	10	06:27:20			50	12.8	12	26.8	2	11	2	VG	CR	3.0						BGy KRASLICE/CR
2008	10	10	07:32:01			50	13.0	12	27.1	2	10	1	VG	CR	3.3			3.0			BGy KRASLICE/CR
2008	10	10	08:08:45			50	12.8	12	26.9	2	11	2	VG	CR	4.2			4.0			BGy KRASLICE/CR
2008	10	10	11:18:41			50	13.0	12	27.0	2	10	2	VG	CR	3.5			3.0			BGy KRASLICE/CR
2008	10	10	19:08:31			50	13.1	12	26.6	2	11	2	VG	CR	3.3						BGy KRASLICE/CR
2008	10	12	07:19:56			50	12.3	12	27.3	2	11	2	VG	CR	3.2						BGy KRASLICE/CR
2008	10	12	07:44:55			50	12.4	12	27.1	2	10	2	VG	CR	3.9			4.0			BGy KRASLICE/CR
2008	10	12	15:09:53			50	12.0	12	27.3	2	10	2	VG	CR	3.0						BGy KRASLICE/CR
2008	10	14	04:01:35			50	12.9	12	26.6	2	11	2	VG	CR	3.2			3.0			BGy KRASLICE/CR
2008	10	14	04:05:48			50	13.0	12	27.0	2	11	2	VG	CR	3.1			3.0			BGy KRASLICE/CR
2008	10	14	05:49:04			50	13.0	12	26.9	2	10	1	VG	CR	3.0						BGy KRASLICE/CR
2008	10	14	19:00:32			50	12.7	12	27.2	2	11	2	VG	CR	4.0			4.0			BGy KRASLICE/CR
2008	10	16	10:48:22			50	12.5	12	27.4	2	9	1	VG	CR	3.0						BGy KRASLICE/CR
2008	10	21	02:14:01			50	13.3	12	26.9	2	11	2	VG	CR	3.4			3.0			BGy KRASLICE/CR
2008	10	28	08:27:35			50	12.7	12	27.7	2	8	2	VG	CR	3.2						BGy KRASLICE/CR
2008	10	28	08:30:10			50	12.5	12	27.1	2	10	2	VG	CR	4.1			4.0			BGy KRASLICE/CR
2008	10	28	10:07:00			50	12.6	12	27.3	2	9	1	VG	CR	3.1						BGy KRASLICE/CR
2008	10	28	14:51:52			50	13.3	12	26.9	2	10	1	VG	CR	3.1						BGy KRASLICE/CR
2008	10	30	05:54:29			53	22.0	6	38.9	2		1	G	NX	NL 3.0					B	BGy GRONINGEN/NL
2008	10	30	08:19:03			50	12.8	12	27.1	2	9	1	VG	CR	3.0						BGy KRASLICE/CR
2008	11	12	20:56:55			51	28.3	6	35.5			1	G	KR	NW 2.7			4.0		B	BUy MOERS
2008	12	01	16:38:46			51	29.0	6	35.7			1	G	KR	NW 2.6			4.0		B	BUy KAMP-LINTFORT
2008	12	16	05:20:02			55	30.8	13	24.6	2	10	G	MH	S	4.8	4.3		6.0	190		NIy MALMOE
2008	12	16	11:22:20			47	15.6	9	59.4		7		GV	A	2.7			4.0			ACy GOSAU/A
2008	12	25	19:21:55			48	1.7	9	30.9	2	10	2	SA	BW	3.1			3.0			LEy BAD SAULGAU

Anhang 3:   Liste der Schadenbeben ab Intensität VI – VII (VI ½) für die Jahre 800 – 2008
               I. innerhalb 47°N – 56°N und 5°E – 16°E
               II. außerhalb 47°N – 56°N und 5°E – 16°E

Appendix 3: List of damaging earthquakes as from intensity VI – VII (VI ½) for the years 800 – 2008
               I. inside 47°N – 56°N and 5°E – 16°E
               II. outside 47°N – 56°N and 5°E – 16°E

I. innerhalb 47°N – 56°N und 5°E – 16°E
I. between 47°N – 56°N and 5°E – 16°E

```
DATUM           HERDZEIT        KOORDINATEN    TIEFE   REGION      STÄRKE         A REF LOKATION
JAHR MO TA  ST  M   S       BREITE   LÄNGE  QE  H  Q  SR PR   ML  MW  MK  INT  RS

 823                         50 48.    6 06.   4      NB NW                 7.0 220  SAy AACHEN
 823                         51  6.0  12 48.0  5      CS SA                 7.0      Gly N-SACHSEN
 827                         51  6.0  12 48.0  5      CS SA                 7.5      Gly N-SACHSEN
 858 01 01                   50 00.    8 18.   4      NR RP                 7.0 130  SAy MAINZ
1088 05 12                   51  6.0  13  6.0  5      CS SA                 7.5      Gly N-SACHSEN

1117 01 03  15               48 00.    9 25.   5      SA BW        6.4      7.5 350  GBy SAULGAU
1201 05 04  10               47  3.0  13 37.2  3      ET  A                 9.0      ACy KATSCHBERG
1223 01 11  06               50 50.    6 50.          NB NW                 7.0      SAy DUEREN, KOELN
1267 05 08  02               47 30.6  15 27.0         MM  A                 8.0      ACy KINDBERG
1289 09 24                   48 48.    7 48.   4      SR  F                 7.0      RSy STRASSBURG

1323                         51 10.8  12 33.6  4      CS SA                 6.5      Gly GRIMMA
1326                         50 48.0  12 12.0  4      CS TH                 6.5      Gly GERA
1349                         50 50.    6 20.          NB NW                 7.0      ASy JUELICH
1356 10 18  16               47 33.    7 36.   3      SR CH                 7.0      Ely BASEL
1356 10 18  22               47 28.    7 36.   3 12 4 SR CH                 9.0 400  MRy BASEL
* Verletzte; Tote;

1363 06 24                   47 48.    7 06.   4      SR  F                 7.0 100  Ely THANN/F
1428 12 13                   47 31.8   7 36.   4      SR CH                 7.0      SAy BASEL
1504 08 23  23:30            50 48.    6 06.   3      NB NW            5.0  7.0      CRy AACHEN
1523 12 27  23:55            48  0.0   7 52.2         SR BW                 6.5      Ely FREIBURG I.BR.
1531 07 12                   51 18.    6 12.          NB NL                 7.0      CRy VENLO/NL

1540 06 26  19               51  6.0  12 54.0  4      CS SA                 6.5      Gly N-SACHSEN
1553 08 17  19:30            51 06.   12 54.   5      CS AH                 6.5      GWy ROCHLITZ
1565 02 07  24               50 03.    7 15.          HU RP                 7.0      SAy ZELL/MOSEL
1571 11 01                   47 18.   11 24.          NY  A                 7.0      T3y INNSBRUCK
1572 01 04  19:45            47 18.   11 24.          NY  A                 8.0 380  T3y INNSBRUCK

1574                         48 30.    7 54.          SR BW                 7.0      SAy OFFENBURG
1578 04 27  11               50 52.8  12 13.8  4      CS TH                 6.5      Gly GERA
1590 09 15  17               48 12.   15 55.   3      EF  A                 8.0      ACy NEULENGBACH
1590 09 16  00:15            48 12.   15 55.   3 18 5 EF  A        6.2 6.2  9.0 500  GVy NEULENGBACH
* R5=205; R6=125; R7=68; R8=30; Verletzte; Tote; Erdspalten;
1590 12 24                   49 57.   15 15.          CM CR                 7.0      SHy KOLIN

1598 12 16  07               50 52.2  12 10.8  4      CS TH                 6.5      Gly GERA
1619 01 19  06               50 12.    8 24.   4      MR HS                 6.5      LAy S TAUNUS
* Veränd. an Quellen;
1640 04 04  03:15            50 45.    6 30.          NB NW                 7.5 150  SAy DUEREN
1655 03 29                   48 30.    9 04.          SA BW                 7.5 100  SAy TUEBINGEN
1655 04 11                   48 30.    9 04.          SA BW                 7.0      SAy TUEBINGEN

1670 07 17  02               47 18.   11 30.          NY  A                 8.0 250  T3y TIROL; HALL
1673 02 19                   50 38.    7 12.          MR RP                 7.0  75  SAy ROLANDSECK
1682 05 12  02:30            47 58.    6 31.   3 20 4 VO  F        6.0 6.0  8.0 470  LCy REMIREMONT
* R8=12; Tote;
1689 12 22  02               47 18.   11 24.          NY  A                 8.0      T3y INNSBRUCK
* Tote;
1690 12 18  17:30            50 45.    6 00.      6   NB NW                 7.0 210  SAy AACHEN
```

```
DATUM      HERDZEIT    KOORDINATEN    TIEFE REGION      STÄRKE           A  REF  LOKATION
JAHR MO TA ST    M   S  BREITE  LÄNGE QE  H  Q  SR PR  ML  MW  MK  INT RS
1691 12 01              47  7.8 13 40.8        SZ A            6.5           ACy MAUTERNDORF
1692 09 18 14:15        50 37.   5 51.  2 20 2 VE B   6.8 6.1 6.0 8.0        AXy VERVIERS
   * R5=260; R6=135; R7=45; R8=10; Azi=110;  Axe=2:1; Verletzte; Tote;
1699 04 22              51 06.   5 54.  3      NB NL         4.0 6.5   90    CRy ROERMOND, MAASRICHT
1706 12 02              47 18.  11 30.  3      NY A              6.5         T3y HALL/A; TIROL
1711 10 25 19:15        51 10.8 12 33.6 4      CS SA             6.5   60    Gly LEIPZIG

1714 01 23 22           50 54.  05 42.  4      BR NL         4.3 7.0   90    SAy MAASTRICHT/NL
1727 08 18 10           47 18.  11 24.  3      NY A              6.5         T3y INNSBRUCK; TIROL
1728 08 03 16:30        48 50.   8 13.  10     SR BW             7.5  250    SAy RASTATT
1733 05 18 14           49 42.  08 01.  4  8 5 NR RP         4.5 7.0  150    GUy MAINZ, MUENCHWEILER
1737 05 18 21:45        48 54.  08 18.  8      SR BW         4.5 7.0  170    RSy KARLSRUHE; RASTATT

1751 07 31              50 48.  15 36.  5      SU PL             6.5       D GPy LIEGNITZ
1755 12 18              50 54.   5 42.         BR NL             7.0         CRy MAASTRICHT/NL
1755 12 26 16:00        50 47.   6 18.  3  8 5 NB NW             6.5  118    Mly DUEREN
1755 12 27 00:30        50 45.   6 23.  2 18 4 NB NW 5.7 5.2 5.1 7.0  230    HOy DUEREN
   * R5=100; R6=24; R7= 8; Verletzte;
1756 02 18 08:00        50 47.   6 15.  2 14 4 NB NW 6.4 5.7 5.6 8.0  324    HOy DUEREN
   * R5=135; R6=56; R7=22; R8= 7; Verletzte; Tote; Bergsturz;

1759 08 23 04:45        50 48.  06 06.  4      NB NW         4.3 7.0  120    SAy AACHEN
1760 01 20 22:30        50 48.  06 24.  8      NB NW         4.7 7.0  240    SAy DUEREN
1767 04 13 00:30        51 00.  09 42.  3      HS HS         4.0 6.5   70    SAy ROTENBURG/FULDA
1769 08 04 16:15        48 45.  10 50.         FA BY             7.0  270    SAy DONAUWOERTH, HARBURG
1780 02 25              50 16.   7 40.  2      MR RP         4.2 7.0   80    SAy BRAUBACH

1787 08 27 00:45        47 18.  11 00.         WY A              7.0  200    SAy TELFS/A; TIROL
1794 02 06 12:18        47 22.2 15  6.0        MM A              7.0         ACy LEOBEN
1795 12 06 01:30        47 12.   9 25.  3      GV CH             7.0         GSy WILDHAUS/CH
1796 04 20 07:12        47 12.   9 25.  3  5   GV CH             7.0         GSy GRABS/CH
1802 09 11 15           48 36.  07 48.  2  4   SR F          3.8 7.0   15    ASy STRASSBURG

1802 11 08 23:30        48 36.  07 48.  2  4   SR F          4.2 7.0   50    ASy STRASSBURG
1808 03 27 05:15        48 36.   7 45.         SR F              6.5         SPy STRASSBURG
1810 07 18              47 34.8 14 27.6        CA A              7.0         ACy ADMONT
1811 10 04 20:50        47 33.0 15 33.6        MM A              6.5         ACy KRIEGLACH
1812 05 13 13           50 42.   6 39.  1      NB NW         3.6 6.5   14    SPy ZUELPICH

1812 07 17 04:00        47 44.   7 40.  3      SR BW         4.0 6.5   45    Sly MUELLHEIM
1820 07 17 07:30        47 20.  11 40.         NY A              7.0   65    T3y SCHWAZ/A; TIROL
1822 11 28 10:45        48 30.   8 24.  11     NW BW         4.6 6.5  200    Sly FREUDENSTADT
1823 11 21 21:30        48 07.   7 41.  3      SR BW         4.1 6.5   45    Sly KAISERSTUHL
1828 02 08 14:20        48 24.  09 19.  4      SA BW         4.1 6.5   60    Sly ENGSTINGEN

1828 02 23 08:30        50 40.   5 02.  2 17   B    5.7      5.4 7.0  220    HOy TIRLEMONT/B
1828 10 30 07:20        47 17.   6 05.         F                 7.0         Ely MONTBELIARD/F
1828 12 03 18:30        50 48.  06 06.  9  5   NB NW         4.5 7.0  190    ASy AACHEN
1830 06 08 07:10        47 36.6 15 40.2        MM A              6.5         ACy MUERZZUSCHLAG
1830 06 26 04:57        47 22.2 15  6.0        MM A              6.5         ACy LEOBEN

1837 03 14 15:40        47 36.6 15 40.2        MM A              7.0         ACy MUERZZUSCHLAG
1841 10 24 14:08        50 54.  06 54.  4  4   NB NW             7.0         ASy KOELN
1846 07 29 21:24        50 08.   7 40.  2 10 4 MR RP 5.5 5.0 4.9 7.0  162    HOy ST.GOAR
   * R5=61; R6=20; R7= 7;
1858 05 24 19           50 00.  08 18.  3  4   NR RP         4.3 7.0   55    ASy MAINZ
1869 10 02 23:45        50 26.  07 33.  9      MR NW         4.5 6.5  140    ASy ENGERS/RHEIN

1869 10 31 15:25        49 55.  08 29.  2      NR HS         4.2 7.0   40    ASy GROSS-GERAU
1869 10 31 17:26        49 55.  08 29.  5      NR HS         4.6 7.0  125    ASy GROSS-GERAU
1869 11 01 04:07        49 55.  08 29.  6      NR HS         4.7 7.0  160    ASy GROSS-GERAU
1869 11 02 21:26        49 55.  08 29.  6      NR HS         4.7 7.0  170    ASy GROSS-GERAU
1869 11 03 03:48        49 54.   8 30.  5      NR HS         4.3 6.5   75    Sly GROSS-GERAU

1871 02 10 05:32        49 40.  08 30.  6      NR HS         4.7 7.0  150    ASy LORSCH
1872 03 06 15:55        50 51.6 12 16.8 2  9 4 CS TH 5.2 5.1     7.5  290    Gly POSTERSTEIN
   * R5=74; Verletzte; Tote; Veränd. an Quellen;
1873 01 03              48 10.2 15 58.8        EF A              6.5         ACy EICHGRABEN
1873 10 22 09:45        50 53.  06 09.5 2  4   NB NW 4.3      4.5 7.0  180    HOy HERZOGENRATH
   * Verletzte;
```

```
          DATUM       HERDZEIT       KOORDINATEN TIEFE REGION       STÄRKE            A REF   LOKATION
          JAHR MO TA  ST  M  S       BREITE  LÄNGE QE  H Q SR PR   ML   MW  MK  INT  RS
          1876 07 17 12:17           48    .0 15 10.2         CA A                7.5       ACy SCHEIBBS

          1877 06 24 08:53           50 53.  06 05.  2  2 NB NW 4.4       4.6  8.0 120      HOy HERZOGENRATH
          1878 08 26 09:00           50 56.   6 31.  2  9 4 NB NW 5.6 5.6 5.3  8.0 330      HOy TOLLHAUSEN
           * R5=112; R6=34; R7=16; R8= 5; Verletzte; Tote;
          1885 04 30 23:15           47 30.6 15 27.0          MM A                8.0       ACy KINDBERG
          1885 09 22 02:50           47 40.8 15 56.4          VB A                6.5       ACy GLOGGNITZ
          1886 10 09 18:20           48 27.   7 55.     2     SR BW         4.1  7.0  25    S1y SCHUTTERWALD

          1886 11 28 23:30           47 19.  10 50.     8     WY A                7.5 170   T3y NASSEREITH/A; TIROL
          1892 08 09                 50 16.  07 37.     4     MR RP         4.4  7.0  90    ASy BOPPARD
          1897 11 07  4:58           50 18.0 12 24.6 2  8 4 VG CR                 6.5       GNy LUBY
           * R5=20;
          1899 02 14 16:58           48 07.  07 39.     2 4 SR BW            4.1  7.0  25   ASy KAISERSTUHL
          1900 06 03 03:40           48 09.   7 33.     3     SR F          4.1  6.5  50    S1y GUSSENHEIM

          1902 11 26 12:15           49 40.2 12 40.2 2  5 4 SB CR           4.4  6.5        G1y CESKY LES/CR
           * R5=15;
          1903 03 05 20:37:06 50 18.6 12 19.8 2 10 4 VG SA 4.2 4.5 4.5  6.5 135   GNy MARKNEUKIRCHEN
           * R5=24; R6= 8;
          1903 03 05 20:55:32 50 18.6 12 19.8 2 10 4 VG SA 4.2 4.5 4.5  6.5 135   GNy MARKNEUKIRCHEN
           * R5=24;
          1903 03 22 05:08           49 05.  08 10.     2     SR RP         4.1  7.0  30    ASy KANDEL
          1907 05 13 04:23           47 30.6 15 27.0          MM A                6.5       ACy KINDBERG

          1908 11  3 17:21:29 50 13.2 12 33.0 2 10 4 VG SA 4.6 4.5 4.7 6.5 120    NLy ERLBACH
           * R5=30;
          1908 11  4 10:56: 2 50 13.2 12 33.0 2  9 4 VG SA 4.4     4.5 6.5        NLy ERLBACH
           * R5=20;
          1908 11  4 13:10:44 50 13.2 12 33.0 2  9 4 VG SA 4.7 4.4 4.6 6.5  85    NLy ERLBACH
           * R5=27;
          1908 11  6  4:35:54 50 13.2 12 33.0 2 14 4 VG SA 4.7 4.6 4.6 6.5 160    NLy ERLBACH
           * R5=41;
          1909 02 11 13:23           54 06.  15 36.     3     TZ PL         4.3  6.5       GPy KOLBERG

          1910 03 24 14:37           47 12.0 14 16.8         CA A                6.5       ACy OBERWOELZ
          1910 05 11 20:18           47 44.4 15 34.0         VB A                6.5       ACy SIEDING
          1910 07 13 08:32:30 47 17.  10 52.  2 10 4 WY A       5.0 4.8  7.0 260   T3y NASSEREITH/A; TIROL
           * R5=25;
          1911 11 16 21:25:48 48 17.4 08 57.7 2 10   SA BW 6.1 5.7 5.5 8.0 500    SBy EBINGEN
           * Erdrutsch;
          1913 07 20 12:06:22 48 18.  09 00.5 2  9   SA BW     5.0 4.9 7.0 250    SBy EBINGEN

          1914 08 31 13:26           47 18.  11 30.     3     NY A         3.9   6.5  33   T3y HALL/A; TIROL
          1915 06 02 02:33           48 52.  11 25.          FA BY 5.0 4.9      6.5 200    LUy ALTMUEHLTAL
           * R5=90; R6=15;
          1915 10 10 03:50           48 49.  11 34.     7     FA BY 4.8 4.9 4.7 7.0 160    ASy ALTMUEHLTAL
           * R5=50; R6=25; R7= 5;
          1916 05 01 10:24           47 10.2 14 39.6         MM A                7.0       ACy JUDENBURG
          1918 05 27 16:08:04 50 51.   5 41.     5     BR NL         4.4  6.5 170   GZy MAASTRICHT/NL

          1921 10 24 02:06           47 32.  12 34.  3        SZ A                6.5       T3y ST.ULRICH
          1925 02 23 21:33           50 50.   5 33.     5     BR B          4.7  7.0  65    GZy BILZEN/B
          1926 06 28 22:00:40 48 08.  07 41.     8     SR BW     5.0 4.8  7.0 200    ASy KAISERSTUHL
           * R6=13; R7= 6;
          1926 07 06 07:39           47 36.6 15 40.2         MM A                6.5       ACy MUERZZUSCHLAG
          1927 07 25 20:35           47 31.8 15 29.4         MM A 5.1           7.0       ACy WARTBERG

          1930 10 07 23:27           47 22.  10 40.     8     WY A         5.0        7.5 250   T3y NAMLOS/A; TIROL
           * R5=30;
          1932 11 20 23:36:55 51 38.   5 32.  2  8 3 NB NL 5.3     5.0  7.0 380   HOy VEGHEL/NL
          1933 02 08 07:07:12 48 51.  08 12.     6     SR BW     4.8 4.7  7.0 200    ASy RASTATT
           * R6=12;
          1933 11 08 00:51           47 24.  10 42.  3  3     WY A 4.6           6.5       T3y NAMLOS/A; TIROL
          1934 09 04 01:26:01 47 24.  11 48.     6     NY A                6.5 150   T3y JENBACH/A; TIROL

          1935 06 27 17:19:30 48 02.5 09 28.    11 2 SA BW 5.2 5.6 5.1  7.5 420   ASy MS=5.2; SAULGAU
           * R5=145; R6=60; R7=15;
          1935 12 30 03:36:20 48 37.   8 13.    24     NW BW         4.9 4.7 6.5 250    S1y HORNISGRINDE
           * R5=60; R6=15;
```

```
           DATUM        HERDZEIT        KOORDINATEN     TIEFE REGION         STÄRKE              A REF  LOKATION
           JAHR MO TA   ST  M  S        BREITE  LÄNGE  QE   H Q  SR PR   ML      MW    MK   INT RS
           1936 10 03   15:48           47  4.2  14 42.0          MM  A  5.1             7.5        ACy OBDACH
           1936 11 03                   51 33.    7 18.  2   1   RU  NW                  6.5    4 C SWy CASTROP-RAUXEL
              * R5= 1;
           1939 09 18   00:14           47 46.2  15 54.6          VB  A  5.0             7.0        ACy PUCHBERG

           1940 05 24   19:08:58        51 28.8  11 47.5 1   1 4  CS  AH 4.3        4.1  7.5  25  2 SMy TEUTSCHENTHAL
              * R5= 7; R6= 4; R7= 2; Verletzte; Tote;
           1943 03 05   23              51 45.0  11 31.2 1   1 4  HZ  AH 4.0             6.5    2   Gly ASCHERSLEBEN
           1943 05 02   01:08:02        48 16.    08 59.  2  13   SA  BW      5.2 5.1    7.0 375    ASy ONSTMETTINGEN
              * R5=56; R6=16; R7= 7;
           1943 05 28   01:24:08        48 16.    08 59.  2   9   SA  BW      5.5 5.4    8.0 485    ASy ONSTMETTINGEN
              * R5=69; R6=23; R7=10;
           1943 06 01   13:53:05        48 15.5   8 59.   6       SA  BW          4.3    6.5 150    Sly ONSTMETTINGEN

           1943 12 27   18:50:35        48 15.5   8 59.   7       SA  BW          4.5    6.5 130    Sly BALINGEN
           1947 06 28   13:13           48 15.5   9 03.   9       SA  BW          4.5    6.5 180    Sly EBINGEN
           1948 06 07   07:15:19        48 58.    08 20.  6       SR  BW          4.7    7.0 160    ASy FORCHHEIM/RHEIN
           1950 03 08   04:27:06        50 38.    06 43.  7       NB  NW 4.7      4.7    7.0 200    ASy EUSKIRCHEN
           1951 03 14   09:46:59        50 38.    06 43.  2   9 4 NB  NW 5.1      5.2    7.5 260    ASy MS=5.3; EUSKIRCHEN
              * Verletzte;
           1952 02 24   21:25:30        49 30.    08 19.  8       NR  RP 4.7      4.8    7.0 200    ASy LUDWIGSHAFEN, WORMS
           1952 09 29   16:45:10        48 54.    7 58.   2       SR  F           4.2    7.0  40    Sly SELTZ/F
           1952 10 06   22:27:40        48 54.    7 58.   2       SR  F           3.9    6.5  20    Sly SELTZ/F
           1952 10 08   05:17:15        48 57.    7 59.  10   5   SR  F      4.8 5.0    7.0  80    LCy SELTZ/F
              * R5=35; R6=15;
           1953 02 22   20:16:21        50 55.    10 00.  1   1 4 WR  HS 5.0      5.4    8.0  35  2 SMy MS=4.6; HERINGEN
              * R5= 9; R6= 5; R7= 2; Verletzte; Erdspalten;

           1955 05 22   04:57:32        47 18.    11 24.  10      NY  A  4.6 4.1         6.5 100    Tly INNSBRUCK, HALL
           1958 07 08   05:02:24        50 50.    10 07.  1   1 4 WR  TH 4.8      5.2    7.5  19  2 SMy MS=4.4; MERKERS
              * R5= 7; R6= 4; R7= 2;
           1958 09 30   08:45:27        47 14.    10 34.  5       WY  A  4.5             6.5 200    Tly LANDECK
              * R5=10;
           1959 09 04   08:56:54        48 23.    07 43.  2   4   SR  F           4.1    7.0  22    ASy BOOFZHEIM/F
           1964 10 27   19:46           47 37.8  15 48.6          VB  A  5.3             6.5        ACy SEMMERING

           1965 12 21   10:00:03        50 40.    5 35.   2       BR  B  4.4      4.2    7.0 135    A2y LUETTICH/B
           1967 01 29   00:12:12        47 53.4  14 15.0  8       CA  A  4.6             6.5        ACy MOLLN
           1969 02 26   01:28:01        48 17.5   9 00.5  8       SA  BW 4.8      4.8    7.0 175    S3y MS=3.9; TAILFINGEN
           1970 01 22   15:25:17        48 17.    9 02.   8       SA  BW          4.8    7.0 230    Sly EBINGEN
           1971 04 04   05:00:53        51 45.   11 31.2 1   1    HZ  AH 4.6             6.5    2   C3y ASCHERSLEBEN

           1971 09 29   07:18:52        47 06.    9 00.  12       CC  CH 4.5             7.0 170    SEy GLARUS, URI/CH
           1972 05 18   08:11:01        48 17.    9 02.   8       SA  BW 4.8      4.5    7.0 125    Sly EBINGEN
           1972 06 17   09:03           48 21.6  14 31.8  4       SB  A  3.6             6.5        ACy PREGARTEN
           1975 06 23   13:17:36        50 48.   10 00.  1   1 1  WR  TH 5.2 4.9 5.3    8.0  75  2 Lly MS=5.0; SUENNA
              * R5=10;
           1977 09 02   22:47:14        48 02.0  09 19.0 1   3 2  SA  BW 3.9 4.1         6.5  20    SGy W SAULGAU
              * R5=16; R6= 5;

           1978 01 16   14:31:17        48 18.   09 02.  1   7 1  SA  BW 4.6      4.4    6.5  45    SGy ONSTMETTINGEN
           1978 09 03   05:08:32        48 15.4  09 01.6 1   7 1  SA  BW 5.7 5.5 4.9    7.5 340    SGy MS=5.1; ALBSTADT
              * R5=140; R6=45; R7=20; Verletzte;
           1980 07 15   12:17:21        47 40.    7 29.  12       SR  F  4.7 4.5 4.7    7.0 130    IGy SIERENTZ/F
              * R5=30; R6= 5;
           1983 04 14   14:52:13        47 43.2  15   .0   6      CA  A  5.2 4.4         6.5 100    VIy YBBS/A; TOTES GEBIRGE
              * R5=40; R6= 5;
           1983 11 08    0:49:34        50 37.8   5 30.0 1   4 1  BR  B  4.9 4.9 4.9    7.0 230    BBy LUETTICH/B
              * R5=21; R6=11; R7= 4; Verletzte; Tote;

           1984 04 15   10:57:53        47 38.4  15 52.2  7       VB  A  4.9             6.5        ACy SEMMERING
           1985 12 14    5:38: 5        50 14.5  12 27.2 2  10 1  VG  CR 3.6 4.3         6.5  97    NLy NOVY KOSTEL
              * R5=13; R6= 5;
           1985 12 21   10:16:21        50 14.3  12 26.9 2  10 1  VG  CR 4.9 4.8         7.0 160    NLy NOVY KOSTEL
              * R5=47; R6=24;
           1985 12 23    4:27: 9        50 14.3  12 27.1 2   9 1  VG  CR 3.6 4.5         6.5 143    NLy NOVY KOSTEL
              * R5=18;
           1986  1 20   23:38:30        50 14.3  12 27.4 2  10 1  VG  CR 4.3 4.7         6.5 170    NLy NOVY KOSTEL
              * R5=32; R6=15;
```

```
       DATUM       HERDZEIT       KOORDINATEN    TIEFE REGION       STÄRKE              A REF  LOKATION
       JAHR MO TA  ST   M   S     BREITE  LÄNGE  QE   H Q  SR PR    ML   MW   MK  INT RS
       1989  3 13 13:02:17  50 48.  10 03.       1     WR TH 5.6         8.5 140 2 LGy VOELKERSHAUSEN
       * R5=15; R6= 8; R7= 4; R8= 1;
       1992  4 13  1:20: 3  51  9.0  5 55.8   17 4 NB NL 5.9 5.5         7.0 440   BNy MS=5.6; ROERMOND/NL
       * R5=102; R6=42; R7= 6; Verletzte;
       1992  5  8  7:51:03  47 13.8  9 34.8         GV  A 4.3            6.5      ACy FELDKIRCH
       1996 09 11 03:36:36  51 26.9 11 50.7  1   1 CS AH 4.9             6.5  40 2 TKy MS=5.0; TEUTSCHENTHAL
       * R5= 7; R6= 3;
       2003  2 22 20:41: 6  48 19.9  6 40.4  2 12 VO  F 5.4 5.0          6.5 250   CBy RAMBERVILLERS/F
       * R5=65; R6=15;
```

II. außerhalb 47°N – 56°N und 5°E – 16°E

II. outside 47°N – 56°N and 5°E – 16°E

```
       DATUM       HERDZEIT       KOORDINATEN    TIEFE REGION       STÄRKE              A REF  LOKATION
       JAHR MO TA  ST   M   S     BREITE  LÄNGE  QE   H Q  SR PR    ML   MW   MK  INT RS
       1117 01 03 02         45 22.  11 10.   4      I           7.0    9.0 400   GBy VERONA/I
       1295 09 03            46 47.   9 32.   5 12   EA CH 5.9          8.0 300   SDy CHURWALDEN/CH
       * R6=125; R7=60; R8=20;
       1348 01 25 17:30      46 15.  12 53.   3      I                  9.5 700   CPy CARNIA/I
       * Tote; Bergsturz;
       1511 03 26 14:30      46 15.  13 20.   4      I                  9.5 400   SAy FRIAUL/I
       * Tote;
       1601 09 18 01         46 55.   8 22.   3 12   CC CH              8.0 500   SZy UNTERWALDEN/CH
       * Tote; Bergsturz;
       1690 12 04 15:45      46 38.  13 52.          ET  A              8.5 130   CPy KAERNTEN
       * Tote;
       1755 12 09 14:30      46 20.   8 00.   3 12   TC CH              8.0 400   SAy WALLIS/CH
       * Bergsturz;
       1774 09 10 16:30      46 50.   8 40.   3      CC CH              7.0 330   E1y VIERWALDSTAETTER SEE
       1777  2  7  1         46 54.0  8 17.4         CC CH              7.0       E2y WISSERLEN, KERNS
       1817 03 11 21:25      45 55.   6 50.   3      AL  F              7.0 370   VGy CHAMONIX/F
       1837 01 24 01:00      46 19.   7 58.   4 12   WA CH              7.0 300   SPy BIRGISCH/CH
       1841 04 03 16         56 50.   8 40.   3      JY DK 5.4          7.5 270   LIy THY, MORS
       * R7=30;
       1855 07 25 12:50      46 14.   7 51.   3 12   WA CH              8.0 680   SPy KANTON WALLIS/CH
       * Erdrutsch;
       1855  7 26 10:15      46 13.8  7 52.8     12  WA CH              7.0 300   E2y STALDEN,VISP/VS
       * Erdrutsch;
       1855  7 28 11         46 15.0  7 49.2     12  WA CH              7.0 200   E2y STALDEN,VISP/VS
       1873 06 29 04:58      46 11.  12 22.   2      I                 10.0 300   SPy BELLUNO/I
       1880 07 04 09:20      46 15.   8 03.   2      TC CH              7.0 200   SPy MONTE-ROSA GEBIRGE/CH
       1881 01 27 14:30      46 54.   7 30.   4      WF CH              7.0 230   SPy BERN/CH
       1898  5  6 13:10      46 36.0  7 40.8     12  WF CH              7.0 210   E2y KANDERSTEG
       * Bergsturz;
       1901 01 10 02:30      50 30.  16 06.          SU CR              7.5       PSy NACHOD
       1926 09 28 15:41      47 43.2 16  2.4         VB  A              6.5       ACy TERNITZ
       1931 06 07 00:25:21  54 05.   1 30.   5 23    NS 6.1 6.2         8.0 500   K1y MS=6.7; DOGGERBANK
       * R5=300; R6=185; R7=120;
       1938 06 11 10:57:37  50 44.0  3 37.0 2 19 2   B 5.6 5.1          7.0 180   ROy MS=5.0; NUKERKE/B
       * R5=95; R6=65;
       1946 01 25 17:32:49  46 21.0  7 24.0    12    WA CH 6.4 5.9      8.0 680   E2y AYENT VS
       * R5=105; R6=55; Bergsturz;
       1946  5 30  3:41     46 18.0  7 25.2    12    WA CH     4.6      7.0 120   E2y AYENT VS
       * R5=55; Bergsturz;
       1949 04 03 12:33     50 28.   4 03.   3       B        4.3       7.0  30   GZy HAINAUT/B
       1964  3 14  2:39     46 52.2  8 19.2         CC CH               7.0       E2y KERNS
       1965 12 15 12:07:14  50 29.   4 05.          B 4.4                7.0  40  A2y HAINAUT/B
       1966 01 16 12:32:51  50 27.   4 14.   2      B 4.2     4.4       7.0  50  A2y CHARLEROI; HAINAUT/B
       1967 03 28 15:49:25  50 27.   4 17.   3      B 3.9     4.3       7.0      A3y CHARLEROI/B
       1976 05 06 20:00:09  46 17.  13 07.   2  8 4  I    6.2           10.0 600  K2y MS=6.5; FRIAUL/I
       * R5=167; R6=84; R7=44; R8=26; Verletzte; Tote; Bergsturz;
```

Anhang 4: Formatbeschreibung des digitalen Erdbebenkatalogs mit Listen der erdbebengeographischen und politischen Regionen

Appedix 4: Format description of the digital earthquake data catalogue with lists of the seismogeographical and political regions

Format description of the digital earthquake catalogue with lists of the seismogeographical and political regions

Introduction:

The general ideas by the compilation of the Earthquake Catalogue for Germany and Adjacent Areas in a computer readable format are as follows.

Area of interest:

The area of interest is defined in general lying between the
 Latitudes 47°N and 56°N
and between the
 Longitudes 5°E and 16°E.

Selection criteria - strength of earthquakes:

1. To include all earthquakes inside Germany and inside the seismogeographical regions bordering to Germany with intensity or magnitude equal or greater than the below defined limits.

2. To include stronger earthquakes inside the area of interest and outside the regions defined in 1.

3. To include all strong earthquakes outside the area of interest which had been felt at least with intensity V in Germany.

The lower limits of intensity or magnitude with respect to time periods are:

time-period	lower limit of intensity	magnitude
−1700	$I_o = IV$	
1700−1899	$I_o = III$	
from 1900	$I_o = II$	$M_L = 2.0$

All these restrictions were not been strongly followed in each case.
For example: If there had been a smaller earthquake than above defined in an area with low seismicity, it was included.

Or: If there had been a small earthquake inside the above defined area of interest but too far from the borders of Germany, it was excluded.

On the other side, strong earthquakes outside the above defined area which had been felt in Germany with less than intensity V were included in some cases.

The first version of the catalogue with description and epicenter maps was published in:

LEYDECKER, G. (1986): Erdbebenkatalog für die Bundesrepublik Deutschland mit Randgebieten für die Jahre 1000–1981. – Geol. Jahrbuch **E 36**; 3–83, 7 Abb., 2 Tab.; ISSN 0341-6437. Hannover, Germany.

CONTENT OF THE EARTHQUAKE DATA FILE FOR GERMANY AND ADJACENT AREAS

All parameters for one earthquake are punched right justified, except the epicenter description (columns 81–107), into one line with maximum 107 columns.

column   explanation

1–14   DATE and TIME

                before 1900: local time
                from 1900: Greenwich Mean Time

1–4   year
5–6   month
7–8   day
9–10   hour
11–12   minute
13–14   second (rounded)

15   can be blank or contains one of the following figures:
        1 :   a non-classified foreshock is reported
        2 :   a non-classified aftershock is reported
        3:   several shocks
        4 :   many shocks or part of an earthquake series
        In case 3 or 4 it may be that there is in column 80
          ‚1', which means that there follows an earthquake with
          own data related to this one. –
        Figures 3 or 4 not ever consequently used!

16–33 EPICENTER

16–17	latitude N	in degree
18–19		in minutes
20		in tenth of minutes
21–22	longitude E	in degree
23–24		in minutes
25		in tenth of minutes
26		0 or blank indicates longitude E
		1 indicates longitude W
27–32	blank	
33	quality of epicenter:	
	blank: unknown, not estimated	
	1 : <= 1 km	
	2 : <= 5 km	
	3 : <= 10 km	
	4 : <= 30 km	
	5 : > 30 km	

34–37 REGION

34–35	seismogeographical region
	blank if not attachable, else see abbreviation list;
36–37	political region, see abbreviation list;

38–40 DEPTH

38–39	focal depth in km
40	quality of focal depth:
	blank: unknown, not estimated
	G : fixed by geophysicist
	1 or 4 : ± 2 km (between 0 km and 2 km)
	2 or 5 : ± 5 km (between 2 km and 5 km)
	3 or 6 : ± 10 km (between 5 km and 10 km)
	figures 4,5,6 are based on macroseismic depth estimation
	- a depth of 10 km estimated by ISC or USGS ever is fixed by a geophysicist and has a G

41–46 MAGNITUDES ML, MW, MK, MS

(decimal point between first and second figure)

41–42	local magnitude ML

43–44 moment magnitude MW:
- estimated out of the instrumental data by observatories and agencies;
- else estimated by LEYDECKER (2011: table 5), computed out of macroseismic data using the formulas of JOHNSTON (1996); criteria: only tectonic earthquakes, epicentral intensity ≥ 6.0, minimum 2 isoseismal radii;
- else, in a few cases, estimated by detailed analyses of single events, see reference (columns 77–79),
- else, in a few cases for MW > 4.0 taken from VANNUCCI & GASPERINI (2003)

45–46 macroseismic magnitude MK:
only, if given by a local observatory, based on its own formula MK = f(Io,h)

surface wave magnitude MS:
in a few cases, the surface wave magnitude MS is estimated; than it is listed in columns 81–87:
for example: „MS=6.1;"

47–76 MACROSEISMIC DATA

47–48 code for the used macroseismic scale
MC : Mercalli-Cancani-Sieberg
MS : Mercalli-Sieberg
MK : Medvedev-Sponheuer-Karnik (MSK-1964)
EM : European Macroseismic Scale EMS-98 (up-dated MSK-scale)

49–50 epicentral intensity Io or maximum felt intensity
outside the epicenter; in the last case in
column 51 is printed an ‚M';
decimal point between first and second figure,
for example 55 → 5.5; 90 → 9.0
but only for intensity values less than 10
for example 10 → 10.0; 15 → 10.5; 11 → 11.0

51 quality of epicentral intensity
normally blank;
‚M' indicates that the value in columns 49–50 may not be the epicentral intensity but the maximum felt intensity outside the epicenter; the epicentral intensity can be equal or higher than this value;
1 = epicentral intensity derived from doubtful sources
2 = estimated error ± 0.5 - ± 1.0
3 = estimated error equal or greater ± 1.0

52–53	intensity belonging to the radius of perceptibility (columns 54–56); normally blank means intensity 3.0, else decimal point between first and second figure
54–56	radius of perceptibility in km
57–59	isoseismal radius in km of intensity 5.0
60–62	isoseismal radius in km of intensity 6.0
63–65	isoseismal radius in km of intensity 7.0
66–68	isoseismal radius in km of intensity 8.0
69–70	azimuth of isoseismals elongation against north; multiplied by 10 gives the value in degree example: 03 corresponds to 30 degree 15 corresponds to 150 degree
71	axis relation of elliptic isoseismals example: 4 corresponds to 4:1
72	number of macroseismic observations in powers to 10; seldom used

73–80   ADDITONAL INFORMATION

73–75	damages (till 3 figures) 1 : injured person(s) 2 : killed person(s) 3 : fissures in ground surface 4 : change in flow of spring(s) 5 : landslide 6 : landslide of greater dimension
76	kind of earthquake : tectonic 1 : collapse 2 : rockburst B : event in a mining area, including oil and gas production fields C : rockburst in a coal mine H : induced by hydrofrac operations P : presumably explosion S : reservoir induced D : doubtful event
77–79	reference abbreviation (see reference list in Appendix 5, respective in the file GER-CAT-REFERENCES-800-2008-y.txt)

The reference gives the main source for the earthquake parameters. This can imply:
- estimation of the whole parameters by the author of the catalogue, based on the description in the reference;
  - same as before, but using additional source(s);
  - adding additional parameters from other source(s)
- using the parameters in the reference, but
  - adding further parameters from other source(s) or own estimation by the author;
  - deletion of schematically by the author of the main source added parameters;
- using the complete digital parameters of the reference source without any modification and without any addition.

Therefore, only the author of the catalogue can be held responsible for the earthquake data and the parameters. Thus, in the Earthquake Catalogue for Germany from LEYDECKER (2011), the third letter of the references is an „y", which shows his responsibility for the so flagged data. The first and second letter of the reference definitely denominate the main source.

80 normally blank
1 : an (after)shock related to this event with own data follows; see remarks to column 15

81–107 LOCATION

describes the epicenter (town or geographical region);
maximum 27 characters;
in a few cases, the surface wave magnitude MS is listed in columns 81-87: for example: „MS=6.1;"

SEISMOGEOGRAPHICAL REGIONS - abbreviation list
Seismogeographische Regionen - Liste der Abkürzungen

Germany / Deutschland

The seismogeographical regions for Germany are published in:
LEYDECKER, G. & H. AICHELE (1998): The Seismogeographical Regionalisation for Germany: The Prime Example for Third-Level Regionalisation. – Geol. Jahrbuch, Reihe E, 55, 85-98, 6 figs., 1 tab., Hannover.

Abk. abb.	deutscher Name / German name	englische Bezeichnung / English name
AM	Altmark	ALTMARK
BM	Bayerische Molasse	BAVARIAN MOLASSE BASIN
BO	Bodenseegebiet	LAKE CONSTANCE AREA
BY	Bayerische Alpen	BAVARIAN ALPS
CB	Zentral-Niederländ. Becken	CENTRAL NETHERLANDS BASIN
CS	Zentral-Sachsen	CENTRAL SAXONY
CT	Zentral-Thüringen	CENTRAL THURINGIA
EI	Eifel	EIFEL MOUNTAIN REGION
EN	Östliche Nordsee	EASTERN NORTH SEA
EW	Östliches Württemberg	EASTERN WUERTTEMBERG
FA	Fränkische Alb	FRANKONIAN JURA
FY	Fünen	FYN
HM	Süd-Harz Bergbaugebiet	SOUTHERN HARZ MINING DISTRICT
HS	Hessische Senke	HESSIAN DEPRESSION
HU	Hunsrück	HUNSRUECK
HZ	Harz	HARZ AREA
JY	Jütland	JYLLAND
KH	Erzgebirge	KRUSNE HORY MTS. (ERZGEBIRGE)
KR	Krefeld Block	KREFELD BLOCK
MR	Mittelrheingebiet	MIDDLE RHINE AREA
MU	Münsterland	MUENSTERLAND
NB	Niederrheinische Bucht	LOWER RHINE AREA
ND	Nordost Deutschland	NORTHEASTERN GERMANY
NF	Nord-Franken	NORTHERN FRANKONIA
NR+	Nördlicher Oberrheingraben	NORTHERN UPPER RHINE GRABEN
NW	Nord-Schwarzwald	NORTHERN BLACK FOREST
NX	Nördliches Niedersachsen und Holstein	NORTHERN LOWER SAXONY AND HOLSTEIN
PS	Pfalz-Saar Gebiet	PFALZ - SAAR AREA
RG **	Rügen Region	RUEGEN AND NEARBY SEA
RS	Östliches Rheinisches Schiefergebirge	EASTERN RHENISH MASSIF
RU	Ruhrgebiet (Bergbau)	RUHR COAL MINING DISTRICT
SA	Schwäbische Alb	SWABIAN JURA

SB	Südliches Böhmisches Massiv	SOUTHERN BOHEMIAN MASSIF
SM	Saar Bergbaugebiet	SAAR MINING DISTRICT
SR +	Mittlerer und Südlicher Oberrheingraben	MIDDLE AND SOUTHERN UPPER RHINE GRABEN
SW	Süd-Schwarzwald	SOUTHERN BLACK FOREST
SX	Südliches Niedersachsen	SOUTHERN LOWER SAXONY
TW	Teutoburger Wald	TEUTOBURGER WALD
TX	Texel-Ijsselmeer Block	TEXEL - IJSSELMEER BLOCK
VE	Hohes Venn	VENN AREA
VG *	Vogtland	VOGTLAND REGION
VO **	Vogesen/F	VOSGES MOUNTAIN REGION
WD	Nordwest-Deutschland	NORTHWESTERN GERMANY
WR	Kalibergbaugebiet Werratal	WERRA POTASH MINING DISTRICT

* = based on NEUNHOEFER (2009)
** = not yet finally defined region
\+ = before: NR and SR together formed the region OR = UPPER RHINE GRABEN

Austria / Österreich
by Wolfgang LENHARD, Vienna

Abk. abb.	englische Bezeichnung English name	Grenzregion von border region of
BM	BAVARIAN MOLASSE BASIN	Austria - Germany
BO	LAKE CONSTANCE AREA	Switzerland - Austria - Germany
BY	BAVARIAN ALPS	Austria - Germany - Switzerland
CA	CENTRAL AUSTRIA	
EA	EASTERN SWISS ALPS	Switzerland - Austria - Italy
EF	EAST - AUSTRIAN FORELAND	
ET	CARINTHIA - EASTERN TYROL	
GV	ST.GALL - VORARLBERG	Switzerland - Austria - Germany
MM	MUR - MUERZ VALLEY	
NY	NORTHEASTERN TYROL	
SB	SOUTHERN BOHEMIAN MASSIF	Austria - Czech Republic
ST	STYRIAN BASIN	Austria - Hungary
SY	SOUTHERN TYROL	ustria - Italy
SZ	SALZBURG AREA	Austria - Germany
VB	VIENNA BASIN	
WY	WESTERN TYROL	

Denmark / Dänemark
by S. GREGERSEN / Copenhagen

see:
E. Wolf, C. Lindholm, J. Schweitzer and H. Bungum / Norsa/Norway,
K Atakan/Bergen/Norway, S. Gregersen/Copenhagen/ Denmark, K. Arthe
and J. Malaska/Helsinki/Finland: Seismogeographical Regionalisation
of Scandinavia (manuscript)

Abk. abb.	englische Bezeichnung English name	Grenzregion von border region of
BH	BORNHOLM AND NEARBY SEA	Denmark - Germany - Sweden
EN	EASTERN NORTH SEA	Denmark - Norway
FY	FYN	Denmark - Germany
JY	JYLLAND	Denmark - Germany
KT	KATTEGAT	Denmark - Sweden
MH	MALMOEHUS	Sweden - Denmark
SJ	SJAELLAND	Denmark - Sweden

Switzerland / Schweiz
by Manfred BAER, ETH Zürich

Abk. abb.	englische Bezeichnung English name	Grenzregion von border region of
BO	LAKE CONSTANCE AREA	Switzerland - Austria - Germany
CC	CENTRAL SWITZERLAND	
EA	EASTERN SWISS ALPS	Switzerland - Austria - Italy
GV	ST.GALL - VORARLBERG	Switzerland - Austria - Germany
SF	EASTERN SWISS ALPINE FORELAND	Switzerland - Germany
TC	TICINO	Switzerland - Italy
WA	WESTERN SWISS ALPS	Switzerland - France - Italy
WF	WESTERN SWISS ALPINE FORELAND	
WJ	WESTERN JURA	Switzerland - France

The Netherlands / Niederlande
by Theo de Crook, KNMI, De Bilt/NL

Abk. bb.	englische Bezeichnung English name	Grenzregion von border region of
BR	BRABANT MASSIF	Belgium - The Netherlands
CB	CENTRAL NETHERLANDS BASIN	Germany - The Netherlands
CN	CENTRAL NORTH SEA (CENTRAL GRABEN)	
KR	KREFELD BLOCK	Germany - The Netherlands
NB	LOWER RHINE AREA (ROER VALLEY GRABEN)	Belgium - Germany - NL
SN	SOUTHWESTERN NORTH SEA	
TX	TEXEL-IJSSELMEER BLOCK	Germany - The Netherlands
VE	VENN AREA	Belgium - Germany
WB	WEST NETHERLANDS BASIN	

Czech Republic, Poland and Slovakia / Tschechien, Polen und Slowakei
by
Barbara Guterch, Warsaw/Poland,
Peter Labak, Bratislava/Slovakia and
Vladimir Schenk, Zdenka Schenkova & Pavel Kottnauer, Prague/Czech Republic

Abk. abb.	englische Bezeichnung English name	Grenzregion von border region of
BE	BELCHATOW MINING DISTRICT	
CF	CARPATHIAN FOREDEEP	
CM	CENTRAL BOHEMIAN MASSIF	
CS	CENTRAL SAXONY	Czech Rep. - Germany – Poland
DL	DANUBE LOWLAND REGION	
EH	EASTERN PART OF WEST EUROPEAN PLATFORM	Poland - Germany
KH	KRUSNE HORY MTS.(ERZGEBIRGE)	Czech Republic - Germany
KO	KOMARNO REGION	
LC	LITTLE AND WHITE CARPATHIANS	
LU	LUBIN MINING DISTRICT	
MB	MATRA-BUEKK MTS.	
ND	NORTHEASTERN GERMANY	Germany - Poland
RG **	RUEGEN AND NEARBY SEA	Germany - Poland - Denmark
RP	SOUTHWESTERN PART OF EAST EUROPEAN PLATFORM	

SB	SOUTHERN BOHEMIAN MASSIF	Czech Rep. - Germany - Austria
SI	SILESIAN REGION	
SL	CENTRAL SLOVAKIA REGION	
SU	THE SUDETEN	
SV	SLANSKE VRCHY MTS	
TM	TATRY MTS. AND SPIS REGION	
TZ	TRANSITION ZONE EAST / WEST EUROPEAN PLATFORM	Poland - Germany
US	UPPER SILESIAN MINING DISTRICT	
VG	VOGTLAND REGION	Czech Republic - Germany
ZI	ZILINA REGION	

** = not yet finally defined region

POLITICAL REGIONS abbreviation list
Politische Regionen - Liste der Abkürzungen

Germany / Deutschland

- AH : Sachsen-Anhalt
- BR : Brandenburg
- BW : Baden-Württemberg
- BY : Bayern (Bavaria)
- HS : Hessen
- ND : N-Deutschland (N-Germany): Niedersachsen, Bremen, Hamburg, Schleswig-Holstein, Mecklenburg-Vorpommern, N-Brandenburg
- NW : Nordrhein-Westfalen
- RP : Rheinland-Pfalz and Saarland
- SA : Sachsen (Saxony)
- TH : Thüringen (Thuringia)

Countries / Länder

- A : Österreich (Austria)
- B : Belgien (Belgium)
- CH : Schweiz (Switzerland)
- CR : Tschechische Republik (Czech Republic)
- DK : Dänemark (Denmark)
- F : Frankreich (France)
- FL : Fürstentum Liechtenstein (Liechtenstein)
- I : Italien (Italy)
- L : Luxemburg (Luxembourg)
- NL : Niederlande (The Netherlands)
- NS : Nordsee (North Sea)
- OS : Ostsee (Baltic Sea)
- PL : Polen (Poland)
- S : Schweden (Sweden)
- SL : Slowakei (Slovakia)

Anhang 5: (I.) Referenzen – Liste der Hauptquellen zu den einzelnen Beben – sowie (II.) weitere benutzte Literatur und Kataloge, (III.) Periodika und (IV.) Literatur (Auswahl) zur Seismizität Deutschlands und angrenzender Gebiete

Appendix 5: (I.) References– list of main sources for each earthquake as well as (II.) further used literature and catalogues, (III.) Periodicals, and (IV.) Literature (short list) about the seismicity of Germany and border regions

I. REFERENCES: abbreviation list

ACy: Austrian Earthquake Catalogue (2010). Computer File. – Central Institute of Meteorology and Geodynamics, Departement of Geophysics, Vienna/Austria. – see also ZAy

ASy: AHORNER, L., MURAWSKI, H. & SCHNEIDER, G. (1970): Die Verbreitung von schadenverursachenden Erdbeben auf dem Gebiet der Bundesrepublik Deutschland. – Z. Geophys., 36: 313–343, 1970; Wuerzburg.

AXy: ALEXANDRE, P., KUSMAN, D., PETERMANS, T. & CAMELBEEK, T. (2008): The 18 September 1692 Earthquake in the Belgian Ardenne and its Aftershocks. – in: Fréchet, J., Meghraoui, M. & Stucchi, M. (Eds.): Historical Seismology - Interdisciplinary Studies of Past and Recent Earthquakes. 209–230; Springer Verlag.

A1y: AHORNER, L. (1964): Erdbebenchronik fuer die Rheinlande 1958–63. – Decheniana, 117: 141–150; Bonn.

A2y: AHORNER, L. (1967): Herdmechanismen rheinischer Erdbeben und der seismotektonische Beanspruchungsplan im nordwestlichen Mittel-Europa. – Sonderveroeff. Geol. Inst. Univ. Koeln, 13: 109–130; Koeln.

A3y: AHORNER, L. (1972): Erdbebenchronik fuer die Rheinlande 1964–70. – Decheniana, 125: 259–283; Bonn.

BAy: BRUNHUBER, A. (1912): Ueber die in der Oberpfalz in den Jahren 1910 und 1911 beobachteten Erdbeben. – in: Berichte des naturwiss. Vereins zu Regensburg. XIII. Heft fuer die Jahre 1910 u. 1911. Druck von Fritz Huber, Regensburg.

BBy: BREESCH, L., CAMELBEEK, T., DE BECKER, M., GURPINA, A., MONJOIE, A., PLUMIER, A. & VAN GILS, J. M. (1985): Le seisme de Liege et ses implications pratique. – Annales des Travaux Publics de Belgique, No. 4: 321–364.

BCy: (BCIS) Bureau Central International de Seismologie, Strasbourg/France

BGy: (BGR) Bundesanstalt f. Geowissenschaften u. Rohstoffe, Stilleweg 2, D-30655 Hannover; http://www.bgr-bund.de/ for detailed information see under: III. PERIODICALS

BJy: BOEGNER, J. (1847): Das Erdbeben und seine Erscheinungen. Nebst einer chronologischen Uebersicht der Erderschuetterungen im mittleren Deutschland vom 8. Jahrhundert bis auf die neueste Zeit und ihres Zusammenhanges mit vulkanischen Erscheinungen in entfernten Laendern. – 208 S., 1 Abb., 1 Karte, H. L. Broenner Verlag, Frankfurt/Main.

BKy: In 2007, K.-P. BONJER has updated the catalogue for the Upper Rhine Graben area and neighbouring regions for the time period 1971 – Feb. 1997, using the monitoring data of the local seismic networks of the Inst. f. Geopphysics (IGK), Uni Karlsruhe; see also IGy.

BNy: (BNS) Geolog. Institut der Universitaet Koeln - Abteilung fuer Erdbebengeologie-Erdbebenstation Bensberg (BNS), Vinzenz-Pallottistrasse 26, D-51429 Bergisch-Gladbach. Head of the observatory: HINZEN, K.-G. (since 1995); before AHORNER, L.

BRy: (BRG) Seismologisches Observatorium Berggiesshuebel, Karl-Marx-Str.8, D-01819 Berggiesshuebel.

BSy: BRUESTLE, W. & STANGE, ST. (2003): Die Erdbebenserie von Bad Saulgau, 2001. – Jber. Mitt. oberrhein. geol. Ver., N.F. 85, 441–460, 7 Abb., Stuttgart. 22.4.2003.

BUy: (BUG) Institut fuer Geophysik der Ruhr-Universitaet, Universitaetsstrasse 150, D-44801 Bochum.

B1y: BERCKHEMER, H. (1967): Die Erdstoesse in Wiesbaden am 4. Januar 1967. – Notizbl. Hess. L.-Amt Bodenforsch., 95: 213–216; Wiesbaden.

B2y: BERCKHEMER, H. (1964): Das Erdbeben vom 10.2.1964 in Offenbach a. Main. – Notizbl. Hess. L.-Amt Bodenforsch., 92: 255–260; Wiesbaden.

CBy: CARA, M., BRUESTLE, W., GISLER, M., KAESTLI, P., SIRA, CH., WEIHERMÜLLER, C. & LAMBERT, J. (2005): Transfrontier macroseismic observations of the Ml = 5.4 earthquake of February 22, 2003 at Rambervillers, France. – Journal of Seismology, 9, 317–328.

CLy: (CLL) Geophysikalisches Observatorium Collm, Universitaet Leipzig, D-04758 Collm.

CPy: Gruppo di lavoro CPTI (2004): Catalogo Parametrico dei Terremoti Italiani, versione 2004 (CPTI04), INGV, Bologna. http://emidius.mi.ingv.it/CPTI04/

CRy: CROOK, Th. (1993): Chronologische Lijst van Epicentra 217–1992 in Nederland (datafile). – KNMI, Div. of Seismology, P.O.Box 201, 3730 AE DE BILT, The Netherlands.

C1y: Seismological Bulletin 1969 of the Seismological Stations of the Federal Republic of Germany (1971). – ed. by Seismol. Centralobserv. Graefenberg, Erlangen.

C2y: Seismological Bulletin 1970 of the Seismological Stations of the Federal Republic of Germany (1973). – ed. by Seismol. Centralobserv. Graefenberg, Erlangen.

C3y: Seismological Bulletin 1971 of the Seismological Stations of the Federal Republic of Germany (1973). – ed. by Seismol. Centralobserv. Graefenberg, Erlangen.

C4y: Seismological Bulletin 1972 of the Seismological Stations of the Federal Republic of Germany (1974). – ed. by Seismol. Centralobserv. Graefenberg, Erlangen.

C5y: Seismological Bulletin 1973 of the Seismological Stations of the Federal Republic of Germany (1975). – ed. by Seismol. Centralobserv. Graefenberg, Erlangen.

DBy: (DBN) Seismological Observatory, KNMI, P.O.Box 201, NL-3730 AE De Bilt. now: see KNy

DCy: Earthquake Data File. – National Geophysical and Solar-Terrestrial Data Center, Boulder/Colorado, USA.

EMy: (EMSC) European Mediterranean Seismological Centre, 5, Rue Rene Descartes, F-67084 Strasbourg Cedex.

E1y: ECOS-Earthquake Catalogue of Switzerland (years 250–2000). – Schweizerischer Erdbebendienst ETH Zuerich, http://www.seismo.ethz.ch/

E2y: ECOS (update in 2003) - Earthquake Catalogue of Switzerland (years 250–2003) (included is a list of faked earthquakes: ECOS_fake; used is the ECOS_fake update in 2005). – Schweizerischer Erdbebendienst ETH Zuerich, http://www.seismo.ethz.ch/

E3y: Schweizerischer Erdbebendienst (2010). ECOS-09 Earthquake Catalogue of Switzerland Release 2010. Report and Database for the Pegasos Refinement Project, not public catalogue 31.3.2010. Swiss Seismological Service ETH Zürich, Report SED/PRP/R/008/20100331.

FUy: (FUR) Geophysikalisches Observatorium der Universitaet Muenchen, Ludwigshoehe 8, D-82256 Fuerstenfeldbruck

GAy: GERESS-Array, Bundesanstalt f. Geowiss. u. Rohstoffe, Stilleweg 2, D-30655 Hannover; http://sdac.hannover.bgr.de/web/sdac/sta_eng/geress.html since January 1, 1997; before: Institut fuer Geophysik der Ruhr-Universitaet, Universitaetsstrasse 150, D-44801 Bochum.

GBy: GUIDOBONI, E., COMASTRI, A. & BOSCHI, E. (2005): The „exceptional" Earthquake of January 1117 in the Verona area (northern Italy): A critical time review and detection of two lost earthquakes (lower Germany and Tuscany). – Journ. Geophys. Res., 110, B12309, doi:10.1029/2005JB003683, 2005, 20 pages.

GCy: GELBKE, CH. (1978): Lokalisierung von Erdbeben in Medien mit beliebiger Geschwindigkeits-Tiefen-Verteilung unter Einschluss spaeterer Einsaetze und die Hypozentren im Bereich des suedlichen Oberrheingrabens von 1971 bis 1975. – Dissertation. 188 Seiten. Geophysikal. Institut d. TH Fridericiana, Karlsruhe.

GHy: GREGERSEN, S., HJELME, J. & HJORTENBERG E. (1998): Earthquakes in Denmark. – Bulletin of the Geological Society of Denmark. 44, 115–127, Copenhagen 1998-02-28.

GIy: GIESSBERGER, H. (1922): Die Erdbeben Bayerns, I. Teil. – Abh. d. Bayer. Akad. d. Wiss., Math.-Phys. Kl., XXIX Bd., 6.Abh.; Muenchen. GIESSBERGER, H. (1924): Die Erdbeben Bayerns, II. Teil. – R. Pflaum Verlag, Muenchen.

GLy: (GLA) Geologischer Dienst (formerly: Geologisches Landesamt) Nordrhein-Westfalen, De Greiff-Str. 195, D-47803 Krefeld. – Head of the earthquake observatory: till 2007: ROLF PELZING, since 2007: KLAUS LEHMANN

GMy: GISLER, M., FAEH, D. & SCHIBLER, R. (2004): Revising macroseismic data in Switzerland: The December 20, 1720 earthquake in the region of Lake Constance. – Journal of Seismology 8: 179–192.

GNy: New estimation of the coordinates of earthquakes in the Vogtland region, done by NEUNHOEFER, H., correcting the coordinates given by GRUENTHAL, G. (see G1y).

GOy: (GOR) Gorleben seismic borehole station network; installed in 1984; operated by G. LEYDECKER (till 2006), Bundesanstalt f. Geowissenschaften u. Rohstoffe, Stilleweg 2, D-30655 Hannover.

GPy: GUTERCH, B. & LEWANDOWSKA-MARCINIAC, H. (2002): Catalogue of earthquakes in Poland. – Folia Quaternaria 73 (2002), 85–99.

GRy: (GRF) Seismologisches Zentralobservatorium Graefenberg, Mozartstrasse 57, D-91052 Erlangen. now: Seismologisches Zentralobservatorium der Bundesanstalt fuer Geowissenschaften und Rohstoffe, Stilleweg 2, D-30655 Hannover.

GSy: GISLER, M., FAEH, D. & R. SCHIBLER (2003): Two significant earthquakes in the Rhine Valley at the end of the 18th century: The events of December 6, 1795 and April 20, 1796. – Eclogae geol. Helv. 96, 357–366.

GUy: GUTDEUTSCH, R. & HAMMERL, CH. (1999): Neubewertung historischer Schluesselerdbeben. Kap. 5.2 in: Oeko-Institut (ed.): Bemessungserdbeben Biblis. – Gutachten im Auftrag des Hessischen Ministeriums fuer Umwelt, Landwirtschaft und Forsten. Darmstadt, Dez. 1999.

GVy: GUTDEUTSCH, R., HAMMERL, CH., MAYER, I. & VOCELKA, K. (1987): Erdbeben als historisches Ereignis. Die Rekonstruktion des Bebens von 1590 in Niederoesterreich. – Springer-Verlag Berlin Heidelberg New York.

GWy: GRUENTHAL, G. & WAHLSTROEM, R. (2003): An earthquake catalogue for central, northern and northwestern Europe based on Mw magnitudes. – Scientific Technical Report STR03/02, 143 pp, GFZ Potsdam.

GZy: VAN GILS, J.-M. & ZACZEK, Y. (1978): La Seismicite de la Belgique et son Application en Genie Parasismique. – Annales des Travaux Publics de Belgique. 6, 1–38.

G1y: GRUENTHAL, G. (1988): Erdbebenkatalog des Territoriums der Deutschen Demokratischen Republik und angrenzender Gebiete von 823 bis 1984. – Zentralinstitut fuer Physik der Erde, Nr. 99; 178 S.; Potsdam. (for additional information see at the end of this list of reverences).

G2y: GRUENTHAL, G. (2006): Die Erdbeben im Land Brandenburg und im oestlichen Teil Deutschlands. – Brandenburg. geowiss. Beitr., 13, 1/2, 165–168, Kleinmachnow.

G3y: GRUENTHAL, G. (2006): Das Erdbeben von 1736 in der Uckermark. – Brandenburg. geowiss. Beitr., 13, 1/2, 173–175, Kleinmachnow.

G4y: GRUENTHAL, G. & MEIER, R. (1995): Das „Prignitz"-Erdbeben von 1409. – Brandenburgische Geowiss. Beitr. 2,2; S.5–27, 4 Abb., 1 Tab. Kleinmachnow.

G5y: GRUENTHAL, G., FISCHER, J. & VOGT, J. (1999): Neue Erkenntnisse zu angeblichen Schadenbeben im Raum Mainz im 15. Jahrhundert. – Mainzer naturwissenschaftliches Archiv 37, 1–11.

G6y: GRUENTHAL, G. & FISCHER, J. (2001): Eine Serie irrtuemlicher Schadenbeben Im Gebiet zwischen Noerdlingen und Neuburg an der Donau vom 15. bis zum 18. Jahrhundert. – Mainzer naturwiss. Archiv, 39, S. 15–32, 4 Abb.; Mainz.

HAy: Hamburger Abendblatt, 21. Okt. 2002 – „... Am 8. April 2000 waren von Anwohnern in Bahrenfeld/Gross Flottbek gegen 21.30 Uhr im Bereich Notkestrasse, Seestrasse starke Beben und explosionsartige Geraeusche gemeldet worden. Geschirr in den Vitrinen klirrte..."

HHy: HARJES, H.-P., HINZEN, K.-G. & CETE, A. (1983): Das Erdbeben bei Ibbenbueren am 13. Juli 1981. Geol. Jb., E 26: 65–76, Hannover.

HIy: HINZEN, K.-G. (1997): Hinweise auf das Beben im Sauerland im Jahre 1348. – in: HENGER, M. & LEYDECKER, G. (eds.) (1997): Erdbeben in Deutschland 1992. – ISBN 3-510-95808-X. BGR, Hannover.

HKy: HINZEN, K-G. (2003): Source Parameters of the ML 3.8 Earthquake on January 20, 2000 near Meckenheim, Germany. – Journal of Seismology, 7, 347–357.

HMy: HAMM, F. (1956): Naturkundliche Chronik Nordwestdeutschlands. – Land buch Verlag, Hannover.

HOy: HINZEN, K.-G. & OEMISCH, M. (2001): Location and Magnitude from Seismic Intensity Data of Recent and Historic Earthquakes in the Northern Rhine Area, Central Europe. – Bull. Seismol. Soc. America, 91, 1, pp. 40–56.

IFy: (IFT) GOMMLICH, G., Institut f. Tieflagerung/Wissenschaftliche Abteilung der Gesellschaft f. Strahlen- u. Umweltforschung, Theodor-Heuss-Strasse 4, D-38122 Braunschweig.

IGy: (IGK) Bulletin of the Institute for Geophysics, University TH Fridericiana, Hertzstrasse 16, D-76187 Karlsruhe. – resposible scientists: 1967: U. HAEGELE-WALTER; 1968: U. HAEGELE-WALTER, H. MAELZER, D. MAYER-ROSA; 1969: D. MAYER-ROSA; 1970–1995: K.-P. BONJER. In 2007, K.-P. BONJER (see BKy) has updated the catalogue for the Upper Rhine Graben area and neighbouring regions for the time period 1971–Feb. 1997, using the monitoring data of the local seismic networks.

IPy: Bulletin of the network KRASNET. Institute of Physics of the Earth (IPE), Masaryk University Brno, Tvrdeho 12, 602 00 Brno, Czech Republic. Data Interpreted by V. NEHYBKA and R. TILSAROVA.

ISy: (ISC) International Seismological Center, Newbury RG13 1LX, Berkshire, UK

JHy: JACOB, K.H. & HEINTKE, H. (1969): Das Lorsbacher Erdbeben vom 21. Juli 1968. – Notizbl. Hess. L.-Amt Bodenforsch., 97: 379–385, Wiesbaden.

KLy: KAISER, D, LEYDECKER, G. & SCHLOTE, H. (2006): Ueberwachung der Seismizitaet im Bereich des Salzstockes Gorleben - Jahresbericht 2005. – 25 S., 7 Abb., 5 Tab.; BGR Hannover, Tagebuch Nr. 10499/06, 3. Mai 2006.

KNy: (KNMI) Netherlands Institute of Applied Geosciences TNO-National Geological Survey, Princetonlaan 6, NL-3508 TA Utrecht; http://www.nitg.tno.nl

KOy: KOSCHYK, K.G. (1973): Seismische Untersuchungen der Erdstoesse der Jahre 1962–1971 in Peissenberg. – Diss. Univ. Muenchen.

KTy: (KTB) Kontinentales Tiefbohr Programm; Feldlabor, D-92667 Windischeschenbach.

KUy: Kali-Umwelttechnik GmbH Sondershausen, Am Petersenschacht 7, D-99706 Sondershausen.

K1y: KARNIK, V. (1969): Seismicity of the European Area. Part 1. – D. Reidel Publish. Company, Dodrecht-Holland.

K2y: KARNIK, V., PROCHAZKOVA, D., SCHENKOVA, Z., RUPRECHTOVA, L., DUDEK, A., DRIMMEL, J., SCHMEDES, E., LEYDECKER, G., ROTHE, J. P., GUTERCH, B., LEWANDOWSKA, H., MAYER-ROSA, D., CVIJANOVIC, D., KUK, V., GIORGETTI, F., GRUENTHAL, G. & HURTIG, E. (1978): Map of Isoseismals of the Main Friuli Earthquake of 6 May 1976. – Pageoph, 116: 1307–1313.

LAy: LANGENBECK, R. (1892): Die Erdbebenerscheinungen in der Oberrheinischen Tiefebene und ihrer Umgebung. – Geographische Abhandlungen Elsass-Lothringen, Heft 1: 1–120; E. Schweizerbart'sche Verlagsbuchhandlung (E. Koch), Stuttgart. LANGENBECK, R. (1895): Die Erdbebenerscheinungen in der Oberrheinischen Tiefebene und ihrer Umgebung (Fortsetzung). – Geographische Abhandlungen Elsass-Lothringen, Heft 2: 359–382. E. Schweizerbart'sche Verlagsbuchhandlung (E. Koch), Stuttgart.

LBy: LEYDECKER, G., KAISER, D., BUSCHE, H. & SCHMITT, T. (2006, update 2007): Makroseismische Bearbeitung des Erdbebens vom 20. Okt. 2004 oestlich Rotenburg

(Wuemme) im Norddeutschen Tiefland. – 7 p,2 fig. Bundesanstalt f. Geowiss. u. Rohstoffe, Hannover: www.bgr-bund.de

LCy: LEVRET, A., CUSHING, M. & PEYRIDIEU, G. (1996): Etude des Characteristiques de Seismes Historiques en France. Atlas de 140 Cartes Macroseismiques. – Vol. I, pp 399, Vol. II, 140 cartes. – Inst. de Protection et de Surete Nucleaire. CE/FAR – B. P. 6, F-92265 Fontenay-aux-Roses Cedex.

LDy: (LDG) Laboratoire de Detection et de Geophysique, B. P. 136, F-92124 Montrouge

LEy: (LED) Landeserdbebendienst Baden-Wuerttemberg, Landesamt fuer Geologie, Rohstoffe und Bergbau, Regierungspraesidium Freiburg, Albertstr. 5, D-79104 Freiburg i. Br.; http://www.lgrb.uni-freiburg.de/lgrb/Fachbereiche/erdbebendienst/responsible: BRUESTLE, W. & STANGE, ST.

LFy: LANDSBERG, H. (1933): Das Erdbeben im Fuldagebiet vom 15. Januar 1933. – Ztsch. f. Geophysik, 9: 234–235, Braunschweig.

LGy: LEYDECKER, G., GRUENTHAL, G. & AHORNER, L. (1998): Der Gebirgsschlag vom 13. Maerz 1989 bei Voelkershausen in Thueringen im Kalibergbaugebiet des Werratals. – Makroseismische Beobachtungen und Analysen. – Geol. Jahrbuch, Reihe E, 55, 5–24, 4 Abb., 5 Tab., Hannover.

LHy: LANDSBERG, H. (1931): Der Erdbebenschwarm von Gross-Gerau 1869–1871. – Gerl. Beitr. Geophys. 34: 367–392.

LIy: LEHMANN, I. (1956): Danske Jordskaelvs (Danish Earthquakes). – Bull. Geolog. Soc. Denmark, Vol.13, part 2: 88–103, Kobenhavn.

LKy: LEYDECKER, G. & KOPERA, J. (1998): Das Erdbeben von Lueneburg aus dem Jahre 1323. – S. 35–37; in: HENGER, M. & LEYDECKER, G. (eds.): Erdbeben in Deutschland 1993. – ISBN 3-510-95808-X. – BGR, Hannover.

LLy: LAMBERT, J., LEVRET-ALBARET, A., CUSHING, M. & DUROUCHOUX, C. (1996): Mille Ans de Seismes en France. Catalogue d'Epicentres parametres et references. – pp. 81. Ouest Edition. Presse Academique, Nantes Cedex 3 (ISBN 2-908261-35-9).

LRy: Landeserdbebendienst , Landesamt fuer Geologie und Bergbau Rheinland-Pfalz, Postfach 100255, D-55133 Mainz.

LSy: LEYDECKER, G., STEINWACHS, M., SEIDL, D., KIND, R., KLUSSMANN, J. & ZERNA, W. (1980): Das Erdbeben vom 2. Juni 1977 in der Norddeutschen Tiefebene bei Soltau. – Geol. Jb., E 18: 3-18, 5 Abb., 3 Tab., Hannover.

LUy: LUTZ C. W. (1921): Erdbeben in Bayern 1908/20. Sitz.-Ber. d. Bayer. Akad. d. Wiss., Math.-Phys. Kl., S. 81–165; Verlag d. Bayer. Akad. d. Wiss. Muenchen.

LYy: LEYDECKER, G. The reference „LYy" is introduced in 1998. It means, that there were different sources for this earthquake or that the decisions made by other authors are not convincing. The given earthquake parameters in the German catalogue therefore are the result of own considerations. All earthquakes with reference „LYy" are explained in detail in the chapter „ Documentation about fundamentally changed earthquake parameters" or „ Documentation about changes in significant earthquake data parameters".

L1y: LEYDECKER, G. (1976): Der Gebirgsschlag vom 23.6.1975 im Kalibergbaugebiet des Werratals. – Geolog. Jb. Hessen, 104: 271–277, Wiesbaden.

L2y: LEYDECKER, G. (1997): Das Erdbeben vom 1. August 1892 in der Schweiz und in Suedwestdeutschland. – S. 56–62, 2 Abb.; in: HENGER, M. & LEYDECKER, G. (eds.): Erdbeben in Deutschland 1992. – ISBN 3-510-95808-X. – BGR, Hannover.

L3y: LEYDECKER, G. (1997): Das Erdbeben vom 9. Oktober 1993 bei Pennigsehl nahe Nienburg/Weser im Norddeutschen Tiefland. – S. 29–33, 2 Abb., 1 Tab.; in: HENGER, M. & LEYDECKER, G. (eds.): Erdbeben in Deutschland 1993. – ISBN 3-510-95808-X. – BGR, Hannover.

L4y: LEYDECKER, G. (2003): Das Erdbeben vom 11. Juli 2002 in Weyhe suedlich Bremen in der Norddeutschen Tiefebene (The earthquake in Weyhe south of Bremen in the Northern German Lowland on July 11, 2002). – Zeitschrift fuer Angewandte Geologie, 49. Jg., 1/2003; S. 60–64, 4 Abb., 3 Tab.; ISSN 0044–2259, Hannover.

MGy: MEIER, R. & GRUENTHAL, G. (1991): Eine Neubewertung des Erdbebens vom 3. September 1770 bei Alfhausen (Niedersachsen). – Osnabruecker naturwissenschaftliche Mitteilungen 18, S. 67–80, Osnabrueck.

MOy: (MOX) Seismologisches Observatorium MOXA, D-07381 Moxa.

MRy: MAYER-ROSA, D. & BAER, M. (1997): Earthquake Catalogue for Switzerland. – Computer-File, Swiss Seismological Service, Zuerich/CH.

M1y: MEIDOW, H. (1995): Rekonstruktion und Reinterpretation von historischen Erdbeben in den noerdlichen Rheinlanden unter Beruecksichtigung der Erfahrungen bei dem Erdbeben von Roermond am 13. April 1992. – Inaugural-Dissertation, Math.-Naturwiss. Fakult., Universitaet Koeln.

M2y: MEIDOW, H. (1997): Bericht ueber Archiv-Recherchen zu historischen Erdbeben im Weserbergland und in Nordhessen. – Interner Bericht 20.5.1997 (unpublished).

NGy: NEUNHOEFER, H. & GRUENTHAL, G. (1995): Das Erdbeben vom 7. April 1847 im Thueringer Wald. – Z. geol. Wiss., 23 (3), 277–286. Berlin.

NIy: National Earthquake Information Service (NEIS), United States Geological Survey, Denver, Colorado 80225 U.S.A.

NLy: new estimation of the whole parameters of earthquakes in the Vogtland region, done by NEUNHOEFER & TITTEL, for preparing the paper NEUNHOEFER, H., LEYDECKER, G. & TITTEL, B. (2006): Vereinheitlichung der Bebenparameter der Region Vogtland fuer die Jahre 1903 bis 1999 im deutschen Erdbebenkatalog. – Geologisches Jahrbuch, E 56, 39–63, 6 Abb., 3 Tab., ISBN-13 978-510-95957-0, ISBN-10 3-510-95957-4; Landesamt fuer Bergbau, Energie und Geologie, Hannover.

NOy: NORSAR Norwegian Seismic Array, Norway.

NTy: NEUGEBAUER, H.J. & TOBIAS, E. (1977): A Study of the Echzell/Wetterau Earthquake of November 4, 1975. J. Geophys., 43: 751–760, Wuerzburg.

NUy: NEUNHOEFER, H. (1992): Das Thueringer Erdbeben vom 28. Januar 1926 aus heutiger Sicht. – Z. geol. Wiss., 20 (5/6), 611–615. Berlin.

N1y: NEUNHOEFER, H. (2008) (pers. communic.): Rockburst in Stassfurt in the mine Ludwig II at Nov. 11, 1911; based on newspapers and reports.

N2y: NEUNHOEFER, H. (2008) (pers. communic.): based on a detailed report in the newspaper „Wochenblatt fuer das noerdliche Franken", 1. Jahrgang, No. 3, Roemhild, den 16. Januar 1848.

N5y: MENZEL, H. & MUELLER, ST. (eds.) (1967): Earthquakes in the Federal Republic of Germany 1963–1966. – in: Seismology and Physics of the Earth's Interior. National Report FRG 1963–1967. Muenchen.

N6y: STROBACH, K. (ed.) (1971): Earthquakes in the Federal Republic of Germany 1967-1970. – in: Seismology and Physics of the Earth's Interior. National Report FRG 1967–1970. Muenchen.

N7y: STROBACH, K. (ed.) (1975): Earthquakes in the Federal Republic of Germany 1971–1974. – in: Seismology and Physics of the Earth's Interior. National Report FRG 1971–1974. Stuttgart.

PKy: PROCHAZKOVA, D. & KARNIK, V. (eds.) (1978): Atlas of Isoseismal Maps. Central and Eastern Europe. – Geophysical Institute of the Czechoslovak Academy of Sciences. Prague.

PSy: PROCHAZKOVA, D. & SIMUNEK, P. (1998): Fundamental Data for Determination of Seismic Hazard of Localities in Central Europe. – 132 pp. (earthquake catalogue: p 20-35), ISBN 80-238-2661-1, Praha 1998.

POy: Geoforschungszentrum Potsdam, Telegrafenberg A 26, D-14473 Potsdam.

REy: REINDL, J. (1905): Die Erdbeben Nordbayerns. – Abh. d. Naturhist. Ges. Nuernberg, BD.XV, H.3; Nuernberg.

ROy: Observatoire Royal de Belgique, 3 Avenue Circulaire, B-1180 Bruxelles.

RSy: ROTHE, J.-P. & SCHNEIDER, G. (1968): Catalogue des Tremblement de Terre du Fosse Rhenan (1021–1965). – Landeserdbebendienst Baden-Wuerttemberg. Stuttgart.

RWy: RITTER, J. R. R., WAGNER, M., BONJER, K.-P. & SCHMITT, B. (2009): The 2005 Heidelberg and Speyer earthquakes and their relationship to active tectonics in the central Upper Rhine Graben. – Int. J. Earth Sci. (Geol. Rundschau) 98: 697–705. DOI 10.1007/s00531-007-0285-x.

SAy: SIEBERG, A. (1940): Beitraege zum Erdbebenkatalog Deutschlands und angrenzender Gebiete fuer die Jahre 58 bis 1799. – Mitteilungen des Deutschen Reichs-Erdbebendienstes, Heft 2: 1–111; Berlin.

SBy: STANGE, St. & BRUESTLE, W. (2005): The Albstadt/Swabian Jura seismic source zone reviewed through the study of the earthquake of March 22, 2003. – Jber. Mitt. oberrhein. geol. Ver., N.F. 87, 391–414, 10 fig., 2 tab.; Stuttgart.

SCy: SCHWARZBACH, M. (1951): Die Erdbeben des Rheinlandes. – Koelner Geol. Hefte 1: pp 28: Koeln. – (1951/52): Erdbebenchronik fuer das Rheinland 1950–51 und Mitteilung ueber die Errichtung eines Erdbebenbeobachtungsdienstes der noerdlichen Rheinlande. – Decheniana, 105/106: 49–50; Bonn. – (1953): Erdbebenchronik fuer die Rheinlande 1952/53. – Decheniana, 107: 119–122; Bonn. – (1956): Erdbebenchronik fuer die Rheinlande 1954/55. – Decheniana, 109: 107; Bonn. – (1958): Erdbebenchronik fuer die Rheinlande 1956/57. – Decheniana, 111: 73–77; Bonn.

SDy: SCHWARZ-ZANETTI, G., DEICHMANN, N., FAEH, D., MASCIADRI, V. & GOLL, J. (2004): The earthquake in Churwalden (CH) of September 3, 1295. – Eclogae geo. Helv. 97: 255–264.

SEy: (SED) Schweizer Erdbebendienst, Institut fuer Geophysik, Eidg. Techn. Hochschule, Hoenggerberg, CH-8093 Zuerich.

SFy: SisFrance (2010): Sismicite de la France Metropole. earthquake catalogue: http://www.sisfrance.net

SGy: SCHNEIDER, G., Landeserdbebendienst Baden-Wuerttemberg, Richard-Wagner-Strasse 44, D-70184 Stuttgart.

SHy: SHEBALIN, N. V., LEYDECKER, G., MOKRUSHINA, N. G., TATEVOSSIAN, R. E., ERTELEVA, O. O. & V. YU. VASSILIEV (1998): Earthquake Catalogue for Central and Southeastern Europe 342 BC - 1990 AD. – 247 p., 13 fig., 3 appendices; European Commission, Report No. ETNU CT 93–0087, Brussels.

SIy: SIEBERG, A. (1940): Erdbebenkatalog Deutschlands fuer die Jahre 1935 bis 1939. – Mitteilungen des Deutschen Reichs-Erdbebendienstes, Heft 1: 1–28; Berlin.

SJy: SCHWEITZER, J. (Nachforschungen in Hess. Landesbibliothek Wiesbaden) Zeitungen: Hadamarer Anzeiger, 16.2.1898; Emser Zeitung, 12.2.+19.2.1898; Amtl. Kreisblatt f. d. Unterlahnkreis, 16.2.1898

SMy: SPONHEUER, W., GERECKE, F. & MARTIN, H. (1960): Seismische Untersuchungen zum Gebirgsschlag von Merkers/Rhoen am 8. Juli 1958. – Freib.Forsch.-H. C 81: 64–79; Berlin.

SOy: SPONHEUER, W. (1966): Erdbebenkatalog Deutschlands und der angrenzenden Gebiete fuer die Jahre 1900-1960. – Manuskript (unveroeffentl.), Jena.

SPy: SPONHEUER, W. (1952): Erdbebenkatalog Deutschlands und der angrenzenden Gebiete fuer die Jahre 1800-1899. – Mitt. Deutsch. Erdbebendienst 3: 1–195; Berlin.

SRy: (STR) Erdbebenstation Strasbourg, Institute de Physique du Globe, 5 Rue Rene Descartes, F-67084 Strasbourg/F.

STy: (STU) Erdbebenstation Stuttgart, Landeserdbebendienst Baden-Wuerttemberg, Richard-Wagner-Strasse 44, D-70184 Stuttgart;

SUy: Saechsisches Landesamt fuer Umwelt und Geologie [Hrsg.], Dresden: Materialien zur Geologie: Erdbebenbeobachtung im Freistaat Sachsen. Zweijahresbericht 1998–1999, Zweijahresbericht 2000–2001, Zweijahresbericht 2002–2003, Dreijahresbericht 2004–2006. – Dresden (SLUG).

SWy: SPONHEUER, W. (1960): Methoden zur Herdtiefenbestimmung in der Makroseismik. – Freib. Forsch.-H. C 88: pp 117; Akademie Verlag Berlin.

SZy: SCHWARZ-ZANETTI, G., DEICHMANN, N., FAEH, D., GIOARDINI, D., JIMENEZ, M.-J., MASCIADRI, V., SCHIBLER, R. & SCHNELLMANN M. (2003): The earthquake in Unterwalden on September 18, 1601: A historico-critical macroseismic evaluation. Eclogae geol. Helv. 96: 441–450.

S1y: SCHNEIDER, G. (1977): Erdbebenkatalog SW-Deutschlands 1800–1965. – Manuskript.

S2y: SCHNEIDER, G. (1977): Erdbeben in Baden-Wuerttemberg 1963–1971. – Manuskript.

S3y: SCHNEIDER, G. (1973): Die Erdbeben in Baden-Wuerttemberg 1963–1972. – Veroeff. d. Landeserdbebendienstes Baden-Wuerttemberg. Stuttgart.

S4y: SCHNEIDER, G. (1968): Erdbeben und Tektonik in Suedwest-Deutschland. – Tectonophysics 5 (6): 459–511.

S5y: SCHNEIDER, G. (1971): Seismizitaet und Seismotektonik der Schwaebischen Alb. Ferdinand Enke Verlag, Stuttgart.

THy: THOMA, H. (1990): Ein Beitrag zur seismischen Ueberwachung des Suedharzraumes und zum Carnallititabbau im Kalibetrieb „Suedharz". – Dissertation, 118 S., Fakultaet f. Mathem. u. Naturwiss. der Bergakademie Freiberg.

TKy: TITTEL, B., KORN, M., LANGE, W., LEYDECKER, G., RAPPSILBER, I. & WENDT, S. (2001): Der Gebirgsschlag in Teutschenthal bei Halle vom 11. September 1996: Makroseismische Auswertung. – Ztschr. Angewandte Geologie, Bd. 47, Heft 2; ISSN 0044-2259; 126–131, 2 Tab., 4 Abb., Hannover.

TNy: (TNS) Erdbebenstation Taunusobservatorium, Institut f. Geophysik, J. W. Goethe Universitaet, Feldbergstrasse 47, D-60323 Frankfurt/Main
T1y: TRAPP, E. (1961): Die Erdbeben Oesterreichs 1949–1960, Ergaenzung und Fortfuehrung des oesterreichischen Erdbebenkatalogs. – Mitteil. d. Erdbeben-Kommission, Neue Folge-Nr. 67. Oester. Akad. d. Wiss., Math.-Naturwiss. Klasse, Springer Verlag Wien.
T2y: TRAPP, E. (1973): Die Erdbeben Oesterreichs 1961-1970. – Mitteil. d. Erdbeben-Kommission, Neue Folge-Nr. 72. Oester. Akad. d. Wiss., Math.-Naturwiss. Klasse, Springer Verlag Wien.
T3y: TOPERCER, M. & TRAPP, E. (1950): Ein Beitrag zur Erdbebengeographie Oesterreichs nebst Erdbebenkatalog 1904–1948 und Chronik der Starkbeben. – Oesterr. Akad. Wissensch. Math. Naturw. Klasse. Mitteil. d. Erdbeben-Kommission. Neue Folge Nr. 65, Wien.
UCy: (UCC) Seismological Station Uccle, B-Uccle.
USy: United States Geological Survey (USGS), National Earthquake Information Service, Denver, Colorado 80225 U. S. A.
VGy: VOLGER, G. H. O. (1857): Untersuchungen ueber das Phaenomen der Erdbeben in der Schweiz. – Justus Perthes Verlag, Gotha.
VIy: (VIE) Zentralanstalt f. Meteorologie u. Geodynamik - Abt. Geophysik -, Hohe Warte 38, A-1190 Wien XIX.
V1y: VOGT, J. (1985): Problemes de Sismicite Historique. – in: MELCHIOR, P. (edt.): Seismic Activity in Western Europe. pp. 205–214. D. Reidel Publ. Co., Dordrecht/Boston/Lancaster.
V2y: VOGT, J. (1993): Revision de la crise sismique nord-rhenane de novembre 1787. – pp 237–241, in: STUCCHI, M. (ed.): Historical Investigation of European Earthquakes. Vol. 1. Materials of the CEC project „Review of Historical Seismicity in Europe". CNR-Istituto di Ricerca sul Rischio Sismico, Milano, Italy.
WGy: WAHLSTROEM, R. & GRUENTHAL, G. (1994): Seismicity and seismotectonic implications in the southern Baltic Sea area. – Terra Nova, 6, 149–157.
ZAy: Zentralanstalt fuer Geophysik und Meteorologie (ZAG), Wien. – see also ACy
ZUy: (ZUR) Erdbebenstation Zuerich, Inst. f. Geophysik d. ETH, Hoenggerberg, CH-8093 Zuerich.

Earthquarke Data for the Territory of the Former German Democratic Republic for the Years 823–1984

A great part of the earthquake data for the territory of the former German Democratic Republic and for the Vogtland area - Western Bohemia is taken from (reference abbreviation „G1y"):

GRUENTHAL, G. (1988): Erdbebenkatalog des Territoriums der Deutschen Demokratischen Republik und angrenzender Gebiete von 823 bis 1984. – Zentralinstitut fuer Physik der Erde, Nr. 99; 178 S.; (Potsdam).

The catalogue of GRUENTHAL was revised by GRUENTHAL and LEYDECKER in 1991:
– default focal depths were deleted

- macroseismic magnitudes based on these default focal depths were deleted
- computed intensities by Sponheuer & Kunze based on instrumental magnitudes were deleted
- the references (column 77–79) in common were substituted by „G1y"
- for same events in the Leydecker- and in the Gruenthal-Catalogue a common solution was fixed

Febr. 23, 2001: for the year 1936–1937, all magnitudes ML with the reference CL in the catalogue of Gruenthal were deleted because of their unreliability: systematically too small with respect to epicentral intensity.

II. FURTHER USED LITERATURE AND CATALOGUES

Ahorner, L. (1975): Present Day Stress Field and Seismotectonic Block Movements Along Major Fault Zones in Central Europe. – Tectonophys. 29: 233–249.

Ahorner L. (1994): Fault-plane solution and source parameters of the 1992 Roermond, the Netherlands, main shock and its stronger aftershocks from regional seismic data. – Geologie en Minjnbouw, 73, 199–214, Kluwer Academic Publisher.

Ahorner, L. (1998): Entstehung und Ablauf des Gebirgsschlages von Voelkershausen am 13. Maerz 1989 im Kalibergbaugebiet des Werratales, Thueringen, aus seismologischer Sicht. – Geol. Jahrbuch, Reihe E, 55, 25–46, 15 Abb. Hannover.

Ahorner, L. & Van Gils, J.-M. (1963): Das Erdbeben vom 24. Juni 1960 im belgisch- niederlaendischen Grenzgebiet. – Sonderveroeff. Geol. Inst. Univ. Koeln, 28 S., 5 Abb., 1 Tab. Stollfuss Verlag Bonn.

Ahorner, L. & Schneider, G. (1974): Herdmechanismen von Erdbeben im Oberrhein-Graben und in seinen Randgebirgen. – in: Approaches to Taphrogenesis. Inter- Union Commission on Geodynamics, Scientific Report No.8: 105–117; E. Schweizerbart'sche Verlagsbuchhandlung (Naegele u. Obermiller), Stuttgart.

Ahorner, L., Baier, B. & Bonjer, K.-P. (1983): General Pattern of Seismotectonic Dislocation and the Earthquake-Generating Stress Field in Central Europe between the Alps and the North Sea. – in: K. Fuchs et al.: Plateau Uplift. 187–197. Springer-Verlag, Berlin und Heidelberg.

Ahorner, L. & Pelzing, R. (1983): Seismotektonische Herdparameter von digital registrierten Erdbeben der Jahre 1981 und 1982 in der westlichen Niederrheinischen Bucht. – Geol. Jb., E 26: 35–63; Hannover.

Alexandre, P. (1994): Historical seismicity of the lower Rhine and Meuse valleys from 600 to 1525: a new critical review. – Geologie en Mijnbouw, special issue, Vol.73, Nos. 2–4, 431–438; Kluwer Academic Publisher, Dordrecht, Boston, London.

Ambraseys, N. (1985): Intensity-Attenuation and Magnitude-Intensity Relationship for Northwest European Earthquakes. – Earthquake Engineering and Structural Dynamics, Vol. 13, 733–778.

Bachmann, C. & Schmedes ,E. (1993): Ein Schadensbeben in Neuhausen, Landkreis Landshut am 7. Februar 1822 – eine Zeitungsente (Report of a destructive earthquake at Neuhausen near Landshut, Bavaria, on February 7, 1822 – a hoax). – Zeitschrift f. Angewandte Geologie, 39, 2, 106–107, Berlin.

BENN, N. E. (2006): Seismologische Untersuchungen des Waldkirchbebens vom 5.12.2004. – Diplomarbeit, Geolog. Inst. Albert-Ludwigs-Universitaet Freiburg. 118 S., Freiburg im Breisgau.

BERG, H. (1950): Das rheinische Erdbeben bei Euskirchen am 8. Maerz 1950. – geofisica pura e applicata, XVIII: 198–208; Milano.

BERG, H. (1950): Das rheinische Erdbeben vom 11. Juni 1949. II. Mikroseismische Ergebnisse. – Neues Jb. Geol. Palaeontol., Jg. 1950, H. 4: 105–113.

BOCK, G., WYLEGALLA, K., STROMEYER, D. & GRUENTHAL, G. (2002): The Wittenburg Mw = 3.1 earthquake of May 19, 2000; an unusual tectonic event in Northeastern Germany. – 220–226; in: KORN, M. (edt.): Ten years of German Regional Seismic Network (GRSN). – DFG Report 25 of the Senate Commission for Geo sciences. WILEY-VCH Verlag, Weinheim.

BONJER, K.-P., GELBKE, C., GILG, B., ROULAND, D., MAYER-ROSA, D. & MASSINON, B. (1984): Seismicity and Dynamics of the Upper Rhinegraben. – Journal of Geophysics, 55: 1–12.

BONJER, K.-P., (1985). The seismicity of the Upper Rhinegraben rift system - source parameters, propagation- and site-effects. In: NATO Workshop 243/84. P. MELCHIOR (ed.), Seismic Activity in Western Europe, Reidel Publishing Company, Nato Asi Series C, 144, 71–83.

BONJER, K.-P. (1997): Seismicity pattern and style of seismic faulting at the eastern borderfault of the southern Rhine Graben. – Tectonophysics, 275, 41–69, Elsevier Science B. V.

BORST, A.: Das Erdbeben von 1348. – Historische Zeitschrift, 233, 3: 529–569

BURGAUER, J. (= BURGOWER, J.) (1651): Christlicher grundtlicher Undersicht von den Erdbidmen. – Gedruckt zu Zuerich/durch Joh. Heinrich Hamberger/in verlegung Hans Caspar Landolten. – Zuerich (Zentralbibliothek Zuerich).

CADIOT, B., MAYER-ROSA, D. & VOGT, J. (1979): Le Seisme Balois de 1356. – en: VOGT, J. (ed.): Les Tremblements de Terre en France. Edition du BRGM, Orleans Cedex, France.

CARROZO, M. T., DE VISINTINI, G., GIORGETTI, F. & ICCARINO, E. (1972): Central Catalogue of Italian Earthquakes. – Comitato Nazionale Energia Nucleare. Presented at XIII General Assembly of CSE, Brasev.

CREDNER, H. (1898): Die Saechsischen Erdbeben waehrend der Jahre 1889 bis 1897. Insbesonder das saechsisch-boehmische Erdbeben vom 24. October bis 29. November 1897. – Abhandlungen der mathemat.-physikal. Classe d. koenigl. saechsischen Ges. d. Wissenschaften zu Leipzig. XXIV. Band, No. IV.: 316–397. B. G. Teubner Verlag, Leipzig.

CREDNER, H. (1907): Die Saechsischen Erdbeben waehrend der Jahre 1904 bis 1906. – Berichte d. Mathemat.-Physikal. Klasse d. koenigl. saechsischen Ges. d. Wissenschaften zu Leipzig. LIX.Band: 334–355, Leipzig.

DAHM, T., KRÜGER, F., STAMMLER, K., KLINGE, K., KIND, R., WYLEGALLE, K. & GRASSO, J.-R. (2007): The MW 4.4 Rotenburg, Northern Germany earthquake and its possible relationship with gas recovery. – Bull. Seism. Soc. America, 97, 3, 691–704, June 2007.

DERESIEWICZ, H. (1982): Some Sixteenth Century European Earthquakes as Depicted in Contemporary Sources. – Bull. Seism. Soc. America, Vol.72, 2, 507–523.

DERESIEWICZ, H. (1985): Sixteenth Century European Earthquakes Described in Some Woodcuts. – Earthquake Inform. Bull., Vol.17, No.6.

DRIMMEL, J. (1980): Rezente Seismizitaet und Seismotektonik des Ostalpenraumes. – in: Der Geologische Aufbau Oesterreichs. 507–527, Springer Verlag, Wien.

EBEL, J. E. & BONJER, K.-P., (1990): Moment tensor inversion of small earthquakes in southwestern Germany for the fault plane solution. – Geophys. J. Int., 101, 133–146.

ECK, T. van & DAVENPORT, C.A. (eds.) (1994/95): Seismotectonics and seismic hazard in the Roer Valley Graben; with emphasis on the Roermond earthquake of April 13, 1992. Workshop „The Roermond earthquake of April 13, 1992" January 20–22, 1993 in Veldhoven, The Netherlands. – geologie en mijnbouw, special issue, Vol. 73, Nos.2–4; Kluwer Academic Publisher, Dordrecht, Boston, London.

ECOS: see FAEH et al. (2003) and E1y and E2y

ECOS_fake (2005): List of faked earthquakes, updated in 2005; see E2y

EISINGER, U. & GUTDEUTSCH, R. (1994): The Villach Earthquake of December 4th, 1960 in the German Sources. – pp 133–138, in: ALBINI, P. & MORONI, A. (eds.): Historical Investigation of European Earthquakes. Vol. 2. Materials of the CEC project „Review of Historical Seismicity in Europe". – CNR - Istituto di Ricerca sul Rischio Sismico, Milano, Italy.

FABER, S., BONJER, K.-P., BRUESTLE, W. & DEICHMANN, N. (1994): Seismicity and structural complexity of the Dinkelberg block, southern Rhine Graben. – Geophys. J. Int., 116, 393–408.

FAEH, D. et al. (2003): Earthquake Catalogue of Switzerland (ECOS) and the related macroseismic database. – Eclogae geol. Helv. 96: 219–236.

FIEDLER, G. (1954): Die Erdbebentaetigkeit in Suedwest-Deutschland in den Jahren 1800–1950. – Dissertation, TH Stuttgart, 152 pp; Stuttgart.

FISCHER, J., GRUENTHAL, G. & SCHWARZ, J. (2001): Das Erdbeben vom 7. Februar 1839 in der Gegend von Unterriexingen. – Thesis, Wissenschaftliche Zeitschrift der Bauhaus Universitaet Weimar, 47. Jahrgang, 1./2. Heft: 8–30; Universitaetsverlag Weimar.

FOURNIGUET, F., VOGT, J. & WEBER, C. (1981): Seismicity and Recent Crustal Movement in France. – Tectonophysics, 71, 195–216. Elsevier Scientific Publ. Co.

FRANKE, A. & GUTDEUTSCH, R. (1974): Makroseismische Abschaetzungen von Herdparametern oesterreichischer Starkbeben aus den Jahren 1905–1973. – J. Geophys. 40: 173–188; Wuerzburg.

FRUEH, J. (....): Die Erdbeben der Schweiz im Jahre .... – Annalen der Schweiz. Meteorolog. Centralanstalt, Jahrg. 1886, 1888–1904. (Jahrg. 1887 von Tarnutzer bearbeitet).

FUCHS, K. (1986): Intraplate seismicity induced by stress concentration at crustal inhomogenities – the Hohenzollern Graben, a case history. – in: DAWSON, J. B. et al (eds.): The Nature of the Lower Continental Crust. – Geolog. Soc. Special Publication No. 24, pp. 119–132.

GALCZYNSCA, C. Z. (1989): Erd- und Seebeben im Gebiet der suedlichen Ostseekueste. – Mare Balticum, Heft 1989, S.26–30. – Ostseegesellschaft e. V., Luebeck-Travemuende (ed.)

GILG, B. (1980): Hypozentrumsbestimmung von lokalen Erdbeben im Bereich des Oberrheingrabens der Jahre 1971–1979. – Diplomarbeit, 198 Seiten, Geophysikal. Institut der Universitaet-TH Fridericiana, Karlsruhe.

GIESSBERGER, H. (1958): Beitraege zur Erdbebengeschichte des Rothenburger Landes. – in: Der Bergfried. Rothenburger Blaetter fuer Heimatforschung, Heimatkunde und Heimatpflege. 10. Jahrg., Nr.9: 65–71; Rothenburg o. d. T.

GIESSBERGER, H. (1958): Neue Beitraege zur Bebengeschichte des Rothenburger Landes. – in: Der Bergfried. Rothenburger Blaetter fuer Heimatforschung, Heimatkunde und Heimatpflege. 10. Jahrg., Nr.11: 81–86; Rothenburg o. d. T.

GISLER, M., FAEH, D. & DEICHMANN, N. (2004): The Valais Earthquake of December 9, 1755. – Eclogae geo. Helv. 97: 411–422.

GISLER, M., FAEH, D. & KAESTLI, PH. (2004): Historical Seismicity in Central Switzerland. – Eclogae geo. Helv. 97, 221–236.

GISLER, M., FAEH, D. & MASCIADRI, V. (2007): „Terra motus factus est": earthquakes in Switzerland before A.D. 1000. A critical approach. – Nat. Hazards. DOI 10.1007/s11069-006-9103-0. Springer Science+Business Media B. V.

GISLER, M., FAEH, D. & GIARDINI, D. (eds.) (2008): Nachbeben. Eine Geschichte der Erdbeben in der Schweiz. – 187 S.; Haupt Verlag Bern-Stuttgart-Wien.

GUIDOBONI, E., FERRARI, G., MARIOTTI, D., COMASTRI, A., TARABUSI, G., & VALENSISE, G. (2007): Catalogo dei forti terremoti 461 a. C. - 1997. http://storing.ingv.it/cfti4med/

GRUBE, F. (1974): Ingenieurgeologische Erkundung der Erdfaelle im Bereich des Salzstockes Othmarschen-Langenfelde (Hamburg). – Proceedings of the Symposium of the International Association of Engineering Geology, T4, B1-7. Hannover-Essen.

GRUENTHAL, G. (1981): Zur Seismizitaet des Territoriums der DDR. – Gerlands Beitr. Geophysik, 90, 3, 202–211, Leipzig.

GRUENTHAL, G. (1992): The Central German Earthquake of March 6, 1872. – in: GUTDEUTSCH, R. et al.(eds.): Historical Earthquakes in Central Europe. Vol. I. – Abh. Geol. B.-A., Band 48: 52–109. Wien.

GRUENTHAl, G. (2006): Zwei vermeintliche Erdbeben in den Jahren 1789 in Plaue/Havel und 1876 in Werder/Havel. – Brandenburg. geowiss. Beitr., 13, 1/2, 169–172, Kleinmachnow.

GRUENTHAL, G & FISCHER, J. (1997): Das ‚Torgau'-Erdbeben. Die Rekonstruktion des Erdbebens vom 17. August 1553. – Bericht im Auftrag des Bundesamtes fuer Strahlenschutz (BfS), Salzgitter; Arbeitspaket Nr. 9G/313 315 00, BfS-Bestell-Nr. 8297-7. – Berichtsdatum 31. 10. 1997, Auftragnehmer: GeoForschungszentrum Potsdam.

GRUENTHAL, G. & FISCHER, J. (1998): Die Rekonstruktion des ‚Torgau'-Erdbebens vom 17. August 1553. Brandenburgische Geowissenschaftliche Beitraege 2, 43–60.

GRUENTHAL, G. & FISCHER, J. (1999): Zwei vermeintliche Schadenbeben in den Jahren 1565 und 1595 bei Zell an der Mosel. – Mainzer naturwissenschaftliches Archiv 37, 12–19.

GRUENTHAL, G. & FISCHER, J. (2001): Eine Serie irrtuemlicher Schadenbeben im Gebiet zwischen Noerdlingen und Neuburg an der Donau vom 15. bis zum 18. Jahrhundert. – Mainzer naturwiss. Archiv, 39, S. 15–32, 4 Abb.; Mainz.

GRUENTHAL, G. & FISCHER, J. (2002): Das vermeintliche Schadenerdbeben vom 26. Dezember 1693 am Main. – Mainzer naturwiss. Archiv 40, 83–87.

GRUENTHAL, G. & FISCHER, J. (2002): Irrtuemliche Schadenbeben vom 20. Dezember 1777 und am 28. Januar 1778 in der Gegend von Feldkirch im Breisgau. – Mainzer naturwiss. Archiv 40, 89–94.

GRUENTHAL, G., SCHENK, V., ZEMAN, A: & SCHENKOVA, Z. (1990): Seismotectonic model for the earthquake swarm of 1985–1986 in the Vogtland/Western Bohemia focal area. – Tectonophysics, 174, 369–383, Elsevier Science Publishers B. V., Amsterdam.

GRUENTHAL, G. & SCHWARZ, J. (2001): Reinterpretation der Parameter des Mitteldeutschen Bebens von 1872 und Ableitung von Erdbebebenszenarien fuer die Region Ostthueringen. – Thesis, Wissenschaftliche Zeitschrift der Bauhaus Universitaet Weimar, 47. Jahrgang, 1./2. Heft: 32–48; Universitaetsverlag Weimar.

GRUENTHAL, G. & WAHLSTROEM, R. (2003): An Mw based earthquake catalogue for central, northern and northwestern Europe using a hierarchy of magnitude conversions. – Journal of Seismology, 7: 507–531. Kluwer Academic Publishers.

GRUENTHAL, G. STROMEYER, D., WYLEGALLA, K., KIND, R., WAHLSTROEM, R., YUAN, X. & BOCK, G. (2007): Die Erdbeben mit Momentenmagnituden von 3.1–4.7 in Mecklenburg-Vorpommern und im Kaliningrader Gebiet in den Jahren 2000, 2001 und 2004. – Z. Geol. Wiss., Berlin, 35, 1–2: 63–86.

GRUENTHAL, G. STROMEYER, D., WYLEGALLA, K., KIND, R., WAHLSTROEM, R., YUAN, X. & BOCK, G. (2008): The Mw 3.1–4.7 earthquakes in the southern Baltic Sea and adjacent areas in 2000, 2001 and 2004. – Journal of Seismology, 12, 3: 413–429.

GUEMBEL, C. W. v. (1898): Ueber die in den letzten Jahren in Bayern wahrgenommenen Erdbeben. Mit Nachtraegen und Berichtigungen 1117–1897 zur vorstehenden Erdbebenchronik. – Sitzungs-Berichte der Kgl. Bayer. Akad. d. Wiss. (mathem.-physik. Klasse). No. XXXVIII, S. 3–.., Muenchen.

GUTDEUTSCH, R. & HAMMERL, CH. (1999): Neubewertung historischer Schluesselerdbeben. Kap. 5.2 in: Oeko-Institut (ed.): Bemessungserdbeben Biblis. – Gutachten im Auftrag des Hessischen Ministeriums fuer Umwelt, Landwirtschaft und Forsten. Darmstadt, Dez. 1999.

GUTENBERG, B. & LANDSBERG, H. (1930): Das Taunusbeben vom 22. Januar 1930. – Gerlands Beitraege zur Geophysik, 26, 141–155.

HAAK, H. W., VAN BODERGRAVEN, J. A., SLEEMAN, R., VERBEIREN, R., AHORNER, L., MEIDOW, H., GRUENTHAL, G., HOANG-TRONG, P., MUSSON, R. M. W., HENNI, P., SCHENKOVA, Z. & ZIMOVA, R. (1994): The macroseismic map of the 1992 Roermond earthquake, The Netherlands. – Geologie en Mijnbouw, special issue, Vol. 73, Nos. 2–4: 265–270; Kluwer Academic Publisher, Dordrecht, Boston, London.

HAMM, F. (1976): Naturkundliche Chronik Nordwestdeutschlands. – Landbuch Verlag GmbH, Hannover. ISBN 3 7842 0124 5.

HAMMERL, CH. (1994): The earthquake of January 25th, 1348: discussion of sources. – pp 225–240, in: ALBINI P. & MORONI, A. (eds.): Historical Investigation of European Earthquakes. Vol. 2. Materials of the CEC project „Review of Historical Seismicity in Europe". – CNR-Istituto di Ricerca sul Rischio Sismico, Milano, Italy.

HAMMERL, CH. (1995): Das Erdbeben vom 4. Mai 1201. – Mitteilungen des Instituts fuer Oesterreichische Geschichtsforschung, Wien, Muenchen, 103, 3–4, 350–368.

HECK, N. H. & DAVIS, R. M. (1946): A List of Earthquakes Published in 1688. – BSSA Vol. 36, No. 4, 363–372.

HERITSCH ,F. (1908): Ueber das Muerztaler Erdbeben vom 1. Mai 1885. – Mitteilungen d. Erdbeben-Kommission d. Kais. Akad. d. Wiss. in Wien, Neue Folge, No. XXXII, S.3–68. Wien.

HERRMANN, R. (1968): Auslaugung durch aufsteigende Mineralwaesser als Ursache von Erdfaellen bei Bad Pyrmont. – Geol. Jb., 85: 265–284, Hannover.

HOFF, K. E. A. von (1840): Geschichte der durch Ueberlieferung nachgewiesenen natuerlichen Veraenderungen der Erdoberflaeche. Ein Versuch. IV. Theil. Chronic der Erdbeben und Vulcan-Ausbrueche. Mit vorausgehender Abhandlung ueber die Natur dieser Erscheinungen. Erster Theil. Vom Jahr 3460 vor, bis 1759 unserer Zeitrechnung. – 470 S., Justus Perthes Verlag, Gotha.

HOFF, K. E. A. von (1841): Geschichte der durch Ueberlieferung nachgewiesenen natuerlichen Veraenderungen der Erdoberflaeche. Ein Versuch. V. Theil. Chronic der Erdbeben und Vulcan-Ausbrueche. Mit vorausgehender Abhandlung ueber die Natur dieser Erscheinungen. Zweiter Theil. Vom Jahr 1760 bis 1805, und von 1821 bis 1832 n. Chr. Geb. – 406 S., Justus Perthes Verlag, Gotha.

HURTIG, E., GROSSER, H., KNOLL, P. & NEUNHOEFER, H. (1982): Seismologische und Geomechanische Untersuchungen des seismischen Ereignisses vom 23. 6. 1975 im Werragebiet bei Suenna (DDR). – Gerlands Beitr. Geophys., 91, 1: 45–61; Leipzig.

INSTIYTUT GEOFIZYKI Polskiej Akademii Nauk (1972): Catalogue of Earthquakes in Poland in 1000–1970 years. – Publication of the Institute of Geophysics Polish Academy of Sciences, Materialy i Prace 51. pp 63, Warzawa.

JACOBI, H. (1885): Zur Geschichte der Erdbeben im westlichen Erzgebirge. – Mitt. Wiss. Verein Schneeberg und Umgebung; S. 14–22, S. 104–105.

JOHNSTON, A. C. (1996): Seismic moment assessment of earthquakes in stable continental regions - II. Historical seismicity. – Geophys. J. Int. 125, 639–678.

KARNIK, V. (1971): Seismicity of the European Area. Part 2. – D. Reidel Publish. Company, Dodrecht-Holland.

KEBEASY, T. R. M. & HUSEBY, E. S. (2003): Revising the 1759 Kattegat Earthquake questionnaires using synthetic wave field analysis. – Physics of the Earth and Planetary Interiors, 139, 169–284.

KNOLLE, F. (1981): Erdbeben im Harzgebiet, eine kommentierte historische Uebersicht. – in: Unser Harz, 29. Jahrgang, 2: 23–26; Clausthal-Zellerfeld.

KRONSBEIN, S. (2008): Katalog der historischen Erdbeben am linken Niederrhein bis zum Jahre 1846. – in: HABRICH, W., KLOSTERMANN, J. & S. KRONSBEIN (eds.): Krefeld und der Niederrhein. ISSN 0930–6935. S. 205–242, 2 Abb., 2 Tab., 1 Beilage. – Verlag Stefan Kronsbein, Krefeld

KRUEGER, F. & DAHM, T. (2002): The 1992 Roermond earthquake, a regional event. – in: KORN, M. (edt.): Ten years of German Regional Seismic Network (GRSN). – DFG Report 25 of the Senate Commission for Geosciences. WILEY-VCH Verlag, Weinheim. 199–206.

KRUEGER, F. & KLINGE, K. (2002): The 1996 Teutschenthal pottash mine collapse: An unusual event with an unusual mechanism. – in: KORN, M. (edt.): Ten years of German Regional Seismic Network (GRSN). – DFG Report 25 of the Senate Commission for Geosciences. WILEY-VCH Verlag, Weinheim. 206–211.

KRUMBACH, G. & SIEBERG, A. (1930): Die wichtigsten Erdbeben des Jahres 1924 und ihre Bearbeitung. – Veroeffentl. d. Reichsanstalt f. Erdbebenforschung in Jena, Heft 11. Verlag Gustav Fischer, Jena.

KUHN, O. (1927): Das rheinische Erdbeben vom 6. Januar 1926. – Veroeffentlichung der Erdbebenwarte Aachen. 2. Auflage, bearbeitet von P. Wilsiki. 45 Seiten; Selbstverlag d. Erdbebenwarte, Aachen.

KUNZE, T. (1982): Seismotektonische Bewegungen im Alpenbereich. – Diss. Univ. Stuttgart, Inst. f. Geophysik, Stuttgart.

LAIS, R. (1913): Die Erdbeben des Kaiserstuhls. – Gerl. Beitr. Geophys. 12: 45–88.

LAIS, R. (1914): Die Wirkungen des Erdbebens vom 20.Juli 1913 in der Stadt Freiburg i. Br. – Mitteilungen der Grossherzoglischen Badischen Geologischen Landesanstalt, VII. Bd., 2. Heft, 672–700. Verlag von Carl Winter's Universitaetsbuchhandlung in Heidelberg.

LANDSBERG, H. (1931): Das Saarbeben vom 1. April 1931. – Gerl. Beitr. Geophys. 31: 240–258.

LANDSBERG, H. (1933): Zur Seismizitaet des Mainzer Beckens und seiner Randgebiete. – Gerl. Beitr. Geophys. 38: 167–171.

LANGENBECK, R. (1892): Die Erdbebenerscheinungen in der Oberrheinischen Tiefebene und ihrer Umgebung. – Geographische Abhandlungen Elsass-Lothringen, Heft 1: 1–120; E. Schweizerbart'sche Verlagsbuchhandlung (E. Koch), Stuttgart.

LANGENBECK, R. (1895): Die Erdbebenerscheinungen in der Oberrheinischen Tiefebene und ihrer Umgebung (Fortsetzung). – Geographische Abhandlungen Elsass-Lothringen, Heft 2: 359–382. E. Schweizerbart'sche Verlagsbuchhandlung (E. Koch), Stuttgart.

LENHARD, W. (1998): Focal Mechanisms of Recent Earthquakes in Austria. – in: Papers, pp 36–40, of XXVI General Assembly of the European Seismological Commission (ESC), August 23–28, 1998. Tel Aviv, Israel.

LENHARD, W. A. & HAMMERl, CH. (2010): Seismologische Analyse historischer Erdbebeninformation aus Niederoesterreich seit 1000 n.Chr., Erfassung von lokalen Erdbebenauswirkungen und Interpretation im Vergleich mit der rezenten Erdbebentaetigkeit zur Schaffung einer Grundlage fuer Fragestellungen der Bauwerkssicherheit, Raumordnung, des Zivil- und Katastrophenschutzes. Projekt der Niederoesterreichischen Landesregierung, Baudirektion, Abt. Allgemeiner Baudienst - Geologischer Dienst. Projektbericht NC 65-2006, BD1-G-5101/001-2006.

LEYDECKER, G. (1986): Erdbebenkatalog fuer die Bundesrepublik Deutschland mit Randgebieten fuer die Jahre 1000-1981. – Geol. Jahrbuch E 36, 3–83, 7 Abb., 2 Tab. – ISSN 0341-6437. – Hannover.

LEYDECKER, G. (1998): Beziehung zwischen Magnitude und Groesse des Bruchfeldes bei starken Gebirgsschlaegen im deutschen Kalibergbau - ein Beitrag zur Gefaehrdungsprognose. – Zeitschrift fuer angewandte Geologie, 44, 1, 22–25, Hannover.

LEYDECKER, G. & HARJES, H.-P. (1978): Seismische Kriterien zur Standortauswahl kerntechnischer Anlagen in der Bundesrepublik Deutschland. – Abschlussbericht - RS 170. Archiv-Nr. 81577. BGR, Hannover.

LEYDECKER, G. & BRUENING, H. J. (1988): Ein vermeintliches Schadenbeben im Jahre 1046 im Raum Hoexter und Holzminden in Nord-Deutschland. – Ueber die

Notwendigkeit des Studiums der Quellen historischer Erdbeben. – Geol. Jb., E 42, 119–125, 1 Abb.; Hannover.

LEYDECKER, G. & KOPERA, J. R. (1998): Fachliche Stellungnahme zur seismischen Gefährdung und zu den ingenieurseismologischen Parametern für den Standort des KKW Brunsbüttel. – 83 S., 16 Abb., 18 Tab.; Bericht BGR, Archiv Nr. 116 898, Hannover, Januar 1998.

LIPPERT, W. (1979): Erstellung von Formeln fuer die Magnitudenbestimmung von Nahbeben sowie Seismizitaet der Jahre 1971–1978 im Bereich des Oberrheingrabens. – Diplomarbeit, Inst. f. Geophys .d. Univ., Karlsruhe.

MEIDOW, H. (2001): Das Erdbeben vom 13. April 1767 bei Rotenburg a. d. Fulda. – Mitteilungen der Deutschen Geophysikalischen Gesellschaft e. V., Nr. 4/2001, S. 4–15, ISSN 0934-6554.

MEIDOW, H. & AHORNER, L. (1994): Macroseismic effects in Germany of the 1992 Roermond earthquake and their interpretation. – Geologie en Minjnbouw, 73, 271–279, Kluwer Academic Publisher.

MELCHIOR, P. (ed.) (1985): Seismic Activity in Western Europe with Particular Consideration to the Liege Earthquake of November 8, 1983. – NATO ASi Series. Series C: Mathematical and Physical Sciences Vol. 144. ISBN 90-277-1889-X. D. Reidel Publishing Co., Dodrecht/Boston/Lancaster.

MEIER, R. & FRANZKE, H.J. (1995): Das Erdbeben „Prignitz 1409" im Lichte der tektonischen Analyse des Ruptursystems in der Pfarrkirche zu Wittstock. – Brandenburgische Geowiss. Beitr. 2,2; S. 33–46, 12 Abb., 1 Tab. Kleinmachnow.

MEYER, B., LACASSIN, R., BRULHET, J. & MOUROUX, B. (1994): The Basel 1356 earthquake: which fault produced it? – Terra Nova, 6, 54–63.

MINKLEY, W. (1998): Zum Herdmechanismus von grossen seismischen Ereignissen im Kalibergbau. – Geol. Jahrbuch, Reihe E, 55, 69–84, 11 Abb., 1 Tab. Hannover.

MUSSON, R. M. W. (1994): A catalogue of British earthquakes. – British Geological Survey, Technical Report No WL/94/04.

MUELLER, C. H. (1869): Erdbeben 1869 am Mittel-Rhein. Nachrichten ueber das Erdbeben in Gross-Gerau (zwischen Darmstadt und Mainz) und Umgegend, zusammengestellt aus dem Frankfurter Journal (Erdbeben November 1869), pp 14. Bibliothek d. Inst. f. Meteorologie u. Geophysik d. Universitaet Frankfurt/Main.

NEUNHOEFER, H. (ed.) (1997): Bulletin of the Vogtland/Western Bohemia earthquakes 1993–1995. – printed as manuscript; Institute of Geosciences - Department of Applied Geophysics, Friedrich Schiller Universitaet, Jena.

NEUNHOEFER, H. (2009): Erdbeben in Thueringen, eine Bestandsaufnahme (Earthquakes in Thuringia, the state of the art). – Z. geol. Wiss., Berlin 37, 1–2: 1–14, 8 Abb.

NEUNHOEFER, H., STUDINGER, M. & TITTEL, B. (1996): Erdbeben entlang der Finne- und Gera-Jachymov-Stoerung in Thueringen und Sachsen. Fallbeispiel: Das Beben am 28. 09. 1993 bei Gera. – Zeitschrift f. Angewandte Geologie, 42, 1, S. 57–61.

NEUNHOEFER, H. & MEIER, T. (2004): Seismicity in the Vogtland/Western Bohemia Earthquake region between 1962 and 1998. – Stud. Geophys. Geod., 48, 539–562, Prag.

NEUNHOEFER, H., LEYDECKER, G. & TITTEL, B. (2006): Vereinheitlichung der Bebenparameter der Region Vogtland fuer die Jahre 1903 bis 1999 im deutschen Erdbebenkatalog. – Geologisches Jahrbuch, E 56, 39–63, 6 Abb. , 3 Tab., ISBN-13 978-510-95957-0, ISBN-10 3-510-95957-4; Landesamt fuer Bergbau, Energie und Geologie, Hannover.

NOEGGERATH, J. (1870): Die Erdbeben im Rheingebiet in den Jahren 1868, 1869 und 1870 (mit einer Erdbeben-Chronik fuer die Jahre 800–1858) – S. 1–132, in: ANDRAE, C. J. (Hrsg.): Verhandlungen des naturhistorischen Vereines der preussischen Rheinlande und Westphalens. Jahrgang XXVII, III. Folge, VII. Band. In Commission bei Max Cohen & Sohn. Bonn.

PECKENSTEIN L. (1608): Theatrum Saxonicum. – Part 3, p. 77, Jena

PERREY, A. (1845): Memoire sur les tremblements de terre en France, en Belgique et en Hollande (depuis le quatrieme siecle de l'ere chretienne jusqu'à nos jours, 1843 inclus). – Academie Royale de Bruxelles (extrait du tome XVIII des memoires couronnes et memoires des savants etrangers), 1–112, Bruxelles.

PERREY, A. (1845): Memoire sur les tremblements de terre dans le bassin du Rhin. – Academie Royale de Bruxelle (extrait du tome XIX des memoires couronnes et memoires des savants etrangers), 1–115, Bruxelles.

PLENEFISCH, T. & BONJER, K.-P. (1997): The stress field in the Rhine Graben area inferred from earthquake focal mechanisms and estimation of frictional parameters. – Tectonophysics, 275, 71–97, Elsevier Science B. V.

PLENEFISCH, T. & KLINGE, K. (2002): The swarm earthquake area Vogtland/NW-Bohemia. – in: KORN, M. (edt.): Ten years of German Regional Seismic Network (GRSN). – DFG Report 25 of the Senate Commission for Geosciences. WILEY-VCH Verlag, Weinheim. 211–220.

PROCHAZKOVA, D. & KARNIK, V. (eds.) (1978): Atlas of Isoseismal Maps. Central and Eastern Europe. – Geophysical Institute of the Czechoslovak Academy of Sciences. Prague.

PROCHAZKOVA, D., BROUCEK, I., GUTERCH, B. & LEWANDOWSKA-MARCINIAC, H. (1978): Map and List of the Maximum Observed Macroseismic Intensities in Czechoslovakia and Poland. – Publ. Inst. Geophys. Pol. Acad. SC., B-3 (122), Warsaw/Poland.

PROCHAZKOVA, D., SCHNEIDER, G., SCHMEDES, E., DRIMMEL, J., FIEGWEIL, E., LUKESCHITZ, G., VOGT, J., COURTOT, P., GODEFROY, P., GRUENTHAL, G., MAYER-ROSA, D. & BERGER, R. (1979): Macroseismic Field of the Earthquake of September 3, 1978, in the Swabian Jura. – J. Geophys. 46, 343–347.

PROCHAZKOVA, D. (1987): The isoseismal maps and macroseismic observations on the territory of Czechoslovakia. – In: PROCHAZKOVA, D. (ed.): Earthquake swarm 1985/86 in Western Bohemia. Supplement to proc. of the workshop in Marianske Lazne, Dec. 1–5, 1986. – Geophys. Inst., Czechosl. Acad. Sci., Praha.

QUENSTEDT, F. A. (?): Geologische Ausfluege in Schwaben mit besonderer Beruecksichtigung von Tuebingens Umgebung. – 2. Ausgabe, (s. S. 297–299: Erdbeben in Tuebingen) – Verlag der H. Laupp'schen Buchhandlung, Tuebingen.

RADIES, P. v. (1908/09): Chronologische Uebersicht der Wiener Erdbeben. – in: BELAR, A. (Hrsg.): Die Erdbebenwarte. Monatsschrift. VIII. Jahrgang. Beilagen: Neueste Erdbebennachrichten. Laibach 1908/09. Druck von Ig. Kleinmayr & Fed. Bamberg.

REAMER, S.K. & HINZEN, K.-G. (2004): An Earthquake Catalog for the Northern Rhine Area, Central Europe (1975–2002). – Seismological Research Letters, 75, 6, 713–725.

REINDL, J. (1905): Ergaenzungen und Nachtraege zu v. Guembels Erdbebenkatalog. – Sitzungsberichte der mathem.-phys. Klasse der Kgl. Bayer. Akad. d. Wiss., Band XXXV, Heft I. Verlag d. K. Akademie, Muenchen.

REINDL, J. (1907): Das vulkanische Ries und seine Erdbeben. – Naturwissenschaftliche Wochenschrift, Neue Folge VI. Nr. 44, S. 698–701, Jena.

RINGDAL, F. (1983): Seismicity of the North Sea. – in: RITSEMA, R. A. & GUERPINAR, A. (eds.): Seismicity and Seismic Risk in the Offshore North Sea Area. – D. Reidel Publishing Co. Dordrecht/Holland.

RUETTENER, E. (1995): Earthquake Hazard Evaluation for Switzerland. – Materiaux pour la Geologie de la Suisse. Geophysique Nr. 29, pp 136. Schweizerischer Erdbebendienst, Zuerich.

RUTTE, E. (19..): Geologie im Landkreis Kelheim. Mit einer geologischen Karte. – S. 24–25: Erdbeben.

SCHMEDES, E. & LEYDECKER, G. (1978): Macroseismic intensity map of the Federal Republic of Germany for the Friuli earthquake of May 6, 1976. – Geophys. 44, 277–279, 1 fig.

SCHMEDES, E., LOIBL, R. & GEBRANDE, H. (1993): Ein Schadensbeben am 8. Februar 1062 - eine Fehlinterpretation historischer Quellen (A destructive Earthquake at Regensburg on February 8, 1062 - a misinterpretation of Historical sources). – Zeitschrift f.Angewandte Geologie, 39, 2, 103–105, Berlin.

SCHNEIDER, G. (1964): Seismischer Jahresbericht 1963. – Veroeff. d. Landeserdbebendienstes Baden-Wuerttemberg, pp 62, Stuttgart.

SCHNEIDER, G. (1965): Seismischer Jahresbericht 1964. – Veroeff. d. Landeserdbebendienstes Baden-Wuerttemberg, pp 49, Stuttgart.

SCHNEIDER, G. (1973): Die Erdbeben in Baden-Wuerttemberg 1963–1972. – Veroeff. d. Landeserdbebendienstes Baden-Wuerttemberg. Stuttgart.

SCHNEIDER, G. (1979): The earthquake in the Swabian Jura of 16 November 1911 and present concepts of seismotectonics. – Tectonophysics, 53, 279–288.

SCHNURRER, F. (1823): Chronik der Seuchen in Verbindung mit den gleichzeitigen Vorgaengen in der physischen Welt und in der Geschichte des Menschen. – Ch. F. Osiander Verlag, Tuebingen.

SCHWARZ, J. & GOLDBACH, R. (1998): Ergebnisse einer Ingenieuranalyse des Gebirgsschlages in Voelkershausen vom 13. Maerz 1989. – Geol. Jahrbuch, Reihe E, 55, 47–67, 4 Abb., 3 Tab., 3 Taf. Hannover.

SCHWARZ-ZANETTI, G., MASCIADRI, V., FAEH, D. & KAESTLI, P. (2008): The false Basel earthquake of May 12, 1021. – J. Seismol. 12: 125–129.

SHWARZBACH, M. (1950): Das rheinische Erdbeben vom 11. Juni 1949. I. Makroseismische Ergebnisse. – Neues Jb. Geol. Palaeontol., Jg. 1950, H.4 : 99–104.

SIEBERG, A. (1932): Erdbebengeographie. – Band IV, Handbuch der Geophysik, ed. B. GUTENBERG. Verlag Gebrueder Borntraeger, Berlin.

SIEBERG, A. & KRUMBACH, G. (1927): Das Einsturzbeben in Thueringen vom 28. Jan. 1926. – Veroeff. d. Reichsanstalt f. Erdbebenforschung in Jena, Heft 6: 1–32; Verlag Gustav Fischer, Jena.

SIEBERG, A. & LAIS, R. (1925): Das mitteleuropaeische Erdbeben vom 16. November 1911. Bearbeitung der makroseismischen Beobachtungen. – Veroeffentl. d. Reichsanstalt f. Erdbebenforschung in Jena, Heft 4. Verlag Gustav Fischer, Jena.

SIRPUB95.XLS (1995): Mille ans de seismes en France; Catalogue d'epicentres paramètres et references (Ouest Edition). – BRGM.

SPONHEUER, W. (1958): Die Tiefen der Erdbebenherde in Deutschland aufgrund makroseismischer Berechnungen. – Ann. Geofis., XI: 157–167.

SPONHEUER, W (1962): Untersuchung zur Seismizitaet von Deutschland. – Veroeff. Inst. f. Bodendyn. u. Erdbebenforsch. Jena. 72: 23–52; Akademie Verlag Berlin.

SPONHEUER, W. (1964): Zur Seismizitaet der saechsisch-thueringischen Grossscholle. – in: Abhandl. d. Deutschen Akademie d. Wiss. – Kl. f. Bergbau u. a., Jhrg. 1964, Nr. 2, S. 429–432. Akademie Verlag Berlin.

SPONHEUER, W. (1965): Bericht ueber die Weiterentwicklung der seismischen Skala. (MSK 1964) – Deutsche Akad. d. Wiss., Veroeff. d. Inst. f. Geodyn. Jena, Heft 8; Akademie Verlag Berlin.

Sponheuer, W. (1966): Erdbebenkatalog Deutschlands und der angrenzenden Gebiete fuer die Jahre 1900–1934 (Manuskript, unveroeffentlicht). (abbr.: SOy)

SPONHEUER, W. (1969): Die Verteilung der Herdtiefen in Mitteleuropa und ihre Beziehung zur Tektonik. – Veroeff. Inst. f. Geodynamik, 13: 82–103.

SPONHEUER, W. & GRUENTHAL, G. (1981): Das Mitteldeutsche Erdbeben vom 6. Maerz 1872. – Veroeff. Zentralinstitut f. Physik d. Erde. Nr. 64, 178–189, Potsdam.

SPONHEUER, W. & GRUENTHAL, G. (1981): Reinterpretation of the Central German Earthquake of March 6, 1872 using the MSK-Scale and conclusion for its up-dating. – Gerl. Beitr. Geophys. 92, 220–224.

STEINWACHS, M. (1983): Die historischen Quellen eines Erdbebens zu Lueneburg anno 1323. – Geol. Jb., E 26, 77–90, Hannover.

THIERBACH, E. (1981): Das seismische Risiko in der Bundesrepublik Deutschland und ihren Randgebieten. – Diplomarbeit, Inst. f. Meteorol. u. Geophys. d. Univ., Frankfurt am Main.

THOMA, H. (1991): Ein Beitrag zur Ueberwachung des Suedharzraumes und zum Carnallititabbau im Kalibetrieb „Suedharz". – Dissertation, Bergakademie Freiberg.

THOMA, H., SPILKER, M. & LINDENAU, E. (1996): Geotechnische Untersuchungen des seismischen Ereignisses vom 25. 2. 1996, 15:23:25,7 Uhr (MEZ) im Bereich ehemaliges Grubenfeld Niederroeblingen/Raum Einzingen. – 43 S., 18 Anlagen; TERRA-DATA GmbH, Sangershausen 18. 3. 1996.

TURNOVSKY, J. (1981): Herdmechanismen und Herdparameter der Erdbebenserie 1978 auf der Schwaebischen Alb. – Dissertation, pp. 112, Institut fuer Geophysik der Universitaet Stuttgart.

TURNOVSKY, J. & SCHNEIDER, G. (1982): The Seismotectonic Character of the September 3, 1978, Swabian Jura Earthquake Series. – Tectonophys., 83: 151–162.

ULBRICH, U. (1985): Statistische Untersuchungen der Erdbebentaetigkeit auf dem Gebiet der Bundesrepublik Deutschland im Hinblick auf Periodizitaeten und moegliche Triggermechanismen. – Diplomarbeit, Inst. f. Geophys. u. Meteorolog. d. Univ., Koeln.

ULBRICHT, U., AHORNER, L. & EBEL, A. (1987): Statistical investigations on diurnal and annual periodicity and on tidal triggering of local earthquakes in Central Europe. – J. Geopys. 61:150–157.

UNGER, W. (1960): Erdbeben im Erzgebirge. – Glueckauf 7 (5), 90–93.

VANNUCCI, G. & GASPERINI, P. (2003): The database of Earthquake Mechanisms for European Area. EMMA. – EMSC European Mediterranean Centre: http://www.emsc-csem.org/index.php?page=euromed&sub=emt

VOGT, J. (ed.) (1979): Les Tremblements de Terre en France. – Memoire du Bureau de recherches geologique et minieres, No. 96. Edition du BRGM, Orleans Cedex, France.

VOGT, J. (1991): Die Erdbebenfolge vom Mai 1733 im „Rheingebiet". – Mainzer Naturwiss. Archiv, 29, 65–69, Mainz.

VOGT, J. (1993): Revision de la crise sismique rhenane de mai 1737. – pp 89–100, in: STUCCI, M. (ed.): Historical Investigation of European Earthquakes. Vol. 1. Materials of the CEC project „Review of Historical Seismicity in Europe". CNR-Istituto di Ricerca sul Rischio Sismico, Milano, Italy.

VOGT, J. (1994): Quiproquos a propos de seismes rhenans en 1776. – pp 139–143, in: ALBINI, P. & MORONI, A. (eds.): Historical Investigation of European Earthquakes. Vol. 2. Materials of the CEC project „Review of Historical Seismicity in Europe". – CNR - Istituto di Ricerca sul Rischio Sismico, Milano, Italy.

VOGT, J. (1994): L'imbroglio des catalogues de sismicite historique. A propos d'une crise sismique ressentie a la fin du XVIIIe siecle dans la pleine rhenane et en Souabe. – pp 153 -162, in: ALBINI, P. & MORONI, A. (eds.): Historical Investigation of European Earthquakes. Vol. 2. Materials of the CEC project „Review of Historical Seismicity in Europe". – CNR - Istituto di Ricerca sul Rischio Sismico, Milano, Italy.

VOGT, J. (1995): Une crise sismique Rhenane oublie par les catalogues: 1763 (Alsace d'Outre - Foret et Sud du Palatinat). – pp 35–36. L'OUTRE-FORET.

VOGT, J. & GRUENTHAL, G. (1994): Die Erdbebenfolge vom Herbst 1612 im Raum Bielefeld. Ein bisher unberuecksichtigtes Schadenbeben. – Die Geowissenschaften, 12, 8, pp 236–240.

WECHSLER, H. (1955): Die Erdbebentaetigkeit in Suedwestdeutschland in den Jahren 1938–1954. – Geolog. Diplomarbeit, TH, Stuttgart.

WECHSLER, E. (1987): Das Erdbeben von Basel 1356. Teil 1: Historische und kunsthistorische Aspekte. – Publikationsreihe des Schweizerischen Erdbebendienstes ETH-Zuerich (ed. D. MAYER-ROSA), Nr. 102, 128 S., Zuerich.

WOLF, P. & WOLF, H. (1989): Das Erdbeben in Regensburg von 1062 - Wirklichkeit oder wissenschaftliches Phantom? – Die Oberpfalz, 77. Jahrgang, 2, 35–43, Februar 1989.

WOLFART (1912): Lindauer Erdbeben-Chronik. – von Pfarrer Dr. Wolfart, Stadtarchivar. in: Neujahrsblaetter des Museumsvereins Lindau i. B., Nr. 2: Verzeichnis der gedruckten Bibelwerke der Lindauischen Stadtbibliothek. Hergestellt von L. Dorfmueller. S. 29–32.

ZENTRALANSTALT FUER METEOROLOGIE UND GEODYNAMIK WIEN (1906): Allgemeiner Bericht und Chronik der im Jahre 1904 in Oesterreich beobachteten Erdbeben. – Nr. 1, 155 S., Wien 1906.

III. PERIODICALS

Erdbeben in Baden-Wuerttemberg - Yearly collection of seismic activity in and around Baden-Wuerttemberg.
    authors: BRUESTLE, W. & STANGE, ST.
    Landeserdbebendienst Baden-Wuerttemberg LED (abbr. LEy),
    Landesamt fuer Geologie, Rohstoffe und Bergbau,
    Regierungspraesidium Freiburg, Albertstr.5, D-79104 Freiburg i. Br.
    Bulletins for the years 1996 till 2008 can be downloaded from:
    http://www.lgrb.uni-freiburg.de/lgrb/Fachbereiche/erdbebendienst/

Seismologischer Jahresbericht 1968 (Seismological Bulletin). – edited (1969) by Seismologisches Observatorium Graefenberg, Erlangen.

Seismological Bulletin 1969 of the Seismological Stations of the Federal Republic of Germany. – ed. (1971) by Seismol. Centralobserv. Graefenberg, Erlangen. (abbr. C1y)

Seismological Bulletin 1970 of the Seismological Stations of the Federal Republic of Germany. – ed. (1973) by Seismol. Centralobserv. Graefenberg, Erlangen. (abbr. C2y)

Seismological Bulletin 1971 of the Seismological Stations of the Federal Republic of Germany. – ed. (1973) by Seismol. Centralobserv. Graefenberg, Erlangen. (abbr. C3y)

Seismological Bulletin 1972 of the Seismological Stations of the Federal Republic of Germany (1974). – ed. by Seismol. Centralobserv. Graefenberg, Erlangen. (abbr. C4y)

Seismological Bulletin 1973 of the Seismological Stations of the Federal Republic of Germany. – ed. (1975) by Seismol. Centralobserv. Graefenberg, Erlangen. (abbr. C5y)

Seismological Bulletin 1974 of the Seismological Stations of the Federal Republic of Germany. – ed. (1975) by Seismol. Centralobserv. Graefenberg, Erlangen.

HARJES, H.-P., HENGER, M. & LEYDECKER, G. (Hrsg.) (1978): Erdbeben in der Bundesrepublik Deutschland 1974. – BGR, Hannover.
---   (1979): Erdbeben … 1975. – BGR, Hannover.
---   (1980): Erdbeben … 1978. – BGR, Hannover.

HENGER, M. & LEYDECKER, G. (Hrsg.) (1981): Erdbeben in der Bundesrepublik Deutschland 1976. – ISSN 0723-3465 - BGR, Hannover.
---   (1982): Erdbeben … 1977. – BGR, Hannover.
---   (1981): Erdbeben … 1979. – BGR, Hannover.
---   (1983): Erdbeben … 1980. – BGR, Hannover.
---   (1984): Erdbeben … 1981. – BGR, Hannover.
---   (1987): Erdbeben … 1982. – BGR, Hannover.
---   (1988): Erdbeben … 1983. – BGR, Hannover.
---   (1989): Erdbeben … 1984. – BGR, Hannover.
---   (1991): Erdbeben … 1985. – BGR, Hannover.
---   (1990): Erdbeben … 1986. – BGR, Hannover.

--- (1991): Erdbeben ... 1987. – BGR, Hannover.
--- (1992): Erdbeben in Deutschland 1988. – BGR, Hannover.
--- (1993): Erdbeben in Deutschland 1989. – BGR, Hannover.
--- (1995): Erdbeben in Deutschland 1990. – BGR, Hannover.
--- (1996): Erdbeben in Deutschland 1991. – BGR, Hannover.
--- (1997): Erdbeben in Deutschland 1992. – BGR, Hannover.
--- (1998): Erdbeben in Deutschland 1993. – BGR, Hannover.
--- (2000): Erdbeben in Deutschland 1994. – BGR, Hannover.
HENGER, M., HARTMANN, G. & SCHICK, A. (eds.) (2001): Erdbeben in Deutschland 1995. – Bundesanstalt fuer Geowissenschaften und Rohstoffe (BGR), Stilleweg 2, D-30655 Hannover. – ISBN 3-510-95878-0.
HENGER, M., LEYDECKER, G. & WENDT, M. (eds.) (1980): Data Catalogue of Earthquakes in the Federal Republic of Germany and Adjacent Areas 1975. – BGR, Hannover.
--- (1981): Data Catalogue of Earthquakes ... 1976. – BGR, Hannover.
--- (1982): Data Catalogue of Earthquakes ... 1977. – BGR, Hannover.
--- (1980): Data Catalogue of Earthquakes ... 1978. – BGR, Hannover.
--- (1981): Data Catalogue of Earthquakes ... 1979. – BGR, Hannover.
HENGER, M. & LEYDECKER, G. (eds.) (1983): Data Catalogue of Earthquakes in the Federal Republic of Germany and Adjacent Areas 1980. – BGR, Hannover.
--- (1984): Data Catalogue of Earthquakes ... 1981. – BGR, Hannover.
HENGER, M., LEYDECKER, G. & SCHICK, A. (eds.) (1986): Data Catalogue of Earthquakes in the Federal Republic of Germany and Adjacent Areas 1982. – BGR, Hannover.
--- (1988): Data Catalogue of Earthquakes ... 1983. – BGR, Hannover.
--- (1988): Data Catalogue of Earthquakes ... 1984. – BGR, Hannover.
--- (1990): Data Catalogue of Earthquakes ... 1985. – BGR, Hannover.
--- (1990): Data Catalogue of Earthquakes ... 1986. – BGR, Hannover.
--- (1991): Data Catalogue of Earthquakes ... 1987. – BGR, Hannover.
--- (1992): Data Catalogue of Earthquakes   1988. – BGR, Hannover.
--- (1993): Data Catalogue of Earthquakes ... 1989. – BGR, Hannover.
--- (1995): Data Catalogue of Earthquakes ... 1990. – BGR, Hannover.
--- (1995): Data Catalogue of Earthquakes ... 1991. – BGR, Hannover.
--- (1996): Data Catalogue of Earthquakes ... 1992. – BGR, Hannover.
--- (1997): Data Catalogue of Earthquakes ... 1993. – BGR, Hannover.
--- (1998): Data Catalogue of Earthquakes ... 1994. – BGR, Hannover.
HARTMANN, G., HENGER, M. & SCHICK, A. (eds.) (1998): Data Catalogue of Earthquakes in Germany and Adjacent Areas 1995. – BGR, Hannover.
--- (2000): Data Catalogue of Earthquakes ... 1996. – BGR, Hannover.
--- (2003): Data Catalogue of Earthquakes ... 1997. – BGR, Hannover.
--- (2005): Data Catalogue of Earthquakes ... 2002. – BGR, Hannover.
BGR (20..): Data catalogue for Germany and adjacent areas for the year 1995 ..... 20.. – datafiles: http://sdac.hannover.bgr.de/ or http://www.szgrf.bgr.de/ ; Bundesanstalt fuer Geowissenschaften und Rohstoffe (BGR), Stilleweg 2, D-30655 Hannover.

IV. LITERATURE (short list) ABOUT THE SEISMICITY OF GERMANY AND BORDER REGIONS

AHORNER, L. (1968): Erdbeben und juengste Tektonik im Braunkohlenrevier der Niederrheinischen Bucht. – Z. deutsch. Geol. Ges. 118, 150–160.

AHORNER, L. (1970). Seismo-tectonic Relations between the Graben Zones of the Upper and Lower Rhine Valley. – in: ILLIES, J. H. & MUELLER, St. (eds.): Graben Problems. 155–166, Schweitzerbart'sche Verlagsbuchhandlung (Naegele u. Obermiller), Stuttgart.

AHORNER, L. (1996): Seismicity and Quartenary structural activity in the Northern Rhine District. – pp 295-303, in: Proceedings of the eighth assembly of the European Seismological Commission, Budapest 1996.

ALBINI, P. & MORONI, A. (eds.) (1994): Historical Investigation of European Earthquakes. Vol. 2. Materials of the CEC project „Review of Historical Seismicity in Europe" and further contributions. – CNR-Istituto di Ricerca sul Rischio Sismico, Milano, Italy.

ALEXANDRE, P. (1994): Historical seismicity of the lower Rhine and Meuse valley from 600 to 1525: a new critical review. – Geologie en Mijnbouw, special issue, Vol. 73, Nos. 2–4, 431–438; Kluwer Academic Publisher (Dordrecht, Boston, London).

ALEXANDRE, P. & VOGT, J. (1994): La crise seismique de 1755–1762 en Europe du Nord-Ouest. Les secousses des 26 et 27. 12. 1755: recensement des materiaux. – pp 37–75, in: ALBINI, P. & MORONI, A. (eds.): Historical Investigation of European Earthquakes. Vol. 2. Materials of the CEC project „Review of Historical Seismicity in Europe". – CNR - Istituto di Ricerca sul Rischio Sismico, Milano, Italy.

BORMANN, P. (1989): Monitoring and Analysis of the Earthquake Swarms 1985/86 in the Region Vogtland/Western Bohemia. – Akademie d. Wiss. d. DDR, Zentralinst. f. Physik d. Erde ZIPE, Veroeffentlichung Nr. 110, ISSN 0514-8790; 282 p.; Volume 2: Annexes: 283–419; (Potsdam).

BRAUNMILLER, J: (2002): Moment tensor solutions of stronger earthquakes in Germany with GRSN data. – in: KORN, M. (edt.): Ten years of German Regional Seismic Network (GRSN). – DFG Report 25 of the Senate Commission for Geosciences. WILEY-VCH Verlag, Weinheim. 227–235.

DEICHMANN, N., BALLARIN DOLFIN, D. & KASTRUP, U. (2000): Seismizitaet der Nord- und der Zentralschweiz. – Schweizerischer Erdbebendienst, ETH-Zuerich. nagra (ed.) Technischer Bericht 00–05, 93 S.; (Wettingen/Schweiz).

EBEL, J. E., BONJER, K.-P. & ONCESCU, M. C. (2000). Paleoseismicity: seismicity evidence for past large earthquakes. Seismological Research Letters, 71, 2: 283–294.

GISLER, M. (2003): Historical seismology in Switzerland: reflections on issues and insights. – Environment and History 9: 215–237.

GRUBER, A. (1983): Die Sierentz-Erdbebenserie von 1980/81. Untersuchung der Raum-Zeitverteilung von Nachbeben und deren spektrale Herdparameter. – Diplomarbeit, 123 Seiten und Anhang, Geophysikal. Institut der Universitaet-TH Fridericiana, Karlsruhe.

GRUENTHAL, G. & LEYDECKER, G. (1993): Seismic Hazard in Germany. – in: R. K. MCGUIRE (Ed.): The Practice of Earthquake Hazard Assessment. International Association of Seismology and Physics of the Earth's Interior and European Seismological Commission, 121–128.

HAEGELE, U. & WOHLENBERG, J. (1970): Recent investigations on the Seismicity of the Rheingraben Rift System. in: ILLIES, J. H. & MUELLER, ST. (eds.): Graben Problems.: 167–170, Schweizerbart'sche Verlagsbuchhandlung (Naegele u. Obermiller), Stuttgart.

HAMMERL, CH. & LENHARDT, W. (1997): Erdbeben in Oesterreich. – 192 S., ISBN 3-7011-7334-6. Leykam Verlag (Graz/Oesterreich).

IBS-von SEHT, M., PLENEFISCH, T. & SCHMEDES, E. (2006): Faulting style and stress investigation for swarm earthquakes in NE Bavaria/Germany - the transition between Vogtland/NW-Bohemia and the KTB-site. – Journal of Seismology, DOI: 10.1007/s10950-005-9008-5.

ILLIES, J. H. (1982): Der Hohenzollerngraben und Intraplatten-Seismizitaet infolge Vergitterung lamellarer Scherung mit einer Riftstruktur. – Oberrhein. geol. Abh., 31, 47–78, 17 Abb.; (Karlsruhe).

KLINGE, K., KORN, M., FUNKE, S., PLENEFISCH, TH., SCHMEDES, E., WASSERMANN, J. & MALISCHEWSKI, P. (2008): Mehr als ein Jahrhundert instrumentelle Erdbebenbeobachtung in der Region Vogtland/NW-Boehmen. – Z. geol. Wiss., Berlin 36, 6: 405–422, 9 Abb., 1 Tab.

KOCH, K. (1982): Bestimmung von Herdmechanismen aus SV/P-Amplitudenverhaeltnissen für Mikrobeben im Bereich des Oberrheingrabens. – Diplomarbeit, 116 Seiten und Anhang, Geophysikal. Institut der Universitaet-TH Fridericiana, Karlsruhe.

LEYDECKER, G. (1980): Erdbeben in Norddeutschland. – Z. Dtsch. Geol. Ges., 131: 547–555; Hannover.

LEYDECKER, G. & WITTEKIND, H. (1988): Seismotektonische Karte der Bundesrepublik Deutschland 1 : 2 000 000. – Bundesanstalt für Geowissenschaften und Rohstoffe, Hannover. Vertrieb: Geocenter Stuttgart.

LEYDECKER, G. & AICHELE, H. (1994): The Seismogeographical Regionalisation for Germany - The Prime Example of Third Level Regionalisation. – European Seismological Commission, XXIV General Assembly 1994 Sept. 19–24, Athens, Greece. MAKROPOULUS, K. & SUHADOLC, P. (eds.): Proceedings and Activity Report 1992–1994. 3 Vol.; Vol. 2, 822–834. Athens.

LEYDECKER, G. & AICHELE, H. (1998): The Seismogeographical Regionalisation of Germany: The Prime Example for Third-Level Regionalisation. – Geol. Jahrbuch, Reihe E, 55, 85–98, 6 figs., 1 tab., Hannover.

MEINEL, H. (1997): Das Oberzwotaer Erdbeben vom 1. Juni 1997. – Kulturbote - Das Magazin fuer Klingenthal, Heft 6, Sept. 1997, S. 20–23. Verlag Lenk & Meinel Grafikdesign, Hohe Str. 7, D-08248 Klingenthal.

MEINEL, H. (1997): Die Schwarmbeben im Vogtland und Nordwest-Boehmen. – Kulturbote - Das Magazin fuer Klingenthal, Heft 7, Dez. 1997, S. 20–23. Verlag Lenk & Meinel Grafikdesign, Hohe Str. 7, D-08248 Klingenthal.

MEINEL, H. (1998): Erdbeben - Ursachen und Bewertungskriterien. – Kulturbote - Das Magazin fuer Klingenthal, Heft 8, Maerz 1998, S. 20–25. Verlag Lenk & Meinel Grafikdesign, Hohe Str. 7, D-08248 Klingenthal.

MEINEL, H. (1998): Erdbebengefaehrdung in unserer Region. – Kulturbote - Das Magazin fuer Klingenthal, Heft 10, Juni 1998, S. 21–24. Verlag Lenk & Meinel Grafikdesign, Hohe Str. 7, D-08248 Klingenthal.

MELCHIOR, P. (ed.): Seismic Activity in Western Europe, with Particular Consideration to the Liege Earthquake of November 8, 1983. – NATO ASI Series, Series C: Mathematical and Physical Sciences Vol. 144, pp. 448. D. Reidel Publishing Company (Dordrecht/Boston/Lancester).

NEUNHOEFER H. (1997): Makro- und mikroseismischer Vergleich der vogtlaendischen Erdbebenschwaerme von 1908 und 1985/85 - Relation zu anderen Schwaermen. – Z. geol. Wiss., 25, 513–521; (Berlin).

PLENEFISCH, T., FABER, S. & BONJER, K.-P. (1994): Investigations of Sn and Pn phases in the area of the Upper Rhine Graben and northern Switzerland. – Geophys. J. Int., 119: 402–420.

REINICKER, J. & SCHNEIDER, G. (2002): Zur Neotektonik der Zollernalb: Der Hohenzollerngraben und die Albstadt-Erdbeben. – Jahresber. Mitt. oberrhein. geol. Vereinigung, N.F. 84: 391–417, 8 Abb., 1 Tab.; (Stuttgart).

SCHNEIDER, G. (1993): Beziehungen zwischen Erdbeben und Strukturen der Sueddeutschen Grossscholle (Relations between Earthquakes and Structures of the South German Block). – N. Jb. Geol. Palaeont. Abh., 189, 1–3 (Gedenkband Gwinner), 275–288; (Stuttgart).

SIEBERG, A. (1922): Die Verbreitung der Erdbeben auf Grund neuerer makro- und mikroseismischer Beobachtungen und ihre Bedeutung fuer Fragen der Tektonik. – Veroeffentlichung der Hauptstation fuer Erdbebenforschung in Jena, Heft 1. Gustav Fischer Verlag (Jena).

SIEBERG, A. (1923): Geologische, physikalische und angewandte Erdbebenkunde. – Verlag Gustav Fischer (Jena).

SIEBERG, A. (1925): Ein Rueckblick auf Deutschlands groesstes Beben (16. November 1911) und auf die Erdbebentaetigkeit in Deutschland ueberhaupt. – Mitteilungen d. Reichsanstalt f. Erdbebenforschung in Jena, Heft 2. G. Neuenhahn GmbH, Universitaets-Buchdruckerei (Jena).

SIEBERG, A. (1927): Geologische Einfuehrung in die Geophysik. – Verlag Gustav Fischer (Jena).

SIEBERG, A. (1932): Erdbebengeographie. – Band IV, Handbuch der Geophysik, ed. B. GUTENBERG. Verlag Gebrueder Borntraeger (Berlin).

SIEBERG, A. (1934): Ein Beitrag zur Wirtschafsgefaehrdung durch Erdbeben in Deutschland. – pp 1–10 in: SIEBERG, A. et al.: Geophysikalische Arbeiten der Reichsanstalt fuer Erdbebenforschung in Jena. – Veroeffentl. der Reichsanstalt fuer Erdbebenforschung in Jena, Heft 23, Akadem. Verlagsgesell (Jena).

SIEBERG, A. (1941): Versuche und Erfahrungen ueber Entstehung, Verhuetung und Beseitigung von Erdbebenschaeden. – Veroeffentl. der Reichsanstalt fuer Erdbebenforschung in Jena, Heft 39, Reichsverlagsamt (Berlin NW 40).

SPONHEUER, W. (1965): Seismizitaet des Gebietes der DDR und ihre Beziehung zur Tektonik. – Petermanns Geographische Mitteilungen, 2. Quartalsheft, Verlag VEB Herrmann Haack (Gotha/Leipzig).

SPONHEUER, W. (1968): Die Seismizitaet auf dem Gebiet der Deutschen Demokratischen Republik. – in: Proceedings of the VIIIth Assembly of the European Commission (ESC), pp 313–318; (Budapest).

STUCCI, M. (ed.) (1993): Historical Investigation of European Earthquakes. Vol. 1. Materials of the CEC project „Review of Historical Seismicity in Europe". – CNR - Istituto di Ricerca sul Rischio Sismico (Milano, Italy).

Schneider, G. (1988): Erdbebengefaehrdung in Suedwestdeutschland. Die Anwendung eines tektophysikalischen Modells. – Die Geowissenschaften, 6. Jahrg., Nr. 2, 35–41, WILEY-VCH Verlagsgesellschaft (Weinheim).

Vogt, J. (1994): Glimpses at the 1640 earthquake in north-western Europe. – pp 77–87, in: Albini, P. & Moroni, A. (eds.): Historical Investigation of European Earthquakes. Vol. 2. Materials of the CEC roject „Review of Historical Seismicity in Europe". – CNR - Istituto di Ricerca sul Rischio Sismico (Milano, Italy).

Vogt, J. (1994): Progres de la connaissance de la macroseismicite de l'Alsace. – pp 103–114, in: Albini, P. & Moroni, A. (eds.): Historical Investigation of European Earthquakes. Vol. 2. Materials of the CEC project „Review of Historical Seismicity in Europe". – CNR - Istituto di Ricerca sul Rischio Sismico (Milano, Italy).

Anhang 6: Dokumentation über fundamentale Änderungen von Erdbebenparametern seit 1995.
Angegeben sind jeweils der vollständige alte und der neue Datensatz.
Die Referenzen und Literaturzitate sind in Anhang 5 aufgelistet.

Appendix 6: Documentation about fundamentally changed earthquake parameters since 1995.
In each case the complete old and new catalogue line are denoted. The references and cited papers are listed in appendix 5.

```
----------------------
Date of changing: April 26, 2006
now:
1117010315      4522 1110        4    I       70MC902   400          GBy VERONA/I
before:
11170103        4530 1100             I       MK11      600          CIE VERONA/I
     For the reference CIE see CARROZO et al. (1972)
----------------------
Date of changing: July 26, 2009;  see also SAy
now:
13660524        5107 1020        5CTTH        MK551                  GWy EISENACH
before:
13660524        5048 1212        5VGTH        MK751                  G1y GERA
----------------------
Date of changing: June 15, 2010
now:
134801251730    4615 1253        3    I       MK95      700       26 CPy CARNIA/I
before:
134801251730    4635 1350        3ET  A       MK10      700       26 SAy VILLACH
----------------------
Date of changing: May 19, 2010
now:
13720601        4835  748        2SR  F       EM50                   E3y STRASBOURG
before:
13720601        4750  709        2SR  F       MS70      200          E1y MUEHLHAUSEN
----------------------
Date of changing: May 19, 2010
now:
13720908        4835  748        2SR  F       EM50      120          E3y STRASBOURG
before:
13720908        4728  736        2SRCH        MK55      120          E1y AESCH,BASEL
----------------------
Date of changing: Jan. 26, 2007
       according to ALEXANDRE (1994), the intensity is V-IV (5.5)
now:
1395061103      5054  624        NBNW         MK55                   CRy JUELICH
before:
1395061103      5054  624        NBNW         MK45                   CRy JUELICH
----------------------
Date of changing: March 1996; see also MEIER & FRANZKE (1995)
now:
1409082322      5206 1124        4AMAH        MK602                  G4y MAGDEBURG
before:
1410082322      5300 1220        4AMBR155     MK70      180          SAy PRIGNITZ
----------------------
Date of changing: March 2, 2007
       according to ALEXANDRE (1994), the intensity can not be 7.0,
       but because it was felt in Liege/B and Koeln (ca. 100 km distance),
       it could have had intensity 6.0 (doubtful)
now:
1456082602      5036  536        VE   B       MK601                  CRy LIEGE/B
before:
1456082602      5036  536        VE   B       MK70                   CRy LIEGE/B
----------------------
```

```
Date of changing: Jan. 26, 2007
now:
1475082504      4938   822         3ORRP        MK602       50            G5y WORMS
before:
147508250430    5000   830         ORHS         MK60                      RSy MAINZ, FRANKF.
----------------------
Date of changing: Nov. 21, 2007
now:
155308171930    5106   1254        5CSAH        MK652                     GWy ROCHLITZ
before:
155308171930    5110   1330        5CSSA        MK652                     LYy MEISSEN
reason: GRUENTHAL & FISCHER (1997) do not fix an epicenter, they only
        recommend the region between Rochlitz and Grimma. But following
        their macroseismic map, the point of gravity for the isoseismal of
        intensity IV-V is situated near Meissen. Therefore the epicenter
        was fixed by LEYDECKER nearby Meissen, with an uncertainty of
        more than 30 km (date of changing: Mar. 23, 1998)
before (common solution by GRUENTHAL and LEYDECKER in 1991):
155308171930    5136013 00         4CSSA        MK75                    2 Gly TORGAU
before see Gly:
1553 81719      5136   1300        4CSSA 95   45MK70                      Gly TORGAU
before (LEYDECKER, 1986):
155308171930    5135   1300        LBDR         MK80                    2 SAy (TORGAU)
----------------------
Date of changing: Apr. 25, 2006
now:
15690806        4734   736         ORCH         EM60                      Ely BASEL
before:
15690806        4730   736         ORCH         MS70                      SAy BASEL/Ch
----------------------
Date of changing: Apr. 21, 2006
now:
15880611        4745   850         BOBW         MK602                     SAy HOHENTWIEL
before:
15880611       24745   850         BOBW         MK70                      SAy HOHENTWIEL
reason: see Ely = ECOS
----------------------
Date of changing: Feb. 28, 2006
now:
1601091801      4655   822         3CCCH        MK80        500        26 SZy UNTERWALDEN
before:
1601090801      4655   830         3CCCH        MK90        500        26 SAy UNTERWALDEN
----------------------
Date of changing: Apr. 25, 2006
now:
16101129        4734   736         ORCH         EM70                      Ely BASEL
before:
16101129        4730   736         ORCH         MK75                      SAy BASEL
----------------------
Date of changing: Apr. 25, 2006
now:
172107030745    4728   736         3ORCH        EM60        120           Ely AESCH
before:
172107030745    4727   742         3ORCH        MK60        120           SAy BASEL
----------------------
Date of changing: Sept. 14, 2010
now:
176701190930    5155   847         TWNW         EM60        70            M2y OERLINGHAUSEN
before: two earthquakes
17670119       35159   916         SXND 1       MK50                    1HER BAD PYRMONT
176701200930    5141   820         MUNW         MS50M       35            SAy LIPPSTADT
reason: As a result of searches in archives by M2y = MEIDOW (1997),
        the two - or more - earthquakes listed for the date
        Jan. 18 till 20 in SAy must be seen as one single event.
        The epicenter was estimated by LEYDECKER G.
```

For the reference HER see HERRMANN (1968).
```
---------------------
Date of changing: Apr. 25, 2006
now:
177108110820    4734  918        BOCH       EM60              E1y NIEDERSOMMERI
before:
177108110820    4718  905        4SFCH      MS65    250       SAy THURER ALPEN
---------------------
Date of changing: Sept. 09, 2010
        see also E1y and SisFrance (2010)
now:
177612280315    4930  828        4NRBW      EM60              E3y MANNHEIM
before:
177612280315    4742  718        5SR F      MS65    220       RSy MUELHAUSEN
---------------------
Date of changing: Nov. 23, 2006
now:
17771220 3      47198 9318       GV A 5     EM50              E1y KOBELWALD
before:
1777122004      44754 736        ORBW       MS60              SAy1BREISGAU
reason: wrong place
---------------------
Date of changing: Nov. 23, 2006
now:
177801280030    4715  937        GV A       EM60              E1y FELDKIRCH/A
before:
177801280230    44754 736        ORBW       MS65              SAy BREISGAU
reason: wrong place; SAy wrote "Feldkirch/Breisgau", but correct is
        Feldkirch/Austria
---------------------
Date of changing: Sept. 08, 2010
now:
17871104C3      34945 835        NRHS       EM60    75        V2y HEPPENHEIM
before:
1787110403      4854  836        NWBW 8     42MK60  140       SAy DECKENHEIM
reason: wrong place: "Deckenheim" is an unknown village; with respect
        to the other shaked villages, the epicenter has to be placed
        120 km to the North to Heppenheim/Bergstrasse/Odenwald
---------------------
Date of changing: Apr. 25, 2006
now:
183510290345    4726  917        3SFCH      EM60    140       E1y ABTWIL/CH
before:
183510290342    4725  925        3SFCH      MS65    140       GIy ST.GALLEN
---------------------
Date of changing: Apr. 25, 2006
now:
183611050700    4729  730        ORCH       EM50    30        E1y FLUEH/CH
before:
183611050700    4730  736        ORCH 2     39MK65  30        S1y BASEL
---------------------
Date of changing: Mar. 15, 2007
now:
1851 3101613    4732  858        SFCH12     EM50    100       E1y STETTFURT
before:
185103101613    4738  930        BOCH 8     43MK60  150       S1y SCHAFFHAUSEN
---------------------
Date of changing: Apr. 25, 2006
now:
187705022040    4718  851        3SFCH      EM60    150       E1y HINWIL/CH
before:
187705022040    4714  842        4SFCH      MK60    150       SPy RAPPERTSWYL
---------------------
Date of changing: Apr. 25, 2006
```

```
now:
188111180450   4712  925        2GVCH       EM60   250          5 Ely GAMS/CH
before:
188111180450   4712  925        4GVCH       MK75   250          5 SPy LIECHTENSTEIN
----------------------
Date of changing: Apr. 25, 2006
now:
191005260612   4729  728        3GVCH12     EM60   150 43 15      Ely METZERLEN/CH
before:
19100526061205 4724  718        3WJCH       MS70   150            SEy DELEMONT/CH
----------------------
```

Anhang 7:   Dokumentation über signifikante Änderungen von einzelnen Erdbebenparametern seit 1995. Die Referenzen und Literaturzitate sind in Anhang 5 aufgelistet. Angegeben sind jeweils der vollständige alte und der neue Datensatz.

Appendix 7: Documentation about significant changes in single earthquake parameters since 1995. In each case the complete old and new catalogue line are denoted. The references and cited papers are listed in appendix 5.

```
Table 5 contains a list with all earthquakes where Mw was computed out of macroseismic
data by G. LEYDECKER (May 2007) using the formulas in
JOHNSTON, A.C. (1996): Seismic moment assessment of earthquakes in stable
     continental regions - II. Historical seismicity. -- Geophys. Journal Intern.,
     125, 639-678.

---------------------
Date of changing: Febr. 01, 1999; see GUTDEUTSCH & HAMMERL (1999)
now:
8580101       45000  818        4ORRP          MK702  130                SAy MAINZ
before:
8580101       45000  818        4ORRP          MK752  130                SAy MAINZ
reason: As a result of historical investigations by R.GUTDEUTSCH & CH.HAMMERL
        about this earthquake, three independent sources from that time could
        be found. Only one describes the damage of one wall of a church in
        Mainz. Therefore intensity 7 MSK seems more adequate.

        Not any notice could be found about the existence of the following
        earthquake. Therefore it may be an error in the date.
8581225                                                                  SAy MAINZ
---------------------
Date of rejection: May 3, 2002
reason: confusion in date with the destroying earthquake (Io = X or more) in
        Verona/Italy at Jan. 3, 1117, which was strongly felt in Southern
        Germany
history:
Date of changing: Nov. 1, 2001
now:
1112          4825  850         4SABW          MK80                      DBUR BALINGEN
before:
1112          4825  850         4SABW          MK80                      BUR BALINGEN
reason: it seems that there is a confusion with a destroying earthquake
        with intensity X in Northern Italy at Jan. 1, 1112.
        For the reference BUR see BURGAUER (1651)
---------------------
Date of changing: April 10, 2006
now:
12770609      44740 910         4BOBW          MK50                      Ely KONSTANZ
before
12770527      44740 910         4BOBW          MK60                      SAy KONSTANZ
---------------------
Date of changing: Febr. 28, 2006
now
12950903      4647  932         5EACH12        65EM80  300   125 60 20   SDy CHURWALDEN/CH
before
12950904      4650  932         4EACH          MK80    300            2  SAy CHUR/CH
reason: see SDy and Ely
---------------------
Date of changing: Jan. 21, 1998
now:
1323          5315 1025         NXND           MK502                     DLKy LUENEBURG
before:
1323          5315 1025         NXND           MK60                      STW LUENEBURG
reason: Doubtful event; in a secondary historical document 300 years later,
        there is with reference to a disappeared source the following notice:
        "Accidit & Luneburgi terre motus". see LKy
        For the reference STW see STEINWACHS (1983)
```

```
----------------------
Date of changing: Sep.08, 1997
now:
1348          5103   707       4RSNW      MK601                 HIy BURSCHEID
reason:     after HINZEN (1997): no reports about damages; some buildings were
     in danger to collapse -->intensity 6 seems acceptable.
Date of changing: Mar.05, 1997
now:
1348          5103   707       4RSNW      MK701                 SAy BURSCHEID
before:
1348          5120   725       4RSNW      MK701                 SAy SCHWELM
reason: wrong coordinates; very doubtful event; supposed damages at the
        Abbey of Altenburg, 30 km SSW of Schwelm/Sauerland after SAy.
----------------------
Date of changing: June 10, 1998
now:
1356101822    44728  736       3ORCH154   MK90   400      12 MRy BASEL/CH
before:
1356101822    44727  730       3ORCH154   MK95   400      12 CMV BASEL/CH
        For the reference CMV see CADIOT et al. (1979)
----------------------
Date of changing: April 10, 2006
now:
13630624      44748  706       4OR F      MK70   100            E1y THANN/F
before:
13630703      44748  706       4OR F      MK70   100            RSy THANN/F
----------------------
Date of changing: April 10, 2006
now:
13720601      47498 7 90       2OR F      MS70   200            E1y MUEHLHAUSEN/F
13720908      47282 7360       2ORCH      MK55   120            E1y AESCH, BASEL
before:
13720601      4730   736       4ORCH      MS70   200            SAy SUNDGAU
13720908      4730   736       4ORCH      MK55   120            RSy BASEL/CH
----------------------
Date of changing: May 19, 2010
now:
15731221      4740   848       SRCH       EM50                  E3y STEIN/RHEIN
before:
15731221      47024  903       CCCH12     MK50                  E1y GLARUS
----------------------
Date of changing: Dec. 12, 2002
now:
157604271030  52 78113840      3AMAH      MK40   30            DG1y MAGDEBURG
before:
157604271030  52 78113840      3AMAH      MK40   30             G1y MAGDEBURG
reason: This event has the same day of the year and nearby the same time
     as the strong event two years later:
1578042711    50528121380      4VGTH      MK652                 G1y GERA
        In a region where earthquakes are very seldom, it seems more
        likely, that there is an error in the year 1576 of the first event
        and that the observations in Magdeburg 1576 belongs to the Gera
        event two years later in 1578. Therefore the event in 1576 was
        signed by LEYDECKER G. with a D as a doubtful event.
----------------------
Date of changing: May 02, 1996
now:
16121001      35204  842       3TWNW      MK602  20             LYy BIELEFELD
Date of changing: Mar. 1996
before:
16121001      35204  842       3TWNW      MK552  20             SAy BIELEFELD
before:
16121001      35204  842       3TWNW      MK40                  SAy BIELEFELD
reason: see VOGT & GRUENTHAL (1994); their intensity VI-VII MSK or
     VII MSK seems to be too high, but it must be higher than described
        by SIEBERG SAy; their intensity estimation is based in all on
        flying sheets.
----------------------
```

```
Date of changing: March 30, 2010
now:
166910100045   34836   748          SR  F        EM60     115                          SAy SRASSBURG
before
166910100045   34836   748          SR  F        MS70     115                          SAy SRASSBURG
reason: see ECOS (E3y)
---------------------
Date of changing: April 25, 2006
now:
168102062145   4710    932          GVCH12       EM60     150                          E1y VADUZ
before:
1681012722     4706    910          4GVCH        MK60     150                          SAy GLARUS/CH
---------------------
Date of changing: Oct.20, 1997
now:
168205120230   44758   631          3VO F204     60MK80   470          12      2 LCy REMIREMONT/F
before
168205120230   44800   630          3VO F        MS90     470                  2 SAy REMIREMONT/F
---------------------
Date of changing: June 15, 2010
now:
169012041545   4638 1352            ET  A        MK85     130                  2 CPy KAERNTEN
before:
169012041515   4636 1350            ET  A        MK90     130                  2 SAy VILLACH
---------------------
Date of changing: April 21, 2011
now:
169209181415   5037    551          2VE B202686160EM80    260135 45 10112   12 AXy VERVIERS
Date of changing: April 10, 2001
now:
169209181415   5033    537          2   B27 68   60MK80   500                          HOy VERVIERS/B
before:
169209181415   5048    448          4   B27      60MK80   500                          CRy TIENEN/B
---------------------
Date of changing: April 06, 2004
now:
172012200530   4731    926          3BOCH        EM601    70                           GMy ARBON(SG)/CH
reason: publication of GISLER et al. (2004) = GMy
        radius of shakebility = distance between epicenter and Zuerich
        (intensity III)
Date of changing: Febr. 26, 2002
now:
172012200530   4730    940          BOCH         MK60     80                           DSAy LINDAU
reason: the earthquake is real; no reports about damaged houses in Lindau,
        therefore the intensity must be less than 7.0; the epicenter and
        the intensity may be corrected with respect to the ongoing research
        of the ETH Zuerich about this event. Therefore at the moment a
        "D" = Doubtful event seems advisable.
Date of changing: Nov. 01, 2001
now:
172012200530   4730    940          BOCH         MK80     80                           DSAy LINDAU
before:
172012200530   4730    940          BOCH         MK80     80                           SAy LINDAU
reason: strong doubts about the realiability of a report about destroyed
        houses in Lindau. No report in the city chronicle of Lindau.
---------------------
Date of changing: Oct 30, 2000
now:
1733051814     34942 0801           4ORRP 85     45MK70   150                          GUy MUENCHWEILER
before:
1733051014     35000 0818           4ORRP 8      45MK70   200                          RSy MUENCHWEILER
---------------------
Date of changing: Nov. 16, 2007
now:
173611         5308 1410            3AMBR        29EM40                                G3y STENDELL
before:
173611         5236611516           3AMAH        MK35                                  G1y ALTMARK
reason: error in name of village --> wrong site
---------------------
```

```
Date of changing: Mar. 03, 1997
now:
175512261600   45047  618        3NBNW 85         MK65 30118                    M1y1DUEREN
before:
1755122616     45048 0618        NBNW  8      47MK70    160                    SAy1DUEREN
----------------------
Date of changing: April 10, 2001
now:
175512270030   45045  623        2NBNW18457   51MK70 30230100 24  8       1    HOy1DUEREN
Date of changing: Mar.03, 1997
now:
175512270030   45048  615        3NBNW184       MK70 30230100 24  8       1    M1y1DUEREN
before:
1755122624     45048 0620        NBNW11       51MK75    210                 2  SAy1DUEREN
----------------------
Date of changing: Mar.03, 1997
now:
175512270300   45047  618        3NBNW 85         MK55 30111                    M1y1DUEREN
before:
1755122704     45048 0618        NBNW  8      42MK60    100                    SAy1DUEREN

additional new events:
175601260330   45047  618        3NBNW           MK50 30 68                    M1y1DUEREN
175602131630   45047  618        3NBNW           MK40 30 55                    M1y1DUEREN
175602140330   45047  618        3NBNW           MK40 30 51                    M1y1DUEREN
----------------------
Date of changing: April 10, 2001
now:
175602180800   45047  615        2VENW14464   56MK80 30324135 56 22  7    12   HOy1DUEREN
Date of changing: Mar.03, 1997
now:
175602180800   45045  621        3VENW144       MK80 30324135 56 22  7    12   M1y1DUEREN
before:
1756021808     45048 0628        NBNW16       56MK80    460                 2  SAy DUEREN
----------------------
Date of changing: Mar.03, 1997
new events:
175602190600   45047  618        3NBNW           MK45 30 92                    M1y1DUEREN
175602200430   45047  618        3NBNW           MK50 30121                    M1y1DUEREN
175602210600   45047  618        3NBNW           MK40 30 42                    M1y1DUEREN
175602251700   45047  618        3NBNW           MK50 30 41                    M1y1DUEREN
175603060100   45047  618        3NBNW           MK55 30 56                    M1y1DUEREN
175610282200   45047  618        3NBNW           MK40 30 46                    M1y1DUEREN
175611190300   45047  618        3NBNW           MK45 30 62                    M1y  DUEREN
----------------------
date of changing: Apr. 30, 2009
now (like earlier parameters in the catalogue):
176704130030   5100  0942        3HSHS         40MK65     70                   SAy ROTENBURG/FULDA
parameters after MEIDOW (2001):
176704130020   5100  0942        2HSHS155     52EM60 30164 38  4               M2y ROTENBURG/FULDA
----------------------
date of changing: Sept. 2010; see LEYDECKER & KOPERA (1998), p. 21 - 26
177009031145   5230 0800         TWND            MK601    15                   MGy ALFHAUSEN
reason: only one report two months later in a newspaper;
        intensity VI seems too high, presumably smaller.
date of changing: Dec. 1995; see MGy (MEIER & GRUENTHAL 1991)
now:
177009031145   5230 0800         TWND            MK60     15                   MGy ALFHAUSEN
before:
177009031145   5230 0800         TWND            MK70                          SAy ALFHAUSEN
----------------------
date of changing: Feb. 01, 1999
now:
1789011815     35006  830        ORHS            MK55                          RSy MAINZ
before:
1789011815     35006  830        ORHS            MK55    200                   RSy MAINZ
reason: The radius of shakebility with Rs = 200 km is too big compared
        with the epicentral intensity of 5.5 . The radius, fixed by RSy,
        is based on the written catalogue of Sieberg (SAy). It seems that
```

his description of this earthquake is a mixture of reports about
different earthquakes.

Date of changing: April 10, 2001
now:
182802230830   5040 502   2   B17 57 54MS70   220   HOy TIRLEMONT/B
before:
182802230830   5048 454   B17   54MS70   220   CRy TIENEN/B

Date of changing: Nov. 01, 2001
now:
1839020721   4854 0901   NWBW 3   44MS60   70   LYy UNTERRIEXINGEN
before:
1839020721   4854 0901   NWBW 3   44MS70   70   ASy UNTERRIEXINGEN
reason: The epicentral intensity Io was estimated by FIEDLER (1954)
        to VI 1/2, by ASy and LEYDECKER (1986) to VII. The newest
        determination of Io = V or V 1/2 by FISCHER et al. (2001)
        underestimates the wide perceptibility. Io = VI seems adequate.

Date of changing: April 10, 2001
now:
184607292124   5008 740   2MRRP10455   49MK70 30162 61 20   7   HOy ST.GOAR
Date of changing: Mar. 03, 1997
now:
184607292124   5009 741   3MRRP104   49MK70 30162 61 20   7   M1y ST.GOAR
before:
184607292124   5009 0741   MRRP11   49MS70   260   ASy ST.GOAR

Date of changing: Nov.13, 1996
now:
184704071930   5027611 840 3CTTH175   EM60 30 95 20   NGy THUERINGER WALD
before:
184704071930   50186104620   3NFTH   MK65   100   G1y EISFELD

Date of changing: April 17, 2007
now:
1860082316   5010 1150   3VGBY   MK502   SPy FICHTELGEBIRGE
before:
1860082316   50 6011180   3NFBY   MK502   G1y FRANKENWALD
reason: The coordinates of G1y are those from the small village Wirsberg
        (Oberfranken), which is named in GIESBERGER (GIy) (and based on him
        in SPONHEUER SPy) as the epicenter of an earthquake at Aug. 21, 1860.
        This date is wrong because in the original church register of Wirsberg,
        the written date is Aug. 23, 1860. So this observation belongs to the
        earthquake in the Fichtelgebirge at Aug. 23, 1860.

Date of changing: June 16, 2006
reason: The epicenter of HOy is too far away from the region with the strongest
        observations. For the epicentral intensity, SOy gives VI (Mercalli-Sieberg
        Scale), ASy gives VII (MSK-1968 Scale). Based on the detailed
        observations, documented in NOEGGERATH (1870), an epicentral intensity of
        VI 1/2 MSK
        seems reliable.
now:
186910022345   5026 0733   MRNW 9   45MS65   140   ASy ENGERS/RHEIN
before:
Date of changing: April 10, 2001
now:
186910022345   5035 0731   2MRNW 9 43   45MS70   140   HOy ENGERS/RHEIN
before:
186910022345   5026 0733   MRNW 9   45MS70   140   ASy ENGERS/RHEIN

Date of changing: April 10, 2001
now:
187310220945   45053 06095 2NBNW 4 43   45MS70   180   1   HOy1HERZOGENRATH
before:
187310220945   45052 0605   NBNW 4   45MS70   180   1   ASy1HERZOGENRATH

```
Date of changing: April 10, 2001
now:
187706240853   5053 0605       2NBNW 2  44   46MS80    120             HOy HERZOGENRATH
before:
187706240853   5052 0606       NBNW  2       46MS80    120             ASy HERZOGENRATH
---------------------
Date of changing: April 10, 2001
now:
187808260900   5056  631       2NBNW 9456    53MK80 25330112 34 16  5   12 HOy TOLLHAUSEN
Date of changing: Mar.03, 1997
now:
187808260900   5056  633       3NBNW 94      53MK80 25330112 34 16  5   12 M1y TOLLHAUSEN
before:
1878082609     5056 0633       NBNW  8       53MS80    370            2 ASy TOLLHAUSEN
---------------------
Date of changing: Jun.25, 1997
now:
189208010458   34738  837      3AFCH202      42MK55    100             L2y S SCHAFFHAUSEN
before:
189208010458   34745  830      3SWBW 8       43MS60    100             S1y WUTACHTAL
---------------------
Date of rejection: Jan.21, 1998
190402112030   35000  906      NFHS          38MK55                    ASy ASCHAFFENBURG
reason: no reports or any item could be found (research by J. KOPERA &
        G. LEYDECKER) in the two local newspapers of Aschaffenburg.
history:
Date of changing: Jun.25, 1997
now:
190402112030   35000  906      NFHS          38MK55                    ASy ASCHAFFENBURG
before:
190402112030   35000  906      NFHS  5       38MK55    100             ASy ASCHAFFENBURG
reason: Intensity V-VI, depth 5 km and radius of shakebility 100km are
        incompatible
---------------------
Date of changing: April 10, 2001
now:
19260105233719 5043  648       2NBNW22346    50MK60    260             HOy ZUELPICH
before:
19260105233719 5044  637       NBNW223       50MK60    260             GZy ZUELPICH
---------------------
Date of changing: April 10, 2001
now:
192806192125   5022  723       2MRRP 7  40   MK60      70              HOy NEUWIED
before:
192806192125   5027  727       MRRP  7       MK60      70              SCy NEUWIED
---------------------
Date of changing: April 10, 2001
now:
192812131936   5056  631       2NBNW10 42    41MK55    120             HOy ROEDINGEN
before:
192812131936   5057  629       NBNW10        41MK55    120             SCy DUEREN
---------------------
Date of changing: Apr. 30, 2009; estimation of Mw = 6.2 by
     LEYDECKER G. with macroseismic data after the formula of JOHNSTON (1996)
now:
19310607002521 5405  130       5  NS23 6162  MK80325500300185120       K1y MS=6.7;DOGGERBANK
before (May 10, 2000):
19310607002521 5405  130       5  NS23 61    MK80325500300185120       K1y MS=6.7;DOGGERBANK
before:
19310607002521 5400  125       5  NS         MK80330600300185120       K1y MS=6.7;DOGGERBANK
kind of changing: adding and changing the values found in MUSSON (1994)
---------------------
Date of changing: April 10, 2001
now:
193107101657   5059  635       2NBNW10 39    39MK50    75              HOy BEDBURG
before:
193107101657   5102  635       NBNW10        39MK50    75              SCy BERGHEIM
---------------------
```

```
Date of changing: April 10, 2001
now:
193211202336   35138  532         2NBNL 8353  50MK70   380                HOy1VEGHEL/NL
Date of changing: Jun. 16, 1997
now:
193211202336   35140  535          NBNL 8355  50MK70   380                GZy1UDEN/NL
before:
193211202336   35140  535          NBNL 83    50MK70   380                GZy1UDEN/NL
       adding the value of ML=5.5 from AHORNER (1994)
---------------------
Date of changing: April 10, 2001
now:
193501040412   5114   6125        2NBNL13 44   MK60    150                HOy ROERMOND/NL
before:
193501040412   5116   624          NBNW13      MK60    150                SIy VIERSEN
---------------------
Date of changing: Aug. 15, 2003;
now:
19350627171930348025 0928          SABW11252  51MS75 30420145 60 15       ASy1MS=5.2;SAULGAU
before:
19350627171930 480250928           SABW10     51MS75   400154 57 15       ASy SAULGAU
reason: new estimation of magnitudes, depth and isoseismal radii by
       BRUESTLE & STANGE (2003) (see BSy)
---------------------
Date of changing: July 23, 2009; see ROy (actual catalogue)
now:
19380611105737 50440 3370      2   B1925651   MK70    180 95 65           ROy MS=5.0; NUKERKE/B
Date of changing: April 10, 2001
now:
19380611105742 5056  344       2   B22 61    59MK70    180 95 65          HOy MS=5.8; OUDENRADE
before:
19380611105742 5048  336           B22       59MK70    180 95 65          K1y MS=5.8; NUKERKE/B
---------------------
Date of changing: Dec.06, 1996
now:
19400524190858 5128811475         1CSSA 1443 41MS75     25  7  4  2       12SMy TEUTSCHENTHAL
before:
19400524190858 5128811475         1CSSA 1449 55MS75     25  7  4  2       12SMy TEUTSCHENTHAL
reason: new instrumental estimation of magnitude ML by B. TITTEL, Collm;
       new estimation of magnitude MK with KARNIK formula
       (M=0.5*Io+log(h)+0.35) because MK=5.5 was much too high
---------------------
Date of changing: April 10, 2001; adding ML from HOy
now:
19490711010738 5051  639           NBNW12 42 39MK50    100                GZy KOELN, KERPEN
before:
19490711010738 5051  639           NBNW12    39MK50    100                GZy KOELN
---------------------
Date of changing: April 10, 2001; adding ML from HOy
now:
19500308042706 5038 0643           EINW 7 47 47MS70    200                ASy EUSKIRCHEN
before:
19500308042706 5038 0643           EINW 7    47MS70    200                ASy EUSKIRCHEN
---------------------
Date of changing: April 10, 2001; adding ML from HOy
now:
1951031409465945038 0643          2EINW 9451 52MS75    260              1 ASy1MS=5.3;EUSKIRCHEN
Date of changing: Jun.16, 1997; adding ML from AHORNER (1994)
now:
1951031409465945038 0643          2EINW 9457 52MS75    260              1 ASy1EUSKIRCHEN
before:
1951031409465945038 0643          2EINW 94   52MS75    260              1 ASy1EUSKIRCHEN
---------------------
Date of changing: Feb. 01, 1999;
19520224212530 4930 0819           ORRP 8 47 48MS70    200                ASy LUDWIGSHAF.WORMS
kind of changing: adding the value of ML=4.7, estimated by D. KAISER/Jena
       and based on the seismograms of STU (Stuttgart)
---------------------
```

```
Date of changing: Jan. 18, 2002
now:
1962112904573444748 1106          BMBY  1        MK40     10              KOy1PEISSENBERG
before:
1962112904573444748 1106          BMBY  1        MK60M                    KOy1PEISSENBERG
reason: transmission error; wrong is intensity VI, correct is intensity IV;
     see KOy page 4.
---------------------
Date of changing: Oct.21, 1997; adding intensity from LLy
now:
19710903213308 4819   635         VO F 6 37      MK50                     C3y N EPINAL/F
before:
19710903213308 4819   635         VO F 6 37                               C3y N EPINAL/F
---------------------
Date of changing: Aug. 15, 2003
now:
1978090305083244817 0902          1SABW 7157   49MK75 30340140 45 20   1  BSy1MS=5.1; ALBSTADT
before:
1978090305083244817 0902          1SABW 6157   49MK75 30330135 41 20   1  SGy1MS=5.1; ALBSTADT
reason: new estimation of depth and isoseismal radii
---------------------
Date of changing: Oct.21, 1997; adding intensity from LLy
now:
19841231232653448 60 6336         VO F10G41      MK50                     EMy1REMIREMONT/F
before:
19841231232653448 60 6336         VO F10G41                               EMy1REMIREMONT/F
---------------------
Date of changing: Oct.21, 1997; correcting intensity from LLy
now:
198502282133 2 47390 7248         OR F10 34      MK50     30              IGy LOERRACH
before:
198502282133 2 47390 7248         OR F10 34      MK45     30              IGy LOERRACH
---------------------
Date of changing: Jan.21, 1998;
corrections made by B. DOST, KNMI, De Bilt/NL

new:
198912 1200918 52318 4582         NXNL    27     MK50                     BDBy PURMEREND/NL

now:
1991 215 21117 52462 6546         SXNL 3G22      MK35                     BDBy EMMEN/NL
before:
1991 2 2 21117 52462 6546         SXNL 3 22      MK35                     BDBy EMMEN/NL

now:
1991 8 8 4 115 52576 6342         NXNL 3G27      MK35                     BDBy ELEVELD, S ASSEN
before:
1991 8 8 4 114 52599 6209         NXNL 4 27      MK40                     BISy ELEVELD, S ASSEN

now:
199112 5 02455 53216 6396         NXNL 2G24      MK30                     BDBy MIDDELSTUM/NL
before:
199112 5 02456 53216 6402         NXNL 2 24      MK30                     BDBy MIDDELSTUM/NL

now:
1992 523152911 52570 6342         NXNL 3G26      MK35                     BDBy GEELBROEK/NL
before:
1992 523152948 52570 6348         NXNL 3 26      MK35                     BDBy S ASSEN/NL

now:
1992 61117 942 52498 7 24         SXND 2G27      MK35                     BDBy ROSWINKEL/NL
before:
1992 61117 942 52510 7 24         SXND 2 25      MK40                     BDBy N MEPPEN

new:
1992 722232313 52576 6348         NXNL 3G26      MK30                     BDBy ELEVELD/NL

new:
1993 922173704 53210 6384         NXNL 3G20      MK25                     BDBy MIDDELSTUM/NL
```

```
new
19931123213147 53121 6491          NXNL 3G22     MK25                     BDBy SLOCHTEREN/NL

now:
1994 816143742 53 30 6426          NXNL    26                             BDBy VEENDAM/NL
before:
1993 816143742 53 30 6426          NXNL    26                             BDBy VEENDAM/NL
---------------------
Date of changing: May 30, 2005
now:
2000 120 3 318350361 7047          2MRRP10138    EM50                     HKy MECKENHEIM
before:
2000 120 3 317550373 7414          RSRP10G37     MK50                     BNy MECKENHEIM
---------------------
Date of changing: Febr. 15, 2005
now:
2003 2222041 6448199 6404          2VO F12 54    EM65 30250 65 15         CBy1RAMBERVILLERS/F
before:
2003 2222041 6448199 6404          2VO F11 59    EM60    250              LDy1RAMBERVILLERS/F
---------------------
```

Anhang 8:   Dokumentation der seit 1992 gelöschten Erdbeben. Angegeben ist jeweils der vollständige alte Datensatz.
Die Referenzen und Literaturzitate sind in Anhang 5 aufgelistet.

Appendix 8:   Documentation about rejected earthquakes since 1992. In each case the complete old catalogue line is denoted.
The references and cited papers are listed in appendix 5.

```
---------------------
rejected quake (date of rejection: Feb. 01, 1999):
8581225        5000  818      3ORRP         MK602                  SAy MAINZ
reason: As a result of historical investigations by GUTDEUTSCH,R. & CH.
        HAMMERL (1999) about the earthquake of Jan. 1, 858 in Mainz,
        not any notice could be found about the existence of the
        earthquake of Dec. 25, 858. It may be an error in the date.
---------------------
rejected quake (date of rejection: June 2, 2005):
1021051210     4730  736      4ORCH         MK85      600          SAy BASEL
reason: misinterpretation; see E1y; see E2y: ECOS_fake (2005)
---------------------
rejected quake:
10461109       5147  923      HSND          MK80                   LBR HOEXTER
reason: wrong epicentral area: not Hoexter/Lower Saxony (KNOLLE, 1981)
        but N-Italy (LEYDECKER & BRUENING, 1988);
        for reference LBR see LEYDECKER,G. & BRUENING,H.J. (1988)
---------------------
rejected quakes (date of rejection: April 10, 2006):
10481013       44740 910      4BOCH         MK60      30           VGy1KONSTANZ
10481015       44740 910      3BOCH         MK60                   VGy1KONSTANZ
10481016       44740 910      3BOCH         MK60                   VGy KONSTANZ
reason: misinterpretation; see E1y; see E2y: ECOS_fake (2005)
---------------------
rejected quake (date of rejection: 1992):
10620208       4900 1200      4BMBY         MK80      300          SAy REGENSBURG
reason: misinterpretation of historical sources; see SCHMEDES et al. (1993)
---------------------
rejected quakes (date of rejection: April 10, 2006):
10920208       14740 910      4BOCH         MK60                   SAy KONSTANZ
1098           4730  736      3ORCH         MK60                   SEy BASEL/CH
reason: misinterpretation; see E1y; see E2y: ECOS_fake (2005)
---------------------
rejected quake  (date of rejection: May 3, 2002):
1112           4825  850      4SABW         MK80                   DBUR BALINGEN
reason: confusion in date with the destroying earthquake (Io = X or more)
        in Verona/Italy at Jan. 3, 1117, which was strongly felt in
        Southern Germany.
        For the reference BUR see BURGAUER, J. (1651)
---------------------
rejected quake  (date of rejection: Oct. 21, 1997):
12790902       4900  800      5OR F         MK80                   SAy WEISSENBURG
reason: not in French earthquake catalogues; see J.VOGT (ed.) (1979),
        A.LEVRET et al (1996) = LCy, J.LAMBERT et al (1996) = LLy ;
        named in SAy are Strasbourg and Neustadt/Weinstrasse
---------------------
rejected quake  (date of rejection: Febr. 28, 2006):
12950405       4650  930      4EACH         MS80           26 SAy CHUR/CH
reason: see E1y; see E2y: ECOS_fake (2005)
but new earthquake:
12950403       4805  722      OR F          MK50                   E1y COLMAR/F
---------------------
rejected quake (date of rejection: July 13, 2010):
1346           5048012120     5VGTH         MK801                  35DG1y GERA
```

```
reason: fake, G. GRUENTHAL (pers. com.)
history:
Date of changing: Mar. 31, 2008;
now:
1346         5048012120     5VGTH        MK801                     35DG1y GERA
before:
1346         5048012120     5VGTH        MK801                     35 G1y GERA
reason: very doubtful event, G. GRUENTHAL (pers. com.)
---------------------
rejected quake (date of rejection: June 2, 2005):
1346112424   4730 736       ORCH         MS80                      SAy BASEL/CH
reason: misinterpretation; see E1y; see E2y: ECOS_fake (2005)
---------------------
rejected quake (date of rejection: March 2, 2007):
1385         5054 542       BRNL         MK65                      CRy MAASTRICHT
reason: see ALEXANDRE (1994)
---------------------
rejected quake (date of rejection: April 21, 2006):
13910323     4740 718       4ORCH        MK70                      SAy SUNDGAU
reason: see E1y; see E2y: ECOS_fake (2005)
---------------------
rejected quake (date of rejection: March 2, 2007):
13930611     5054 542       BRNL         MK65                      CRy MAASTRICHT
reason: see ALEXANDRE (1994)
---------------------
rejected quake (date of rejection: 1995):
1410082322   5300 1220      4AMBR155     MK70   180                SAy PRIGNITZ
reason: misinterpretation of historical documents; this earthquake
        now is interpreted to have been occured 1409 08 23, 22 h, Io=VI,
        near Magdeburg; see G4y
---------------------
rejected quake (date of rejection:1995):
14121128     5300 1200      AMBR         MK50                      SAy PRIGNITZ
reason: storm; see G4y
---------------------
rejected quake (date of rejection: April .21, 2006):
14150621     4730 736       3OR F        MK60                      SAy BASEL/CH
reason: see E1y; see E2y: ECOS_fake (2005)
---------------------
rejected quake  (date of rejection: May 15, 1998):
1445021424   5000 818       ORRP         MK802                     SAy MAINZ
reason: The submitted report about the destroying of nine houses nearby the
        church St. Alban in Mainz must be the result of bad soil conditions.
        No historical reports elsewhere could be found.
        GUTDEUTSCH, R. & CH. HAMMERL (1999); GRUENTHAL et al. (1999)
---------------------
rejected quake  (date of rejection: Jan. 21, 2003):
147105       4850 1030      FABY         MK70                      SAy NOERDLINGEN
reason: storm?; not any evidence on an earthquake; see G6y
---------------------
rejected quake  (date of rejection: March 2, 2007):
15040514     5054 542       BRNL         MK40                      CRy MAASTRICHT
reason: date confusion with the event August 23, 1504 with intensity 7.0
        near Aachen
---------------------
rejected quake (date of rejection: June 2, 2005):
15310126     4730 736       5ORCH        MK80M                     RSy BASEL/CH
reason: misinterpretation; see E1y; see E2y: ECOS_fake (2005)
---------------------
rejected quake (date of rejection: April 21, 2006):
15331126     4725 938       4BOCH        MK60   50                 GIy ST.GALLEN
reason: misinterpretation; see E1y; see E2y: ECOS_fake (2005)
---------------------
rejected quake (date of rejection: April 21, 2006):
```

```
15370301        4730  736      3ORCH       MS60                    SAy BASEL/CH
reason: misinterpretation; see E1y; see E2y: ECOS_fake (2005)
----------------------
rejected quake (date of rejection: April 21, 2006):
1572020908      4730  736      ORCH        MK60                    RSy BASEL/CH
reason: misinterpretation; see E1y; see E2y: ECOS_fake (2005)
----------------------
rejected quake  (date of rejection: Jan. 21, 2003):
1591            4846  1115     FABY        MK60                    SAy ALTMUEHLTAL
reason: farfield effects of the destroying earthquake in NEULENGBACH/A on
        Sept. 16, 1590, with intensity IX; see G6y
----------------------
rejected quake  (date of rejection: Jan. 21, 2003):
15930206        4850  1030     FABY        MK70    160             SAy NOERDLINGEN
reason: storm; see G6y
----------------------
rejected quake (date of rejection: Jan. 26, 2007):
159506          5003  708      HURP        MK70                 46 SAy ALF/MOSEL
reason: see GRUENTHAL & FISCHER (1999): wrong date and location;
        mixing up with the earthquake on June 11, 1395 in the lower Rhine
        area in the region of Cologne and Liege;
        see earthquake 1395 06 11 near Juelich.
----------------------
rejected quake (date of rejection: April 21, 2006):
1601091801      4655  822      3CCCH       62MK80               6 SZy UNTERWALDEN
reason: misinterpretation; see E1y; see E2y: ECOS_fake (2005)
----------------------
rejected quakes (date of rejection: April 21, 2006):
16140227        4730  730      3ORCH       MK60                    SAy BASEL/CH
1614092400      4730  736      3ORCH       MK55                    SAy BASEL/CH
reason: misinterpretation; see E1y; see E2y: ECOS_fake (2005)
----------------------
rejected quake (date of rejection: April 21, 2006):
16210521        4712  718      4WFCH       MK70    120             SAy NEUCHATEL
reason: misinterpretation; see E1y; see E2y: ECOS_fake (2005)
----------------------
rejected quakes (date of rejection: April 21, 2006):
16500506        4730   736     3ORCH       MK60                    VGy BASEL/CH
16500907       44730   736     3ORCH       MK70                    VGy1BASEL/CH
1650091004     44730   736     3ORCH       MK65                    VGy1BASEL/CH
165009110130   44730   736     3ORCH       MS65                    SAy1BASEL/CH
reason: misinterpretation; see E1y; see E2y: ECOS_fake (2005)
----------------------
rejected quake (date of rejection: April 21, 2006):
1650102013      4730  810      4SFCH       MK55                    VGy BADEN/CH
reason: misinterpretation; see E1y; see E2y: ECOS_fake (2005)
----------------------
rejected quake (date of rejection: April 21, 2006):
16660901        4735  920      3BOCH       MK60                    SAy BODENSEE
reason: misinterpretation; see E1y; see E2y: ECOS_fake (2005)
----------------------
rejected quake (date of rejection: Dec. 07, 2009):
166909301245   44830   745     SR F        MS70    115             RSy STRASSBURG
reason: misinterpretation; see E1y; see E2y: ECOS_fake (2005)
        same description as the real event:
166910100045   34836   748     SR F        MS70    115             SAy SRASSBURG
----------------------
rejected quake  (date of rejection: February 26, 2002):
reason: late inquiries, also in the surrounding, did not find
        any report about this "quake", see G6y

Date of changing: Nov. 01, 2001
now:
167004120230    4905  1015     FABY        MK70                    DSAy DINKELSBUE.
```

```
before
167004120230    4905 1015       FABY        MK70                    SAy DINKELSBUE.
reason: very doubtful; only the collapse of a wall (80 m long) is reported,
        nothing else.
----------------------
rejected quake (date of rejection: April 21, 2006):
1674120609    4706  948        4GVCH       MK60   200               SAy GLARNER L.
reason: misinterpretation; see E1y; see E2y: ECOS_fake (2005)
----------------------
rejected quake  (date of rejection: Jan. 21, 2003):
169011241515   4854 1030       FABY        MK60M                    GIy NOERDLINGEN
reason: farfield effects of the destroying earthquake in Villach/A on
        Dec. 04, 1690, with intensity IX; the date Nov. 24 in the old calendar
        corresponds to Dez. 04 of the Gregorian calendar; see G6y
----------------------
rejected quake  (date of rejection: July 31, 1997):
1693122613    4940 1010        NFBY        MK701                    SAy MARKTBREIT
reason: mixture of storm, eventually collapse in gypsum layers below the
        church of Marktbreit/Main near Wuerzburg and eventually mixed with
        different earthquakes in the Northern Rhinegraben area namely in
        Wiesbaden, Frankfurt/Main and Rheinfels (unknown place).
        see: GRUENTHAL & FISCHER (2002).
----------------------
rejected quake (date of rejection: Jan. 21, 2003):
175512090930   4845 1040       FABY        MK70   130               SAy DONAUWOERTH
reason: farfield effects of the destroying earthquake in Wallis/CH on
        Dez. 09, 1755, 14:30, with intensity VIII; the time 09:30 corresponds
        with that of the destroying earthquake near Lissabon/Portugal on
        Nov. 1, 1755, which deeply impressed the people; see G6y
----------------------
rejected quake (date of rejection: Nov. 21, 2007):
17890517       15224012270     3NDBR       MK502                    GIy PLAUE/HAVEL
reason: No reports in local chronicles; see GRUENTHAL (2006)
----------------------
rejected quake (date of rejection: 1992):
1822020723    4838 1200        BMBY        MK65                     GIy NEUHAUSEN
reason: a hoax; see BACHMANN & SCHMEDES (1993)
----------------------
rejected quake (date of rejection: April 21, 2006):
182812152050   4734  935       BOBW12      45MK60  160              S1y LINDAU
reason: confusion with 1826-12-15 20:30 event;
        see E1y; see E2y: ECOS_fake (2005)
----------------------
rejected quake (date of rejection: Feb. 10, 1999):
18380316      4908  914        EWBW        MK65                     SPy HEILBRONN
reason: As a result of historical investigations by G.SCHNEIDER/Stuttgart
        not any notice could be found in the chronicle of the town Heilbronn
        and also not in the Swabian Chronicle or other sources.
----------------------
rejected quake (date of rejection: Feb. 01, 1999):
18710216      34940  830       ORHS        MS70                     RSy LORSCH
reason: As a result of historical investigations by GUTDEUTSCH &
        HAMMERL (1999) not any notice could be found about the existence
        of this earthquake.
----------------------
rejected quake (date of rejection: Nov. 21, 2007):
187610311150  5222812582       3NDBR       MK401                    GIy WERDER
reason: No reports in local chronicles; see GRUENTHAL (2006)
----------------------
rejected quake (date of rejection: Jan.21, 1998):
190402112030  35000  906       NFHS        38MK55                   ASy ASCHAFFENB.
reason: no reports or any item could be found (research by J. KOPERA &
        G. LEYDECKER) in the two local newspapers of Aschaffenburg;
----------------------
```

rejected quake (date of rejection: July 25, 2009):
190811051310   5055811354   2CTTH   MK452   Gly STADTRODA
reason: the "event" was during the strong phase of the Vogtland swarm of
        1908; it is a phantom (after H. NEUNHOEFER, pers. communic.)
----
rejected quake (date of rejection: April .21, 2006):
195311011920   4735 832   SFCH   MK45   SEy WINTERTHUR
reason: misinterpretation; see E1y; see E2y: ECOS_fake (2005)
----
rejected quakes (date of rejection: July 25, 2009):
19771011190856 5111 1134   CTTH   30   ISy N WEIMAR
19820505085533 5112 1124   CTTH   27   GRy NE Weimar
19820510082839 5112 1118   CTTH   27   GRy Erfurt
reason: the registrations of the nearby station MOXA do not agree with
        these events (H. NEUNHOEFER, pers. communic.)
----
rejected quakes (date of rejection: June 14, 2010):

199110 3163045 50300 5342   VE B 3 24   BGy S LIEGE/B
reason: explosion, after GLA

1992 413014641 51132 6 96   NBNL 2 22   LDy ROERMOND/NL
reason: ML = 1.5 (GLA; BNS)

1992 413 53521451 48 5588   NBNL12 25   LDy1ROERMOND/NL
reason: ML = 1.5 (GLA); ML = 1.9 (BNS)

1992 414 0 131 51120 6 24   NBNW20 24   LDy ERKELENZ
reason: ML = 1.8 (GLA; BNS)

1992 420 441 1 51168 5498   NBNL10G24   EMy WEERT/NL
reason: ML = 1.5 (GLA); ML = 1.8 (BNS)

1992 426 145 1 50540 6180   NBNL12 20   ISy KERKRADE/NL
reason: ML = 1.5 (GLA; BNS)

1997 423141921 50420 6 00   4VE B10G22   LDy VERVIERS/B
reason: explosion, after GLA

1997 624135038 51 78 6 54   3NBNW12 24   BGRy ERKELENZ
reason: ML = 1.0 (GLA)

20001221 01856 50460 6 53   NBNW 1G26   LDy AACHEN
reason: ML = 1.9 (GLA)

2001 9 8 85047 50265 7224   MRRP 2 25   LDy NEUWIED
reason: ML = 1.7 (BNS)
----
rejected quake (date of rejection: April .21, 2006):
2003 5 81336 1 47151 7 61   WJCH 8G20   LDy ST. URSANNE
reason: not found in instrumental records;
        see E1y; see E2y: ECOS_fake (2005)

Anhang 9: Einige empirische Beziehungen

Appendix 9: Some empirical relations

Empirische Beziehungen

Intensitätsabnahme mit der Entfernung

Das Abklingen der vom Erdbebenherd (Epizentralintensität Io) ausgehenden Erschütterungen mit der Entfernung lässt sich nach SPONHEUER (1960), basierend auf KÖVESLIGETHY (1907), durch folgende bewährte Intensitäts-Abnahmefunktion beschreiben:

$$I_S = Io - 3 \log_{10} (R/h) - 1.3 \, \alpha \, (R - h) \tag{1}$$

Ersetzt man in dieser Formel Hypozentralentfernung R durch Epizentralentfernung s und Herdtiefe h

$$R = \sqrt{h^2 + s^2} \tag{2}$$

so ergibt sich

$$I_S = Io - 3 \log_{10} (\frac{1}{h} \sqrt{h^2 + s^2}) - 1.3 \, \alpha \, (\sqrt{h^2 + s^2} - h) \tag{3}$$

I_S = Intensität an der Erdoberfläche an einem Standort in der Entfernung R vom Hypozentrum bzw. in der Entfernung s vom Epizentrum
Io = Epizentralintensität
R = Entfernung in km vom Hypozentrum
s = Entfernung in km vom Epizentrum
h = Herdtiefe in km (mittlere Herdtiefe in Deutschland ca. 8 km)
α = Absorptionskoeffizient [1/km]; (ein mittlerer Wert für krustale tektonische Erdbeben in Mitteleuropa und für Herdtiefen größer 3 km ist α = 0.002/km)

Setzt man für s die Isoseistenradien und für I_S die jeweils zugehörigen Intensitätswerte der Isoseisten ein, so lässt sich mit (3) in einem iterativen Rechenverfahren ein recht genauer Schätzwert der Herdtiefe h bestimmen.

Magnitude und Energie

Nach GUTENBERG & RICHTER (1956) (siehe RICHTER 1958, S. 364) lässt sich die in Form seismischer Wellen abgestrahlte Energie E [erg] eines Bebens aus seiner Oberflächenwellen-Magnitude MS abschätzen:

$$\log_{10} E = 1.5 \, MS + 11.4 \tag{4}$$

Was die Zunahme um einen Magnitudenwert hinsichtlich der Energiedifferenz zwischen zwei Beben bedeutet, soll hier kurz hergeleitet werden. Das Verhältnis der Energie E_2 eines Bebens mit (MS +1) zur Energie E_1 des um einen Magnitudenwert schwächern Bebens mit MS ergibt sich zu

$$E_2 / E_1 = 10^{1.5} = 31.6 \qquad (5)$$

Die Zunahme um einen Magnitudenwert bedeutet demnach die Vergrößerung der seismischen Energie um das ca. 32-fache, die Zunahme um zwei Magnitudenwerte um das ca. 1000-fache.

Charakteristischen Herdtiefe(n) einer Region

Während die Epizentralintensität historischer Beben aus den schriftlichen Überlieferungen bestimmt wird, bleibt die Herdtiefe häufig unbekannt und lässt sich nur in seltenen Fällen bei flächenhafter Kenntnis der makroseismischen Wirkungen eingrenzen. Um dieser Faktenlücke zu begegnen, wurde von KOPERA & LEYDECKER (persönl. Mitteilung) das Konzept „charakteristischen Herdtiefe(n) einer Region" entwickelt.

Die charakteristische Herdtiefe einer erdbebengeografischen Region wird als jene Tiefe definiert, in der über die Zeit das Maximum der seismischen Energie in Form von Erdbebenwellen abgestrahlt wird. Hierzu wurden für jede Region in Deutschland mit ausreichenden Erdbebendaten alle jene Beben herausgesucht, deren Herdtiefe und Magnitude instrumentell bestimmt worden waren. Um die durch menschliche Tätigkeit (z. B. Bergbau) verursachten Erdbeben auszuschließen, wurden nur Beben berücksichtigt, deren Herdtiefe größer 3 km war.

Aus instrumentellen Beobachtungen wird für Erdbeben die Lokalmagnitude ML nach RICHTER bestimmt. RUDLOFF & LEYDECKER (2001a) zeigen(4.5 ≤ ML ≤ 7.1; 65 Daten), ähnlich wie bereits GUTENBERG & RICHTER (1956) einen linearen Zusammenhang zwischen MS und ML, weshalb bei Betrachtung der Energie aus Gründen der Vereinfachung MS = ML gesetzt werden kann. Für die Beben einer Region wurden mittels (4) die Energien berechnet und entsprechend der Herdtiefe aufsummiert. Aus diesen Tiefen-Energiesummen wurde das Maximum bestimmt, also jene Tiefe mit der größten Freisetzung von seismischer Energie. Diese Tiefe wird von KOPERA & LEYDECKER als charakteristische Herdtiefe der jeweiligen Region bezeichnet. In wenigen Regionen, so z. B. in der Region Niederrheinische Bucht, zeigen die Tiefen-Energiesummen zwei Maxima. In solchen Fällen werden beide Tiefen als charakteristische Herdtiefen bezeichnet und benutzt. Für manche Region war die Datenlage allerdings zu dürftig, um eine charakteristische Herdtiefe bestimmen zu können. In der nachfolgenden Tabelle sind die zu jeder der erdbebengeografischen Einheiten bestimmten charakteristischen Herdtiefen eingetragen (s. auch Abb. 1.4 in LEYDECKER et al. 2006).

Charakteristische Herdtiefen einiger erdbebengeographischer Regionen

Abk.	erdbebengeographische Region	charakteristische Herdtiefen [km]
BM	Bayerische Molasse	7 / 25
BO	Bodenseegebiet	10 / 18
CM	Zentral-Böhmisches Massiv	5
CS	Zentral-Sachsen	10
EI	Eifel	9
EW	Östliches Württemberg	7
FA	Fränkische Alb	7
HS	Hessische Senke	9
HU	Hunsrück	7
MR	Mittelrheingebiet	10
NB	Niederrheinische Bucht	9 / 14
NF	Nord-Franken	5
NR	Nördlicher Oberrheingraben	7
NW	Nord-Schwarzwald	7 / 24
PS	Pfalz-Saar Gebiet	7
RS	Östliches Rheinisches Schiefergebirge	13
SA	Schwäbische Alb	9
SB	Südliches Böhmisches Massiv	5
SR	Mittlerer u. Südlicher Oberrheingraben	7 / 11
SW	Süd-Schwarzwald	8 / 20
VE	Hohes Venn	11
VG	Vogtland	10
VO	Vogesen/F	2 / 9

Empirische Beziehungen zur Einschätzung der Bebenstärke

Makroseismische Daten und Magnituden

Unter Verwendung des Erdbebenkatalogs für Deutschland (Stand 2001) wurden von RUDLOFF & LEYDECKER (2002) u. a. die unten aufgeführten Beziehungen zwischen makroseismischen Daten (Epizentralintensität Io und Schütterradius RS [km]), Herdtiefe h [km] und Lokalmagnitude ML abgeleitet. Nichttektonische Beben wie z. B. Gebirgsschläge und Beben mit Herdtiefen kleiner 3 km wurden vor der Analyse aus dem Datensatz entfernt.

a) Beziehung zwischen Epizentralintensität Io mit Herdtiefe h [km] und Lokalmagnitude ML

nach RUDLOFF & LEYDECKER (2002):

$$ML = -0.154 + 0.636\, Io + 0.555 \log_{10} h \qquad (6)$$

(Daten: 270 Erdbeben mit $4.0 \leq Io \leq 7.5$; $h \geq 3$ km. – Standardabweichung σ für ML: σ (ML) = ± 0.4)

GUTDEUTSCH et al (2000) bestimmten auf der Basis des überarbeiteten Karnik-Katalogs (Europa und Mittelmeerraum) für Herdtiefen bis maximal 100 km folgende Beziehung mittels linearer Regression

$$ML = -4/3 + 2/3\, Io + 2 \log_{10} h \qquad (7)$$

und mittels orthogonaler Regression

$$ML = 0.129 + 0.302\, Io + 2.48 \log_{10} h \qquad (8)$$

σ (ML) = ± 0.31)

Von GRÜNTHAL & WAHLSTRÖM (2003) wurde folgende Formel entwickelt:

$$ML = 0.74\,(\pm0.05)\, Io + 0.78\,(\pm0.23) \log_{10} h - 0.87\,(\pm0.36) \qquad (9)$$

Im Vergleich der Formeln (6) – (9) ergeben sich unterschiedliche Werte für ML, was einmal von der Art der Regressionsanalyse aber auch von den verwendeten unterschiedlichen Datensätzen bei der Formelherleitung abhängt. Mit (6) ergeben sich im oberen Intensitätsbereich zu kleine Werte für ML im Vergleich mit (7) – (9). Die Ursache dürfte in der zu geringen Zahl der Beben aus dem oberen Intensitätsbereich liegen, die für (6) bei der Regression zur Verfügung standen.

b) Beziehung zwischen Epizentralintensität Io mit Schütterradius R_S [km], und Lokalmagnitude ML

nach RUDLOFF & LEYDECKER (2002):

$$ML = 0.437 + 0.380\, Io + 0.789 \log_1 R_S \qquad (10)$$

(Daten: 246 Erdbeben mit $4.0 \leq Io \leq 7.5$; h (berechnet) ≥ 3 km; σ (ML) = ± 0.38

c) Beziehung zwischen Isoseistenflächen und MW

Hierfür können die von JOHNSTON (1996) angegebenen empirischen Zusammenhänge zwischen Isoseistenflächen, Epizentralintensität und seismischem Moment Mo angewandt werden, um dann aus Mo nach der Formel von HANKS & KANAMORI (1979) MW zu berechnen. Diese Beziehungen von JOHNSTON (1996) sind die einzigen ihrer Art, die eine direkte Bestimmung der Momentenmagnitude MW aus der Fläche der Verspürbarkeit A_{felt} und den Isoseistenflächen A_{III} bis A_{VIII} der Intensitäten III bis VIII ermöglichen.

Mit den speziellen Gleichungen von JOHNSTON (1996) für Erdbeben in stabilen kontinentalen Regionen wurde für ausgewählte Erdbeben M_W berechnet. Die Auswahlkriterien und die Ergebnisse sind in Tabelle 5 wiedergegeben.

Geometrische Bruchgrößen und MW

Auf der Grundlage weltweiter Daten von WELLS & COPPERSMITH (1994) bestimmten RUDLOFF & LEYDECKER (2001b) u. a. folgende Beziehungen zwischen geometrischen Bruchgrößen und der Momentmagnitude MW.

a) maximale Verschiebung Vmax [m]

mit allen Bebentypen:

$$\log_{10} Vmax = -3.811 + 0.601 \, MW \tag{11}$$

(Daten: 79 Erdbeben; MW: 5.2 – 8.1; σ (Vmax) = ± 1.6 m)

nur Bebentyp Blattverschiebung (strike slip):

$$\log_{10} Vmax\text{-}ss = -3.716 + 0.590 \, MW \tag{12}$$

(Daten: 41 Erdbeben; MW: 5.6 – 8.1; σ (Vmax-ss) = ± 1.8 m)

b) mittlere Verschiebung Vmitt [m]

mit allen Bebentypen:

$$\log_{10} Vmitt = -4.761 + 0.694 \, MW \tag{13}$$

(Daten: 55 Erdbeben; MW: 5.6 – 8.1; σ (Vmitt) = ± 1.0 m)

nur Bebentyp Blattverschiebung (strike slip):

$$\log_{10} Vmitt\text{-}ss = -5.551 + 0.798 \, MW \tag{14}$$

(Daten: 29 Erdbeben; MW: 5.6 – 8.1; σ (Vmitt-ss) = ± 1.4 m)

c) Herdlänge (überdeckt) L [km]

mit allen Bebentypen:

$$\log_{10} L = -3.273 + 0.712 \, MW \qquad (15)$$

(Daten: 168 Erdbeben; MW: 4.6 – 8 ; σ (L) = ± 21.0 km)

nur Bebentyp Blattverschiebung (strike slip):

$$\log_{10} L\text{-ss} = -2.854 + 0.663 \, MW \qquad (16)$$

(Daten: 92 Erdbeben; MW: 4.6 – 8.1; σ (L-ss) = ± 23.6 km)

Empirische Beziehungen bei Gebirgsschlägen im deutschen Kalibergbau

a) Zusammenhang zwischen Magnitude und Bruchfläche

Eine Liste der in deutschen Kalibergwerken aufgetretenen starken Gebirgsschläge ist in Tabelle 4 zusammengestellt. Die darin aufgeführten Daten bilden die Grundlage für die nachfolgenden Überlegungen. Nach LEYDECKER (1998) ergibt sich folgender Zusammenhang zwischen Lokalmagnitude ML und Bruchfeldgröße F:

$$F \, [\text{km}^2] = 0.00156 \cdot 10^{\,0.65 \cdot ML} \qquad (17)$$

oder

$$\log_{10} F \, [\text{km}^2] = 0.65 \cdot ML - 2.8 \qquad (18)$$

bzw. zwischen Bruchfeldgröße F und Lokalmagnitude ML

$$ML = 1.13 \cdot \log_{10} F \, [\text{km}^2] + 4.486 \qquad (19)$$

Damit kann aus der Größe einer möglichen Bruchfläche F die Lokalmagnitude ML zukünftiger Beben abgeschätzt werden.

b) Zusammenhang zwischen Intensität Io und Magnitude ML

Aus den bisher beobachteten Gebirgsschlägen im deutschen Kalibergbau für die sowohl die Lokalmagnitude ML als auch die Epizentralintensität Io aus Beobachtungen bekannt sind (für große Gebirgsschläge Tabelle 4, für kleinere s. Erdbebenkatalog) ergibt sich die folgende Beziehung:

$$Io = 1.15 \, ML + 1.93 \qquad (20)$$

Hier kann auf die Einbeziehung der Herdtiefe verzichtet werden, da diese bei allen betrachteten Gebirgsschlägen ähnlich groß ist (um 1 km).

c) Absorptionskoeffizient α

Für die Intensitätsabnahme mit der Entfernung bei tektonischen Erdbeben in Deutschland mit Herdtiefen größer ca. 4 km hat α einen Wert zwischen 0.001 [km^{-1}] und 0.003 [km^{-1}], bei kleineren Herdtiefen liegt dieser Wert höher. Insbesondere bei Gebirgsschlägen ergeben sich wegen der geringen Herdtiefen unter 1 km für α sehr viel größere Werte. In der nachfolgenden Tabelle sind die bei Gebirgsschlägen in deutschen Kalibergwerken ermittelten Absorptionskoeffizienten aufgelistet. Daraus ergibt sich für α ein Wert zwischen 0.04 [km^{-1}] und 0.016 [km^{-1}]. Um die Erschütterungswirkung abschätzen zu können, kann konservativ für α ein Wert von 0.025 [km^{-1}] angenommen werden.

Absorptionskoeffizient α bei Gebirgsschlägen in deutschen Kalibergwerken

Datum	Ort	α [km^{-1}]	Quelle
24.05.1940	Krügershall	0.03	SPONHEUER (1960)
22.02.1953	Heringen	0.04	SPONHEUER (1960)
08.07.1958	Merkers	0.03	SPONHEUER (1960)
13.03.1989	Völkershausen	0.016	LEYDECKER et al. (1998)
11.09.1996	Teutschenthal	0.03 ≥ α ≥ 0.008	TITTEL et al. (2001)

Beziehungen zwischen ML und MW

Auf der Grundlage weltweiter Erdbebendaten, wie sie vom USGS (U. S. Geological Survey) zur Verfügung gestellt werden, bestimmten RUDLOFF & LEYDECKER (2001a) u. a. folgende Beziehungen zwischen der Lokalmagnitude ML und der Momentmagnitude MW. Ausgewertet wurden Erdbeben der Jahre 1993 bis 1999.

1. a) Beben weltweit

$$MW = 1.04 + 0.85 \, ML \quad (21)$$

(Daten: 59 Erdbeben; ML: 4.8 – 7.1; σ (MW) = ± 0.30)

1. b) nur Daten europäischer Erdbeben:

$$MW = 1.57 + 0.76 \, ML \quad (22)$$

(Daten: 18 Erdbeben; ML: 4.8 – 6.2; σ (MW) = ± 0.27)

2.) GRÜNTHAL & WAHLSTRÖM (2003) haben folgende quadratische Beziehung abgeleitet:

$$MW = 0.67 + 0.56 \, ML + 0.046 \, ML^2 \quad (23)$$

3.) ALLMANN et al. (2010) bestimmten für Erdbeben in der Schweiz aus dem Zeitraum 1998 bis 2009 aus den instrumentellen Aufzeichnungen sowohl ML als auch MW. Zur Umrechnung von ML in MW schlagen sie eine Dreiteilung des Magnitudenbereichs vor mit jeweils eigenen Beziehungen:

für	ML < 2.0	MW = 0.594 ML + 0.985	(24a)
für	2.0 ≤ ML < 4.0	MW = 1.327 + 0.253 ML + 0.085 ML²	(24b)
für	ML ≥ 4.0	MW = ML − 0.3	(24c)

Verhältnis Bruchlänge zu Störungslänge

Bei der deterministischen Abschätzung der Erdbebengefährdung für einen Standort, insbesondere in einem Gebiet geringer Seismizität, sind die Annahmen zum Bebenort und zur Stärke eines maximal möglichen Erdbebens von entscheidender Bedeutung.

Deshalb wurde von LINDENFELD & LEYDECKER (2004) die Frage nach der maximalen Bruchlänge im Verhältnis zur Störungslänge untersucht, wobei unter der hier angesprochenen Länge der zusammenhängende Teil einer geologischen Störung zu verstehen ist. Das Datenmaterial hierzu stammt aus Kalifornien, einem der stärksten und besterforschten Erdbebengebiete. Mittels der vorhandenen Karten über die dortigen Störungssysteme und die aufgetretenen starken Erdbeben wurde unter Verwendung der Nachbeben die jeweils maximal bewegte Bruchlänge ermittelt.

Insgesamt wurden 50 Hauptbeben aus dem Zeitraum 1980 bis Ende 1999 untersucht, deren Magnituden zwischen MS = 5.1 und MS = 7.6 liegen. Die Epizentren der Nachbeben wurden den regionalen Bebenkatalogen für Nord- und Südkalifornien (NCSN und SCSN; *Northern / Southern California Earthquake Data Center*) entnommen und umfassen Magnituden bis hinunter zu ML = 0.5.

Für 17 Hauptbeben konnte das gesuchte Verhältnis von Bruch- zu Störungslänge bestimmt werden. Dabei zeigte sich, dass bei Magnituden kleiner 7.0 offenbar nicht mehr als 40 % einer bereits existierenden Störung durch das Beben mobilisiert werden, unabhängig von der Bebenstärke. Nur bei den wenigen starken Ereignissen mit MS > 7 wird diese Obergrenze durchbrochen und erreicht Werte von knapp über 60%.

Schriftenverzeichnis

ALLMAN, B., EDWARDS, B., BETHMANN, F. & DEICHMANN, N. (2010): Determination of MW and calibration of ML (SED) – MW regression. – 16 pages; Internal report of the Swiss Seismological Service, Institute of Geophysics, ETH Zürich; March 31, 2010. (Appendix I to the new PEGASOS report (2011)).

GRÜNTHAL, G. & WAHLSTRÖM, R. (2003): An earthquake catalogue for central, northern and northwestern Europe based on Mw magnitudes. – Scientific Technical Report STR03/02, 143 pp, GFZ (Potsdam).

GUTDEUTSCH, R., KAISER, D. & JENTZSCH, G. (2000): Schätzwerte der Magnitude eines Erdbebens auf Grund der Maximalintensität und anderer Herdparameter aus Erdbebenkatalogen. – Mitteilungen der Deutschen Geophysikalischen Gesellschaft, Nr. 4/2000, ISSSN 0934-6554, S. 3–13; (Hannover).

GUTENBERG, B. & RICHTER, C. F. (1956): Earthquake Magnitude, Intensity, Energy, and Acceleration (Second Paper). – Bull. Seism. Soc. Am., **46**, 2: 105–145; (El Cerrito, CA).

HANKS, T. C. & KANAMORI, H. (1979): A moment magnitude scale. – J. geophys. Res., **84**: 2348–2350; (Washington, D. C.).

JOHNSTON, A. C. (1996): Seismic moment assessment of earthquakes in stable continental regions - II. Historical seismicity. – Geophys. J. Int. **125**: 639–678; (Oxford).

KÖVESLIGETHY von, R. (1907): Seismischer Stärkegrad und Intensität der Beben. – Gerlands Beiträge zur Geophysik, **VIII**; (Leipzig).

LEYDECKER, G. (1998): Beziehung zwischen Magnitude und Größe des Bruchfeldes bei starken Gebirgsschlägen im deutschen Kalibergbau - ein Beitrag zur Gefährdungsprognose. – Zeitschrift für angewandte Geologie, **44**, 1: 22 25; (Hannover).

LEYDECKER, G., GRÜNTHAL, G. & AHORNER, L. (1998): Der Gebirgsschlag vom 13. März 1989 bei Völkershausen in Thüringen im Kalibergbaugebiet des Werratals. – Makroseismische Beobachtungen und Analysen. – Geol. Jahrbuch, **E 55**: 5–24, 4 Abb., 5 Tab.; (Hannover).

LINDENFELD, M. & LEYDECKER, G. (2004): Bestimmung des Verhältnisses Bruchlänge zu Störungslänge sowie Ergebnisse der Gleittendenzanalyse entlang neotektonischer Störungen in Norddeutschland. – 100 S., 69 Abb., 7 Tab., 1 Anhang; Tagebuch Nr. 10639/04, 5. April 2004; BGR (Hannover).

LEYDECKER, G., SCHMITT, T. & BUSCHE, H. (2006): Erstellung ingenieurseismologischer Gutachten für Standorte mit erhöhtem Sekundärrisiko auf der Basis des Regelwerkes KTA 2201.1 – Leitfaden. – 58 S., 16 Abb., 4 Tab.; Herausgeber: Bundesanstalt f. Geowiss. u. Rohstoffe, Hannover. ISBN 3-510-95952-3. E. Schweizerbart'sche Verlagsbuchhandlung (Stuttgart).

RICHTER, C. F. (1958): Elementary Seismology. – 768 S.; W. H. Freeman and Company (San Francisco and London).

RUDLOFF, A. & LEYDECKER, G. (2001a): Ableitung von empirischen Beziehungen zwischen verschiedenen Magnituden-Skalen. – 46 S., 8 Tab., 9 Abb., 3 Anhänge; Bericht BGR, 09. März 2001, Archiv Nr. 120 599, Tagebuch-Nr. 11 668/00, März 2001; BGR (Hannover).

RUDLOFF, A. & LEYDECKER, G. (2001b): Empirische Beziehungen zwischen Magnituden und geometrischen Bruchgrößen von Erdbeben. – 39 S., 4 Tab., 9 Abb., 2 Anhänge; Bericht BGR, Tagebuch-Nr. 10 960 / 01, 29. Juni 2001; BGR (Hannover).

RUDLOFF, A. & LEYDECKER, G. (2002): Ableitung von empirischen Beziehungen zwischen der Lokalbebenmagnitude und makroseismischen Parametern – Ergebnisbericht. – 45 S., 12 Abb., 3 Tab., 1 Anhang; Bericht BGR, Tagebuch-Nr. 12994/02, 19. Dez. 2002; BGR (Hannover).

SPONHEUER, W. (1960): Methoden zur Herdtiefenbestimmung in der Makroseismik. – Freiberger Forschungs-Hefte; **C 88**, 120 S., 36 Abb., 47 Tab., 18 Anl.; Akademie Verlag (Berlin).

TITTEL, B., KORN, M., LANGE, W., LEYDECKER, G., RAPPSILBER, I. & WENDT, S. (2001): Der Gebirgsschlag in Teutschenthal bei Halle vom 11. September 1996: Makroseismische Auswertung. – Ztschr. Angewandte Geologie, Bd. **47**, Heft 2: 126–131, 2 Tab., 4 Abb.; ISSN 0044-2259; (Hannover).

WELLS, D. L. & COPPERSMITH, K. J. (1994): New Empirical Relationships Among Magnitude, Rupture Length, Rupture Width, Rupture Area, and Surface Displacement. – Bull. Seism. Soc. Am., Vol. **84**, No. 4: 974–1002; (El Cerrito, CA).